聊城运河城市
文脉保护传承研究

程兴国 ⊙ 著

中国建筑工业出版社

图书在版编目（CIP）数据

运河城市聊城文脉保护传承研究 / 程兴国著. —北京：中国建筑工业出版社，2023.7
ISBN 978-7-112-28785-7

Ⅰ.①运… Ⅱ.①程… Ⅲ.①城市建筑—建筑史—研究—聊城 Ⅳ.①TU-098.125.23

中国国家版本馆CIP数据核字（2023）第099248号

大运河沿线历史城市（简称运河城市）的产生、发展和大运河的兴衰密切相关，运河城市承载着中华民族的历史记忆和文化传承，凝聚了大运河世界遗产的核心价值。当前，运河城市面临新型城镇化文化传承、大运河文化遗产保护和大运河国家文化公园建设的多重机遇，文脉传承价值凸显，而长期忽视文化本体生成环境的建设性破坏，致使运河城市面临文脉断裂危机。本书立足中国历史城市文脉演化的区域性规律，归纳凝练山东运河城市文脉载体生成特征，以典型运河城市聊城为例，分析揭示运河城市文脉演化的动力机制和表现法则，探求指导运河城市文脉传承的规划理论与方法，并对运河城市文脉传承的适宜性策略进行探索。

责任编辑：陈小娟
书籍设计：锋尚设计
责任校对：刘梦然
校对整理：张辰双

运河城市聊城文脉保护传承研究
程兴国　著
*
中国建筑工业出版社出版、发行（北京海淀三里河路9号）
各地新华书店、建筑书店经销
北京锋尚制版有限公司制版
北京中科印刷有限公司印刷
*
开本：787毫米×1092毫米　1/16　印张：17　字数：387千字
2023年9月第一版　　2023年9月第一次印刷
定价：**68.00**元
ISBN 978-7-112-28785-7
（41188）

前　言

自我国新型城镇化战略把文化传承提升为城镇发展三大驱动力之一以来，聚焦于弘扬传统文化的“城市文脉”研究日益繁荣。然而，至今文脉还是一个模糊的概念，因此，城市文脉概念的辨析与内涵的准确把握对全书研究内容具有重要的指向意义。本书结合文脉概念的“语义探源”和“本土转译”，对城市文脉概念形成的背景进行梳理，发掘其新型城镇化背景下现实应用的思想与理念本质，尝试界定城市文脉内涵为：以“多类型、多层次价值有机统一”为核心，呈现城市文化重心漂移历程，可被城市主体视觉、体验认知，反映特定地域环境影响下城市文化载体外在表征、内在结构关系和深层变化规律的“人—时—空连续关系网络”。其研究的核心是识别并提取文脉要素，形成城市文脉要素谱系，发掘演化规律和表现法则，进而优化文脉要素之间的关系，达到引导文化遗产的整体性保护和城市环境特色品质提升的目的。

城市文脉的核心载体——文化遗产的保护实践，为城市文脉载体的识别和提取提供了重要参考标准和方向指引。本书结合《关于城市历史景观的建议书》（联合国教科文组织，2011）中城市历史景观“层积性”整体保护方法，以及文化进步特性，提出城市文脉研究的“层累”视角，认为该视角可将城市文脉演化视为“时空连续体”，强调其在时间和空间中的连续性和整体性，很好地拟合了城市文脉的“历时性”和“共时性”特性。另外，该视角具有“人—时—空”多维交互认知特性，即可弥补城市形态学的物质决定论或映射论嫌疑的瑕疵，突破其是历史经验总结而与生俱来具有技术价值上限的固有缺陷，在面对新的城市建设时具有“向前看”的特性，更具有引导价值。进而，从“学科互补”的研究需求出发，梳理了“层累”视角下与城市文脉主体要素（城市人）、客体要素（文脉物质载体、文脉信息、文脉链条）、时间要素（相互作用过程）密切相关的理论，遵循交互层进式的研究逻辑链，构建了“文脉区域—文脉积层—文脉要素”交互层进式的城市文脉分析框架，提出了“文化定格—顺时层累—功能辨别—主题链接”的城市文脉要素提炼及复合路径。

“地区环境是编织城市生活的经纬”（刘易斯·芒福德），城市文脉在很大程度上是城市对地区自然社会人文环境调适过程中形成的。本书运用总体史观和时段理论，整体性地梳理山东运河城市赖以生存、发展的区域时空人文背景，采用“演进脉络梳理—关键信息提炼—共性特征凝练”的技术路线，运用“多源文本和空间对比互证”方法，梳理区域自然人文环境演化脉络以及德州、临清、聊城、济宁和台儿庄五个城市营建脉络，形成山东运河城市各文脉积层内文脉载体的识别指标体系。

山东运河城市文脉载体深受地域自然人文环境尤其是国家漕运政策的影响而具有共性特征，但就单个山东运河城市来讲，由于适应地形地貌、水利环境和国家政策制度的差异而延续发展，使各个运河城市成为内涵丰富、特色鲜明、具有相对完整性的单元。再者，城市文脉传承实践最终要从大运河各区段落实到区段内各城市，因此，对区段内典型城市进行城市文脉演化机理与传承策略的深入研究是必由之路。从京杭大运河漕运交通历程看，山东运河城市聊城受其影响尤为明显，所以，本书选择以聊城为例进行文脉演化机理和传承策略的深入研究。研究借鉴英国历史景观特征识别（HLC）体系的原则与方法，以城市发展历程中较长时期存在的文化锚固点为线索，梳理各个文脉积层的文脉载体；以城市文脉要素的价值链接为主线，通过文脉要素“锚固—层累”分析，透视聊城城市文脉的演进，分析不同文脉积层的文脉锚固要素相互之间内在关系的图式，形成了对聊城城市文脉的耦合链接、螺旋上升的整体认识和特征总结。

本书将聊城城市文脉“层累”过程中的时空线索与文化内涵线索联立、结合，从空间维度看，聊城不同时段的城市文脉载体都是在偏重客观的自然地理、社会人文、政治经济以及军事技术因素影响下，和偏重主观能动的人居文化、城市职能文化、城市历史文化以及精神文化综合作用与影响下组合而成，是不同时段按不同文化重心进行逻辑关联的空间整体；从时间维度看，城市文脉客体是各种城市文脉演化动力因素累积影响的结果，城市文脉客体要素在演化因素的持续作用下不断调适、更新着。聊城城市文脉的演化路径是创新或批判性重建。聊城城市文脉载体演化有四大表现法则：文脉载体文化内涵演进的事件法则、文脉载体空间生成存续的场所法则（遗存所在场所）、文脉载体形态演化的“以时率空”法则和文脉载体物象呈现的层累更新法则。

“过往即他乡，人们在那里过着不一样的生活。”（大卫・罗温塔尔）人们对于城市文脉物质载体要素的认识，也类似人们对异邦的了解，时间上的延续被转化成了空间认知上的陌生，因而，顺应城市文脉演化机理，构建当下一种“有用的城市过去”是城市文脉传承的主要任务，其构建过程的必经环节是城市文脉要素的“活化”利用。本书围绕城市文脉要素的文化价值内涵和“活化”利用，基于城市历史脉络形成的文化意义是永恒的，且价值指标体系中各层级指标的权重分配是“文化意义”和“文化意义”转化为现世价值的能力的构成比例的反映这一假设前提，构建了定性和定量相结合的价值综合评价体系，对聊城城市文脉物质载体要素价值进行评价，并从聊城各层级指标权重排序结果分析了聊城文脉价值构成。最后，基于前文山东运河城市文脉演化研究的核心成果，尝试将城市历史文脉演化研究同聊城城市文脉的传承实践需求相结合，按照“传承现实条件—传承路径与方法—政策制度保障”的逻辑主线，探讨了层累视角下聊城城市文脉的适宜性传承策略。

本书出版得到聊城大学科学技术处博士科研启动基金、聊城大学风景园林学科建设基金（编号：319462212）的支持。本书写作过程中，高华丽协助完成了多轮修改及终稿提升工作，赵延凯清绘了多张插图及进行了大量终稿修改工作。本书参阅了大量的相关研究文献，在此谨向有关文献作者致以诚挚的谢意，如有疏漏引用，敬请谅解。本研究有幸付梓，尤其要感谢西安建筑科技大学张沛教授、李志民教授、刘晖教授、黄嘉颖教授、张中华教授、薛立尧副教授给予的大力指导。同时感谢我的导师西安建筑科技大学任云英教授对我学术研究的谆谆教诲、关心和帮助，感谢德州、临清、济宁、聊城、台儿庄等市县国土空间规划、城乡建设和文物保护主管部门在调研过程中给予的大力支持和帮助。

限于作者水平，书中不足之处，敬请读者批评指正。

程兴国

2023年9月

目　录

第1章　绪论

第2章　城市文脉研究的理论架构与研究方法

第3章　山东运河城市文脉载体生成特征

第4章　聊城城市文脉“锚固—层累”过程解析

第5章 基于“层累”过程的聊城城市文脉演化机理分析

第6章 聊城城市文脉要素价值评价

第7章 聊城城市文脉传承的适宜性策略探索

第1章

绪论

城市文脉以城市不同历史时段形成的文脉载体为依托，整体性地展现了城市文化的演变与交融过程，记录和承载了丰富的历史信息、地域风情。它统领和制约着城市历史文化资源的发展方向，标识和彰显着一个城市的文化内涵和特质，既是整体性、真实性、完整性保护城市历史文化资源，阐释城市精神的重要方式，也是当前优化、重组“孤岛化”“碎片化”的城市文化资源，以提升城市文化品质、树立城市形象、凝聚市民人心、塑造现代城市人和积极促进城市优秀传统文化传承的重要技术路径。

“山东”在宋代就开始作为行政区划名称，宋代以后其行政区划范围也较为稳定。山东历史文化底蕴深厚，京杭大运河（山东段）沿线区域（下文简称山东运河区域）是中华文明发祥地之一和儒家文化发源地，也是我国文化遗产较为集中、内容较为丰富的区域之一。文献记载，夏商时期在今山东地域范围内就有130多个地方国。截至2020年，山东拥有10个国家级历史文化名城，表明山东历史城市在整个中华文明中具有重要的代表性。山东运河区域有国家级历史文化名城聊城，省级历史文化名城济宁和临清（山东省共10个），省级历史文化街区5处（山东省共35处）：济宁任城区铁塔寺及太白楼历史文化街区、竹竿巷历史文化街区，聊城东昌府区大小礼拜寺历史文化街区、米市街历史文化街区，临清市中州历史文化街区。京杭大运河（山东段）沿线历史城市（下文简称山东运河城市）承载了中华民族的历史记忆和文化传承，面对新型城镇化文化传承与大运河文化带、生态带、经济带建设的双重机遇，城市文脉传承区域价值凸显，而长期忽视文化本体生成环境的建设性破坏致使山东运河城市面临文脉断裂危机，迫切需要应对地域城市文脉传承的规划理论与方法指导。

1.1 研究背景

1.1.1 文化传承是我国新型城镇化战略的重要内容

城镇化是现代化的必由之路。党的十八大以来，针对我国长期以来经济效益主导的城镇化过程中出现的依赖商业运作、聚焦物质空间形态保护的城市更新致使文化载体“建设性”破坏严重、文化遗产资源“孤岛化”与“破碎化”，以及城市新区规划建设脱离文化传承致使城市空间建设“千城一面”、地域特色文化消逝、地方文化认同感日渐衰微等问题，党和国家把文化传承作为推动新型城镇化发展的重要内容。

中共中央、国务院2014年颁布的《国家新型城镇化规划（2014—2020年）》指出“中国特色新型城镇化是以人为本、四化同步、优化布局、生态文明、文化传承的城镇化”。坚持文化传承就是根据地域环境差异，发展有历史记忆、文化脉络、地域风貌、民族特色的美丽城镇，形成符合实际各具特色的城镇化发展模式。2015年中央城市工作会议指出“要加强风貌整体性、文脉延续性等方面的规划和管控，留住城市特有的地域环境、文化特色、建筑风格”。2017年国务院办公厅颁布的《关于实施中华优秀传统文化传承发展工程的意见》明确提出“深入研究阐释中华文化的历史渊源、文化脉络；加强历史文化名城名镇名村……农业遗产、工业遗产保护工作”。不难看出，文化传承已成为我国新时期国家发展建设的核心内容，城市建设中文脉保护与传承也已成为重要内容。

1.1.2 山东运河城市文脉具有重大的文化传承价值

2014年，由隋唐大运河、京杭大运河和浙东运河三部分组成的中国大运河成功入选世界文化遗产。伴随京杭大运河漕运而崛起的沿线众多的历史名城、名镇是我国大运河世界遗产的重要组成部分，它们见证了民族融合、疆域经营、漕运交通、运河商贸环境变迁、流域性水害治理和城市水利管理的人地关系过程，凝聚着中国大运河世界遗产的核心价值。

京杭大运河由通惠河、北运河、南运河、鲁运河（会通河和济州河）、中运河、里运河和江南运河等七段组成。山东德州虽在南运河段，但夏、商时隶属兖州，春秋时期属齐国，从地域上讲属齐鲁文化圈，是京杭大运河山东段重要的运河城市（表1.1）。

京杭大运河各河段主要特征及沿线主要历史城市　　表1.1

河段	河段主要特征	沿线主要历史城市
通惠河	通惠河位于北京的东部，明代以后改称御河，现通惠河城内的部分被改为暗沟，主要用作城市排水河道	北京
北运河	北运河从天津注入海河，目前是天津重要的一级河道	天津
南运河	从临清经德州至天津三岔河，目前是引黄济津的输水通道	德州、泊头、沧州、天津等
鲁运河	台儿庄至临清，由济州河和会通河组成，河道较浅、水源不稳定，河上闸坝数量多	枣庄（台儿庄）、济宁、聊城（东昌）、临清等
中运河	淮阴至台儿庄，该段穿越淮河，水量充沛、水流湍急，堤坝较多	淮阴和徐州
里运河	沟通淮河与长江，目前仍然保持了大量航运的水道	扬州、高邮、淮安等
江南运河	南起杭州经苏州绕太湖东岸至镇江，沟通了长江与钱塘江	杭州、嘉兴、苏州、无锡、常州等

注：京杭大运河按照目前运河的用途和管理范围可划分为七段。

京杭大运河山东段北起德州南至台儿庄，长约643km，是明清时期国家漕运通道的中枢区段。京杭大运河主河道流经现今山东18个县（市、区）行政区，具体包括：德城区、武城县、夏津县、临清市、茌平区、东昌府区、阳谷县、东平县、梁山县、汶上县、任城区、嘉祥县、鱼台县、微山县、滕州市、薛城区、峄城区和台儿庄区。该段运河几乎全是人工河道，地势较高，是整个京杭大运河航道的水脊段，水闸十分密集。明清京杭大运河漕运发达，在水闸附近因漕船等待“升降水位”过闸而上岸停留做货物转运贸易，促使山东运河城市迅速崛起。

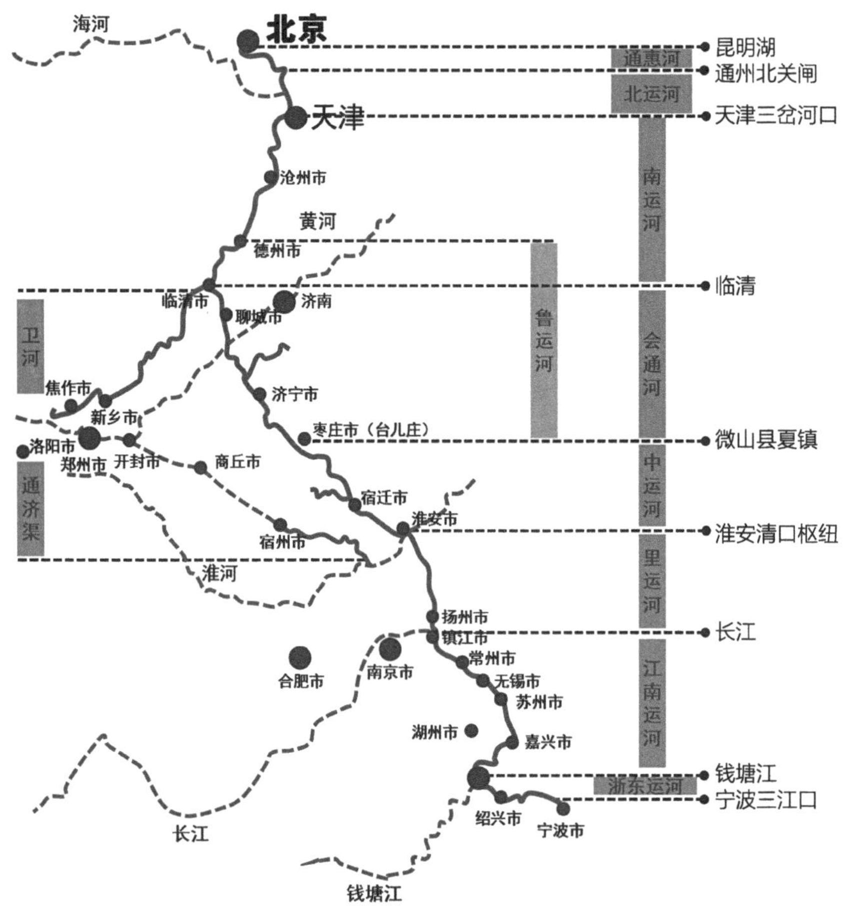

图1.1　京杭大运河（山东段）区位
（图片来源：作者自绘）

明清时期，京杭大运河山东段大约每间隔50里就有一座运河城镇，其中运河主航道穿越城区，历史上负有盛名的运河城市有德州、临清、聊城、济宁和台儿庄等五座城市。在古代，除台儿庄行政等级较低外，德州、临清和济宁为州城，聊城（东昌）则为府城。当前这五座历史城市保留的历史格局、历史街区、历史建筑、不可移动文物、遗迹等实体要素，以及由这些实体要素所衍生的人文自然环境特征、地方传统和人居智慧，蕴含着地域文化、城镇特色的文脉要素，是地方社会可持续发展的历史财富，更是兑现新型城镇化“文化传承，彰显特色……发展有历史记忆、文化脉络、地域风貌、民族特点的美丽城镇”目标诉求的重要载体，具有重大的文脉传承价值（图1.1）。

1.1.3 急需探求山东运河城市文脉传承适宜性方法

随着大运河世界遗产地位的确立，新型城镇化文化传承战略和大运河文化带、生态带、经济带建设战略引爆新一轮城市发展热点，山东运河城市保护和发展的矛盾蓄势待发，而应对城市文脉传承的城市规划理论和方法却严重缺位。同时，当前山东运河城市在历史城镇保护规划的技术体系、文脉传承实践以及城市传统文化保护等三个方面也存在较大问题。

首先，现行保护与规划体系明确提出"应当整体保护，保持传统格局、历史风貌和空间尺度，不得改变与其相互依存的自然景观和环境"，"不得损害历史文化遗产的真实性和完整性，不得对其传统格局和历史风貌构成破坏性影响"，但"整体保护"在理论方法支撑和具体的技术操作层面仍是模糊的，对于文脉价值如何精准评估、文脉传承路径如何判定仍缺乏具有指导性的理论基础和具体的技术策略支撑。

其次，山东运河城市在旧城更新中大多将遗产周边的历史环境简化为物质环境，而不能在遗产生成环境层面有所建树。这种注重"真实载体""历史环境"的静态物质性保护与建设管理脱节，直接导致断崖式城市文化消解的危机。

最后，山东运河区域在山东属于经济欠发达地区，文化遗存保护主要存在以下三个问题：一是历史城区基础设施陈旧，资金缺口大，保护面临经济困境；二是对历史遗存价值认知不理性，挖掘整理严重不足，在资金短缺情况下，往往不注重对历史古迹的挖掘整理和维护，而是借助开发商的力量将大量资金用于仿造工程；三是旧城更新建设性破坏和居民私拆乱建对历史街区造成蚕食破坏。虽然近年来纳入保护的文物保护单位越来越多，保护法规要求愈来愈严，但这种长期忽视遗产本体所根植的自然人文环境及其共生关系导致了城市文脉断裂的危机。

究其原因，是规划保护体系对地区社会经济发展的理性认识不足，规划设计和管理缺乏对地区城市文脉载体演化及其传承的规律性深刻认知，导致规划设计和管理存在盲点。中华文化一体多元，城市文脉保护和传承不应脱离其基本的"地区性"发展规律，正如吴良镛先生提出的"和而不同""乱中求序"，从地域源流出发探寻城市的文化特色的思想。因而，立足城市文脉载体的整体保护和可持续发展诉求，对山东运河城市文脉演化规律进行研究，探求应对该区域历史城市文脉传承的规划理论、方法与技术支撑具有重大现实意义和学术研究价值。

1.2 研究对象与研究目的

1.2.1 研究对象

（1）研究对象的空间范围界定

依据中共中央办公厅、国务院办公厅印发的《大运河文化保护传承利用规划纲要》和山东省政府颁布的《山东省大运河文化保护传承利用实施规划》中有关空间范围的界定，本书所研究的山东运河区域是指京杭大运河流经的现地级市行政管辖范围，包括今山东省的德州市、聊城市、泰安市、济宁市和枣庄市，其中运河主河道流经的县（市、区）为研究的核心区。本书所研究的山东运河城市特指运河主航道穿越城区的德州、临清、聊城、济宁和台儿庄。

本书选择山东运河区域为地域性研究背景，对城市文脉演化规律和传承策略的研究落脚于国家历史文化名城聊城这一较为典型的研究对象上。对聊城城市文脉的研究范围也不局限于当前的历史城区和建成区，而是将聊城城区和聊城市行政辖区进行整体考量，依据城市文脉载体锚固的空间范围和时空特点予以确定。

①聊城城市文脉研究的典型性。明朝初期聊城就已经成为京杭大运河沿线较发达的商业城市，到清代中期取代临清成为山东运河北段最为重要的商业城市。明清时期负有“南有苏杭，北有临张”的美誉，和苏州、杭州齐名的“临”“张”，就是现聊城行政辖区内的临清市和阳谷县的张秋镇。今聊城市行政辖区有国家历史文化名城聊城和省级历史文化名城临清两个重要的运河城市，以及张秋镇（阳谷县）、七级镇（阳谷县）、阿城镇（阳谷县）和周店镇（东阿县）4个运河古镇，运河城镇较为密集，故以聊城为例对山东运河城市文脉演化与传承问题进行系统研究具有代表意义（表1.2）。

京杭大运河（山东段）沿线古镇一览表　　　　表1.2

位置	古镇名称
德州市	武城县四女寺镇，武城县大官营镇，武城县甲马营镇，武城县魏庄镇，夏津县渡口驿镇
聊城市	阳谷县张秋镇，阳谷县七级镇，阳谷县阿城镇，东阿县周店镇（现为周店村）
济宁市	梁山县靳口镇（现为靳口村），梁山县袁口镇（现为袁口村），微山县仲浅镇（现为仲浅村），微山县鲁桥镇，汶上县南旺镇，任城区长沟镇，鱼台县南阳镇
泰安市	东平县州城镇
枣庄市	台儿庄区台儿庄镇

②聊城城市文脉研究的紧迫性。当下聊城城市文脉传承还存在着就现有文化资源论资源，缺少文化资源全面梳理及文化价值深度挖掘；文化保护的“厚古薄今”和“博物馆式”；“建设性破坏”不断、“文化传承精英化”和城市空间面貌趋同导致城市文化衰落等主要问题。2012年和2019年聊城因对国家历史文化名城保护不力而被国家部委通报，给聊城城市文化遗产保护问题敲响了警钟，加强聊城城市文脉传承方法研究迫在眉睫。

（2）研究对象的时间范围界定

本书结合山东运河城市文脉演化过程和现代传承研究内容的特点，对所涉及的时间范围作如下界定：

①针对山东运河城市文脉演化的研究，重在考查城市在1949年以前，特别是明清至民国时期的演化历程。根据文献资料及实地调研，该阶段德州、临清、聊城、济宁和台儿庄均已完成

定址，城市文脉载体生成并锚固下来几乎是在相同的自然社会经济环境中进行的，且从宋代以来，古人对待古迹珍如珠玉，较好地存续了先前历史时期的地域文化传统和历史遗存，提供了可以对多个城市对比互证研究的良好样本资料。可较好地从此段时期归纳凝练地域城市文脉载体生成特征，以指导典型案例城市文脉演化过程的研究。

②针对山东运河城市聊城城市文脉传承策略的研究，参照国内外文化遗产入选的时间，限定为30～70年，重点关注城市在1949年以后的城市文脉演进，特别是1978年改革开放以后城市发展变化速度较快，古建筑和城市遗产的保护也逐步成为世界性潮流阶段存在的问题，探求当下城市文脉传承的适宜性策略。

1.2.2 研究目的

本文研究目的具体可分解为以下四个层面。

（1）建构地域城市文脉认知和解析方法，梳理山东运河城市文脉载体地域生成特征。应对当今以文化本体为主的被动、静态保护系统现状。基于文化本体生存环境的文脉整体，运用城市空间互动理论思想，结合文脉载体层积认知方法，借鉴历史学家顾颉刚先生提出的“层累地造成的中国古史”学说（提出中国古史是随着时间推移而逐层建构的），以“层累”为研究视角，借鉴历史地理学、文化生态学、城市形态学、城市景观学和时段理论等方法，建构不同历史时段地域环境（“文脉区域”），“时段”性影响下的城市文脉积层全息信息平台（“文脉非物质载体—文脉物质载体”），顺时逐层“层累”文脉各层面载体，分时段逐积层识别文脉要素，形成城市文脉“文脉区域—文脉积层—文脉要素”多层次交互层进研究方法，归纳山东运河区域城市文脉物质载体的空间形态特征、空间层级及关联模式，分析文脉非物质载体的文化表征，进而形成该区域历史城市各文脉积层内文脉载体识别指标体系，促进历史城市文化载体的全面梳理和历史文化价值的全面深入挖掘。

（2）分析山东运河城市聊城城市文脉的“层累”过程，提炼聊城的文脉要素谱系，并归纳总结其文脉演化的动力机制与表现法则。应对经济发展冲击下山东运河城市所面临的文脉断裂危机，以聊城为具体深入研究对象，结合聊城“城市文脉积层”的“层累”过程，提取聊城城市文脉要素谱系，对城市文脉载体的表现规律进行分析，剖析文脉载体及其生成模式，并发掘文脉物质载体与非物质历史文化信息在“层累”过程中的相互作用关系，揭示其内在的演化机理与外在的表现法则，建构历史城市文脉传承的方法论基础。

（3）构建和国土空间规划、城市文化遗产保护、城市更新设计、城市建设管理有效衔接的城市文脉要素价值评价体系。应对山东运河城市文化日益趋同、文化保护项目评价和城市整体保护规划评价相脱离的问题，结合聊城城市文脉演化规律，从城市文脉物质载体及非物质历史文化信息如何与公众生活建立广泛联系的视角出发，建立判断城市文脉要素价值的理论分析模型，依据聊城城市文脉要素谱系，分析评价聊城文脉物质载体要素价值，并对山东运河城市文脉要素“价值特色”进行比较分析，明确各城市文化价值凝练的方向。

（4）结合聊城城市文脉的生成特征、演化机制、表现法则及文脉物质载体要素价值评定，探讨新型城镇化语境下聊城城市文脉传承的适宜性策略。应对当今规划编制体系改革背景下城市文脉空间保护与城市更新发展亟须较好兼顾的问题，结合对聊城城市文脉演进过程、动力机制及物质载体要素价值研究成果，探索历史城市人居环境有机生长与适度调控相制衡的机制，既适应城市社会经济发展需求又符合城市文脉空间发展规律的规划设计策略，助力中国大运河经济带、文化带、生态带建设和运河城市可持续特色化发展。

1.3 研究内容与研究方法

1.3.1 研究内容

针对研究目的，本书立足城市文脉是“自然环境—城市空间—社会人文”系统内生互动孕育而成，具有不断变化、发展和自我更替等特征，借助城市历史景观的“层积”性和时段理论动态演进理论基础，以期建立基于城市文脉载体形意结合、动态演进特点的山东运河城市文脉解析框架与传承策略。内容由地域历史城市文脉解析方法建构、山东运河城市文脉载体的生成特征、聊城城市文脉的层累建构及文脉要素提炼、聊城城市文脉演化的动力机制与表现法则、聊城文脉物质载体要素价值评价以及聊城城市文脉传承策略探索等层进环节组成，主体结构可分为理论方法研究、地域城市文脉载体生成特征研究和典型城市聊城城市文脉演化规律和传承策略研究三个部分，6个主要章节，具体内容如下所述。

（1）第一部分理论方法研究（本书第2章）。第2章“城市文脉研究的理论架构与研究方法”对新型城镇化语境下城市文脉概念进行解析，尝试分析其概念核心和外延，进一步明晰研究指向。对城市文脉载体的核心构成部分——文化遗产的保护实践进行梳理，分析国内外各类文化遗产概念的酝酿与形成、纳入条件及保护主旨，结合我国的文化遗产保护框架体系及发展趋势，借鉴城市历史景观“层积性”概念，引入反映文化变化历程，具有“人—时—空”多维交互认知特性的“层累”视角，提出更易被公众“涌现性”认知，且城市文脉要素具有结构性组合的不同时段城市文脉载体全息信息平台：“文脉积层”概念，并借鉴庞朴结构模型对城市文脉要素的层次结构进行划分，进而建构出“文脉区域—文脉积层—文脉要素”交互层进式城市文脉解析框架和此框架下的城市文脉要素提炼方法及步骤。此解析框架和提炼方法从影响城市文脉要素生成的文脉区域一直细化到不同层面的文脉载体要素，抽丝剥茧，层层深入，具有总体史观动态整体性研究特点。

（2）第二部分地域城市文脉载体共性特征研究（本书第3章）。第3章“山东运河城市文脉载体生成特征”依据城市文脉要素生成受地域环境影响的基本逻辑，把京杭大运河通过的县级行政区域、地级行政区域分别作为影响沿线历史城市文脉要素生成的核心区域和重点区域。梳理并揭示山东运河城市文脉载体的“表现型”。主要内容包括：基于整体史观和时段理论梳理提炼山东运河区域自然环境和历史人文环境演进的脉络特征，分析其特质要素对城市发展的影响及作用方式；结合不同层面文脉要素的特点归纳总结德州、临清、聊城、济宁和台儿庄定址后营建沿革特点及所形成的文脉载体的关键信息；依据城市发展和地域整体环境的交互关系，运用“文脉区域—文脉积层—文脉要素”交互层进式分析方法，整合凝练山东运河城市文脉积层的时空尺度特征、城市文脉物质载体的形态类型及表征，城市文脉非物质载体的文化表征，形成山东运河城市各文脉积层内城市文脉载体识别指标体系，建立地域城市各时段文脉积层内文脉要素生存环境基础性分析框架。

（3）第三部分聊城城市文脉演化规律和传承策略研究（本书第4～7章）。第4章“聊城城市文脉‘锚固—层累’过程解析”是以山东运河城市聊城为例，遵循“文脉积层”因“人”的实践而生的基本逻辑，挖掘各文脉积层的文脉物质载体形态及文脉非物质载体信息内涵，再现融合地域自然人文环境的各城市文脉积层的“层累”建构过程，提炼形成聊城城市文脉要素谱系。主要内容包括：划定聊城文脉积层的时空范围；以不同时段聊城已锚固的重要文脉载体为线索，结合不同时段的自然人文环境，辅以不同文本的文献资料和空间互证，再现各城市文脉积层内文脉载体的时空关联，探寻“被遗忘”的城市历史时段的图景，创建不同历史时期城市全息信息本图；通过分析相邻文脉积层的“层累”效应，总结凝练出反映聊城城市文化脉络的文脉要素谱系。第5章“基于‘层累’过程的聊城城市文脉演化机理分析”是基于聊城城市文脉积层“层累”建构过程，将聊城城市文脉载体在“层累”建构过程中的时空线索与文化内涵线索联系、结合，提取城市文脉载体演变的动力因子，分析阐释各动力因子的作用机理及其与相关文化价值内涵间的关联，进而总结推动城市文脉演化的动力机制，揭示文脉载体的生成模式与演化的表现法则，探索聊城城市文脉演化的本土规律和特征。第6章“聊城城市文脉要素价值评价”建立了一种基于建构“有用的过去”的综合价值评价体系，试图对聊城文脉物质载体要素进行更为精准的价值评价。主要内容包括：对城市文脉物质载体要素价值的类型、层次进行系统梳理，明确各类价值关联的关系；对《巴拉宪章》的文化遗产价值评价、美国基于“历史脉络”的价值评价和我国文物古迹价值评价的优缺点进行分析；构建基于“文化意义”、城市文化发展脉络和面向新型城镇化城市建设需求的城市文脉物质载体要素综合价值评价体系，比较分析聊城、德州和济宁的文脉价值特色；从聊城城市整体层面和文脉载体空间单元层面进行价值评价分析，探析主要特征和存在问题。第7章“聊城城市文脉传承的适宜性策略探索”将聊城城市文脉演化规律、文脉物质载体要素价值评价研究和现代城市规划建设实践相结合，探讨聊城城市文脉传承的适宜性策略。主要内容包括：分析新型城镇化背景下城市文脉传承的现实条件；检讨聊城城市文脉传承的主要问题；提出聊城城市文脉传承适宜性路径、方法和政策制度保障。

1.3.2 研究方法

根据研究目的和研究内容，综合运用以下五种研究方法。

（1）复杂思维范式下学科融贯研究方法。复杂思维范式是对简单思维范式的修正和补充，是跨层次复杂事物的生成、演化及构成要素间关系的概括，既含有生成性、随机性、多样性，也含有构成性、秩序性和规律性等特性。它主张主客体统一原则，这样城市文脉的主体（人）便可转化为城市文脉系统内的适应性主体；也强调生成性，这就可以认为城市文脉主体触发了城市文脉系统的生成和演化，进而使城市文脉潜行的演化轨迹得以显现。在复杂思维范式引领下，以开放系统的理念，从区域、市域、县域等多个“文脉区域”层次，借用历史学、城乡规划学、建筑学、景观学、心理学、地理学、社会学、经济学和传播学等学科的理论与方法，进行整体性的系统复合研究才是城市文脉复杂性问题得以解决的路径。

（2）文献分析与实地调研相结合的研究方法。城市文脉的研究需对历史城市各个发展时期的发展状况进行解析，对史料文献的分析必不可少，因而文献资料是本书研究的重要支撑。文献分析主要包含文献筛选和去伪存真两方面。山东运河城市县志、水利志、交通志、农业志、年鉴、《山东历史地图集》等为本书提供了扎实的文献资料。本书的落脚点是实现山东运河城市文脉的保护和传承，只有实地调查才能发现问题的实质。作者通过对德州、临清、聊城、济宁、枣庄、七级镇、张秋镇等山东运河城镇进行实地考察和对德州、聊城、济宁等城市的政府部门调研、实地访谈，获取了大量一手资料，形成了史料文献的重要补充。最后通过多源文本和空间对比互证梳理出较为真实的城市发展轨迹。

（3）城市地图分析法。城市地图是城市空间文脉发展演变的直观表达，对不同时期的城市地图进行对比分析，可在一定程度上揭示城市文脉的演进过程。

（4）实践经验总结法。历史文化遗产规划、保护、利用以及价值评价等方面已积累了大量宝贵经验，对实践经验总结、甄别和借鉴有助于提高研究科学性。

（5）归纳和演绎法。归纳和演绎是概念、理论形成过程中既相互区别又相互联系的两个侧面，它重在探究个别与一般的关系，是运用最为广泛的思维方法之一。该方法贯穿本书，帮助梳理（归纳）文脉层次划分、地域文脉特征和主要存在问题，从而凝练（演绎）城市文脉要素、城市文脉空间单元类型、城市文脉要素价值内涵和适宜传承策略。

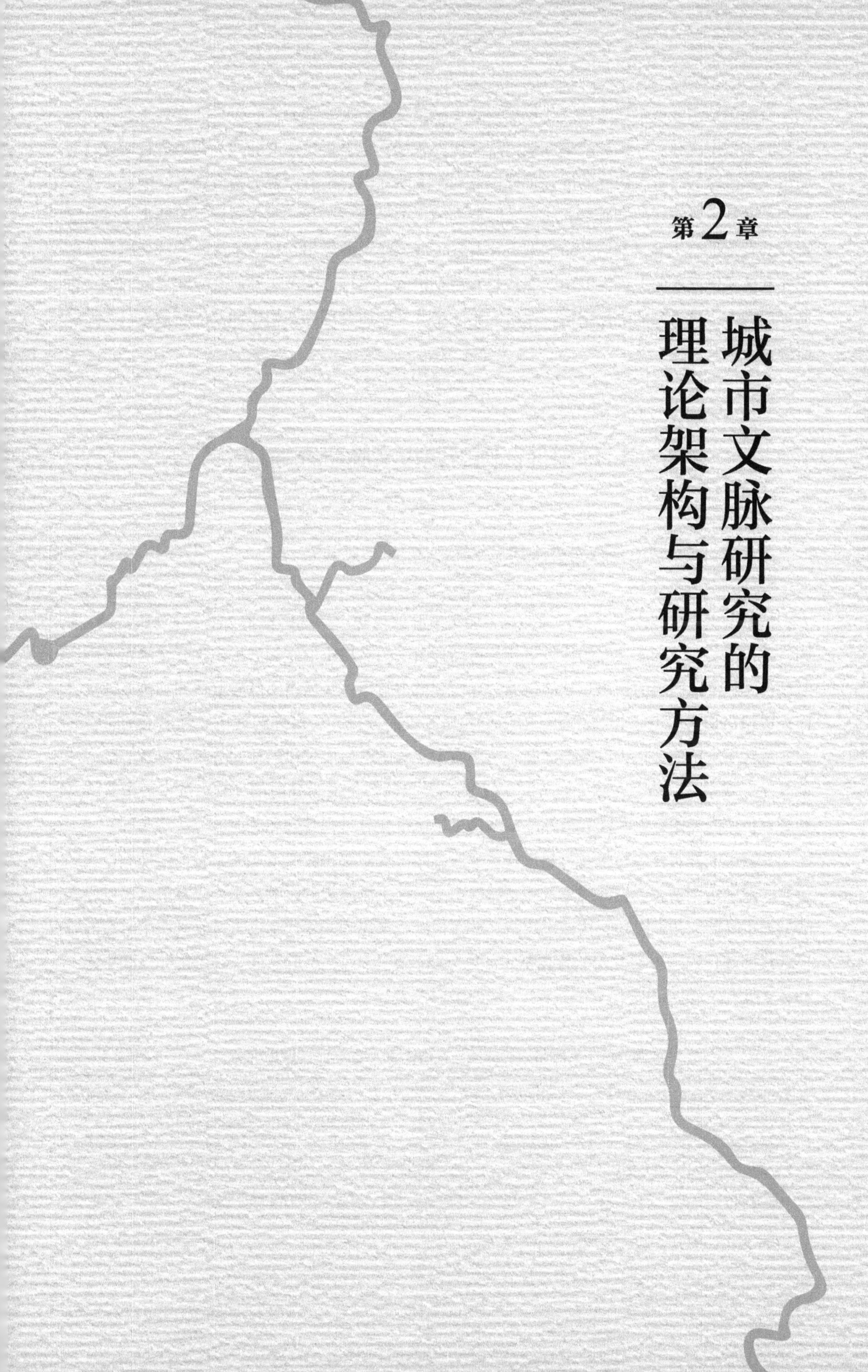

第2章

城市文脉研究的理论架构与研究方法

自我国新型城镇化战略把文化传承提升为城镇发展三大驱动力之一以来，聚焦于弘扬传统文化的“城市文脉”一词越来越多地出现在研究领域。本书将城市文脉作为对象进行研究，对城市文脉概念的辨析与内涵的准确把握以及对全文研究内容具有重要的指向意义，因此，本章在城市文脉研究综述的基础上，结合文脉概念的“语义探源”和“本土转译”对城市文脉概念形成的背景进行梳理，发掘其新型城镇化背景下现实应用的思想与理念本质，并从文脉传承的主要载体文化遗产的保护实践中，寻找具有启发价值的思维方法及文脉研究应注意的问题，进而提出城市文脉研究的理论架构，探讨和论述城市文脉研究理论架构中涉及的新概念，为后续研究奠定基础。

2.1 国外、国内城市文脉研究综述

2.1.1 国外城市文脉研究综述

从城市文脉研究内容上看，国外对于城市文脉的认知，是从语言学“上下文”（Context）到后现代主义建筑本质认知的建筑语言，进而被引入到对城市形态和城市记忆延续的思考中。对城市文脉概念内涵的认识是从建筑周边环境到城市整体。在城市文脉要素认知和价值评估方面，以城市形态类型学为基础的针对历史物质要素的分析方法对理解城市文脉形成的时空逻辑、进行历史价值评估，以及形成基于历史城市文脉内在生成规律的认知分析具有重要的方法论意义。基于交通的“文脉关联方案”（CSS）及以公共交通为导向的（TOD）发展模式，文脉要素价值内涵阐释以及规划后评估模型提供了城市文脉过程管理和调控的方法论基础。

从城市文脉研究内容与城市建设背景及西方城市规划思想转变对应关系看，国外城市文脉研究大致受人文主义、后现代主义和新城市主义三种主流思想的影响，主要应对第二次世界大战后城市复苏、20世纪70年代城市更新、80年代城市再建和90年代至今古城复兴四个时期的城市建设问题，大致可划分为孕育探索（20世纪40—50年代）、形成发展（20世纪60—80年代）和深化提升（20世纪90年代至今）三个研究阶段（表2.1）。

国外城市文脉研究的背景与主要代表人物/学派的理论观点　　表2.1

城市建设阶段	主流思想	阶段划分	代表性人物/学派的理论观点
城市复苏（20世纪50—60年代）	人文主义	孕育探索（20世纪40—50年代）	阿尔瓦·阿尔托对民族化和人情化建筑的研究
			1947年，柯林·罗（Colin Rowe）建筑形式的“历史”性
			国际现代建筑协会（CIAM）提出要保护“优秀建筑及其所表达的历史文化和记忆”

续表

城市建设阶段	主流思想	阶段划分	代表性人物/学派的理论观点
城市复苏（20世纪50—60年代）	人文主义	孕育探索（20世纪40—50年代）	1950年，R. 文丘里，“建筑与城市整体空间环境相关，‘含义产生于文脉’”
		形成发展（20世纪60—80年代）	1960年，凯文·林奇，城市意象论
			1961年，雅各布斯，城市活力论
			1965年前后，S. 科伦（Stuart Cohen）、S. 华特（Steven Hurtt），“文脉主义”的城市分析方法
			1966年，A. 罗西，城市文脉类型学
城市更新（20世纪70年代）	后现代主义		1971年，舒玛什，文脉“融合”论
			1973年，诺伯舒兹，“场所精神”理论
			1974年，S. 科伦，文脉概念划分
			1978年，C. 罗与F. 科勒，文脉“拼贴”理论
城市再建（20世纪80年代）			美国“文化脉络”思想
			1987年，A. 塔格纳和M. 罗伯逊，知觉文脉
			黑川纪章，“共生”思想
城市复兴（20世纪90年代至今）	新城市主义	深化提升（20世纪90年代至今）	康恩泽学派，城市形态学“景观单元”方法论 1998年美国文脉关联方案（Context-Sensitive Solution，简称CSS）

（1）20世纪40—50年代，从对现代建筑技术至上、机器美学的批判到保护建筑的文化意义。

西方基于对现代派建筑技术至上、机器美学和建筑创作无视环境的一种批判性反思，把“文脉”一词自语言学引入建筑学领域。现代建筑早期对建筑文化意义的探索可追溯至阿尔瓦·阿尔托对民族化和人情化的建筑研究。现代建筑运动重要代表CIAM提出要保护“优秀建筑及其所表达的历史文化和记忆”。1947年，柯林·罗在《理想别墅的教学》中提出关注建筑形式的“历史性”。1950年，文丘里在其《关于建筑构成的文脉》一文中认为建筑与城市整体空间环境相关，“含义产生于文脉”。1951年，芒福德第一次提出旧金山地域主义的“湾区学派”，指出“地域”与周边“世界”持续交流，不能脱离“普遍性”理解“地域主义”。在20世纪50年代，欧美各城市主要应对城市住房紧张、交通拥挤、环境恶化、失业人口增长等城市问题，文脉概念虽被提出，但未作为焦点而引发广泛的讨论。

（2）20世纪60—80年代，由建筑到城市，跟随人文主义及后现代主义思潮对传统文化的价值进行认知。

人文主义以人为出发点，强调建筑及环境对人的意义；后现代主义思潮则强调建筑的“精神功能”和“可识别性”，强调发掘城市内多元社会文化价值和人类体验，进而体现出更多城市人文精神，又称“文脉主义”（Contextualism）。城市文脉概念最早形成于美国，存在概念界定不清、概念内涵之间相互影响的动态发展特征。随后城市文脉概念传到欧洲、日本，并逐步扩散至建筑学及其相关研究领域。城市文脉概念在建筑学领域促进了现象学和符号学的研究，其中以存在主义为取向的诺伯舒兹的“场所精神”理论最具代表性。

20世纪60年代西方城市处于城市更新阶段，人们十分关注城市生活环境和品质问题，是文脉研究的活跃期。美国的“历史环境保护运动”使人们认识到保护历史就是实现本地区、本民族文化的延续。伴随着交叉学科的发展，在文脉主义的启发下，许多后现代理论家就如何阅读和理解城市进行了研究。凯文・林奇在《城市意象》一书中以路径、地标、边界、节点和区域五要素作为可以想象的空间形式来解读城市的“可识别性”。雅各布斯在《美国大城市的死与生》一书中指出城市更新中历史文脉和地域性的重要意义，认为“城市更新的首要任务是恢复街道和街区多样性的活力”。1966年，A.罗西在《城市建筑学》一书中指出“文化的绝大部分被编译入建筑类型中，部分被编译入建筑表现形式中，类型是城市文脉中的原型”。

20世纪70—80年代，西方资本主义社会矛盾异常复杂，引发了西方思想家对人、社会和未来的关注与思考，在西方世界形成了丰富多元的后现代社会思潮。这个时期对古建筑和城市遗产的保护逐步成为世界性潮流，产生了《保护世界文化与自然遗产公约》（1972年）、《内罗毕建议》（1976年）、《马丘比丘宪章》（1977年）等涉及保护城市历史环境的文件。城市规划思想史上的第二次根本转型也在这个时期发生，城市规划从强调功能理性转变为注重考虑社会文化。在此背景下，由于学者的研究角度和方法的不同，促进了城市文脉理论研究的繁荣。此外，兴起于20世纪80年代的复杂性科学也对城市文脉的研究产生重要影响，城市文脉研究更多地借助复杂性科学思维范式探讨如何在城市规划设计中的应用，以应对城市更新和再建中城市文化的衰落、城市记忆的缺失和城市人本精神的丧失。此时期的经典代表理论与设计思想有舒玛什的文脉“融合”论、C.罗与F.科勒的文脉“拼贴”理论、黑川纪章的“共生”思想和建筑设计中的“文化脉络”思想。在规划设计应用中对文脉的分类进行了探讨，如1974年S.科伦对文脉概念的划分，1987年A.塔格纳和M.罗伯逊提出知觉文脉。20世纪80年代初期地域主义发展为批判地域主义（Critical Regionalism），认为建筑应当创造一种“场所”（Place）感，使建筑与其所在地区“扎根”的文化相结合，同时“尊重文脉、环境（地形、气候）、光线与构造形式等”。批判地域主义是一种辩证开放思想，对城市文脉的保护和传承具有积极意义。

（3）20世纪90年代至今新城市主义、城市形态学“景观单元”方法论、文脉要素价值内涵阐释、文脉关联方案和“规划—过程—结果”（PPR）评价模型的意义。

新城市主义倡导进行具有多样性、人性化、社区感的“以人为中心”的设计。其思想核心是用既能保持旧的风貌又能衍生当代人需求的新功能的方式来改造旧城市中心的精华部分，强调城市规划首先要注意地域文脉和人情。受新城市主义思潮影响，戈登・库伦（Gordon

Gullen）等诸多学者将城镇景观视为城市文脉的象征并将此作为延续城市文脉的途径，进而提出了相应的认知和管理方法。

城市形态学“景观单元”的方法论对城市文脉研究的意义。基于德国历史地理学传统，发端于20世纪60年代的英国城市形态学派康泽恩（Conzenian）学派的城市形态学分析认知方法及其在景观单元管理方面的理论探索对于城市文脉具有重要的方法论意义。20世纪90年代以来，怀特汉德（Whitehand）、拉克姆（Larkham）和斯莱特（Slater）等人将理论的关注点扩展到非物质因素和历史因素，形成景观分析框架并运用于景观保护项目中，增强了理论的可操作性。康泽恩认为城市景观代表了文明的累积和“场所精神”（Genius Loci），是其物质化表现形式。他主张城市景观保护与管理的对象是城市在不同时期所形成及体现出的历史性（Historicity）。城市景观保护与管理既要保留（Physical Preservation）实体建筑，还应对城市景观中所蕴含的大量物质和非物质化的历史沉淀进行适当的管理，形成城市管理单元的概念并广泛应用于不同地域与文化单元的城市景观的分析中。该分析方法可为山东运河城市的传统城市景观及历史文脉研究提供重要的方法参考。

对于一些不足以表达其内涵价值的文脉载体，《世界文化遗产地管理指南》中指出了叙事性的阐释方式，即“它们是如何被建造和破坏的，它们的用途以及生活在那的人发生的活动和事件”，可通过“利用原始对象、直接经验或说明性媒介而揭示遗产的意义及其相互关系，来补偿性地代替那已经失去的氛围”，这对包含物质文化遗产、非物质文化遗产和自然遗产的大运河一类的复合型文化遗产的要素价值内涵关联及传承具有较大启迪意义。

1998年，美国提出了在交通规划中注重自然、历史环境和社区价值并与经济发展相协调的文脉关联方案。其注重环境文脉，寻求交通安全、效率和文脉之间的平衡关系，着重考虑历史保护，自然环境的可持续能力及活力公共空间的营造，也即 TOD发展模式。近年来，西方更加关注城市规划过程动态控制，开展规划评价和规划后评价，并提出了规划评价的标准、相关方法和“规划—过程—结果”评价模型，从而使规划评价和项目评价相结合，其思维方式和过程控制思想对本书具有借鉴价值。

2.1.2 国内城市文脉研究综述

我国城市文脉研究深受西方城市规划设计思潮影响，伴随着中国国际交流环境变化和城市建设进程的历史大背景而行。结合中国知网的学术研究发文量分析，可看出我国城市文脉研究的大致脉络，可把研究进展划分为城市文脉理论研究的概念引入（20世纪80—90年代）和城市文脉研究的全面发展（21世纪至今）两个阶段（图2.1）。

（1）20世纪80—90年代，从概念的多维解读到法律法规保护。

20世纪80年代在国内产生了以“西学热”和“传统文化热”为主要内容的“文化热”。“西

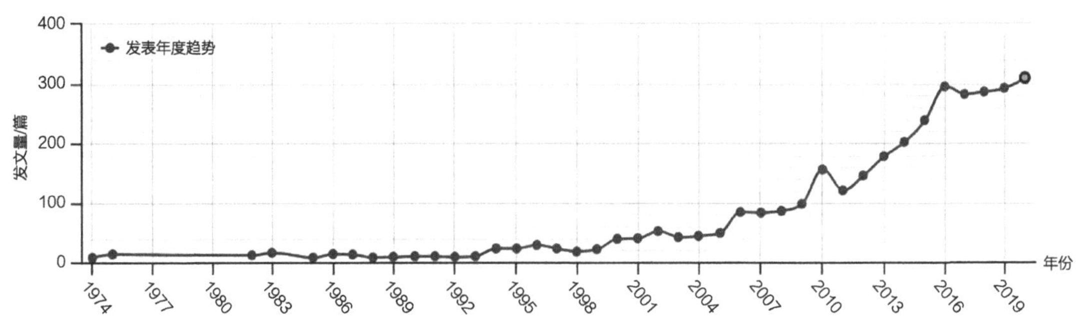

图2.1 基于CNKI分析的我国城市文脉研究的期刊文献数量变化
（图片来源：按检索条件生成。检索条件：篇名=城市文脉，时间2019）

学热”主要体现在西方自启蒙运动以来从崇尚理性到非理性泛滥的各种思潮，以控制论、系统论和信息论为主要内容的“新三论”被译介过来，此后的耗散结构理论、协同论和突变论也风靡一时。1985年甚至被称为“方法论年”。“传统文化热”主要体现在以西方文化作为参照对传统文化进行反思和批判阐释。在城市建设中，“文化热”主要探讨了传统城市与当代建筑之间的文化融合关系。针对“Context”概念内涵解读，比较有代表性的是周卜颐先生和张钦楠先生对文脉内涵进行的辩论。文脉概念本土化解读文脉（Contexture）为文化的脉络，它是珍贵的传统；城市文脉表现为一定的文化场，具有特定的文化结构（在我国深受礼制和玄学制约，天人感应与阴阳五行为具体表现）；认为文化的开放性决定了城市文化始终处于一种连续嬗变、不断发展、延续之中；“脉”是由文化的历史性延续所构成，历史性要素是文脉构成要素当中最主要和突出的要素，其传统成分是城市文脉中的稳定要素，构成了城市的个性。相比理论的探索和研究，在法规方面进展也很迅速，《中华人民共和国文物保护法》（1982年）、《中华人民共和国城市规划条例》（1984年）和《中华人民共和国城市规划法》（1989年）相继颁布，对历史文化遗产、城市传统风貌、地方特色和自然景观等城市历史文化传统的保护纳入法律、法规范畴。1982年、1986年我国分别公布了第一批和第二批历史文化名城名录。20世纪90年代历史文化名城保护、旧城更新保护等问题逐渐受到关注，先后颁布了《历史文化名城保护条例》（1993年）、《关于审批第三批国家历史文化名城和加强保护管理的通知》（1993年）、《转发“黄山市屯溪老街历史文化保护区保护管理暂行办法的通知”》（1997年）等重要文件，对文脉的认识也逐渐扩展到城市本体及其社会系统方面。

（2）21世纪以来从全面多维认识及实践到“历史研究”“地域源流”再到多元化法规体系。

21世纪对文脉认识更加多维。有学者提出文脉是物质与空间的概念又是运动与时间的概念，是四维的时空运动概念；也有学者认为文脉包括历史、文化、社会经济和地理（城、郊，区域及全球网络）以及指导发展的规划实施机制（理论实践），并从城市文脉形态及其发展变化的关系角度，提出城市文脉主要由自然环境、城市建筑环境、地域文化和技术四类要素构成。关于对城市文脉的解读方法与空间表达方面，认为可采用景观特质分析方法、城市记忆空间解读分析方法、城市文化地理学分析方法以及通过划分显形文化（内容和形式）和隐形文化（形式之间的关联，即价值观念）来解读城市文脉，也有学者指出城市文脉是一个城市的自性所在，在寻找解读城市文脉时，就要思考如何重新构造城市文脉。对于文脉的空间表达探讨，认为“自然环境、历史积淀、约定俗成和骨架模式是城市文化的共同基因”，“城市发展的文脉和城市文化发展的轨迹可以在城市的骨架（Structure）、城市的肌理（Texture）中寻找”，“城市文脉存在状态和展示方式主要具有三个特点：一线贯通、一脉相承；线与脉上均有数目不等的点被凸显；在空间布局和时间延展上均富有节奏，雕塑和著名的植物景观也是城市文脉的重要构成要素，可运用地理信息系统（GIS）技术将城市文化的脉络体现在地理空间上”。在解读之后初步提出了传统城市文脉要素的价值评判及传承方法框架。

对于城市文脉及其传承问题提出城市文脉是城市发展变化过程中所具有的时空关联。“有序的文脉关系构成了城市特色，是城市文脉传承、延续的基础”，具有“共时性”和“历时性”的特征，并有待形成系统的理论基础和方法。应用性研究主要是运用城市文脉基本理念，对城市更新、遗产保护、文脉延续、规划管理、城市特色塑造、城市规划设计等方面进行实证性分析并产生较多研究成果，同时，对国外的城市文脉传承实践也进行了引介。

学者们从文化学视角、景观学视角在区域层面以及城市层面进行了较多研究，探讨了城市物质空间环境的文脉特质，提出了城市空间文化结构解析与评价方法及城市文脉保护的主要策略。但如何在城市空间上综合统筹，是新的国土空间规划体系需要回答的问题。目前，已经形成的相关保护规划法规和政策，均提出以“保持和延续其传统格局和历史风貌”为核心，注重“空间尺度和与其相互依存的自然景观和环境”，进而关注“传统建筑特征、历史环境要素特征、非物质文化遗产特征……”的规划理念，有利于城市空间文化载体的静态被动保护，但易造成遗产碎片保护、文化肤浅展示，难以突破单一空间保护进而融入更为宏观的文化生态，对此问题，阳建强教授、邵甬教授、张兵教授等指出，极有必要从区域整体进行城乡文化遗产保护。这对山东运河城市研究所选取的研究视域、研究方法具有较大启发和借鉴价值。

（3）从城市形态与历史文脉互为表里到城市空间发展理论以及层积视角的提出。

不少学者认为，城市形态与历史文脉是一对互为表里的概念，城市形态以物质实体为表达载体，具有可读性和城市意象特征，是历史文脉存续的物质基础和评价依据；历史文脉包括了与城市形态最直接关联的演变规律、社会结构、社会制度、哲学思想、伦理观念、礼仪风俗和地域文化等非物质属性，是城市形态产生的动力之源和根本之魂。二者互为存续条件，标本相依。但同时也面临一些质疑：第一，城市形态分析以物质形态为中心，具有城市空间形态是文化发展的物质沉淀的思想。同时，城市形态由研究传统而得到，使它很容易被划入物质形态决定论或空间映射论范畴。第二，城市形态的总结是描述性的或解释性的，具有经验性总结固有的内在缺陷，这决定了其技术价值的上限。在面对新的城市建设时，它们“朝着过去迈进”，而不是“向前看”，难以统筹指导未来城市建设中的自然环境和历史人文问题。

《关于城市历史景观的建议书》指出城市历史景观由层积而来。该方法分析每一个层次对于城市的意义并找到各层次之间的关联，进而“历史层积”为一个整体进行系统管理。总体而言，城市历史景观可被视为一种“共同演化的人—地单元”，是一种城市空间发展理论，即空间互动论。针对城市形态学的瑕疵，城市空间发展理论研究“城市空间—自然环境—社会人文”系统内生互动过程，既支持城市空间具有自身发展规律和特征的假设，也在引入发展观的基础上确认了空间能动性，形成了空间互动论。认为空间不是社会意识形态的附庸或是社会、经济活动在空间上的简单投影，空间本身参与了演化，对城市其他系统具有整合与约束效用。城市空间发展理论通过探讨空间演化的动态规律，为城市规划设计提供空间干预的方法策略。这启发我们，城市文脉传承必须尊重“城市空间—自然环境—社会人文”系统内生的演进动力。

综上所述，城市文脉的概念内核与具体外延亟须进一步明确，文脉要素的认定方法、构成范围、空间表达形态及关联模式以及演化动力机制尚需地域的、本土的实践探索。文脉空间物质载体要素、文化信息要素的保护与传承，在理论基础、规划技术、实施层面迫切需要一套适应地区文脉传承的价值评估体系及其过程控制与管理方法。在对以上问题的研究上，城市空间发展理论之空间互动论能从不可分割的整体观、相互联系的有机观和每个要素的能动观等方面来重现城市的复杂性，把城市中的“显秩序”和隐藏在市民活动中的“隐秩序”都列为研究对象，对文脉研究具有借鉴价值。

2.2 新型城镇化语境下城市文脉概念思辨

2.2.1 城市文脉概念语义探源

文脉是语言学“Context”的翻译词。在《牛津高阶词典》中，“Context”的释义有两层含义：其一是文章的上下文关系，文章语句之间的伦理关系；其二是事物的背景、状况。在语言学中，是指同一个独立的单词在不同的文章（语境）中，其表达的含义不同。在非语言学领域，文脉的概念首先由美国建筑师R.文丘里（Robert Venturi）于1950年提出，背景是现代主义建筑和现代城市规划过分强调规划设计对象本身而不注意它们彼此之间的关联和脉络，从而造成难以理解。此后，研究学者基本围绕历时（关联）性、共时（关联）性和情感（意义）性这三个文脉概念对文脉的要义进行解读（表2.2）。

建筑学、社会学、旅游学、城乡规划学和风景园林学等多个学科对文脉的语义也有着不同的解读（表2.3）。

国内外代表人物/组织对文脉要义的解读　　表2.2

时间及代表人物	核心观点
1950年，R. 文丘里（Robert Venturi）	建筑的外部环境
1960年，凯文·林奇（Kevin Lynch）	路径、地标、边界、节点、区域等为可想象的形式文脉
1974年，S. 科伦（Stuart Cohen）	文脉分为“文化文脉”（Cultural）和“物理文脉”（Physical Context），分指建筑意义及表现形式
20世纪80年代，A. 塔格纳（Anthony Tugnutt）、M. 罗伯逊（Mark Robertson）	《理想的城镇风貌：城市建筑的文脉主义探索》一书中用“Contextualapproach”一词来表达“历史脉络”或“文化脉络”的含义，“类似性”（Similarity）和“连续性”（Continuity）的关系称为“Contextual”（文脉的），“认知的文脉”
2008年，国际古迹遗址理事会	《文化线路宪章》中“Context”被视作文化线路的自然、文化的关联背景，二者之间相互作用、影响
1985年，艾定增	是一条发展的线索
1989年，周卜颐	环境
1989年，张钦楠	“文（章）脉（络）”，或“文（化）脉（络）”
2004年，郑向敏与林美珍	文化的精神与灵魂，具有承上启下的传承功能以及阐释人类生活的符号功能，依托于各种物质载体以及人类的活动
2005年，张京祥	文脉是人与建筑的关系、建筑与城市的关系，整个城市与其文化背景之间的关系，它们相互之间存在着内在的、本质的联系，城市规划的任务就是要挖掘、整理、强调城市空间与这些内在要素之间的关系
2008年，刘先觉	有活力、具有历史感和地方性
2017年，陈忠	空间与人文的统一，具有历史性、当下性与未来性
2018年，任云英	文化脉络，它是诠释文化及其时空价值的重要概念，既包括文化的时间脉络（历时性），也包括文化的空间脉络（共时性）

不同学科对文脉语义的解读　　表2.3

学科	文脉内涵
建筑学	建筑对人文历史的延续与表达（历时状态中的前后承接关系），建筑与整体环境的有机构成与和谐（共时状态中与环境之间的关系）
社会学	文脉与人类文化、文明密切联系，文脉是文化的关系，是文化的脉络
旅游学	侧重地域旅游特色塑造方面的研究
城乡规划学	含义有三：其一，与城市内在本质相关联，是影响城市赖以生存的背景；其二，是城市、自然环境及相应的社会文化背景之间动态的、内在的本质联系；其三，是城市历史的、文化的、地域的氛围和环境，以及文化脉络的地理空间表征
风景园林学	“景观文脉”多指蕴含在景观作品中的历史文化内涵，是区域自然地理背景、历史文化传统、社会心理积淀和经济发展水平的四维时空组合，是景观赖以生存的根基

2.2.2 城市文脉概念本土转译

20世纪80年代“文化热”在肯定传统文化价值的背景下，从探讨传统城市与当代建筑之间的文化融合关系开始，逐步将文脉概念应用到城市文化遗产保护（把破坏文物看作隔断城市文脉）、历史街区更新以及城市设计中的文化传承。

国内对城市文脉概念的界定大致可归为背景／环境、脉络表征、联系和城市文化四种认知。由于城市文脉系统的复杂性，学者多采用发生定义法对概念进行描述。从思维范式和认识论上看，背景／环境、脉络表征遵循客体原则，强调本质主义；联系和城市文化认知遵循主客体统一原则，融入主体情感意识，认为主体怎么看待对象决定了对象如何显现，正如海森伯所说，“我们观察到的不是自然界本身，而是由我们提问方法所暴露的自然界”。

持城市文脉是城市历史发展过程中锚固累积形成的背景／环境观点的学者认为，城市文脉是特定的人类种群在一座城市长期发展建设中形成历史的、文化的、地域的氛围和环境，反映出特有的生存状态和生活方式。

持城市文脉是城市历史文化脉络及表征观点的学者认为文脉可以理解为文化脉络，亦即文化的来龙去脉，它是珍贵的传统。从“显”“隐”文化看，城市文脉不仅有其内容，而且表现出特定的“文化结构”，有一定的“文化场”；城市文脉是包含过去的文化精华、当下最具活力的文化基因和将来具有文化创新潜质要素的系统；城市文脉是以文化空间等形式呈现的城市基因、城市特色，具有文明多样性，是一种贯通历史当下与未来的可能性、通达性存在，具有情感、经济、社会、文化、政治等综合效用；城市文脉是人类社会文化发展的主流趋势在特定城市发展过程中的反映，它体现在道德伦理、价值观、宗教、文学、艺术、习俗、语言、饮食、服饰、建筑、社会组织结构、社会制度、社会心理等社会生活的方方面面；城市文脉的“脉”可以解读为如水流或血管般遍布又自成系统，是城市某种无处不在的特性。同时“脉”离不开情感，是可传承、可感知并附着感情的城市意象，它勾连空间、时间与情感。

持城市文脉是城市与自然环境及相应的社会文化背景之间动态的、内在的本质联系观点的学者认为城市文脉是各类城市文脉要素之间一种动态的、内在的本质联系的总和，它更侧重情感方面的血脉关系。

持城市文脉是城市文化及其时空价值的认知观点的学者认为城市文脉从属于文化的认知范畴，是文化影响并作用于城市所形成的特定人居环境营造的经验、智慧及其文化思想传承的认知基础。

2.2.3 城市文脉概念内涵界定

自2002年以来，以中华文化复兴理念为导向，聚焦于弘扬传统文化的城市文脉一词越来越多地出现在研究领域，并在我国新型城镇化战略中把文化传承提升至城镇发展重要驱动力的高度（表2.4）。

有关城市文脉的重要论述　　表2.4

时间	相关论述
2003年9月	《加强对西湖文化的保护》中提出，“作为省会城市，杭州应在保护文化遗存、延续城市文脉、弘扬历史文化方面，发挥带头作用，做得更好”
2006年6月	国家领导在“文化遗产日”调研时说，城市化过程中隐藏着对文化遗产进行破坏的危险，在现实中就存在着城市文化个性的轻视甚至埋没，造成文脉的断裂，造成“千城一面”的现象
2013年12月	习近平总书记在中央城镇化工作会议上指出，“提高城镇化建设水平既要体现尊重自然、顺应自然、天人合一的理念，依托现有山水脉络等独特风光，让城市融入大自然和现代元素，更要保护和弘扬传统优秀文化，延续城市历史文脉，要发展有历史记忆、地域特色、民族特点的美丽城镇”
2015年12月	中央城市工作会议指出，要加强对城市空间立体性、平面协调性、风貌整体性、文脉延续性等方面的规划和管控，留住城市特有的地域环境、文化特色、建筑风格等“基因”
2017年2月	《关于实施中华优秀传统文化传承发展工程的意见》提出，“深入挖掘城市历史文化价值，提炼精选一批凸显文化特色的经典性元素和标志性符号，纳入城镇化建设、城市规划设计，合理应用于城市雕塑、广场园林等公共空间，避免千篇一律、千城一面。挖掘整理传统建筑文化，鼓励建筑设计继承创新，推进城市修补、生态修复工作，延续城市文脉”
2020年4月	《关于进一步加强城市与建筑风貌管理的通知》提出，“推进优秀传统建筑文化传承和发扬，引导建设单位增强文化自觉，设计建造符合文化传承、功能优先、融合环境、环保节能等要求的建筑产品，坚定文化自信、延续城市文脉”

在城市文脉概念广泛传播的过程中，逐步赋予了城市文脉以“城市文化脉络”保护和传承的内涵。从当前城市建设实践上看，提出城市文脉概念主要是为了改变当前单调、刻板、千篇一律的城市面貌，丰富城市历史环境内涵与意义，避免城市文化环境“碎片化”“孤岛化”，以期使建筑和城市地段及所在城市的关系、整个城市与其文化背景之间的内在联系明晰，使人易于阅读和理解。它逐步成了人们追求理想的城市环境风貌所推崇的理想观点和主张。城市文脉内涵可引申为对城市历史发展中的文化载体、文化环境等文脉要素进行整合与优化，并结合现代城市发展的新需求，实现历史文化的延续与传承。

（1）四类观点对当下城市文脉保护与传承指引之不足之处

对照城市文脉概念的四类观点和新型城镇化语境下城市文脉提出的目的，可发现四类观点有以下不足：

①背景／环境论对城市文脉传承和城市设计创新引导不足。若将城市文脉等同于城市赖以生存的背景、环境，在现实城市建设领域往往造成把背景、环境简化为城市布局形态和建筑风格，将传承城市文脉等同于保持城市历史风貌、传统格局，会造成文化遗产保护拆旧建新、拆真建假。城市设计时会不分文化的源和流，丢文脉这个“源”而从外来建筑符号的“流”，会

造成“千城一面”的尴尬境地。在此观点下文化遗产成了博物馆式的展示，一谈活化利用就谨小慎微，进而不能合理解释、有效指导各种旨在接续、保护城市文脉的建设活动。因而，城市文脉概念仅指城市赖以生存的背景、环境，不能很好地指导当下城市建设实践。

②联系论易造成城市文脉要素“泛化”和城市设计思想“自由化”。城市文脉如果没有明确的城市文脉要素作为实际“支撑”，只是把城市文脉看作是城市与自然环境及相应的社会文化背景之间动态的、内在的本质联系，就会使城市文脉要素构成难以明确，极可能导致关注内容的泛化，认为一切历史遗迹皆有文化内涵。丧失明确的城市文脉要素认定标准，会使联系对象变得空洞化和形式化，进而消解了城市文脉概念对城市文化变迁和城市发展问题的解释力，以及对城市特色设计的指导力。为了使城市文脉要素可以有一个相对清晰和统一的范围，并能够在政策制定及城市文化的繁荣发展中发挥其应有的建设性作用，城市文脉概念应该包含文脉载体的表征。

③脉络表征和城市文化认知论尚需进一步阐明城市文脉概念的内核。概念作为一种意识是对客观世界（事物）的反映，它反映了客观对象的本质属性或特有属性（区别性的）。此观点不能充分反映事物本质特征，缺少对客观事物更深刻的认识与总结的功能，进而也难以进一步推动城市文脉理论建构和实践应用。

（2）新型城镇化语境下城市文脉内涵

①价值是城市文脉概念界定之内核。在当下，我国城市文脉传承与城市遗产保护、传统文化传承及城市更新形成了紧密联系。城市文化遗产保护、管理、展示、利用、研究和监测等都围绕价值来展开，这要求城市文脉概念具有此理念。具有特色的城市设计过程就是一个对地域文脉的诠释过程，要求城市文脉概念需明确诠释价值特质。只有具备以上两种意识，城市文脉概念才能满足当下城市文化遗产保护和城市文化环境品质提升的实践需求，成为反映其本质特征的科学概念。此外，从《填补空白——未来行动计划》和《什么是突出普遍价值?》两个重要文件来看，一切都基于遗产价值是世界文化遗产保护最新动向与共识。这也进一步明确了具有特色的城市设计作品是以价值为核心的“源”的诠释。

综上，城市文脉概念界定之内核应为价值，价值应包含历史价值、艺术价值、科学价值以及社会价值和文化价值。城市文脉要素通过价值这个纽带关联成节点、街区、城市格局形态、文化廊道等不同层级的城市文脉空间单元，进而形成具有整体性的城市文化脉络。

②城市文脉概念的外延厘定。综合诸学者的研究成果，城市文脉包含以下四种特性：第一，城市文脉是城市主体对城市集体文化意象感知的源泉，强调主客体统一性；第二，城市物质要素的呈现具有形意相关性，其形态与文脉内涵互为表里；第三，城市文脉是城市特色的源泉，强调城市的文化特色；第四，城市文脉是各文脉要素综合后的涌现，强调城市文脉生成的过程性以及主体认知的视觉和身体感知的合一性。城市文脉的外延至少包含三个层次，即城市所处自然社会环境的宏观结构层次，被特定筛选出的场所、地标等人造环境要素结构层次和城

市主体的精神心理活动结构层次。要清晰地展现城市文脉内涵的以上特性，可借助历史城市地理学、总体史观和时段理论、城市类型学、文化重心理论、环境心理学和精神分析理论来具体化城市文脉概念的外延。

以历史城市地理学、总体史观和城市形态学为指导建立城市文脉要素数据库。历史城市地理学研究具有区域性、综合性和时序性等特性，主要研究历史时期城市空间组织及其演变规律。它要求对影响历史时期城市发展的诸条件进行综合研究，通过对所研究城市的历史、现状和发展进行综合，对不同历史时期复原断面的对比来揭示历史城市发展的演变规律。时空交织分析法是历史城市地理学的根本研究方法，该方法重视时序变化、空间定位和区域比较。该理论主要用于正确揭示现今城市的地理特征。总体史观要求从人出发，以人为中心，把人及其生活的环境中的一切复杂关系理解为统一的和不可分割的整体历史，而不是各种历史现象的简单拼凑或堆砌。平面分析法是城市形态学的核心方法，该方法有“顺叙性”与“区域化”两个重要特点。顺叙性强调从形态形成之初开始追踪其变化，据此来理解当下存在，形成过程中的形态对理解城市形态的演进过程同等重要。通过以上相关方法可梳理、挖掘出和当前文化遗产密切相关的城市文脉物质载体要素和非物质载体要素，形成文脉要素数据库。

以时段理论透视不同城市文脉要素的演化周期。布罗代尔的总体史观将历史划分为长时段、中时段和短时段三个层次，并认定长时段与中时段中呈现的历史层次为总体历史运动的策源地，认为只有这才能为总体史建构稳定的结构。借鉴法国年鉴学派历史研究整体观中的时段划分，可对城市文脉要素的“历时性”进行时间周期划分，这有利于把周期特性一致的相关文脉要素归为同一文脉积层，进而指导城市文脉积层选取的完整性，增强城市文脉研究的整体性。

正如陈序经先生所言，“一个研究文化的人，假使对于文化重心不明了，那么他决不会了解文化真谛”。文化重心是文化学和文化哲学的重要范畴，是文化的内容性概念，指在人类历史发展的不同阶段在文化体系中处于主导地位的文化内容（文化发展所偏重的方面，对其他文化方面有较大影响力的文化成分），主要用来表达文化的内容结构，是文化结构分析、文化差异比较的一个重要概念。文化重心理论有助于明晰城市不同发展阶段的文化特色，整理文化演变链条，预测文化发展趋势。不同地域城市的文化有不同的文化重心。明了城市文化重心，也就明了城市文化特色，就可避免城市特色塑造时太过全面、似是而非、普遍雷同。不同阶段的文化有不同的文化重心，文化变迁常常也是文化重心的变化，从而形成自身演变链条。在对未来社会预见中，文化学和文化哲学研究者表现出惊人的一致，普遍地认为文化重心演变的落脚点是伦理。从物理学视角看，重心对认识物体运动规律也具有至关重要的意义，在城市发展历程中，体现文化重心的文脉要素始终在时间（历史性）和空间（共时性）两个维度上发生或快速或缓慢的变迁，这为整理城市文化主脉提供了一条清晰主线。城市不同的文化重心演变历程即展现了其文化特色。

环境心理学和精神分析理论揭示了人对文化脉络的认知特性。根据环境心理学相关研究，人在感知客观对象时，首先对与客观对象相关的事件感兴趣，然后关注事件发生的地点及范围（即场所），最后将关注点放在观察对象的外观上。精神分析理论认为人的精神生活可分为意识、前意识和潜意识三个部分。意识是我们在任何时候都能意识到的现象；前意识是如果我们注意它就能意识到的现象；而潜意识是我们意识不到，也不可能意识到的现象。弗洛伊德认为，精神生活的主要部分是潜意识的。人对城市文脉的认知可分为有意识和潜意识。潜意识认知由行动构成，侧重主体身体行动和参与的重要性。有意识认知取决于人的认知系统，有“图像性”和“象征性”两种表现。“图像性”主要根据事物的视觉特征意象化，进行形式编码；“象征性”是根据其含义，用象征符号来表示，进行语义编码。综上，可以得出主体对城市文脉的认知主要通过事件引起兴趣，进而通过视觉意象和身体体验得到。

综合以上城市文脉概念内核和外延的认知，新型城镇化语境下的城市文脉概念可界定为：以“多类型、多层次价值有机统一”为核心，呈现城市文化重心漂移历程，可被主体视觉、体验认知，反映特定地域环境影响下城市文化载体外在表征、内在结构关系和深层变化规律的“人、时、空连续关系网络”。其中，表征城市文化脉络的文化载体是由与城市生成演变过程中与周边自然地理环境、历史人文环境及城市事件紧密相关联、相影响的那些要素组成的，这些要素在不同时段形成文脉，然后随着时间而沉淀、汇集、层叠，最终形成主脉、次脉和支脉交织的文脉网络，它不断赋予城市空间以高于物质层面的精神和文化。文化遗产是这些文化载体中已被认定的、具有某方面重要价值的部分，它见证了城市文脉的生成，是城市文脉传承的基础。

2.3 文化遗产保护实践及其对城市文脉研究的启示

当今文化遗产保护事业已经证明，文化遗产保护的文脉统领，既是出发点，也是归宿。在城市动态发展过程中，城市文脉的构成要素也随着人们对城市文化遗产的认知而变化。文化遗产是城市文脉载体的核心组成部分，文化遗产的类型扩展、纳入年限标准、价值认知扩展、保护方法和管理模式既可为城市文脉研究视角、框架提供指引，也为城市文脉载体的选取范围、选取标准提供参考，还可为城市文脉的传承提供政策、资金来源和社区参与等方面的实践经验。因此，城市文脉研究很有必要追溯文化遗产的保护实践历程。

2.3.1 国际文化遗产类型扩展及遗产历时限定分析

（1）国际文化遗产保护类型的扩展

自1931年《雅典宪章》颁布以来，随着文化议题由文化重要性、多样性到文化冲突与理解，再到跨文化、跨地域的文化交流，在世界文化遗产保护体系中，遗产保护类型逐步从单一的历史纪念物、艺术品扩展到包含历史文化街区、历史城镇、水下遗产、工业遗产、非物质文化遗产、文化景观、运河、遗产区域和遗产线路等类型。在空间上，对各类型文化遗产的保护，也从保护文化遗产本身扩展到保护文化遗产及周边环境（表2.5）。

文化遗产保护类型的扩展历程　　表2.5

年份	颁布组织	文件名称	城市建设背景及文件针对的遗产类型
1931	ICOMOS	《关于历史古迹修复的雅典宪章》	基于欧洲历史遗产保护运动，很大程度上是基于浪漫的情感和对景观的主观评价的古迹保护理论，主要针对历史纪念物（Historic Monuments）
1933	CIAM	《雅典宪章》	现代建筑运动在欧洲进入相对时期，提出要保护建筑艺术作品，包括独立的建筑物或建筑群
1964	ICOMOS	《威尼斯宪章》	保护对象为纪念物和遗址（Monuments and Sites）
1972	UNESCO	《保护世界文化和自然遗产公约》	文化遗产保护从保护各国遗产扩展到保护人类共同遗产，增加了建筑群（Groups of Buildings）遗产
1975	ICOMOS	《关于历史性小城镇保护的国际研讨会议的决议》	增加历史性小城镇
1976	UNESCO	《内罗毕建议》	提出历史地区（Historic Areas）概念，认为历史地区及其周边应被视为不可替代的世界遗产的组成部分
1977	CIAM	《马丘比丘宪章》	在考虑再生和更新历史地区的过程中，应把优秀的当代建筑物包括在内
1982	ICOMOS	《佛罗伦萨宪章》	历史园林与景观
1987	ICOMOS	《华盛顿宪章》	历史城镇与城市地区（Historic Towns and Urban Areas）
1990	ICOMOS	《考古遗产保护与管理宪章》	定义“考古遗产”概念类型
1992	UNESCO	《世界遗产公约操作指南》	附录中增加了文化景观（Cultural Landscape）遗产
1999	ICOMOS	《关于乡土建筑遗产的宪章》	乡土建筑
2001	UNESCO	《保护水下文化遗产公约》	水下文化遗产
2003	UNESCO	《保护非物质文化遗产公约》	非物质文化遗产
2003	TICCIH	《关于工业遗产的下塔吉尔宪章》	工业遗产（Industrial Heritage）
2005	ICOMOS	2005版《世界遗产公约操作指南》	附录中增加了新类型遗产，运河和遗产线路
2005	世界遗产与当代建筑国际会议成果	《维也纳备忘录》	城市历史景观
2008	ICOMOS	《文化线路宪章》	文化线路（Cultural Route）
2015	ICOMOS	《塞拉莱建议》	考古遗址公园

迄今为止，国际文件只是针对不同类别的文化遗产保护，并未有整个文化遗产综合保护的文件。关于文化遗产的定义，联合国教科文组织（UNESCO）在1990—1995年的中期战略中指出："文化遗产是一个物化的信息整体，它既具有特定的艺术或象征性，又由于被过去的各种文化所传承而属于整个人类。作为实在而丰富的文化身份的复合体，作为属于全体人类的遗存，文化遗产给予每一个特定的地点以独特性，它同时也是人类经验的宝库。"这一角度对文化遗产的保护与诠释是文化政策的基石。在国际古迹遗址理事会《国际文化旅游宪章（重要文化古迹遗址旅游管理原则和指南）》中这一概念表述为："文化遗产是在一个社区内发展起来的对生活方式的一种表达，经过世代流传下来，它包括习俗、惯例、场所、物品、艺术表现和价值。文化遗产经常表现为无形的或有形的文化遗产。"

（2）国际文化遗产划定的时间限定

若从"历时"视角来观察文化遗产，文化遗产会以一种在较长时间中持续留存的状态呈现，其经历的时间长度，也关乎我们今天对其蕴含价值的判断。从对文化遗产保护范围扩展历程的梳理中可以发现，人们在划定文化遗产时，始终都伴随着价值的判断，随着价值判断的变化认定文化遗产时其"历时岁月"（距当下的时间长度）的大小也会发生变化。遗产范围的扩大决定了文化遗产的认知必然可以在时间上得到延展。此外，出于古物崇拜和文化宣扬，加之物质实体本身有自然生命周期，历经时间洗礼之后往往比较脆弱，脆弱性往往导致稀缺性，因而古物很早就受到人们的青睐，在文化遗产的判断上也着重强调文物在时代上与今日的重大跨度及因之而产生的陌生和稀缺感。世界遗产组织对文化遗产的认定在时间跨度上是由大及小的，在关注点上由经典之作延展到普通物品。对于时间重要性的弱化也体现在现代遗产的保护中，文化过程受到了更大的重视，遗产认定在时间层面上被极大地扩展（表2.6）。随着时间跨度在文化遗产遴选标准中所占权重日益缩小，各国对文化遗产的时间跨度要求也越来越小（表2.7）。

国际保护组织对入选文化遗产的时间限定要求　　表2.6

年代	入选文化遗产的时间限定
20世纪60年代以前	工业革命以来特别是20世纪的建筑遗产鲜有被列入世界遗产目录，时间跨度在60年以上
20世纪60年代后期至20世纪70年代	对一般历史建筑、乡土建筑、工业建筑和人居环境进行保护，时间限定开始淡化
20世纪80年代	关注战后建筑和晚近遗产（Recent Heritage）保护，时间的限定淡化，价值是核心标准。如澳大利亚悉尼歌剧院及悉尼港在2007年，即建成34年时被列入《世界遗产名录》；1984 年列入《世界遗产名录》的西班牙圣家族大教堂是未竣工就被评为世界文化遗产的建筑
20世纪90年代以来	关注20世纪遗产，时间的限定进一步淡化。2008年德国柏林现代住宅区（Berlin Modernism Housing Estates）被评为世界文化遗产，列入时其建成时间为70～80年；2011年列入世界遗产的德国法古斯工厂，列入时建成时间约为10年

英国和美国相关法律对入选文化遗产的时间限定要求　　表2.7

国家	相关规定（时间）	对文化遗产建成的时间限定
英国	《古迹加固修正法案》（1913年）	要求时间跨度在400年左右
	《城乡规划法》（1947年）	历史建筑分级登录，19世纪晚期和20世纪早期的少量建筑也可登录。文化遗产的最小时间跨度要求缩小至40~50年
	《城乡规划法》（1990年）	通过建成年代限定了建筑登录的法定标准。法定标准的主要内容为：①1700年前建成，能反映少许原貌的建筑；②1700—1840年间建成的大部分建筑；③1840—1914年间建成质量尚佳、有一定特色的建筑；④1914—1939年间建成高质量兼能反映古典主义、现代主义及其他风格的代表建筑；⑤少数1939年后建成、具备30年以上历史的杰出建筑，建成时间介于10~30年具备国际地位或受到重大威胁的建筑
美国	《国家历史保护法》（1966年）	“在美国的历史、建筑、考古、工程技术及文化方面有重要意义，在场地、设计、环境、材料、工艺、情感（Feeling）以及关联性上具有完整性的地区、史迹、建筑物、构筑物、物件，有50年以上历史并具备下列条件的，即可作为国家登录保护的历史性场所：①与重大的历史事件有关联；②与历史上杰出人物的生活有联系；③体现着某一类型、某一时期或某一建设方法的独特个性的作品，或大师的代表作，或具有较高艺术价值的作品，或具有群体价值的一般作品；④从中已找到或可能会发现史前或历史上的重要信息。当建筑物历史不足50年时，若能提出证明其价值的充足理由，仍可以登录”

2.3.2 国际文化遗产价值内涵认知与保护措施流变

认识和评判文化遗产价值内涵不仅是确定文化遗产的基础，也是保护它们的依据，因而遗产学界共同认为价值问题是现代遗产保护的主要问题。以社会学价值视角追溯国际上文化遗产价值内涵认知扩展与保护方法，大致可分为古代、18世纪90年代至20世纪20年代、20世纪30年代至80年代和20世纪90年代至今四个阶段。

古代偏重文化遗产的纪念价值，重“纪念”意义而轻物质实体保护；18世纪90年代至20世纪20年代，对文化遗产的价值认知经历了从重艺术价值到重历史价值的过程，保护方法也从“风格性修复”转变为“维持性保护”；20世纪30年代至80年代，对文化遗产的价值认知逐步扩展，除历史价值这一核心价值外，还包含艺术价值、科学价值、社会价值、情感价值、教育价值和考古价值等，保护方法上从保护文化遗产单体扩展到与其关联的整体空间保护，形成历史环境保护观念和确立保护历史环境的整体性方法；20世纪90年代至今，从物质、非物质价值上升到文化价值，认识到文化遗产是传承文脉、弘扬精神的重要载体，保护方法从偏重保护物质环境发展到既保护物质环境也要控制经济社会发展变化，进而引导当代建设行为与社会功能改变的整体性，强调保护的原真性和完整性。

综上，国际文化遗产的纳入标准，不是一个指标系统，而是一个促进文化传承的框架。框架的主要分析因素包括自然系统、人造空间类型、历经时间、人类创造力、艺术、技术和社会经济等方面的内容，它为各国遗产的价值衡量提供了框架。当前，文化遗产在保护对象、遗产形式、保护重点、管理机构和利用方式等方面正发生着深刻的转变（表2.8）。

世界文化遗产保护、管理和利用的转变　　表2.8

类别	过去	现在
保护对象	宗教、王室贵族和政治纪念物、名人故居等	普通人的场所和空间
遗产形式	遗物、遗址、遗迹	持续性社区、文化景观、文化线路
保护重点	物质形态的组合	活的传统、物质遗产和非物质遗产整体保护
管理机构	中央和地方行政机构	社区和社团管理
利用方式	精英使用方式（为休闲）	普通用途（为发展）

（来源：作者根据张松教授《城乡历史文化遗产保护相关法规》讲座整理）

2.3.3 我国文化遗产保护类型扩展及历时限定分析

以时间为线索，通过对与我国文化遗产保护体系相关的全国性法律法规、部门规章和规范等文件及重大事件的统计整理，可发现国内文化遗产保护理论、国内法规制度的确立和国际宪章以及公约有密切的关系，我国近代以来的文化遗产类型扩展与历时限定也与国际上基本一致。

（1）文化遗产类型扩展：从“珍贵器物”到“文化遗产”

我国文化遗产的保护类型从古代的“珍贵器物”逐步扩展到今天的“文化遗产”，文化遗产类型扩展过程可划分为古代、近代、1949—1990年和1990年至今四个阶段。遗产保护的类型在古代为珍贵器物、古董和古玩，近代扩展为文物（古代遗存）、古物，1949—1990年扩展为文物、文物保护单位、历史文化名城、历史文化街区和世界文化遗产，1990年至今扩展为历史文化名镇（村）、非物质文化遗产、老字号遗产、大运河遗产、农业文化遗产、丝路文化遗产、抗战文物、“一带一路”文化遗产和城市遗产（表2.9）

我国文化遗产保护类型扩展的历程　　表2.9

阶段	时间及文件名称	遗产类型
古代	商周时期	皇室、贵族宗庙内“多名器重宝”，被视为赋予其政权合法性的某种依据，或仅为满足个人私好
	北宋时期	金石学以青铜器和石刻为主要研究对象，前朝器物统称为“古器物”
	明代和清代初期	“古董”或“骨董”
	清代乾隆年间	“古玩”

续表

阶段	时间及文件名称	遗产类型
近代	20世纪初	通过考古对古代遗存发掘和研究的“古物”
	光绪三十二年（1906年）《保存古物推广办法》	碑碣、造像、绘画、陵墓、庙宇等文物古迹
	1930年《古物保存法》	在考古学、历史学、古生物学等方面有价值的古物
	1931年《古物保存法细则》	开始将古代建筑纳入文物保护的范畴
	1935年《暂定古物的范围及种类大纲》	古生物、史前遗物、建筑物、绘画、雕塑、铭刻、图书、货币、舆服、兵器、器具、杂物12类，其中建筑物包括城郭、关塞、宫殿、衙署、书院、宅第、园林、寺塔、祠庙、陵墓、桥梁、堤闸及一切遗址
1949—1990年	1953年《关于在基本建设工程中保护历史及革命文物的指示》	保护内容涉及革命纪念建筑、名胜古迹、古代建筑物、纪念物、古墓葬及古文化遗址等类型
	1956年《关于在农业生产建设中保护文物的通知》	首次提出“保护单位”的概念
	1961年《文物保护管理暂行条例》	正式提出“文物保护单位”的名称，文物的范围如下：①与重大历史事件、革命运动和重要人物有关的、具有纪念意义和史料价值的建筑物、遗址、纪念物等；②具有历史、艺术、科学价值的古文化遗址、古墓葬、古建筑、石窟寺、石刻等；③各时代有价值的艺术品、工艺美术品；④革命文献资料以及具有历史、艺术和科学价值的古旧图书资料；⑤反映各时代社会制度、社会生产、社会生活的代表性实物
	1982年《中华人民共和国文物保护法》	“文物”包括可移动的和不可移动的一切历史文化遗存
	1985年	成为《保护世界文化与自然遗产公约》的缔约国，文化遗产保护开始和国际接轨
	1986年《关于公布第二批国家历史文化名城名单的通知》	历史文化保护区（现在的历史街区）
1990年至今	2003年	中国历史文化名镇（村）（第一批）
	2005年《关于加强文化遗产保护的通知》	设置中国文化遗产日，我国文化遗产管理对象已经实现了由文物向文化遗产的转变
	2009年《文物认定管理暂行办法》	每个类型内部的包容度扩大，建筑类型包容度扩大为“城市遗产”
	2016年	第一批中国20世纪建筑遗产
	近些年	对传统节日、老字号遗产、大运河遗产、农业文化遗产、丝路文化遗产、抗战文物、“一带一路”文化遗产和儒学遗产等专项管理，新增文化景观遗产

（2）文化遗产的时间限定：从“古物”到“20世纪遗产”

1930年，国民政府颁布了文物保护法规《古物保存法》，这是我国第一次把文物保护纳入法律。该法第一条规定：“本法所称古物指与考古学、历史学、生物学及其他文化有关之一切古物而言。”这里“古物”着重强调文物有重大时间跨度及因之而产生的陌生和稀缺感，是一个时间限定不明确的规定。1982年颁布的《文物保护法》，其“文物”在年代上包括了古代、近代、现代和当代。2009年关于贯彻实施《〈文物认定管理暂行办法〉的指导意见》指出，文物认定标准可以考虑将中华人民共和国成立作为文物认定年代的依据之一。

20世纪建筑遗产是我国重要的国家与城市记忆，2016年起第一批、第二批中国20世纪建筑遗产项目已经面世，入选项目均涵盖1990—1999年的各个时段，均有中国优秀建筑风格，建筑类型丰富，中外建筑师作品皆有。

从中华人民共和国成立以来我国部分城市颁布的保护条例、办法来看，多采用英国、美国等国家设定的50年作为历史建筑的标准，保护对象主要为中华人民共和国成立以前的古代建筑和近现代优秀历史建筑。部分城市将年限要求放宽，如上海市、成都市将历史建筑入选的年限设定为建成30年以上，甚至对不足30年的优秀建筑提前进行“备案保护”（表2.10）。

我国部分省/城市保护法规对文化遗产的年限规定　　表2.10

省/城市	法规名称（实施时间）	保护对象名称	年限规定
成都市	《成都市历史建筑保护办法》（2014年12月1日）	历史建筑	建成30年以上，建成30年以上不足50年
湖北省	《湖北省非物质文化遗产条例》（2012年12月1日）	非物质文化遗产	世代相传并视为文化遗产组成部分
宁波市	《宁波市文物保护点保护条例》（2008年1月1日）	文物保护点	近现代重要史迹和代表性建筑
南京市	《南京市重要近现代建筑和近现代建筑风貌区保护条例》（2006年12月1日）	重要近现代建筑、近现代建筑风貌区	19世纪中期至20世纪50年代
天津市	《天津市历史风貌建筑保护条例》（2005年9月1日）	历史风貌建筑	建成50年以上
杭州市	《杭州市历史文化街区和历史建筑保护办法》（2005年1月1日）	历史文化街区、历史建筑	建成50年以上
武汉市	《武汉市旧城风貌区和优秀历史建筑保护管理办法》（2003年4月1日）	旧城风貌区、优秀历史建筑	建成30年以上
苏州市	《苏州市古建筑保护条例》（2003年1月1日）	控制保护建筑	1912年以前，1949年以前
上海市	《上海市历史文化风貌区和优秀历史建筑保护条例》（2003年1月1日）	历史文化风貌区、优秀历史建筑	建成30 年以上
厦门市	《厦门市鼓浪屿历史风貌建筑保护条例》（2000年4月1日）	历史风貌建筑	1949年以前

2.3.4 我国文化遗产保护体系现状特征与发展趋势

（1）内生“点—线—面”多层次保护体系

从我国文化遗产保护类型扩展历程来看，保护体系经历了文物“点”到历史文化名城再到历史街区的建立过程。文物“点”的保护。1961年《文物保护管理暂行条例》正式提出文物保护单位的名称，建立了重点文物保护制度，颁布了180处第一批全国重点文物单位。20世纪80年代后，国务院每隔5～8年就审批颁布新的名单。“面”保护的“点”思维方式很重。我国历史文化名城（镇、村）和历史文化街区的诸多定义、概念、规范和设计要求等都带有文物的印记，而且在某些方面趋于一致。根据对文化遗产保护产生较大影响的文件或事件内容，可将历史文化名城（镇、村）保护的发展大致分为三个阶段：1982—1993年为第一阶段，形成了历史文化名城保护制度，基本确定了名城保护规划的范式；1994—2005年为第二阶段，在这一阶段主要颁布了《历史文化名城保护规划编制要求》（1994年）、《关于公布中国历史文化名镇（村）（第一批）的通知》（2003年）、《历史文化名城保护规划规范》（2005年）等重要文件，在这一阶段历史文化名城保护开始规范化发展，各地按照《历史文化名城保护规划规范》标准进行调整和完善，历史文化名镇（村）也明确了评选的基本条件与评价标准；第三阶段为2006年至今，相继颁布《历史文化名城、名镇、名村保护条例》（2008年）和《历史文化名城名镇名村街区保护规划编制审批办法》（2014年）两个重要文件，这一阶段逐步形成城、镇、村三个层次类型的保护体系，保护规划向法治化方向发展。

近年明显滞后于历史文化名城保护的历史街区（风貌区）保护逐渐完善。1985年，城乡建设环境保护部提议设立"历史性传统街区"，1997年，建设部开始着手建立历史文化保护区制度。2001年，温家宝副总理在中国市长协会第三次代表大会讲话时指出我国历史文化遗产保护要分为文物保护单位、历史文化保护区和历史文化名城三个层次，并且提出对这三个不同层次的保护对象需要遵循不同的保护原则，这标志着我国"各级文物保护单位（点）—历史文化保护区（线）—历史文化名城（面）"多层次保护体系基本建立。2004年，建设部颁布《城市紫线管理办法》，加强了对历史街区不同层次的保护要求，至此我国城市遗产保护以保护区为对象的"线状"体系基本建立，这比法国1962年颁布的保护历史地段的《马尔罗法令》（又称《历史街区保护法令》）大致晚了40年。

（2）文化遗产保护体系具有"后发外生"特征

我国文化遗产的保护体系受联合国教科文组织影响较大，是一种在特定环境下以国际成功范式为蓝本，国家行政力量进行强力干预的发展模式，具有"后发外生"特征。我国与联合国教科文组织关系演进可分为接触与初步参与期（1945—1949年）、最初适应期（1971—1985年）、全面学习期（1985—1999年）和深度参与期（1999年至今）四个时期。中国在接触联合国教科文组织的"世界遗产保护"概念之前，只有"文物保护"概念而无"文化遗产保护"概念。中国于1985年正式加入《保护世界文化和自然遗产公约》时，已经距其颁布时间达20多年。1987年长城等6项遗产被列入《世界遗产名录》之后，通过世界文化遗产的申报工作，文化遗产概念在我国逐渐引起社会广泛关注和普遍接受。世界遗产保护体系与我国既有文物保护体系是既互相联系，又有明显区别的保护体系，对我国既有文物保护体系产生较大影响。50多年来，《世界遗产名录》的收录情况体现了强调历史环境保护范围日益扩大的趋势，从历史建筑到历史街区再到历史城镇、文化线路，进而兼顾文化景观，区域化、网络化成为遗产保护的重要思想。我国有着丰富的线形文化景观资源，2014年大运河、丝绸之路申遗成功，标志着我国文化遗产保护已经走向了区域化、网络化。

（3）“动态维护与管理”的可持续性保护的发展趋势

目前我国已经深度参与到国际文化遗产保护活动之中，对《西安宣言》（2005年）、《关于维护与管理历史城镇与地区的瓦莱塔原则》（2011年）、《关于城市历史景观的建议书》（2011年）、《关于作为人类价值的遗产与景观的佛罗伦萨宣言》（2014年）等国际文件的理念与做法都积极吸纳并应用于实践。2015年版修订的《中国文物古迹保护准则》充分吸收了中国ICOMOS十多年来在文化遗产价值认识、文化遗产保护原则、新型文化遗产保护、文化遗产合理利用等方面的文化遗产保护理论和实践的成果，体现了当今中国文化遗产保护的两个趋势：一是遗产保护对象及保护方法的不断扩展；二是与全球范围内的地域性遗产保护理念、方法之间的持续整合（表2.11）。

《中国文物古迹保护准则》2000年版和2015年版总则部分主要内容对比　　表2.11

项目	《中国文物古迹保护准则》	
	2000年	2015年
适用对象	文物古迹	文化景观、文化线路、遗产运河等扩展为文物古迹的范畴
保护	保护是指为保存文物古迹实物遗存及其历史环境进行的全部活动	保护是指为保存文物古迹及其环境和其他相关要素进行的全部活动
保护目的	真实、全面地保存并延续其历史信息及全部价值	通过技术和管理措施，真实、完整地保存其历史信息及其价值
保护原则	遵守不改变文物原状的原则	强调真实性（物质及相关非物质遗产）、完整性（时、空两个维度和文化遗产相关的要素）、保护文化传统等保护原则
价值认识	文物古迹的价值包括历史价值、艺术价值和科学价值	文化景观、文化线路、遗产运河等新类型遗产的价值认识框架的核心是文化价值，此外还可能涉及相关自然要素的价值。在强调文物的历史、艺术和科学价值的基础上，进一步提出了文物的社会价值和文化价值
合理利用	利用必须坚持以社会效益为准则，不应当为了当前利用的需要而损害文物古迹的价值	文物古迹的利用必须以文物古迹安全为前提，以合理利用为原则。利用必须坚持突出社会效益，不允许为利用而损害文物古迹的价值
保护程序	对文物古迹价值的评估应当置于首要的位置。研究贯穿保护工作全过程，所有保护程序都要以研究的成果为依据	所有保护程序都要以研究成果为依据。价值评估应置于首位，保护程序的每一步骤都实行专家评审制度。研究成果应当通过有效的途径公布或出版，促进文物古迹保护研究和公众对文物古迹价值的认识

2.3.5 文化遗产保护实践经验对城市文脉研究的启示

从国内外文化遗产保护实践可得出以下四点启示。

（1）需加强文化遗产整体性研究。随着文化遗产类型的不断扩展，文化遗产保护愈来愈趋向于对整体价值的保护。这要求在文脉演化分析过程中应把自然遗产、物质文化遗产、非物质遗产和民俗等进行整体性研究。整体性研究就需要进行跨学科的综合研究，这就需要尽可能多地综合各学科的研究优势，形成城市文脉研究的理论支撑。

（2）全面梳理、挖掘并建构城市文脉要素谱系是城市文脉保护传承的基础。城市文脉要素谱系可使文化遗产家底做到心中有数，也使城市文化底蕴明晰起来。按城市文脉要素产生时间建构城市文脉要素谱系还可以深刻了解城市的文化发展脉络，增进市民文物意识，促进市民文物价值观的转变。明确城市文脉要素谱系也使城市设计有了明确的协调对象与内容。

（3）文化遗产的价值主要在保护行动中产生。以前“文物的价值是客观的”观念把对文物价值判断不足归因于人类知识技术的有限。此观念把文物价值推向了静态化、绝对化，割断了文化遗产与当下生活的动态关系。当前遗产的价值是由人的智慧凝结并构建起来的逐渐成为普遍共识。这种理念认为，人的行为活动与文物之间存在互动关系，文物的价值不是静态的、固定的，而是走向了变化的、经验的，即文化遗产的价值在行动中产生。这需要在文脉研究中对文脉要素价值认知从其固有价值转向不断被人赋予的价值。

（4）文化遗产保护的目的是传承。单霁翔先生曾说：“对于文化遗产，保护也不是目的，利用也不是目的，真正的目的是传承，我们这一代人只是过程，我们的目的是使我们一代一代的人同样享用文化遗产带来的生活质量的提高，从文化遗产中得到智慧，留住历史文化信息。”因而，城市文脉研究中要深入理解文化遗产的活用以及“人”这一主体在文化遗产传承过程中的重要性。

2.4 城市文脉研究的“层累”视角

结合文化遗产的保护实践，新型城镇化背景下城市文脉传承需要从整体性和真实性角度提炼城市文脉构成要素，并对城市文脉要素之间的关联方式进行整合与优化，进而实现与现代城市发展需求相匹配的城市优秀历史文化的延续与传承。近年来，文化遗产保护领域的城市历史景观方法中的“层积性”概念和具有同样哲学基础的顾颉刚先生古史“层累说”中的“层累”概念所蕴含的“人—时—空”关联效应很好地对应了城市文脉所具有的历时性、共时性和情感性（社会性）特征，为分析城市文脉要素构成及关联提供了可行的路径。此外，“层累”符合唯物主义史观和人文主义史观，通过对史料的多源文本与空间互证可“略得一近似”之城市文化演化历史（图2.2）。

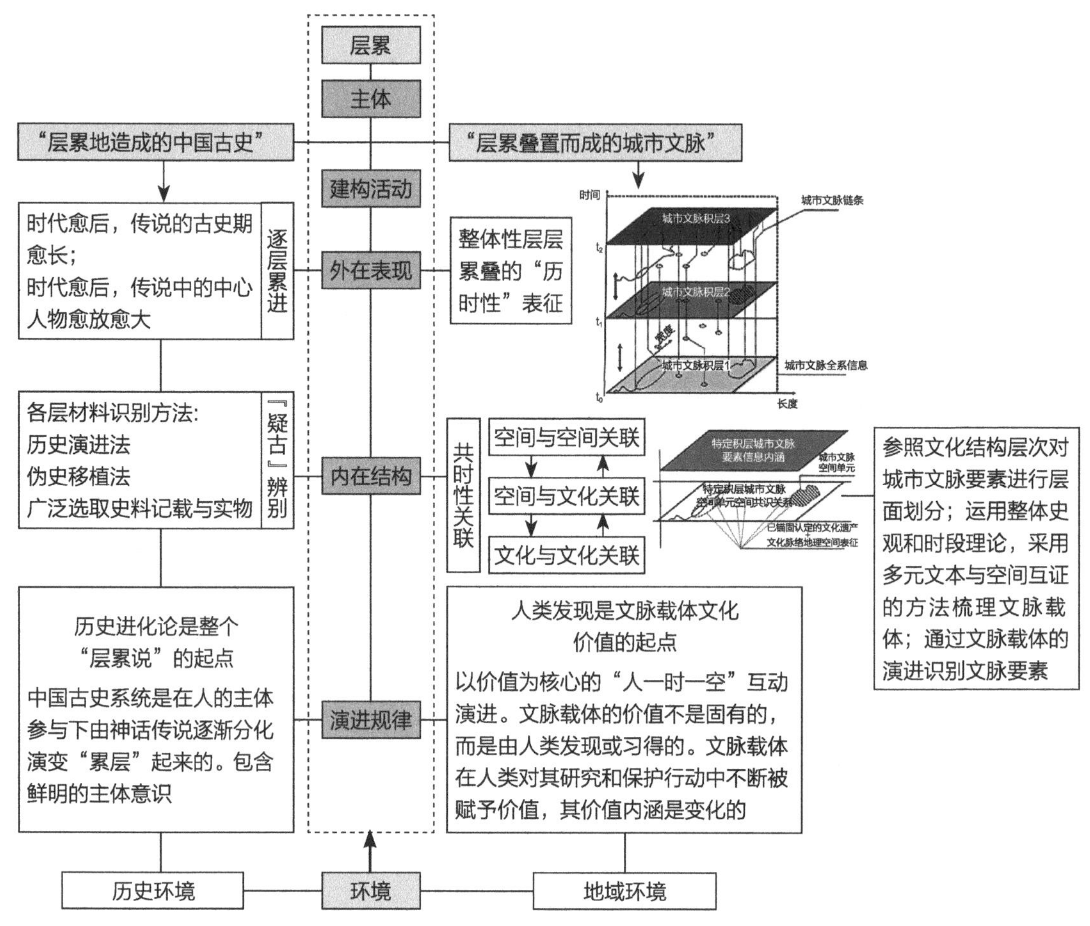

图2.2　类比于"中国古史层累说"的"城市文脉层累"解析逻辑及简要内涵示意
（图片来源：作者自绘）

2.4.1"层累"视角的引出："层积性"概念及相关研究

"层积性"最早在地理学领域用来反映地质中的一种历史层层积压现象。人们根据层积关系来推断物体所经历的时代，这里"层积"一般强调"层层积压覆盖"。后来层积被引入到文化研究领域，用来强调多样文化在时间维度上的反映。在文化遗产保护领域，《维也纳备忘录》（2005年）提出了城市历史景观的概念，该概念强调物理形式和社会发展之间的联系。此后，联合国教科文组织世界遗产中心2011年发布的《关于城市历史景观的建议书》（以下简称《建议书》）认为"城市历史景观"包含"保护对象（名词性实体存在）"和"保护方法（动词性整体保护方法）"双重含义。作为保护对象，《建议书》将城市历史景观理解为由文化与自然的价值和属性所组成的历史层积（Historic Layering）而来。名词性含义强调城市历史景观是不同城市"层次"整体"层积"而成，是承载城市价值的实体。动词性的含义强调每一个层次都有其独特的意义，它们决定了新的层次能在多大程度上顺利累积在其上。该方法分析每一个层次对于城市的意义并找到各层次之间的关联，进而“历史层积”为一个整体进行系统管理，在“层积”时十分关注历史价值与意义。历史景观强调以更广的视域对历史城镇的聚落进行剖析，而非简单判定与论述历史遗址的物质形态，以结构化、系统性、关联性的方法来探究和保护建成遗产而非随便堆砌。这里的“层积”用来强调城市历史景观不仅包含现存的遗产，还包括时代变迁中留下的岁月印迹和与现存景观之间存在内在联系的历史信息。把“层积”所引起的变化视为城市传统的一部分。1923年，历史学家顾颉刚先生提出“层累地造成的中国古史”学说，提出中国古史是随着时间推移而逐层建构的，这与城市历史景观概念中也多次使用“层积性”具有同样的哲学基础。

众多学者关注到了《建议书》层积（Layering）概念的重要性，以此梳理城市演变规律，认知城市历史景观，解读城市景观的地域特征，分析历史建筑形态演进，探讨历史城镇、历史风貌区的保护方法和对城市空间特色塑造的意义。在理论研究层面，刘祎绯在《认知与保护城市历史景观的“锚固—层积”理论初探》一文中提出了解读城市历史与现状形态的“锚固—层积”模型，即用作为地标的“城市锚固点”和作为基质的“层积化空间”的结构重新解读城市历史及其现状形态。比安卡（Bianca）认为“城市形态学上的城市历史景观方法（HUL）可形成贯通性保护，这主要体现在选址及其所影响的城市精神、历史文脉、建筑类型（特别是传统建筑）、社会文化内涵和数据库的建立（方便未来监测）等5个层面”。在实践应用方面，李和平教授认为“在城市历史景观视角下城市文化遗产的演化过程成为研究对象，历史景观时间层面的‘层积性’和空间层面的‘连续性’分别与文化风貌虚体层面的‘风’和实体层面的‘貌’内涵相对应，并以此提出了历史层积的保护和传承策略”。肖竞等用层积方法对拉萨城市历史景观地域特征和布达拉宫建筑形态演进做了分析。

2.4.2“层累”视角的“人—时—空”多维交互认知特性

（1）“层累”视角包含“层积性”方法的认知特性

“层积性”方法从思维范式上看是一种复杂性思维。复杂性思维以还原方法揭示复杂系统运行规律为主要任务，更加关注系统中要素之间的非线性关系和演化的动力学过程。复杂性思维认为世界是简单性与多样性的统一，而简单思维范式认为复杂仅是现实世界的表象，现实世界能够被简单的原理和普遍的规律解释，因而简单性才是世界的本质。简单思维范式的构成论遵循普遍性、还原性和分离性三个基本原则，造成把局部性或特殊性作为偶然性因素或残渣从认识对象中排除，把对总体或系统的认识还原成组分等简单部分或基本单元的认识，以及为了确保研究的客观性，存在对象与知觉主体和认识主体应绝对分离的认知问题。简单思维范式在本质上否定了复杂系统的生成性、关联性和过程性，进而丧失了对系统多样性和复杂性的认识。复杂性范式在本体论、认识论和方法论上都超越了简单性范式对复杂系统认识的思维框架（表2.12）。

简单性范式与复杂性范式对系统认识原则对比 表2.12

类别	简单性范式	复杂性范式
本体论	普遍性原则	普遍性原则+多样补充理解原则
	时间可逆性原则	时间不可逆性原则
	固有有序性原则	组织问题的不可回避性
	线性因果性原则	复杂因果性原则
	绝对有序性/构成性原则	对象孤立的不可能性/生成性原则
认识论	非主体/客体性原则	主客体统一原则
	对象孤立/脱离于它的环境原则	区分对象与环境但不分离原则
	对象与认识主体绝对分离原则	认识主体与被观察对象相互关联原则
	非自主性原则	自主性原则
方法论	形式逻辑原则	两重性逻辑
	还原性原则	涌现性原则
	数量化和形式化原则	有限形式化和有限数量化原则
	单值逻辑原则	两重性或多值逻辑原则

简单性范式原则的缺陷主要表现在以下三个方面：第一，简单性范式原则的非历史性。时间可逆性、固有有序性原则和构成性原则所描述的运动都是完全可逆的，具有非历史积累性特征。第二，简单性范式原则重“构成材料”而轻“生成方式”。简单性范式注重构成系统的基本“材料”，然后寻找这些组成部分的外在关系与外在相互作用，然而在此过程中却忽视了基本的生成方式与组织方式。第三，简单性范式非历史性导致的机械决定论。它只关注要素间当下相互作用，忽视反馈式相互作用的历史积累，这对重视反馈过程及其历史积累的城市文脉研究来讲是要避免的。

“层积性”方法含有多维交互的认知特点。“层积性”方法的复杂性思维促进了历史城市保护研究范式的转变，使之同时具备“物体—观察—视觉性”范式和“习俗—体验—共鸣”两种研究范式的特点。但由于不同“层次”（即不同时段的积层）的内容构成具有模糊性，在对“层积”过程中“变化”的接纳中，不但使得原真性和完整性的定义遭到质疑，而且使变化衍生出的内容构成上具有动态多样性，从而使城市历史景观内容构成成为开放式的。究其原因，模糊性是因为不同积层中“人”的因素造成的，动态则源自人与时空的交互引发“变化”。因此，对不同“层次”（即不同时段的积层）及“层次”动态的层层积淀的认知包含了多维交互认知的特点。

①时间和空间的交互。早期城市遗产保护侧重强调空间维度的连续性和关联性，时间维度仅关注孤立的截面，而今天人们认识到应把城市遗产的过去、当下和未来视为一个整体。继承此观念的“层积性”将城市历史景观视为“时空连续体”，强调其在时间和空间中的连续性和整体性。若把空间由三维塌缩抽象至二维，时间维度将以“轨迹”的形式呈现（图2.3）。

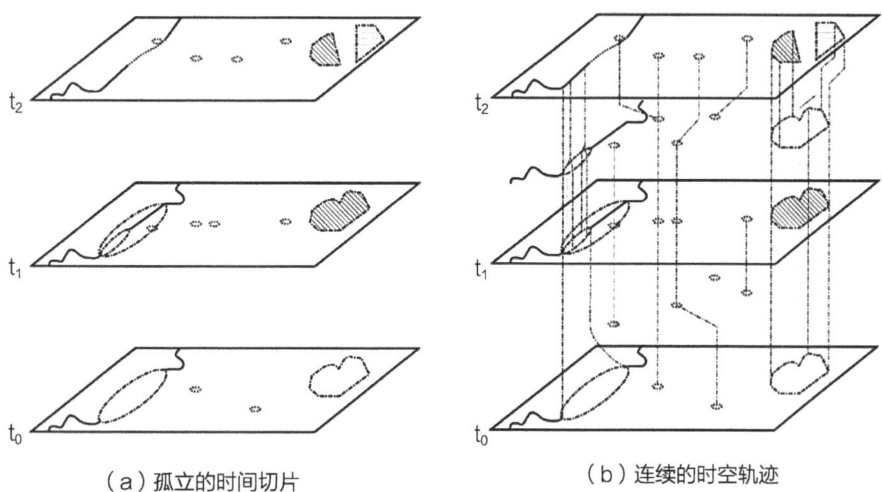

图2.3　不同时空观下城市历史景观认知对比
｛图片来源：季宪，邵龙，杜煜. 多维交互视角下的城市历史景观认知模式探析［J］. 城市发展研究，2020，27（7）：2，33，67-74｝

②人与时空的多维交互。以往遗产保护领域的研究中把人作为一种"外部环境"来看待，而随着哲学研究的"空间转向"和地理学研究的"文化转向"，形成了强调时空自然属性和社会属性相统一的认识论，认为城市历史景观的空间与社会具有"双向建构"关系，即主客体具有统一性。在此语境下，在城市历史景观中，人一方面以非物质的形态（意义、认同感等）在不同积层上层层附着，另一方面在现世世界中又以物质形态客观存在。从而城市历史景观可被视为一种"共同演化的人—地单元"。"人"作为新的维度参与时空交互，人塑造空间并在时间中层积，层积结果又被不同时期的人所感知，人在空间上的锚固和时间上的积累以及对时空的认知又促进人的身份认同，进而形成"人—时—空"相互交织并共同迭代演化的过程（图2.4）。

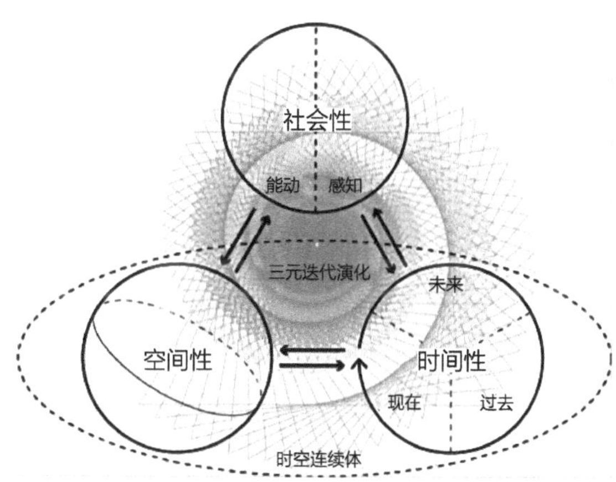

图2.4　"人—时—空"交互认知模式下时间性、空间性和社会性三元辩证逻辑
｛图片来源：季宪，邵龙，杜煜. 多维交互视角下的城市历史景观认知模式探析［J］. 城市发展研究，2020，27（7）：2，33，67-74｝

（2）"积层""层积"结果的累进性

文化是进步的，这一观念为绝大多数学者和大众接受。马克思不仅确认文化进步的观念，而且赋予其巨大的历史感和科学的内涵，认为文化进步的主体是人，社会历史过程是人追求自己目的的活动过程，文化进步在人的有意识有目的的自我优化中得到实现。威士莱（C.Wisster）在其

《人与文化》(*Man and Culture*)一书里，认为文化是时时变化的，而且是时时演进的。随着文化的进步，文化发展的层层累进就无可疑。在同一时期“层累”上的文化，不但可以有种类上的不同，而且可以有程度上的差异。

“层累”所表示的是文化变化的历程，和文化阶段概念相比有了一种连续的观念。注重物质文化层累的考古学者与人类学学者将文化层累分为以下几个阶段：①石器时代的开始；②旧石器时代；③新石器时代；④铜器时代；⑤铁器时代；⑥以钢、水泥、化工为基础的工业时代；⑦以电子、晶体半导体及集成为基础的信息化时代；⑧以纳米材料、节能材料为基础的节能环保时代。在文化的社会与制度方面，从家庭制度看，分为以下三个阶段：①母系的家庭；②父系的家庭；③父母平等的家庭。从政治制度看，中国的政治制度主要包括先秦时期、秦汉魏晋南北朝时期、隋唐宋元时期、明清时期、中华民国时期(1912—1949年)、中华人民共和国成立时期等六个阶段。从F.李斯特提出的经济发展阶段论来分，文化的层累可分为狩猎时期、游牧时期、农耕时期、农工时期和农工商时期。从宗教发展的立场看，孔德(A.Comte)在其《实证哲学》里分为拜物教(Fetishism)、多神教(Polytheism)、一神教(Monotheism)三个阶段。从人类整个思想或智力来看，孔德又分为神学时代、哲学时代和科学时代三个阶段。若将文化人类学中“游团”“部落”“酋帮”“国家”等概念所代表的社会发展阶段和考古学的划分阶段对应，认为旧石器和中石器时代相当于游团阶段，仰韶文化相当于部落阶段，龙山文化相当于酋邦阶段，三代以后相当于国家阶段。

在“层累”过程中，城市文脉要素及其关联性可以在“动态完整性”(Dynamic Integrity)之中得以整合。不仅能反映当下文脉要素的相互作用及其规律，而且可以探寻历史过程中相互作用的规律。“层累”模型可以作为研究由无数次相互作用的历史积累所生成的复杂事物的模型，“层累”视角下城市文脉可被视为在广义迭代机制下的进化过程。

2.4.3“层累”视角下城市文脉主客体要素的根本属性

在“层累”视角下，城市文脉要素构成及相互关系所呈现的城市文化发展脉络成为研究对象，我们所处的时代被视为其中的一个“文脉积层”，我们传承的任务是顺利地把这个时代的“文脉积层”累积在已有“文脉积层”之上，更好地传承到下一代人手中，使城市文化脉络延续下去。

在“层累”视角下，对城市文脉的认知应遵循复杂思维范式的主客体统一原则，不应停留在简单思维范式的注重文脉要素类型，再寻找要素之间的外在关系与外在相互作用，而忽视各个积层内人与环境相互作用而产生文脉要素的基本生成方式与组织(关联)方式；也不应局限于将历史城市某一时期的城市文脉的物质形态类型作为“历史”的唯一“正解”，而应将城市文脉客体要素与主体认知动态变化及相互作用关系纳入研究分析的范围。从复杂性思维范式的主客体统一原则看，城市文脉具有客体要素呈现的形意相关和时段动态演进，以及当下主体的自身缺陷形成认知障碍的根本属性。

（1）城市文脉客体要素呈现的形意相关性

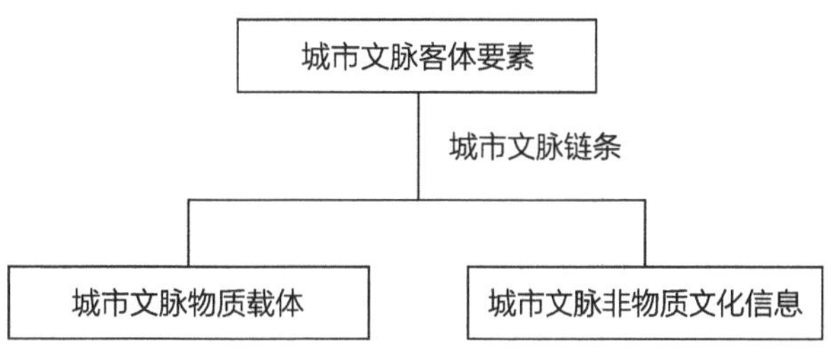

图2.5　城市文脉客体要素构成示意
（图片来源：作者自绘）

基于历史城市文脉是显性要素与隐性要素两大系统的有机构成，城市文脉客体要素可划分为文脉信息、文脉物质载体和文脉链条。文脉信息是指非物质文化信息，文脉物质载体是指各类物质要素，文脉链条是指连接二者的关联关系。历史城市文脉呈现的是各类物质要素在文脉信息价值内涵引导和文脉链条连接共同作用下的关系网络。而物质形态类型是文脉信息和文脉链条的外在表现，文脉信息和文脉链条是促成文脉物质形态类型形成的动力（图2.5）。

在现实状态中，这些文脉客体要素是相互依存、不可分割的，犹如生命体的躯壳与灵魂。对城市文脉客体进行分析和研究时，不可将其机械分解，否则便无法全面理解城市文脉的“整体性”价值。

（2）城市文脉客体要素的时段动态演进性

城市文脉客体要素的发展是一个动态过程。罗西（Rossi）对城市构成要素之间存在的动态关系进行研究后认为“历史发展显示的动态关系比建筑形式更重要，形式居于其次”。城市文脉的物质形态类型顺应城市职能和社会文化重心的发展而变化，各类组成要素经历着各自时间周期内的出生、发展、成熟、衰败、再生等不同的发展阶段，呈现出动态的演进特征。在演进进程中，若城市发展的区域环境发生变化，城市的文化重心会发生漂移，从而带来城市历史文脉的变化与更新。随着城市文化重心的漂移，城市环境演进的动力机制被转化，城市中文脉客体要素组合关系都将逐渐改变存在的意义与实际价值，而文脉载体要素，如建筑、环境、空间则要么被废弃、衰败，要么在全新的文化动力机制下发生重构。 由此可见，若不顾城市文脉要素的时段特性，一味“修旧如旧”过分追求“原真性”，消极、被动、防御式地维持历史城市文脉物质载体要素，并不是历史城市文脉保护与传承的正确方法与追求的根本目的。僵化的冻结式保护不仅会阻碍历史城市正常的文化发展进程，还会使城市遗产随着时间流逝而衰败，因此，对于城市文脉的研究，很有必要厘清城市文脉主客体之间及客体要素之间，在城市历时发展时间轴线上的相互作用关系，从历时性的过程中判断分析城市文化对城市文脉客体的动态影响与长期作用能力，从而客观、有效地发掘推动城市文脉演化的动力及城市文脉客体表现法则，使城市文脉能够真正在活态发展的过程中动态演进。

根据年鉴学派“总体史观”及时段理论，借鉴四维城市理论中时段与城市空间演化的关系，城市文脉客体要素大致可分为以下三种类型：①相对静态的长时段要素（自然人文环境要素如城市气候、地形等自然特征要素)；②发生周期性变化的中时段要素（全局性人造环境要素如城市格局、建筑形式等)；③在城市中不断上演的短周期要素（表2.13、表2.14)。

三时段的城市空间演化关系　　表2.13

时间单位	长时段	中时段	短时段
研究对象	历史事件	空间要素	地理景观
研究内容	一个世纪的特殊节点	一个阶段的普遍特征	一座城市的终极状态

基于时段理论的历史城市文脉客体要素划分　　表2.14

时段层次	长时段	中时段	短时段
对应概念	“结构”，自然时间	“局势”，社会时间	“事件”，事件时间
时间周期	长周期（以世纪计，半世纪、1～2个世纪）	中周期（以年代计，10～50年）	短周期（以年计，1～5年）
对城市文脉的影响	深刻影响，较少变动	周期性有节奏地发生重要作用	影响较小
城市文脉客体要素	自然人文环境要素（城市气候、地形、区域文化环境要素等）	全局性人造环境要素（城市格局、城市道路骨架、历史遗迹、传统文化等）	重点地段性人造环境要素

（3）城市文脉主体自身缺陷的障碍性

城市文脉传承需要明确传承的动力问题。人是城市的主体，它是推动城市发展的决定性因素。人类历史上的任何成就与进步，都是以人的需求为基本动力的。城市作为人类建造的人工环境，实质上是为了更好地满足人类生存与发展的需要。人的自身缺陷是城市文脉断裂危机的始作俑者，也是城市文脉保护与传承的障碍。

当下，人的主体性缺陷对城市文脉保护与传承主要存在以下六大“障碍性”问题：淡漠的生态观念、异化消费导致城市文化的低俗化、异质性致使的道德和礼俗的失范、非人格化的性格导致“城市精神问题”、阶层化导致阶层利益冲突与对立、时间奴隶性促使其更加珍惜闲暇时间（表2.15)。

城市文脉主体自身缺陷的障碍性表现及对城市文脉的影响　　表2.15

主体自身缺陷	障碍性表现
淡漠的生态观念	轻视自然环境保护，造成了城市文脉保护的重人造物质环境、轻自然环境的倾向
异化消费	工业文明把消费者引向崇拜物的方向，模糊了他们的真正需求，成了消费机器。片面追求物质消费的异化消费往往导致城市文化的低俗化，进而使城市文脉错乱
价值观异质性	城市异质性群体难以对道德及礼俗进行特定价值观下的规范，不同群体价值观的异质性常常致使道德和礼俗的失范。从此方面讲，城市文脉的保护需要进一步完善法律法规和政策措施

续表

主体自身缺陷	障碍性表现
非人格化的性格	城市人角色的专门化，使其理性和非感情性，即非人格化，导致城市人“冷漠”、对社会缺乏热心和责任感等“城市精神问题”。因而，对城市文脉物质要素进行保护与传承时，要将人类非理性的因子纳入考虑范畴，使城市文明真正彰显人类的全面属性
阶层化	城市人阶层化易导致阶层利益冲突与对立，这就需要对城市文脉物质要素进行保护与传承时，应以满足最广大群众需求为出发点，平衡各阶层利益需求，创造和谐的可持续发展环境
时间奴隶性	城市人的时间奴隶性促使城市人更加珍惜闲暇时间。当前闲暇时间逐渐失去个人的特点而获得群众性，娱乐也需按统一的节假日时间来安排，因此城市人对闲暇时间也倍加珍惜。从此方面讲，城市文脉资源开发利用时需考虑时间效率问题，“孤岛式”、碎片化的城市文脉实际上是增加城市文化产品消费的时间成本

当下城市文脉主体缺陷主要是围绕价值衍生而来，因而城市文脉保护与传承的关键问题是价值判断的问题。所谓的价值在社会实践中是一种客体与主体需要的关系，也就是客体的某种属性满足了主体需要时，客体对主体而言就是有价值的。正如马克思所言，“价值”这个普遍的概念是人们对待满足他们需要的外界物的关系中产生的。主体需要是价值得以生成的基础，所以，城市文脉价值内涵形成与不断丰富的实质是主客体之间需要与满足关系的不断生成。由于城市文脉主体需求的不断变化，城市文脉客体的价值也会经历一系列转变，正如福柯所言：“价值不再像在古典主义时期那样，以一个整体的等价系统以及商品体现价值的能力为基础。价值不再是一个符号，它是一个产品（Product）。”因而城市文脉保护和传承的关键问题是城市文脉客体所承载的“真实性”和“完整性”的文化信息及可使用性是否能满足当下的主体需求。城市文脉物质载体的功能、文脉信息价值会随着历史文化进程的变化而变化，因此，围绕城市文脉物质载体，关于文脉信息，总是可以不断讲出新的故事，发现新的价值。

2.4.4“层累”视角下城市文脉研究的现有理论方法支撑

城市文脉研究具有多层级、多尺度、多维度的动态性和复杂性，需要纳入较多学科理论的交叉支撑。从“层累”视角和复杂思维范式主客体统一原则看，城市文脉研究，实际上是人和城市文脉要素在多种价值传承活动过程中的一种互动，人是价值传承活动的主体，蕴含着文化信息的城市文脉要素所构成的系统成为价值传承活动的客体，因此，在城市文脉研究中，必然涉及不同时段人（主体）、城市文脉要素（客体）、相互关联作用（过程）三方面的内容。本文结合当前城市文脉研究的现状、城市文化遗产保护实践的经验及趋势，对与以上三方面密切相关的理论进行了梳理，主要有城市意象理论、环境心理学理论、场所理论、地方感理论、总体史观及时段理论、文化重心理论、“模因”理论、文化生态理论、城市形态类型学理论和文化线路理论（表2.16）。

“层累”视角下城市文脉认知与解析涉及的主要理论 **表2.16**

主要方面	主要理论	城市文脉认知与解析的作用
文脉主体认知	城市意象理论	主观直觉认知环境，是研究人感知城市环境的一个切入点，但因缺乏对城市环境意义的解释而遭受学者质疑
	环境心理学理论	整体性认知环境，关注环境的功能意义。有格式塔知觉理论和生态知觉理论两种应用比较广泛的理论
	场所理论	个人的、直接的经验和感觉，关注“场所精神”
	地方感理论	关注对环境意义的研究。地方感是对空间环境的态度以及由认知、情感、意动等三个基本维度构成的复杂的社会心理结构（图2.6）
文脉客体要素演化与呈现	总体史观及时段理论	主张建立一种全体部分构成的历史，对城市文脉要素的“历时性”进行时间周期划分具有借鉴意义
	文化重心理论	文化结构分析、文化差异比较，预见城市文化发展趋势。也为整理城市文化脉络、保存城市历史记忆提供了一条相对清晰的主线
	“模因”理论	解释或解构人类的创造力和创造物
文脉主体和客体的相互关联作用	文化生态理论	较全面地认识诸多文化因素共同作用下的城市空间。健康的文化生态要求保护各种形态的城市文化。作为城市文化载体的城市遗产需要整体性保护，从而最终实现城市文脉的有机延续
	城市形态类型学理论	动态城市史研究方法，也是一种独特的形态“阅读”方法。形态学重点分析城镇景观的形态生成，而类型学可应对现代建筑设计和城市设计问题
	文化线路理论	文化线路是一种具体的动态的文化景观，是人类活动和自然的历史关联的证据，为城市文脉的研究提供了一种“互为关系”的认知结构图式

文化线路理论具有构成多元、动态完整、多层次性、整体价值、为传承而保护、特定历史观和特定的主题等特征。它隐含了以“互补理解”出发的认知意象，这启发我们对待城市文脉的各类要素要像文化线路的各类型遗产一样，从互补的视角出发，在进行对偶思维判断的基础上将城市文脉各类要素纳入，在互补的“活态”中，寻求城市文脉“和合共生”的传承之路。具体来说，互补视角主要包含正向视角与反向视角、求同视角与求异视角、自我视角与非我视

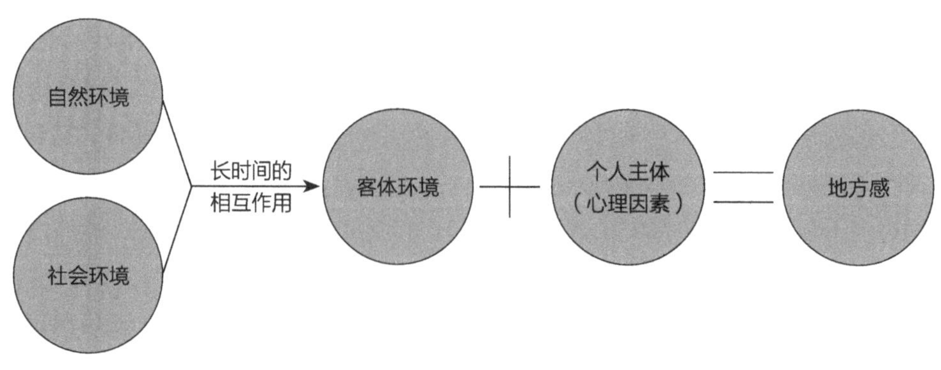

图2.6 地方感生成示意图
（图片来源：作者自绘）

角、传统视角与未来视角等。对偶思维是种“一体两端”的辩证思维方式，具有辩证性、和谐性、整体性、分析性和生发流动性等特性。对偶思维包括有与无、难与易、长与短、高与下、音与声、前与后等对偶范畴。

基于互补思维的方法范式对城市文脉的演化与传承研究的指导体现在：从“叩其两端而执中”的互补视角看待城市文脉现存之问题，从“反者道之动，弱者道之用”的城市文脉矛盾运动变化中寻求问题的解决之道，从“和合共生，守正出新”的互补“活态”中解决城市文脉的传承问题（图2.7、图2.8）。

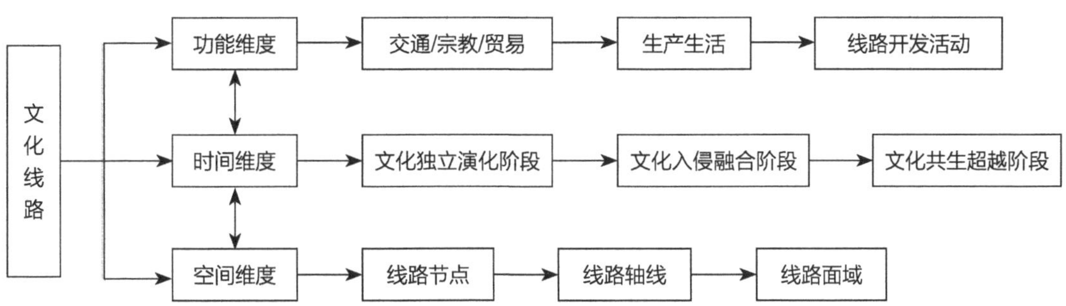

图2.7　文化线路的多维演化示意
（图片来源：作者自绘）

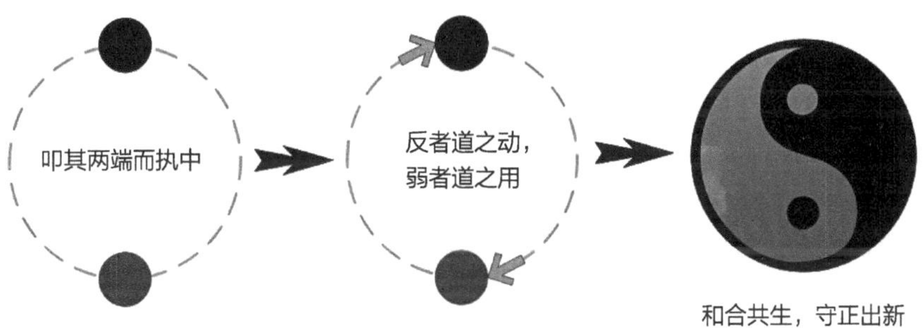

图2.8　基于互补思维的城市文脉传承路径示意
（图片来源：作者自绘）

2.5“文脉区域—文脉积层—文脉要素”交互层进解析框架

立足城市文脉是在特定地域环境（“文脉区域”）影响下生成的城市文化特色要素（“文脉要素”）所形成的“人（价值需求）—时间—事件（价值内涵）—空间”关系网络的基本内涵，以“文脉积层”作为特定时段及环境下文脉要素及其关系的呈现载体，遵循交互层进式研究逻辑链，构建“文脉区域—文脉积层—文脉要素”交互层进式研究框架。

2.5.1 “文脉区域”

“层累”视角下，区域自然人文环境为城市的产生和发展设定了环境“作用场”，每个城市的空间选址及不同时段的建设发展则决定了城市与区域环境作用场的交互效果。以城市空间选址为中心，以区域环境中对城市发展具有本质影响的各类成分的极限作用距离为半径圈定“有效作用场”的范围，即“文脉区域”。在“文脉区域”层次主要反映城市与自然、经济、社会、文化相互影响、相互作用的总体关系。我国历史城市与自然环境的结合有独到之处，树木、巨石、山丘、河流、湖泊等这些大自然要素往往成为城市文脉物质载体的主要构成要素。正如吴良镛先生所指出：“山水环境与人工环境相辅相成是中国城市文化之精华，因山水及山水中的城市而孕育着的中国传统文化中的文脉传承确有中国的气魄与情趣。”随着不同地域文化交流碰撞和相互联系的加强，对城市产生本质影响的社会要素越发广泛，如秦、汉、元、明、清等全国统一时期，国家政策制度对城市就有深远影响，锚固形成具有和国家政策相互关联效应的文脉要素的空间分布范围就会变大（图2.9）。

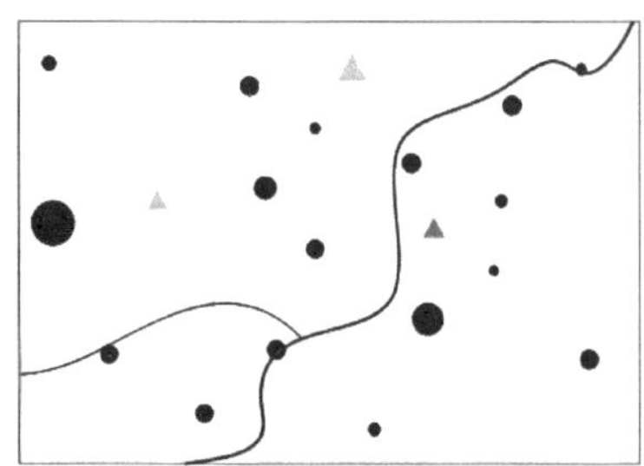

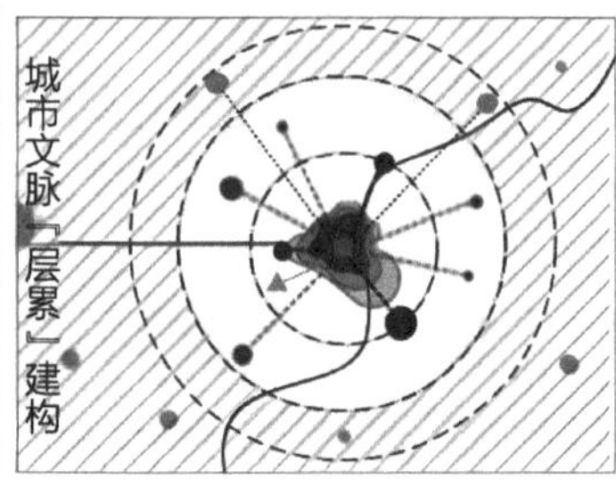

（a）地域自然人文环境要素分布　（b）在以城址为中心的环境特质要素的作用场影响下沉淀生成城市文脉积层　（c）时间演进下城市与环境特质交互作用不断生成城市文脉积层

图2.9 “文脉区域”影响下的城市“文脉积层”生成及其层累建构示意
（图片来源：作者自绘）

2.5.2 “文脉积层”

人对城市文脉的感知是一种结构性的认知。“层累”视角下研究城市文脉，首先需要确定层层积淀的共时性的“层”的划分，即单点、单线无法构成层，只有在一定时间和空间范围内“人—时—空”相互交织作用形成的城市文脉要素具有结构性组合才能给人带来“层”的认知。本书把区分不同的城市文脉要素结构性组合，具有动态完整性的“层”称为“文脉积层”。在历史城市中，从时间角度看，各个文脉积层总体上构成城市的历史；从空间角度看，最终层累结果为城市的层累化文脉积层。从环境心理学、场所理论和地方感理论可知，公众对城市文脉的认知与理解，是通过视觉观察、身体感知各类城市文脉要素后，再结合个体经验，经择取、联想与组合形成一定感知意境。它与文脉要素相映照，但不一定严格对应，是一种结构性认知。

（1）“文脉积层”的时间尺度

城市文脉要素及其关联的“历时性”和“共时性”是相对的。“共时性”是一个具有弹性的时间尺度，既可以是某一具体历史时刻，也可以是某一历史朝代（以往提出的“文脉切片”往往具有此含义），更或者扩大到某一历史时期（如古代、近代、现代）。从认知某一历史时段相对稳定的文明形式来看，时间弹性度越小的“文脉积层”越需要专业的知识背景，能认知其价值内涵的人群也就越小。符合总体史观及时段理论，具有相同文化重心，众多文脉要素大体共时并具备内在结构联系的“文脉积层”往往比精微划分年代的“切片”更易为公众所认知。因此，“文脉积层”需具有一定“动态完整性”。在“层累”视角下，文脉要素及相互关联的“变化”是“人—时—空”三元辩证迭代演化中的一部分。以往的城市文脉空间单元（具有不同时空尺度的文脉物质载体）的原真性和完整性要求可概括为时间维度的连续性和空间维度的完整性，而“动态完整性”则需要借助人的维度来界定，它要求城市文脉空间单元在不同“文脉积层”中是城市文化意义的物质载体并为不同“文脉积层”中的人所识别，具有可识别的连续性。它随着人们对城市文脉空间单元的文化意义认知扩展而变化。寻找具有相对动态完整性的“文脉积层”，可借助多个理论进行比较判定。从文化线路理论中反映跨区域文化交流的视角看，若一段时间内没产生大区域的跨文化交流可视为具有相对完整性。从总体史观及时段理论视角看，若长时段和中时段要素形成相对稳定结构可视为具有相对完整性。从文化重心漂移角度看，伦理、宗教、政治、经济中一个或数个方面在某阶段稳定为文化的重心也可视为具有相对完整性。

从多个“文脉积层”完整反映文脉演化历程角度看，可嫁接文化重心理论和城市历史景观“锚固—层积”理论，总体采用“重心漂移—锚固层积”的分析方法，划定具有演化历程整体性的“文脉积层”。循着文化重心可相对较清晰地选出各时期的城市文脉积层。以各个“文脉积层”内已锚固并得到确认的各类主要的物质、非物质文化遗产为线索，辅以多个文本的文献资料，并参照国内外文化遗产纳入标准，梳理其文化地理背景并建构反映不同时段文化特征的文脉积层（目前划入文化遗产的要素全部列入构建要素之列），这样既可以对现有的城市文脉空间单元的遗漏要素进行补充完善，也可以寻找出其内在的关联特性。通过顺时层累各时期的城市文脉积层，可深入分析城市文脉主客体要素之间的相互作用关系，实现从“共时性”“历时性”和人的功能需求与认知特性三个视角去认知与把握城市文脉演化规律与表现法则。

（2）“文脉积层”的空间尺度

“文脉积层”的空间尺度应包含更广泛的城市发展背景及其地理环境所形成的“文脉区域”核心区（与文化生成、发展有本质联系的历史空间）。“层累”是从时代语境出发考虑历史问题，不同时代文脉积层的空间范围是进行深入研究的前提。当前处于静态保护的各类文化遗产，其物质层面的形态及非物质层面的文化价值内涵都在历史积层“层累”过程中发展和变迁，甚至其空间位置也发生过较大改变（如城址迁移），造成空间保护范围大多无法有效包含反映其价值内涵的关键属性，因此“文脉积层”的空间尺度应包含“文脉区域”的核心区。在“文脉区域”核心区内把历史城市、腹地及关联城镇、乡村视为一个整体，可从更大的范围来认识城市文脉。另外，根据文脉要素产生的核心影响区域自身的变化节奏考察城市文脉的产生和发展，可把城市文脉的动态发展视为一个活生生的过程，而不是简单的适应和演化。通过建立“文脉区域”的“时间—空间”坐标体系，可以对城市文脉在空间发展上的层次性、多样性和与其他城市的差异性进行解析。

2.5.3“文脉要素”

从产生源头与发展历程看，城市文脉要素自产生之初就打上人类烙印，是文化在空间中的凝聚、时间中的延续，是人与自然、人与城市、人与人相互作用后的沉淀和结晶。城市文脉要素可分为显性要素（物质要素）和隐性要素（非物质要素）两类。显性要素直观上表现为城市物质实体及城市空间，其形态所反映的政治、经济、宗教、社会心理等深层次的文化内涵即城市文脉隐性要素。

在城市文脉演化机理的研究中，对城市文脉要素的层次做必要的整理和分析，对分析城市文脉载体发展演化的动因和未来的发展趋势都具有重要价值。通过分层研究，能够解析不同文脉积层在文化层次上的差异，以此更好地比较和解析其中的规律。生成是构成的来源，构成是生成的基础，二者辩证统一。将这一思想拓展到城市文脉演化与传承研究上，可以看到，构成论有利于建立总体上的稳定结构，有利于城市文脉资源的合理优化配置，易于达到解决问题的总目标，而生成论有利于观察城市文脉的动力机制，因而将构成论和生成论进行有机结合，将会为城市文脉要素的层次研究提供科学方法。

（1）文化层次结构理论的借鉴及城市文脉要素层次结构划分

①城市文脉要素层次结构的划分逻辑。根据分形几何、混沌吸引子与重整化内在一致性，即同一相互作用过程在不同层次表现出来，从而产生出不同层级的图形，任何动力系统的生成元总可以转化为它的状态空间的几何图形的生成元，由此可知对城市文脉要素进行的层级与结构分析是可行的。对城市文脉要素进行层次划分可借鉴文化系统的层次划分。文化学领域的结构学派将文化看作为一个系统，整理出诸多要素及要素结构，并对这些要素所形成的结构和关系进行分析。文化结构功能主义有三个主要内容：首先，视为一个系统。该系统将由许多分系统组成，每个分系统都需要符合某种规范文化的模式互动，它们各自执行一定的功能，并以此相互制约达到对外部环境的适应。其次，系统自我调节。系统各要素会相互协调并最终达成一

致，这些一致且关联的要素构成统一体，进行活动并具有自我调节功能。最后，系统自我均衡。已经形成并逐渐完善的文化系统能支配或制约整个社会选择目标和达到目标的手段及行动。文化结构功能主义为城市文脉要素层次结构的划分提供了良好的逻辑基础。

②文化结构内容和形式与城市文脉要素结构的相似性。从文化结构的内容和形式两个方面看，文化学理论的主要概念有文化素、文化丛、文化模式和文化区域，这些概念和城市文脉要素研究的概念构筑具有相似性（表2.17）。

文化结构与城市文脉结构的相似性　　表2.17

内容	文化结构	城市文脉要素结构
最小单位	最小的单位是具有抽象或具体的形式的“文化素”，每个文化素在整个文化中都具有特殊功能和含义，能折射出产生该文化的时代背景与历史渊源	在城市文脉研究中，也可以提炼出“文脉要素/文化元”这一概念，用于形容无法细分的城市文脉载体最小单位。城市文脉要素/文化元与“文化素”的功能类似
较大单位	比文化素较大的文化单位叫“文化丛”，它是文化素的一种复合体，它通常是以某一文化素为核心，在功能、意义上相互作用或与其他的文化素发生联系而构成的系列复合。“文化素”总是以聚集的“文化丛”而存在	城市文脉中也有要素类和要素在不同层面的组合方式，可称为文脉单元
模式	文化模式是“文化丛”的有机组合，它是指某个社会或某个民族由各种文化丛组成的有鲜明特征的整体	城市文脉模式可反映不同文化重心特征的文脉积层，是不同层级类型文脉单元比重变化特征明显的整体
区域	文化区域是文化形成和发展的地域范围，是创造、继承、累积、传播的空间条件	城市文脉区域是城市文脉要素形成和演变的地域范围，提供传承的空间条件

③庞朴结构模型和城市文脉结构的相似性。功能主义学派的马林诺夫斯基“文化三结构”学说将文化分为物质、制度和精神三个层面。在此基础上，诸多学者建立了同心圆模型、文化陀螺结构模型、睡莲模型和折中文化模型等不同的文化层次结构模型，从同心圆模型到睡莲模型，对层次性的强调依次减弱，而对文化系统内部的功能实现机制强调依次上升。以上文化层次结构模型中，庞朴先生的物质层（外层）、关系层（中层）和心理层（核心层）三层次结构模型，是结合中国文明现代化历程的模型。他从文化角度思考近代中国的历史进程，认为中国按照物质—局部的制度—文化的深层（精神层面）逐步向西方学习的文化逻辑完成了整个文明的现代化，反映了中国近代文化发展由物质、制度、精神逐步递进的次序。庞朴先生的这种文化层次结构理论是对中国有机整体性文化内存关系的抽象，体现了中国文化的性质与功能，体现了系统稳定、有序等特性，既符合结构主义的层次划分逻辑和中国实际，也符合城市文脉研究的主客体统一原则。在层次关系方面，该模型在具有同心圆基本结构的同时，城市主体处于主导地位，对客体的影响具有传递性，所以该模型可成为城市文脉要素层次结构划分的重要参照（表2.18）。

文化层次结构模型比较 表2.18

模型	模型优缺点	文化层
同心圆模型	按照同心圆的形式来划分各文化层。各文化层由内而外或者由外而内，完成某一特征或信息的传递。主要考虑文化的层次和组织关系，能够解释普通的文化层次现象，但不能解释文化各层次之间的相互作用关系，更不能解释文化体系中发生的非渐次作用现象	二层同心圆模型。常见的划分有：物质文化与精神文化；实体文化与观念文化；外显文化与内隐文化；意识到的文化与意识下的文化等
		三层同心圆模型。常见的划分有：物质文化、精神文化与制度文化；物质文化、观念文化与政治文化；物质文化、精神文化与文化价值；物质层、制度层与心理层等
		四层同心圆模型。常见的划分有：物质层、制度层、行为层与观念层
文化陀螺结构模型	同心圆式文化层次理论升级模型，直接点明了观念层的主导地位，对其他层有直接的引导关系，但没有解释核心观念层与其他层之间为什么要匹配以及如何匹配的问题	把文化系统看作是一个运转的“文化陀螺”。该陀螺的支轴就是核心价值观（即同心圆模型中的理念层），而其他文化层次则是陀螺的惯性盘（即同心圆模型中的制度层、行为层和物质层等）
睡莲模型	强调文化层次中各要素的功能表达，因此这种模型能够清晰地解释产生的所有文化现象，但是其体系复杂，层级关系不太明朗，不易对宏观的概念进行分类	由以下三个相互作用的层次组成：①外显形式，像露出水面的睡莲花叶部分一样，易直接观察到而且容易改变的文化表层。②支持性价值观，像睡莲的茎干部分一样，既不能明显被观察到，也不是最容易改变的文化层。③基本的潜意识假定。这些就像睡莲的根部埋在水下泥中一样，是不易发现和较为稳定的
折中文化模型	把同心圆模型容易理解与睡莲模型更好地解释文化现象的优点结合起来	文化结构系统自组织。外层（类似于器物文化）一中层（类似于制度文化）一内层（价值观，类似于观念文化）一核心层（关于存在的基本假设）
		庞朴文化结构三层次说。把文化分为三个层面：第一个层面为物质的层面，第三个层面是心理的层面，第二个层面是二者的统一，即物化了的心理和意识化了的物质，包括理论、制度、行为等

④城市文脉要素层次结构的划分。在借鉴以上文化层次结构理论的同时，由于城市文脉要素的各构成层之间并非简单的渐次“支配和反映”关系，所以分层时还需借鉴物理学领域的重整化理论，采用“粗粒化”方式，把在城市文脉要素体系中对其他因素具有相似功能的部分，或者与其他因素有较大形式或内容区别的部分划分为同层。遵循以上原则，城市文脉要素的构成层可分为物质文化层、行为制度文化层、精神文化层。其中物质层展现的是城市文脉要素系统中最外层的物质文化要素，可以通过主体的视、体感官直接感受。该层次的文脉要素通过具体的物质载体和相应的形式展现其文化价值内涵。城市因所处自然环境不同而体现出较大差异，自然环境是构成城市特性的重要组成部分，同时自然环境要素（特指人类接触改造的自然环境）和人造物质环境要素生命周期差异较大，可借鉴刘兆丰先生的城市层面结构分析方法进一步划分。刘兆丰先生认为一般城市的层面结构可分为底层面、体层面和境层面。底面层是指人类由之产生和赖以生存的自然母体，它是第一的和最本原的层面；体层面是人类聚居地的功能结构层，它是人类实际生存及进行能量流动的人工层面；境层面是指人类通过对功能层面的

超越以某种方式向底层面回归，以及其他可以导致人类获得最本原的家园感的人居环境。本书的自然环境要素属于长时段物质要素，对应城市层面结构中的底面层，人造环境要素属于中时段物质要素，对应城市层面结构中的体层面，而城市文脉主体的认知及城市文脉信息内涵对应城市层面结构中的境层面，在分析城市文脉要素层面划分时，物质文化层有必要分为自然环境层和人造环境层（图2.10）。

结合马斯洛人的需求层次理论，以人对城市文脉体验认知需求出发，以城市空间为关注重点，可把城市文脉的自然环境要素、人造环境要素和人的行为心理要素三类分为四个传递层次。这四个层次从结构模式看具有由外而内的层次联系，从马斯洛的需求层次理论看具有自下而上逐级满足主体需求的关系（图2.11）。

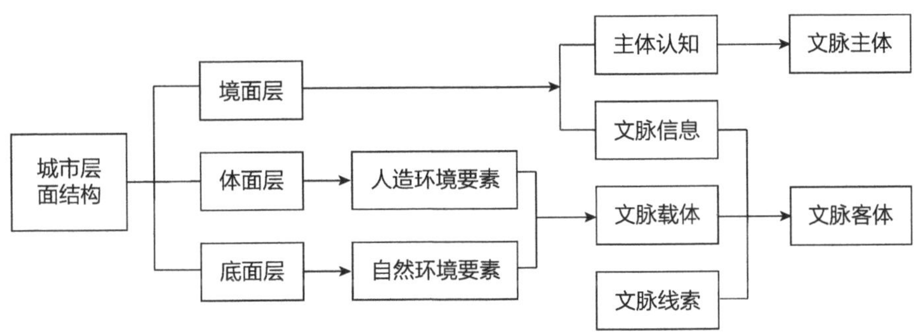

图2.10　城市层面结构与城市文脉要素关系示意
（图片来源：作者自绘）

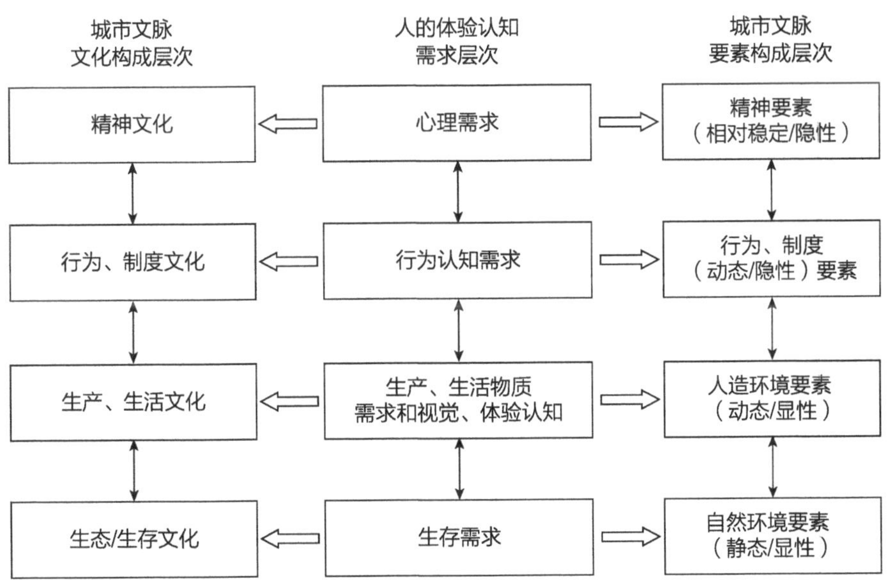

图2.11　基于主体需求的城市文脉要素层次结构示意
（图片来源：作者自绘）

第一层次（最外层）：自然环境要素。属生态／生存文化层面，是城市文脉的物质载体，是显性要素／物质要素，是人类认识自然、利用自然过程中产生的文化形态。从人的生态感受和生存体验出发，主要包含地理环境、自然条件和自然资源三方面内容，此层面的文脉要素主要以城市总体空间形态和城市功能分区布局展现出来。从“历时性”看，一个城市的自然环境要素跟其他要素相比变化较小，属于相对静态的要素，是文脉物质载体要素的构成基础。第二层次（次中层）：人造环境要素。属于物质生产文化和物质生活文化层面，是城市文脉的重要物质空间载体，是显性要素／物质要素，是人类改造自然、战胜自然过程中产生的文化形态要素，主要通过视觉和体验作用于人，包含物质生产要素和物质生活要素。从“历时性”看，要素变化大，属于相对动态的要素。第三层次（中层）：行为、制度要素。属行为文化、制度文化层面，属于隐性要素／非物质要素。它是接受制度文化规范的，对日常生产、生活中各种行为方式进行表达的文化形态要素。它能通过物质空间的塑造影响人们，却不易被感知和体会。从“历时性”看，受生产、生活形式变化影响较大，属于动态的要素。第四层次（核心层）：精神要素。属精神文化层面，是隐性要素／非物质要素，通过以上三个层面要素以及宗教信仰、价值观念、文学、哲学、艺术、娱乐和传媒等特殊形式作用于人，体现人的精神追求。它是最高层次的文化要素，决定和支配其他文化形态要素的存在。从“历时性”看，是以上三个层次文化经历较长时期后的结晶，属于相对稳定要素。

（2）基于“多维交互”的城市文脉要素识别逻辑

城市文脉是“潜流”，城市文脉要素在城市现实中呈现的是一种含混状态。发掘文脉的过程是对文脉要素进行甄别、取舍的过程，是对无数相关要素做减法的过程。结合城市文脉层累建构特性和文化线路保护理念，以空间互动理论为观察视角，以主体的功能需求、“共时性”和“历时性”“三个维度四层一体”对城市文脉要素进行生成识别。

（3）城市文脉要素识别与复合的步骤

①城市文化是一个活的“流”，是一个只要城市还存在就永远不会停止的过程，城市文脉不能够直接呈示它，只有将它“定格”转化为某一时期的“共时性”存在才可显现并为集体所普遍感知。因而，识别城市文脉要素生成的第一步是根据时段理论、文化重心漂移理论及文化层累的结果，把城市发展分为几个时期，分别提取各个时期的文脉积层。城市文脉所要保护和传承的核心是城市文脉客体的“真实性”和“完整性”。城市文脉客体是城市文化“定格”并转化为某一时期的“共时性”的呈现。从历时视角看，那些已纳入城市遗产保护范围的文物保护单位、历史地段、历史城区和城市里已评定的非物质文化遗产都是“定格”后呈现的城市文脉的重要组成部分。把这些孤立的物质遗产、非物质遗产和未划入遗产的具有典型意义的文脉要素组合成能呈现城市文脉客体的“真实性”和“完整性”系统，就是城市文脉的价值追求之一。

②城市形成自己的文脉需要其文化的长期积累和绵延，具有“历时性”，历史性要素是文脉的构成要素当中首要的，也是最为突出的要素，因而，叠置性原则是城市文脉营构的最基本原则。所以，提炼文脉要素的第二步是通过各个时期的文脉积层叠加对比分析，抽取持续较长时期、影响较大的要素。

③城市文脉与城市功能是否延续有密切的关系，一旦城市功能发生转变，文脉传承的条件也会随之改变。第二步提炼的元素只有满足一定的功能需求，才会有传承文脉的人，有了“人脉”才能有“文脉”。因而，提炼文脉要素的第三步是怀着一种对文化的敬畏之心，兼顾人的生存权利和人发展的权利，对上一步筛选出的元素进一步互证比较筛选，得出不同文脉积层内的文脉要素组成及空间秩序。

④第四步是把筛选出的城市文脉要素结合城市形态学和城市景观生态学划分空间文脉单元，提炼主题，遵循连接度原则、作用力原则和等级体系原则，连成城市的“文化线路”，复合出连接历史、现在和未来的城市文脉（图2.12）。

在城市文脉要素生成识别与复合中较为关键的是对城市文脉积层中特色文脉要素的识别，它是复合城市文脉的基础工作。城市文脉积层是一个自然和人文相互作用的“共时性”系统，其中功能具有主导和决定性作用，需以人的需求层级为线索，对各层要素进行系统分析，形成自然环境层次要素—人造环境层次要素—行为环境层次要素—精神环境层次要素，层层限定而又层层突破限定相互联系的“四层一体”提取方法，从而有效避免对脱离要素存在背景的物质形态单层面要素析出，此种生成识别方法还可分析各层要素之间相互作用的机制、规律和模式，为“形”“神”兼备的复合城市空间文脉奠定基础。

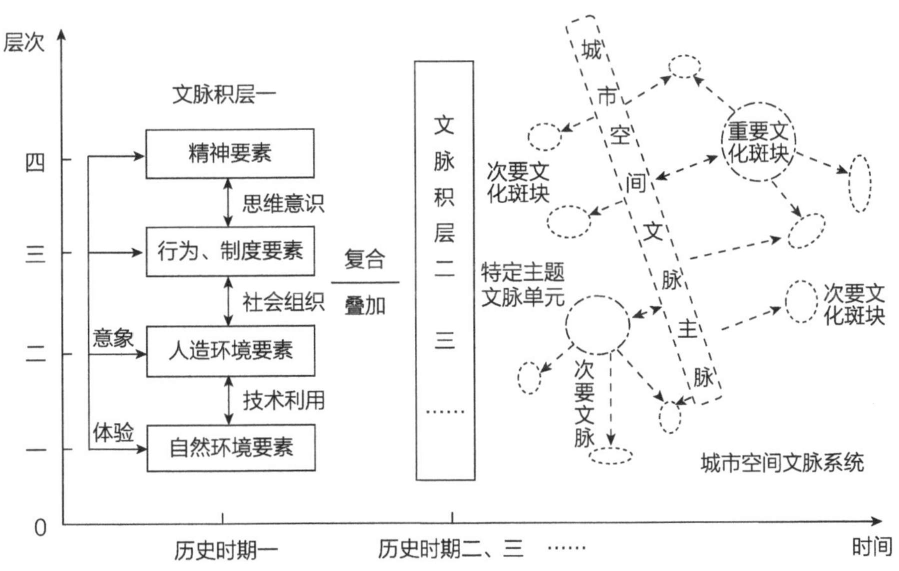

图2.12 “层累”视角下“三维四层一体”城市文脉要素识别与复合示意
（图片来源：作者自绘）

城市文脉空间是城市文脉要素在空间物质载体层面的呈现。它以空间物质载体要素为核心，在不同文脉积层中文化信息及空间边界具有“动态完整性”的城市空间。城市文脉空间通过各类文脉要素形成具有一定结构与形式的系统，这个系统的结构赋予各类文脉要素以性质，而在这个结构中各类文脉要素获得了比独立出现大很多的文化意义。这个系统结构可通过城市格局反映出来，同时城市格局从整体上体现城市个性。反映城市整体格局形态的建筑及建筑组合形态是文脉空间的另外两个层次，它们可结合类型特征进一步划分为不同的文脉空间单元，即文脉空间层级可划分为城市层级文脉空间（不同时段文脉积层呈现的城区空间格局及特征）、建筑层级文脉空间以及建筑组合或建筑与自然环境组合的街区层级文脉空间。城市文脉空间是将各类城市文脉要素信息导入城市文脉中在空间层面进行解析的路径。它由物质空间要素及与其关联的非物质要素构成，以具有完整功能与结构的空间单元为基础，兼具文脉信息价值内涵，是能解读城市文脉物质载体类型的空间单位（图2.13）。

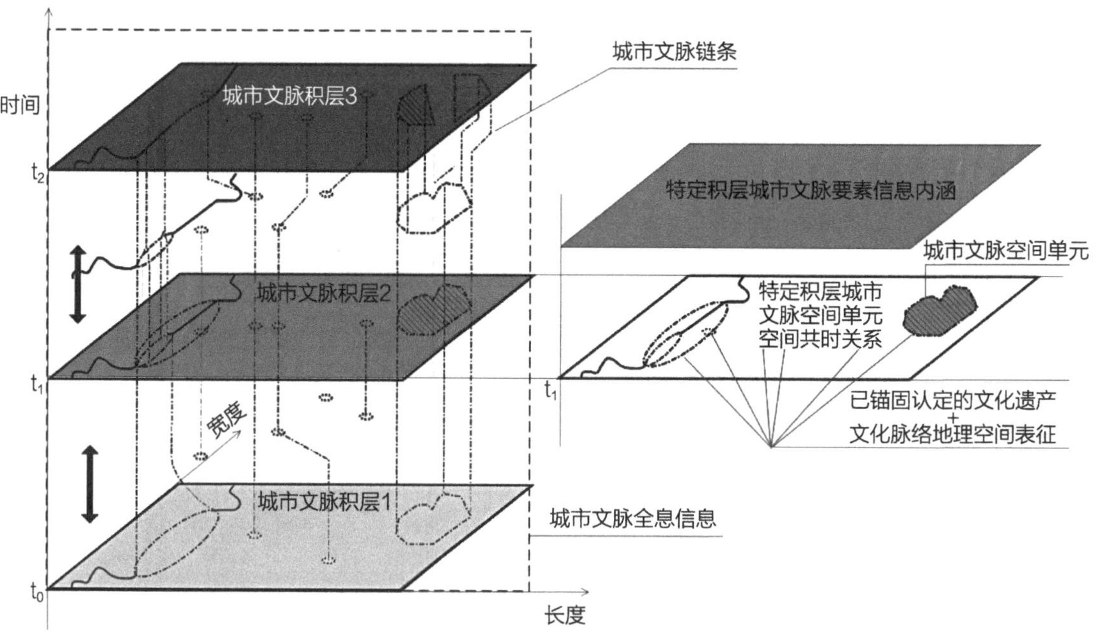

图2.13　城市文脉空间单元示意

（图片来源：作者自绘）

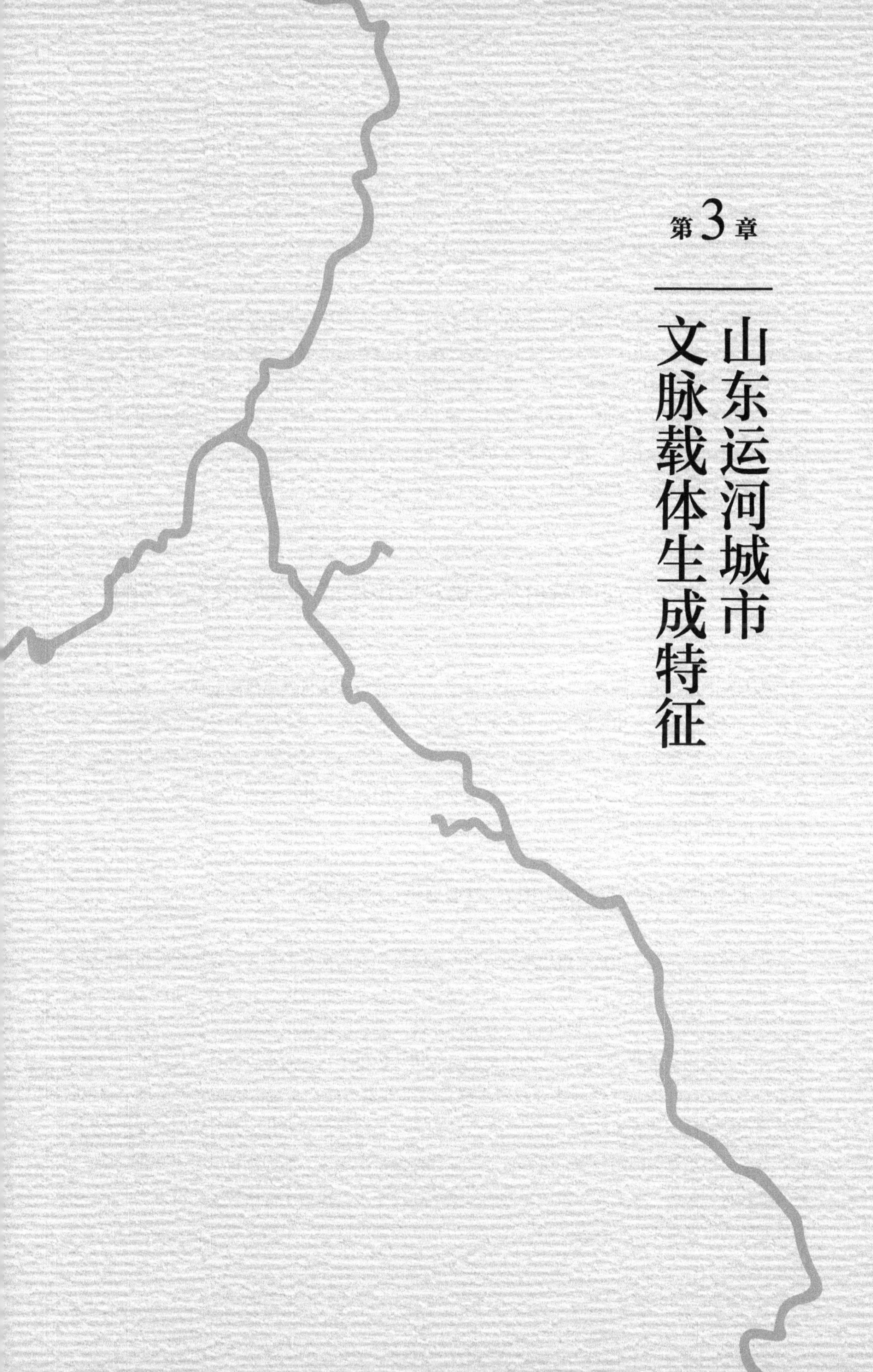

第3章

山东运河城市文脉载体生成特征

正如刘易斯·芒福德所言：“地区环境是编织城市生活的经纬。”城市文脉很大程度上是在城市对地区自然社会人文环境调适过程中形成的。故欲探明城市文脉演化过程，需先了解城市发展过程中的地区环境即文脉区域的特质，理解其对城市文脉要素的影响实效。

本章运用总体史观和时段理论试图整体性地梳理山东运河城市赖以生存、发展的区域时空人文背景，尝试从城市文脉要素生成与所在地区环境的交互关系出发，采用“演进脉络梳理—关键信息提炼—共性特征凝练”的技术路线，以第2章城市文脉要素的四个层面为梳理视角，运用“多源文本和空间对比互证”方法，梳理区域自然人文环境演化脉络以及德州、临清、聊城、济宁和台儿庄这五个城市营建脉络；分析地区环境对城市定址与发展产生关键且持久影响的特质要素及其与城市的本质关联，提取影响城市发展的关键历史信息；整合凝练山东运河城市文脉积层的时空尺度特征、城市文脉物质载体的空间形态类型特征和城市文脉非物质载体的信息价值内涵的文化表征，形成山东运河城市各文脉积层内文脉载体的识别指标体系，为第4章山东运河城市聊城的文脉积层“层累”分析奠定基础。

3.1 山东运河区域自然环境对城市生成与发展的主要影响

历史城市在一定区域自然环境中定址营建，其后在对区域自然规律能动适应与遵循中不断发展。区域自然地理环境与城市连续而持久的交互作用锚固生成了独特的城市文脉要素。依据时段理论，从时间维度看，自然地理环境要素对城市生成与发展大多发挥“长时段”影响。从区域自然环境演进出发，分析其特质要素对城市发展的影响及作用方式，是从源头上理解城市文脉要素生成的根本途径。

3.1.1 优越自然环境为城市持久发展提供了根本保障

距今40多万年前，山东泰沂山地还是四周被海水环抱的孤岛。受青藏高原隆起影响，黄河主道携带大量泥沙东出太行，历经数十万年环鲁中山的冲击和沉淀，此区域形成巨大扇形冲积面，为先民提供了生存繁衍的良田沃土和充沛水源。泰沂山区腹地发育的大规模石灰岩溶洞群及其伴生的溪流泉水和森林动物，为当地的沂源猿人提供了适宜的生存环境。优越的自然环境为京杭大运河（山东段）沿线农业持续发展提供了基础条件，为城市持久发展提供了根本保障，但在原始社会和农业社会，气候变化，特别是气温和降水的变化，常常引起农业生产的变化，造成人口数量增减和迁徙，进而造成农业社会城市的兴衰。如大汶口—龙山文化时期，山东为亚热带气候区，农业文化就较为发达，聚落比较密集，建造了规模较大的城市。此后，山东逐步转为暖温带季风气候区。14—19世纪山东气温剧烈波动，旱涝灾害频繁，经常造成社会

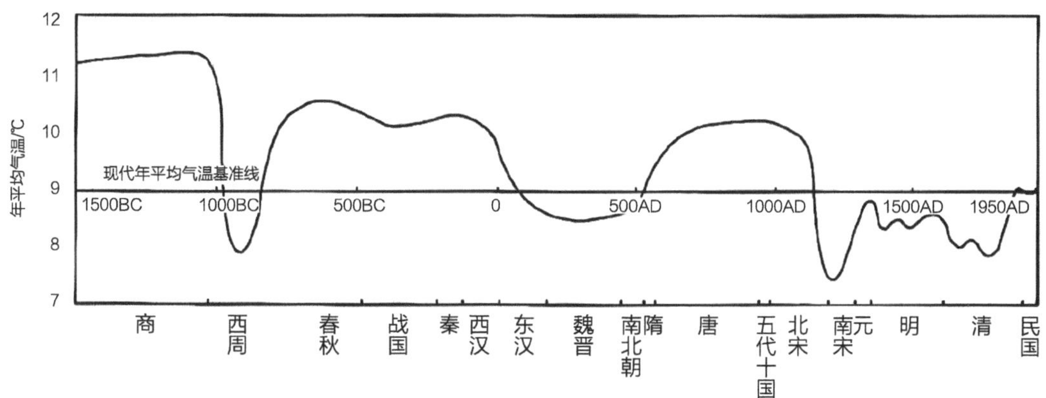

图3.1 中国黄河流域近3500年来年平均气温变化曲线图

（图片来源：王力．中国古代文化常识［M］．北京：北京联合出版公司，2014：90）

动荡，城市遭受战争破坏也较为频繁（图3.1）。

（1）史前亚热带气候时期的山东农业与城市发展

在山东泰安大汶口遗址中出土的扬子鳄、象、麋鹿等骨骼表明遗址周围有广阔的水域和森林草原，据相关研究，史前、西汉及隋唐时期山东属于亚热带气候区。在温暖湿润的气候条件下孕育了山东省史前文化，又称东夷文化（也称海岱文化），它是中国新石器时代和历史初期自成文化体系的六大文化区之一。山东运河区域的龙山文化农业遗址较为密集。夏、商、周三代是山东地区从原始农业向传统农业过渡的时代。山东农业区基本定型于汉代。魏晋以后，政局动乱，农业生产遭到严重破坏，农耕区规模大大萎缩，直到隋唐时期才和汉代规模相当。在西汉暖温期亚热带北界达到黄河流域，山东属于亚热带气候区，农业发展较好，促进了城市发展。至唐代，山东运河区域九成以上为农耕区。

（2）两汉亚热带气候和暖温带季风气候交替出现时期我国经济重心变迁与山东运河区域城市发展

两汉之交，气候由暖转寒，开始了长达600年的相对寒冷期，异常霜雪期频繁发生。至晋代，亚热带北界已经从黄河流域转移到长江流域甚至以南。隋唐时期亚热带北界又达到黄河流域。气候的变迁也使文化重心发生偏移。西汉暖温期，文化重心在黄河中下游地区；东汉魏晋南北朝寒冷期，文化重心在长江中下游地区；隋唐暖温期，文化重心又返回黄河流域。两汉时期，山东是经济文化较发达的地区，考古发现此时期的封国都城与郡县治所遗址百余处，重要城址有齐、鲁、济南（平陵）等诸侯王都城。

（3）14—19世纪气温剧烈波动时期山东运河区域农业与城市发展

14—19世纪，整个地球气候进入小冰期时代，平均气温降低2℃。山东气温剧烈波动，严重损害农业生产，并造成一定程度的社会动荡，对城市发展产生了非常不利的影响。1550—1690年山东冬季极其寒冷，很多地方志都有“奇寒”记载。如《清史稿·灾异志》记载：“康熙三年十二月，寿光、昌乐、安丘、诸城大寒，人多冻死”，“康熙十六年九月，临淄大雪深数尺，树木冻死”。

1743年夏季天气异常炎热，热浪广及今北京、河北、山东等地区，7月25日北京最高气温达到44.4℃。据1743年历史文献对炎夏的记载，多人死于炎热。乾隆《青城县志》记载：“大旱千里，室内器皿俱热，风炙树木向西南辄多死。六月间自天津南武定府逃走者多，路人多热死。”乾隆《平原县志》记载：“五月下旬热甚，有渴死者。”在16—19世纪的400年中，山东平均每三年就发生一次较大的水旱灾害，严重影响农业发展，进而影响到农业社会的城市建设。

明代以前，作为衣被原料的桑麻一直是山东京杭大运河沿线区域的主要农经作物，小麦虽被种植，但在五谷中不占主导地位。明代以后，山东成为全国小麦重点产区，山东运河区域内小麦成为第一大粮作。在清代，随着小麦商品化程度提高，东昌府、兖州等地的小麦种植比重达到五六成。棉花是明清时期山东运河区域的主要经济作物，据嘉靖《山东通志》记载，棉田比例最高的是东昌府，其次是兖州府和济南府。清代以后，该区域的植棉业进一步发展，棉田相对集中，专业化趋势日益明显，形成了鲁西、鲁北、鲁西南三大棉区。明清时期，随着漕运规模扩大和其他商品贸易繁荣，京杭运河成为最繁忙的内河航道，山东京杭大运河沿线兴起了一批商贸城镇。

3.1.2 岗地、坡地和洼地相间的平原便利于运河开凿

（1）山东地貌格局

山东可划分为鲁中南山地丘陵区、鲁东半岛沿海区和鲁西北平原区三个一级地貌类型区。若进一步细分平原区，还可细分为鲁西北平原区、鲁西南平原区、鲁北平原区和胶莱平原区。

（2）山东运河区域地貌特点

山东运河区域地形地貌为岗地、坡地和洼地相间的平原，它有三个突出特点：一是沿线海拔多在30~50m。二是受泰山—沂蒙山山脉影响，京杭大运河（山东段）中间高两端低，尤其是济宁城北南旺段是全河的制高点，成为水脊（南旺距临清150km，高程落差近30m，南旺至徐州的高程落差为40m左右。在地貌发育过程中，形成了鲁中南石灰岩岩溶地貌，为历史时期的运河开凿提供了地质条件）。三是黄河对本区域的地形地貌影响巨大。受黄河改道、决口泛滥影响，地表情况较为复杂，其中聊城地形受黄河影响尤为明显。岗地、坡地、洼地相间的独特平原地形地貌条件，以及石灰岩岩溶地貌提供了运河开凿条件。该地形条件在鲁西南平原和鲁中南丘陵间形成了相互串联的湖泊群，且该区域位于南京和北京之间较为短捷的线路上，以上因素促使京杭大运河选择在该区域穿越（表3.1）。

聊城境内地形及空间分布　　表3.1

<table>
<tr><th colspan="2">类型</th><th>特征</th><th>空间分布</th></tr>
<tr><td rowspan="3">岗地
（古河道沉积而成）</td><td>河滩高地</td><td rowspan="2">河滩高地、决口扇形地宽达5～10km，较两侧的槽状洼地高3～5m，形成缓岗。地形海拔高程为35.2～38.5m，土壤多为轻沙土或沙土，潜水位多在3～5m，土地一般无盐化威胁，但宜受旱</td><td rowspan="2">聊城西部乡镇</td></tr>
<tr><td>决口扇形地</td></tr>
<tr><td>沙质河槽地</td><td>主要河道急流沉积而成，呈现为条带状，地势较高，土壤偏沙</td><td>徒骇河、马颊河和京杭运河三条河道附近</td></tr>
<tr><td colspan="2">坡地
（黄河泛滥沉积而成）</td><td>分布广，高差小，个别地段十分平缓。海拔高程为32～34m，潜水位多在2～3m，土壤多为轻沙，有的是两合土，土壤中含有一定盐分</td><td>主要分布在市境南部和周公河与西新河之间，以及东部四新河流域</td></tr>
<tr><td rowspan="2">洼地</td><td>河间浅平洼</td><td>黄河泛滥尾水缓流或静水沉积而成，呈现为碟形或椭圆形，称为“漫洼”，如“九州洼”“牛家洼”等</td><td>多为黄河改道的河间地带</td></tr>
<tr><td>背河槽状洼地</td><td>黄河决口后的溜道所形成的狭长洼地，多呈不连贯的条带状。潜水位高，容易积涝成灾，盐化较重</td><td>主要分布在马颊河沿岸</td></tr>
</table>

（3）漕运过闸停留促进了运河城镇形成与发展

该区域在京杭大运河流经区域中地势较高，闸坝密集，漕运船只需结伴过闸，在闸坝附近停留时间较长，促使运河沿线形成了为数众多的运河城镇。

3.1.3 深受黄河影响的河流水系制约城市选址及营建

山东运河区域北部、中部、南部分别受海河、黄河和淮河的影响。其中，鲁西北平原区和鲁西南平原区是上古、中古时期黄河漫流的重要地带，岔流旧道纷繁复杂。除这些发源于外地的河流外，山东运河区域还有一些发源于山东本地即鲁中丘陵地带的诸多河流，它们以泉水为源，史上称为“泉河”。“泉河”皆由鲁中丘陵向四周分流。“泉河”流向向东、向北的河直接流入渤海，向西流的河，如汶河、坎河汇入大清河后再流入渤海，向南流的河皆取道黄河入海（自宋至清）。山东运河区域城市的兴衰和黄河的泛滥紧密相关。历史上京杭大运河曾以黄河为水源或者借道黄河与其他水系相连，黄河决口泛滥往往冲毁或淤塞运河，运河城市经济常常遭受较大冲击，因而黄河成为城市选址及营建过程中谨慎“避之”的自然环境要素。

（1）山东运河区域黄河水系变化

黄河流经黄土高原，水流浑浊，公元前4世纪即被称为“浊河”。黄河主流多次流经山东运河区域，并频繁决口改道。周定王五年（公元前602年），黄河第一次大改道流经现聊城的冠县、高唐等地，在天津入海。此后这一河道多次决口，冲出屯氏河、鸣渎河等支流。周武久视元年（公元700年）开挖了分泻黄河水入渤海的马颊河。历史上黄河主流六次经过聊城，对聊城城市发展产生巨大影响。春秋至宋期间，因为黄河的决溢泛滥，造成聊城水灾严重，城市屡次被淹，聊城三次迁移城址。据研究，清代黄河在京杭大运河沿线区域决口次数多达330余次，经常导致京杭大运河阻断，可见黄河洪涝灾害甚巨（图3.2）。

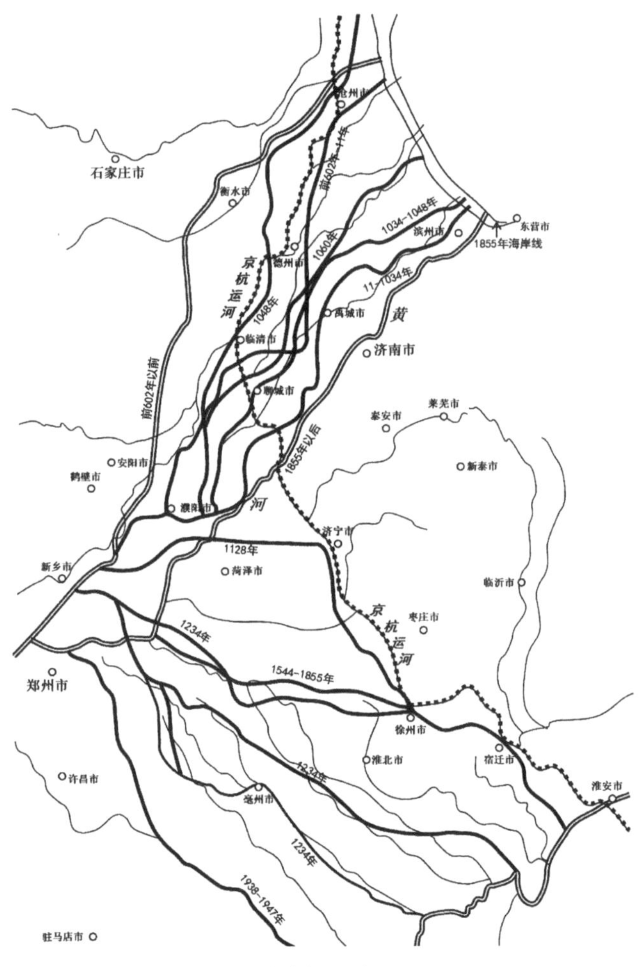

图3.2 黄河下游河道历代变迁示意

（图片来源：作者自绘。底图来源：山东省历史地图集编纂委员会. 山东省历史地图集：远古至清·自然［M］. 济南：山东省地图出版社，2014：138）

（2）山东运河区域海河水系变化

海河水系在西汉以前属黄河水系，西汉以后逐步脱离黄河而独自入海。山东运河区域属于海河水系的主要有徒骇河、马颊河、卫运河、潮河、漳河等。其中马颊河和徒骇河这两条最为重要的河道被京杭大运河截断，造成河道泄水不畅，城市经常面临洪水威胁。

（3）山东运河区域淮河水系变化

淮河水系在历史上也频繁改道。黄河从1128年到1855年，经历宋、元、明、清四个朝代，近千年夺淮河河道。这期间黄河泛滥十分频繁，据记载，从至元九年（1272年）到至正二十八年（1368年）的90多年间，黄河决溢67次，决口二三百处，淮河流域水灾频繁。

在清代，淮河水系有以下三大变化对京杭大运河有较大影响：一是咸丰五年（1855年）黄河在河南兰阳（今兰考县）铜瓦厢决口北徙，穿运河夺大清河入海，原淮河入海故道被黄河淤塞废弃，淮河改从洪泽湖以下的三河入江；二是黄河夺淮夺泗，使发源于山东南流的泗水河、沂河、沭河的河水无出路，在这几条河的中下游形成了南四湖和骆马湖；三是鲁西南平原区的大小河流河道遭到黄河洪水的破坏，造成水无出口，排水不畅。

（4）明清山东人工运河工程对自然河流水系和城市的影响

京杭大运河（山东段）水源除借助黄河、卫河外，主要是山东泉河。山东南旺分水岭以北的运河水源补给主要为发源于太行山麓的卫河、漳河和沁河，这三条河自西而东，奔流而下。卫河（旧名御河）发源于河南辉县苏门山之百泉，其中一支流经临清至直沽，汇白河入海，长两千余里，为卫运河。漳河发源于山西，其分流在山东馆陶西南与卫河合。漳河水流浑浊，易发水患。山东南旺分水岭以南的运河水源补给主要为发源于泰沂山地的汶河、泗河和洸河，自东而西汇入运河，自南旺最高点而下，最终成为山东运河中段南四湖的补给水源。济宁以南的运河河水主要为发源于泰沂山脉南侧的沂河、沭河、南阳新河和洳河，自北而南汇入运河。山东运河主要借助山东泉河流向和闸坝来实现南北向畅通，在山东段形成众多河闸，因而京杭大运河山东段又称闸河、泉河，相关工程建设都围绕“闸”和“泉”展开。除德州至临清运用卫河的自然河道外，其余河道基本全是人工河道（图3.3）。

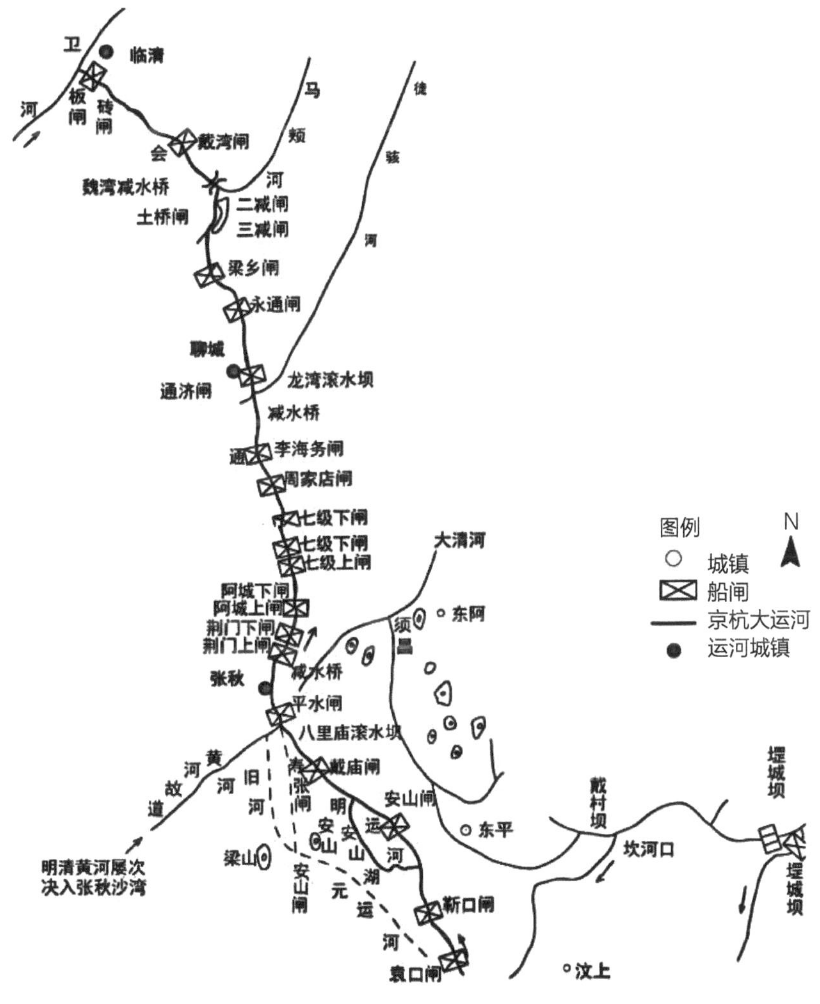

图3.3　京杭大运河山东北段河闸示意图（14—16世纪）
（图片来源：作者改绘）

京杭大运河（山东段）闸坝众多，南旺分水岭以北节制闸较为密集，南部较为稀疏。从数量上看，临清、阳谷和济宁最多。两闸之间的距离不过十里至数十里，有的甚至只有里许。明代后期开凿南阳新河、泇河，修建了台儿庄八闸。水次仓设置和漕船停留等待过闸促使运河沿线区域城市选址远黄河畔运河，形成跨运河而建的城镇空间格局（图3.4）。

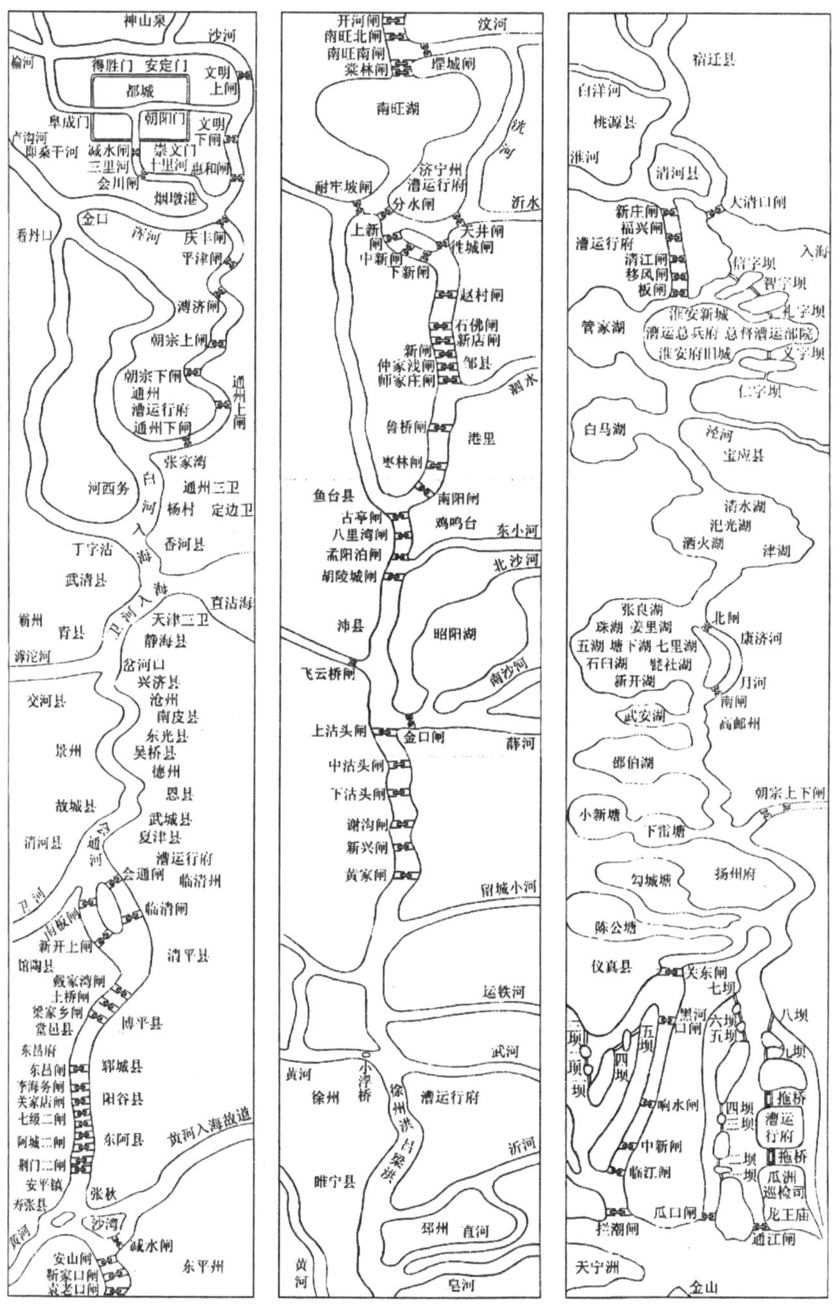

图3.4　明中期京杭大运河全程河闸示意

（图片来源：王逸明. 1609中国古地图集［M］. 北京：首都师范大学出版社，2010）

3.2 山东运河区域人文环境对城市生成与发展的主要影响

城市发展演进和区域人文社会环境紧密关联。以区域历史演进脉络为线索，梳理对域内城市发展具有关键性、持久性的人文社会环境成分，是理解城市文脉要素生成的另一重要途径。从时间维度看，历史人文环境对城市建设兼具“长时段”“中时段”和“短时段”影响特点。如某些哲学思想、价值观念、文化传统等成为城市建设绝大历程中的主要影响因素；某个时期推行的制度、流行的观念、形成的技术、营造的空间等成为一段时间内延续影响城市建设的主导因素；某些重大城市事件、纪念物、名人活动地等存在时间较短，但可能转化为历史记忆、文化符号、物质载体在城市中留下历史印记。

从文化线路理论的文化交流视角看，史前时期山东境内产生了自成系统的东夷文化，是区域文化发展的孕育阶段；夏、商、周时期东夷文化和中原周文化整合为齐鲁文化，是区域文化发展成长阶段；明清京杭大运河的开通使齐鲁文化和燕赵文化、中原文化、吴越文化等进一步融合发展，是区域文化发展的成熟阶段；清末大规模的“闯关东”和辽东文化有一定融合，近现代山东对外开放，融入了较多境外文化，是区域文化发展的逐步稳定阶段。

随着区域文化的融合，在京杭大运河（山东段）沿线城市建设中不断融入新的文化元素。早在东夷文化时期就形成了“都、邑、聚”聚落结构体系，后经齐、鲁对区域内的大力建设，逐步形成以齐临淄和鲁曲阜为国都居中，各级城市沿河流或交通要道布局的城市分布格局。唐宋以来，区内城市普遍受黄河泛滥影响而多次迁址。元以后，区内城市普遍定址，随着京杭大运河的贯通，沿运河商业市镇崛起，地区城市体系逐步定型。立足城市演进和区域人文环境演进紧密关联的逻辑，不难发现东夷文化、齐鲁文化和运河文化必然对区域历史城市发展产生重要影响，本节尝试对其做以分析。

3.2.1 聚落兴起与华夏民族融合

距今约40万年前就有沂源猿人在泰沂山区生活，距今1万年前旧石器时代的先民分布于沂、沭河中上游到胶东半岛。在上古时期，海岱、桑卫和江淮文化区民族逐步融合成为东夷族团并孕育了东夷文化。东夷文化发展经历了后李文化、北辛文化、大汶口文化、龙山文化和岳石文化五个阶段，其中大汶口文化和龙山文化是区域文化代表。距今6100 ~ 4600年的大汶口文化时期，先民主要分布于鲁中山地周围，到距今4600 ~ 4000年的龙山文化时期，先民已遍布山东全境（图3.5）。

距今5000 ~ 4600年的大汶口文化晚期，世代居住在山东及周边的是太昊、少昊和炎帝部落，即古史“三皇”时代。龙山文化时期山东本土夷族、炎族和黄帝族在鲁西和中原地区融合，即古史“五帝”时代。在古文献中，夷族崇尚太阳，“华胥”为“华”字最初来源。战国时期，山东、中原地区的夷族、夏族融合成“华夏”民族。大汶口文化时期山东农业、家畜饲

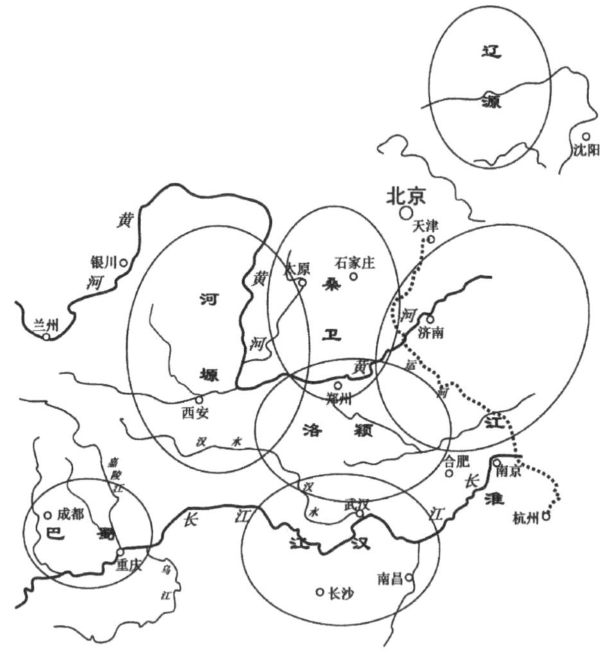

图3.5　中国上古原初民族文化区示意
（图片来源：作者自绘。底图来源：山东省历史地图集编纂委员会. 山东省历史地图集：远古至清·文化［M］. 济南：山东省地图出版社，2014：9）

养业、手工业方面都比较发达，手工业技术方面有不少创新和发明，处于同时期比较领先地位。依据《春秋左传》《史记》《中国全史》等记载，史前城市的主要职能是政治和军事，聚落形态为城邑，可以说城就是国。夏商时期，山东境内地方国达135个，城邑数量众多。目前山东运河区域是龙山文化遗址密集区域。

3.2.2 齐鲁文化与本土营城理念

齐鲁文化伴随着西周齐、鲁两个分封国家而来。据《左传》记载，春秋时期，山东境内除齐国和鲁国之外有小国55个。经过战国大国争霸兼并之后齐国疆域主要涵盖山东半岛以及鲁西北地区，而鲁国则以鲁中山区为主要区域。

东夷文化的重要特征是“重商”。齐文化和鲁文化是两个封国对东夷文化采用不同融合方针而形成的文化。齐国“因其俗、简其礼”，而鲁国“变其俗、革其礼”，故在鲁地东夷文化逐步销声匿迹，有“周礼尽在鲁矣之说”。在齐地东夷文化和中原周人文化交流较多，东夷文化得到较多的延续。由于齐、鲁两国地理上距离较近，再加上春秋战国时期的百家争鸣（出现了孔子、管子、孟子、老子、韩非子等学术大师）和战国后期政治大统一趋势日趋明显，为齐、鲁文化融合提供了较好条件。战国后期，齐国政治、经济、文化十分繁荣，成立了稷下学宫，供学者著书立说，鲁文化中的儒家学说就是稷下学宫的一派，孟子是其代表人物。汉至明清时期，随着汉武帝“罢黜百家，独尊儒术”，以及以后朝代对这一政策的推行，使儒家文化大放光彩，逐步发展成为中国传统文化的核心，齐文化和鲁文化也进一步融合为齐鲁文化有机体（表3.2）。

齐文化和鲁文化的主要差别 表3.2

项目	齐文化	鲁文化
地理环境	滨海	内陆
经济类型	发展工商贸易，各业并举	发展农业，比较单一
治国方略	崇尚武力	尊周礼，尚从王道
宗教信仰	注重多元的道学	儒家思想的发源地
思想观念	重兼容达变，百家并存	崇尚一统
社会风气	尚功利重才智	严守古义，尊崇传统

齐、鲁各自吸取对方文化精华，崇自然、兴教化、重道德、尊秩序的人居价值观念为区内城市发展建设确立了基本的思维方式和行动准则。山东境内已发现两周时期城址70余座。经调查考证，城址多象天法地、临水而建，有夯筑城墙。都城由大、小相套的两城组成，其中齐都临淄、鲁都曲阜和薛国故城的城外有护城河，城内有宫殿区、手工业作坊区和居住区，已有一定秩序的分区。墓葬多在都城内，齐都临淄及周边已发掘墓葬600余座，鲁都曲阜发掘周代墓葬200余座，从墓葬看周代盛行陪葬风俗，尊崇自然、先人的东夷文化得以继承（图3.6）。

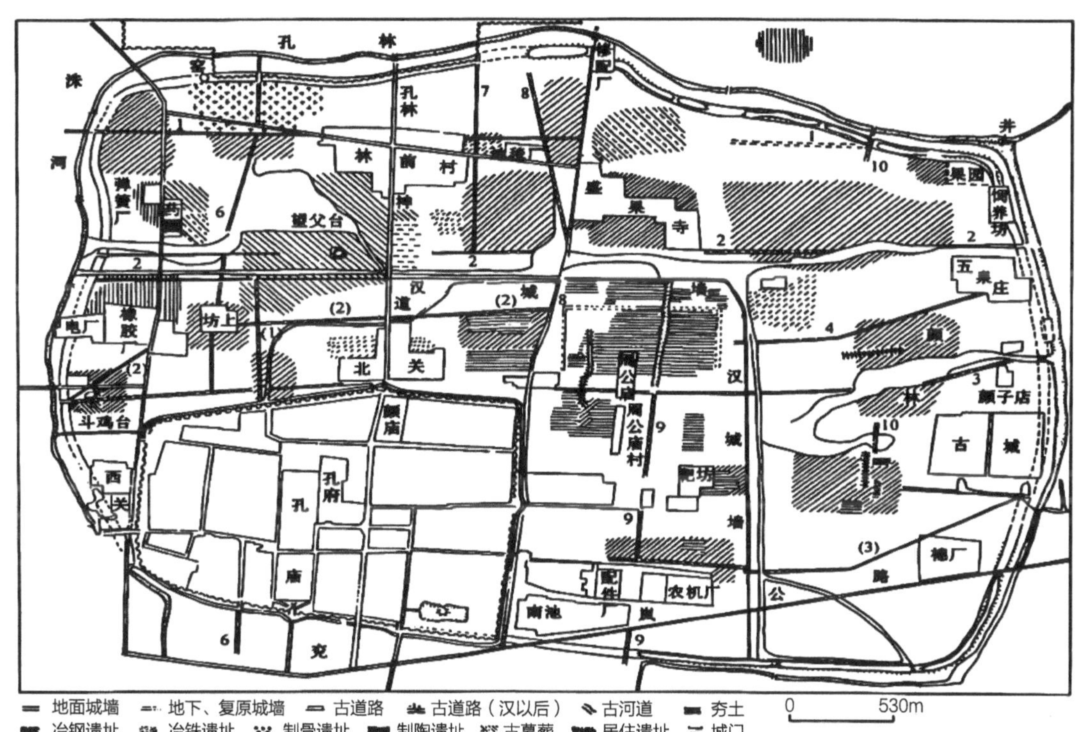

图3.6 曲阜鲁国故城遗址平面图

（图片来源：山东省历史地图集编纂委员会. 山东省历史地图集：远古至清·文化［M］. 济南：山东省地图出版社，2016：99）

3.2.3 漕运政策与运河城镇兴衰

伴随着京杭大运河的开通及漕运繁荣，山东运河区域又吸收燕赵文化（燕赵文化是我国北方地区的代表性文化之一，源于战国时期，在战国中期开始形成，到战国后期走向成熟和定型。史学界界定燕赵文化的影响范围南以黄河为界、北以燕山山脉为界、东以大海为界、西以太行山为界。在春秋战国时期，燕赵地区经常受到北方胡人的骚扰伤害，长期以来当地居民在不断进行民族融合的同时也不断发生着抗击冲突，慷慨悲歌、好气任侠是其主要文化气质）和楚汉文化（楚汉文化圈层是以徐州为核心的辐射圈层。处在黄河、长江两大文化体系之间，秉承着炎黄文化的优良传统，是中华文化的重要组成部分。徐州既是汉文化的发祥地，又是楚人的起源地，辐射范围涵盖山东、江苏、安徽、湖北等部分区域。楚汉文化艺术以其思辨性、浪漫性为特征，如楚文化的代表作是屈原的《楚辞》），形成了具有齐鲁文化底蕴的运河文化。在汉代至隋唐时期，山东农业、手工业和商业就是全国较为发达地区。据《汉书·地理志》记载，西汉时期，山东设铁官12（全国50）、盐官11（全国35）。《史记·货殖列传》记载："齐带山海，膏壤千里，宜桑麻，人民多文彩布帛鱼盐。"汉唐时期山东建立起广阔的农耕体系，为区域内城市商贸业孕育提供了重要支撑。隋文帝在今兖州开挖了"丰兖渠"。隋炀帝开挖的永济渠流经今临清市西，经武城至德州，再北流出山东进河北。唐代永济渠线路大体未变，这为运河城镇的孕育提供了条件。

北宋时期，山东地区是中央财赋主要供应地。据宋元丰年间统计，山东仅京东路（范围包含今济南、临沂、淄博、潍坊、烟台、威海、青岛等地）有耕地2672万亩（占全国5.79%），夏、秋分约占全国的9%和4%。京东路每年上交赋税纺织品甚巨：绢490429匹（占全国16.7%）、绸54827匹（占全国13.2%）、绫4032匹（占全国28.2%）、布49837匹（占全国10.2%）。时人有"齐鲁之富，甲于四方"之称谓。位于水陆交通要冲的村、渡口、道口相继发展为"小市藏百贾"的商贸城镇。成为商税征收重镇。据《宋会要辑稿》对熙宁十年（1077年）统计，今山东运河区域的博州刘家、德州罗家渡的商税额已大大超越其所在县城，在本州商税中的份额也举足轻重。在市镇地域分布上，济水—广济河运河通道及其腹地的商贸市镇最多。在今山东运河区域隶属北宋河北东路的有博州的聊城之武水、广平、兴利、王馆店，高唐之固河、新刘（后改称齐城）、南刘（后改称灵城），堂邑之回河，博平之旧博平、刘家、永安、杜郎店、赵村、郭礼、崔度等镇；德州的安德之盘河、德平、糜村、重兴、将陵、向化、磁博、怀仁，平原之水务、药家、罗家渡、官桥渡、沙河渡、新河渡等镇。

宋末年至明初，山东遭受连年战乱，经济社会发展出现倒退，城市遭到巨大破坏。宋末年，山东成为宋、金、蒙交战的主战场，经济遭到重创。元朝末年，黄淮流域水灾不断，爆发了红巾军大起义，元政府与红巾军激战十余年。明初"靖难之役"，使山东更是雪上加霜，百姓十亡七八，鲁西许多地方千里无人烟。

元朝开挖了济州河与会通河，使京杭大运河全线贯通，但据《行水金鉴》记载，由于开挖的运河“河道初并，岸狭水浅，不能重赋”，加上黄河侵淤，经运河运输的漕粮仅仅二三十万石，不到总量的1/10。这时期对运河沿线城市影响较小，此时期该区域也没有形成具有全国影响力的城市。

明永乐初定都北京，漕运形势发生根本变化，京杭大运河（山东段）成为漕运的核心地段。明代对山东段大运河进行了修治，其路线较元代有所改变，自今汶上县袁口改道，东迁约20里。路线变为袁口—安山湖东—蕲口—安山镇（今东平县安山）—戴庙—张秋（今聊城张秋镇）。这使运河避开了黄河侵害，较好解决了水源问题，运河能够常年畅通，大大促进了运河沿岸城市发展。明中后期又在山东运河南段开通南阳新河和泇河，至此山东运河线路基本稳定，京杭大运河成为漕运主要通道，漕运的运量由元初10万石／年增长到明中期400万石／年，运河运输进入繁荣时期。沿运地区出现了一些商贸兴盛的大小城镇，如有“天下之都会”的临清，转贩贸易发达的大型商贸城市济宁，号称“小苏州”的张秋镇，以及阿城、谷亭、夏镇等小市镇“星罗珠贯，不下数十城”。清中期，山东运河沿线商贸城镇达到鼎盛，继明代又出现了“人烟辐辏、士商云集”的“大都会”东昌府治地聊城，以及清平魏家湾、济宁鲁桥镇、鱼台南阳镇、东平安山镇、台庄镇等商贸市镇。此时期，运河沿线的德州、临清、东昌（今聊城）、济宁等城市迅速发展成为具有全国影响力的城市。

运河漕运政策对京杭大运河（山东段）沿线城市空间格局和形态有较大影响。明代漕运政策经历了“支运法”、“支运法”与“兑运法”相互参用和全部采用“长运法”三个阶段。“支运法”是指各地民户先将漕粮运送至指定粮仓，再由各地的卫所官军分段运送至京城。江西、湖广、浙江民户运粮至淮安仓，再由官军就近挽运，淮安至徐州由浙、直军运送，徐州至德州由京卫军运送，德州至通州由山东、河南军运送，每年共四次。“支运法”中，“支是不必出当年之民纳；纳是不必供当年之军支”。实施“支运法”在官军受到调遣时改为民户运输。农户既要耕种粮食，又要参与远程运粮，经常耽误耕作，贻误农业生产，而且路途遥远，多次超过了漕粮的运输期限。“兑运法”是由驻守东南各地的卫军承担漕运，江南各地的农户将漕粮运送至江北的淮安和瓜州，交兑给卫所，再由官军负责运送至京师，农户按照路程的远近，给予官军一定数量的路费和耗米作为酬劳。“长运法”是令官军雇船直接至江南各水次交兑，农户在缴纳原有兑运的耗米之外，加上每石加米一斗作为渡江费用。清代沿袭明代后期的“长运法”。漕粮主要以军队河运承担，雇佣民船作为补充。无论采用哪种运送方法，京杭大运河（山东段）沿线城市大都建有粮仓，各地漕粮都在淮安、徐州、临清或德州中转和支纳，大量的漕粮支纳和储存功能，使城市空间形态发生了较大改变。如明宣德六年（1431年），全国漕粮总额400万石，临清建的广积仓可容300万石，占总量的3/4。成化元年（1465年），又设常盈仓。粮仓均位于砖城内，面积约占砖城的1/4（图3.7）。

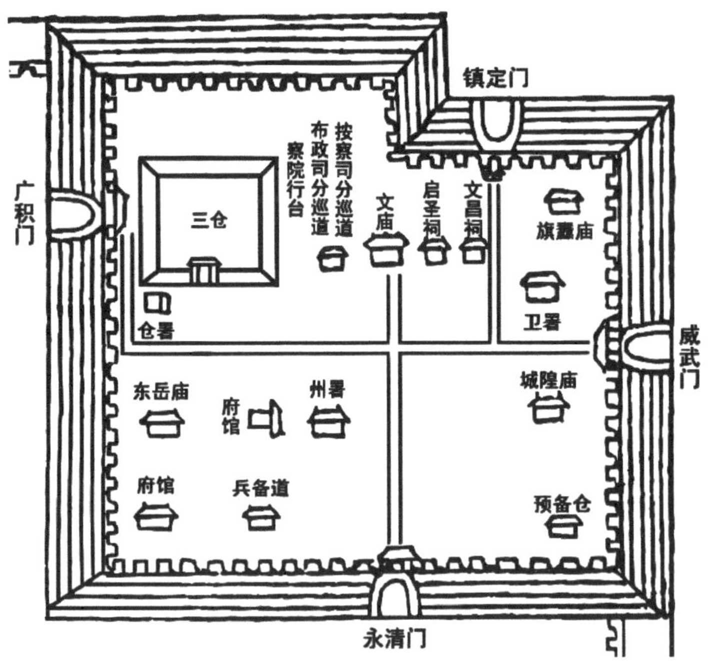

图3.7 乾隆临清砖城内仓储示意图
（图片来源：张度. 乾隆临清直隶州志［M］. 南京：凤凰出版社，2004）

清晚期即咸丰五年（1855年），黄河在河南兰考铜瓦厢决口，黄河改道北徙在聊城穿运，会通河聊城段运河阻塞，此后漕运或改海运或折现金。光绪二十年（1894年），裁减运河管理人员，黄河以北运河遂废。1900年，清政府下令漕粮改为征银两。1901年，清政府下令停止漕运。1912年，和京杭大运河平行的津浦铁路开通，京杭大运河的运输功能被铁路所代替，山东运河多处淤塞，多段不通航，山东运河城市逐步衰落。

3.3 漕运政策下山东运河城市的营建脉络及关键信息提取

前面分别梳理和分析了山东运河区域的自然环境和人文社会环境特质及其对区内城市文脉载体生成所必然产生的影响。在此基础上，本节进一步聚焦于德州、临清、聊城、济宁和台儿庄五座历史城市案例，梳理这五座典型城市在国家漕运政策影响下的“定址环境”（城市生成与周边环境中各类要素的相互作用关系）与“定址后的发展演化”（城市发展与周边环境中各类要素的相互作用时长及连贯性）所形成文脉载体的关键信息，为揭示山东运河城市与地区环境的交互关系及文脉生成特征，构建山东运河区域城市文脉载体识别指标体系提供支撑。

因当前单个城市历史信息较不完整，本节选用多个典型案例比较归纳式研究思路。案例选择元明清时期受惠于国家漕运政策而兴盛的德州、临清、东昌（今聊城）、济宁和台儿庄，兼顾国家级历史文化名城、省级历史文化名城和非历史文化名城的一般运河城市。研究以历史文献、考古信息、田野调查等资料为线索，以各层面文脉要素信息为主线，从“特定片段”入手，通过对其信息提取、碎片整合、时间排序和空间转译，再现历史城市营建脉络。这种方式既可避免因追求各类城市营建信息面面俱到而造成信息冗杂难辨，也可弥补大量历史空间证据不足的问题。最后，通过多案例的比较归纳，可总结凝练具有地域共性的城市文脉载体特征。各案例城市的研究范围既非当前行政意义上的辖区范围，也非当前城区范围，而是特指元至清后期的城市范围，是一个具有特定时空范围的历史概念。

3.3.1 南运河南段德州营建脉络及关键信息

（1）城市文脉之人造环境要素层面关键信息

①城市定址环境

隋代运河过境德州。隋开皇九年（589年），隋文帝灭陈，自西晋分裂的中国再度统一，这一年在今陵城区始置德州。隋炀帝从大业元年（605年）开始用不到6年时间开通了2700余里的南北大运河，其中途经德州的为永济渠一段。隋炀帝大业八年（612年）、大业九年（613年）和大业十年（614年）三次东征高丽都是通过永济渠征调全国各地兵员和物资。大业十四年（618年）隋朝灭亡，隋运河对德州发展影响并不大。

唐代德州据漕运之利而兴。唐初农业发展迅速，德州、沧州一带是朝廷征收粮税的主要地区。唐代永济渠主要运输漕粮，其次是丝和棉类土特产，官粮沿永济渠一部分运往北部边防重地，一部分运往唐东都洛阳。唐后期对漕运制度进行改革，在运河德州段建了一批沿河仓库。一方面储存漕运货物，一方面促进商品流通。据记载，当时渡口驿州（今德州夏津县渡口驿镇一带）就是重要的运河城镇。唐代运河交通便利，促进了南北文化交流，出现了孟云卿、高适、孟郊、宋若昭等本地诗人，也有李白、骆宾王等文人墨客访友游历留下的诸多佳作。其中骆宾王《夏日游德州赠高四》是反映唐朝德州风貌的重要文献。

宋至明朝期间，德州有鬲县城、北魏鬲县城和长河县城三座故城，均为黄河泛滥湮没。据乾隆《德州志》记载，“洪武七年废陵县徙州治于此，并废安德县入焉”，即明洪武七年（1374年）由陵县迁于运河以西设州治。据《明史》记载，由于元末政治腐败、黄河泛滥和战争破坏，明初德州经济萧条，人烟稀少。“经过从山西移民并经过二十多年的休养生息，到洪武二十四年（1391年），人口仅有4836户。”“洪武三十年，于御河东筑卫城，即今德州城”（图3.8）。

②城池及附属设施营建脉络

城池及附属设施建设情况既反映城市规模，也反映经济社会的变迁，包含了丰富的历史文化信息，德州明清时期建设演变情况如表3.3所示。

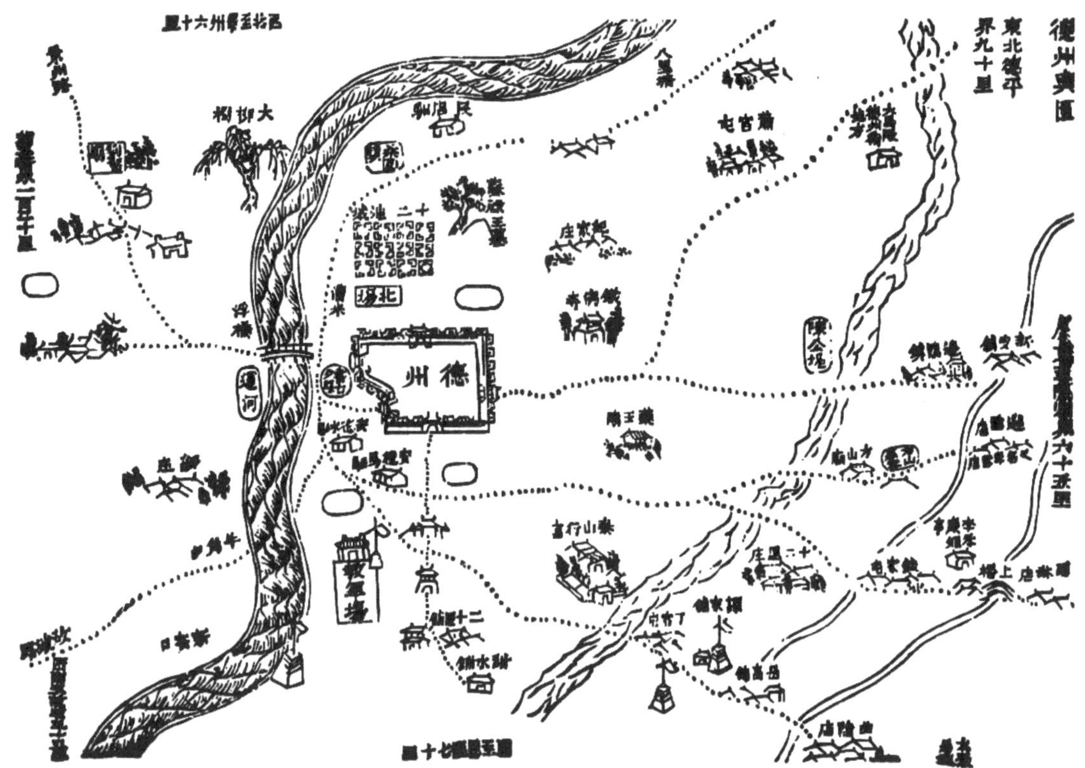

图3.8 清代德州州城位置图
[图片来源：道光十九年（1839年）《济南府志》]

明清时期德州城池及附属设施建设概况 表3.3

年代	建设概况
明初	建设土城
洪武三十年（1397年）	改建为砖城，周围1956丈，10里180步，城墙高3丈7尺，护城河深1丈，阔15丈，设5个城门。建城铺67座，每座3间
正德六年（1510年）	城外筑土城以罗之，并筑有绕城堤
嘉靖七年（1528年）	城垣倾倒，修，高2丈，延袤30余里
万历四十年（1612年）	重修。建雁塔、振河阁、敌楼等
乾隆八年（1743年）	重修。口楼4，角楼4，敌楼4，瓮城4。护城河深2丈，阔5丈
光绪元年（1875年）	只修了东面墙垣。其余三面破败不堪

（来源：作者根据《德州志》《德州乡土志》《德县志》中关于城池、城郭的记载整理）

洪武三十年（1397年），德州卫都督张文杰和指挥徐福主持修建了德州砖城。建设范围是在原土城的基础上向外拓展。正德和嘉靖年间，在德州城外修建了周长30里的罗城。万历四十年（1612年）和乾隆八年（1743年）都对城池进行了大规模重修（图3.9）。

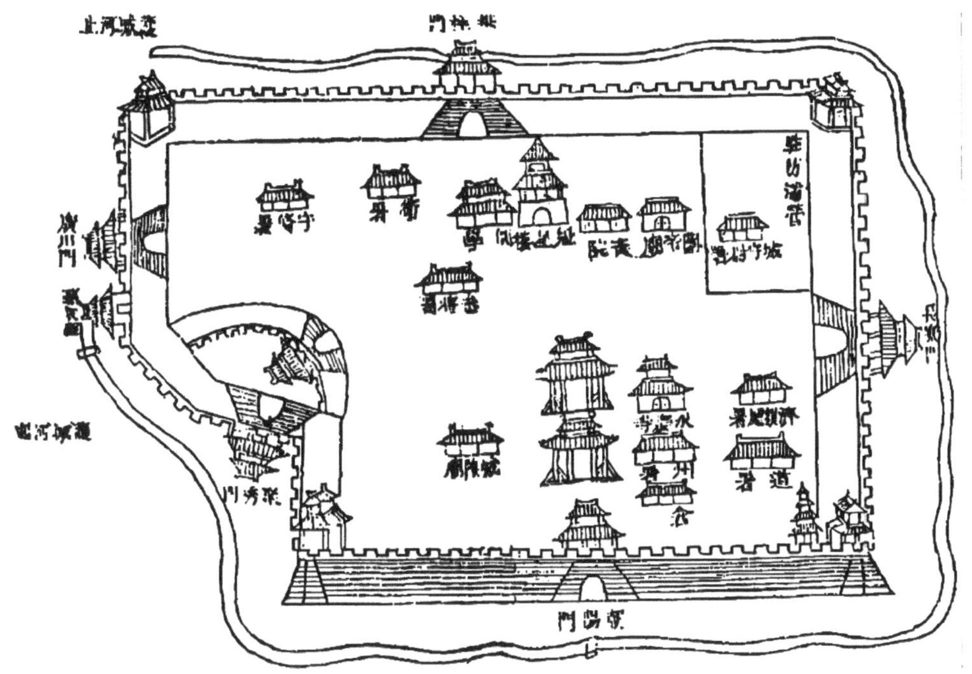

图3.9　乾隆德州城池图

［图片来源：乾隆德州志（据清乾隆五十三年刻本影印），（清）王道亨修；（清）张庆源纂］

元明清时期，德州地处南北军事战略要地，元明更迭、靖难之役和明清更迭时德州都是重要的战场。另外，对城市发展建设产生重大影响的还有叛乱、农民起义等历史事件。明正德年间的刘六、刘七起义直接促使了德州罗城的建设。明末李自成起义也波及德州。乾隆年间的王伦起义，清后期的太平天国运动、捻军起义以及义和团运动都对城市建设造成较大冲击（表3.4）。

元明清时期德州重大战争事件统计　　表3.4

时间	事件及影响
洪武元年（1368年）	元明更迭。破坏严重
建文元年（1399年）	靖难之役。德州为主战场之一，惨遭涂炭
正德六年（1510年）	刘六、刘七起义。率兵数万攻德州城，外筑土城以罗之，并筑绕城堤
崇祯十七年（1644年）	明清更迭。闯军攻陷德州
顺治四年（1647年）	张二幌子起义。攻入德州城内，袭击了州属和道库
乾隆三十九年（1774年）	王伦起义。起义军波及德州
咸丰、同治年间（1851—1864年）	太平天国运动。太平军北伐过德州
同治七年（1868年）	捻军起义。抢掠州境几遍
光绪二十六年（1890年）	义和拳运动。德州为重要发源地，义和拳活动很活跃

（来源：作者依据乾隆《德州志》卷二《纪事》、光绪《德州乡土志》和民国《德县志》卷二《舆地志 纪事》的相关记载整理）

（2）城市文脉之行为、制度要素层面关键信息

①城市职能的演化

明朝初期，德州是重要的存粮和驻军城市。隋炀帝开凿的永济渠从现德州城址附近经过，从唐代起，便有驿道从德州附近经过，德州成为水陆交通较为便利之地。金、元两代都在德州现址附近修建粮仓。金在此修建“将陵仓”[①]，“明洪武三十年裁河一湾筑城，河移而西，仓在御河东岸”[②]。明初北伐元朝时，德州就为军事据点。据《读史方舆纪要》卷三十一记载：“明初取燕京，大军由德州而进。”“靖难之役”中，德州为主要战场。“靖难之役”历时四年，在德州双方争夺达三年之久。德州在战争摧残和燕军屠杀之下，赤地千里，了无人烟。到永乐十年（1412年）人口仅4946户[③]。德州城内设有德州卫和德州左卫共12个守御千户所[④]，“二卫分市井，正卫治北街，左卫治南街，居住者皆军户、无州民”[⑤]。

明朝时期，德州漕粮转运重镇地位逐步形成，城市职能由政治、军事型向商贸型转化。明成祖永乐九年（1411年）开始疏浚会通河，永乐十三年（1415年）竣工，运河漕运能力大幅提升，海陆运尽废。会通河疏浚期间运输能力就达200万石／年。明永乐十四年（1416年）开始营建北京皇城，明永乐十九年（1421年）迁都北京。此后，明政府为转运漕粮在天津、德州、临清、徐州和淮安设置了五大水次仓。德州水次仓称为广积仓，用于漕粮“支运”过程中的中转，并储备大量调节京师和边防的漕粮余缺。每年经德州转运的漕粮从几十万石迅速增加到四五百万石之多。德州作为漕粮转运重镇，每年数百万石粮食在此装卸或短期储存，需要大批卫军护送和大量力役搬运以及众多交兑手续。如此一来，德州运河岸边帆樯林立、车马穿梭，一片繁盛景象。此外，由于每年南来北往的数十万军卒、工匠、政府官员及家眷途经德州，政府逐渐把夹带私货合法化，商贸往来开始兴起。运河运输开始由军用、漕运向民用和商用拓展，德州商贸服务业日益兴盛。到明朝末年，德州成为通商贾的商业城市。

清朝时期，德州商贸、工商业进一步发展，军事职能降低。在漕运过程中清政府逐步放宽了随船搭载土宜的数量，此时，运军变相成为商队，极大促进了商品贸易发展，也带动了沿岸手工业和服务业的发展。清代开始裁撤卫所，康熙时裁掉左卫并入德州卫，乾隆时将卫所的守城、治城、管河的权力交予地方政府，光绪末年德州卫裁废。清代初期德州驻有满蒙兵，在清代德州军事职能虽有降低，但依旧重要。

---

① 乾隆《德州志》卷五，《建置仓库》。

② 同上。

③ 嘉靖《德州志》卷二，《户口》。

④ 嘉靖《德州志》卷二，《官治志·卫所》记载：“德州卫，洪武九年，以守御后千户所改建；永乐五年，增建德州左卫，各六所。”

⑤ 乾隆《德州志》卷一，《沿革》。

②城市人口规模及职业构成

明清时期，德州城市人口主要包括民户和军户两部分。据傅崇兰先生考证，在《中国运河城市发展史》一书中认为："德州永乐年间8436人（民户2836人，军户5600人），乾隆五十二年（1787年）66189人（民户10693人，军户55496人）。"

据乾隆《德州志》记载，乾隆五十二年，"德州城内城内街30条，市场2处，庙、寺、祠、宫、庵等70多处，牌坊50多座，官署衙门72所，城外有市场7处，巷子3条"[①]。"另有200多家手工作坊，400余家商号"。据此可大致推断，城市人口主要从事士、农、工、商及其他服务业。商旅多在城外运河岸边进行商贸活动，船夫、力役则白天在城内或运河岸边劳作，晚上归乡下住宿。

3.3.2 会通河北段临清营建脉络及关键信息

（1）城市文脉之人造环境要素层面关键信息

①城市定址环境

临清之名始于后赵建平元年（330年），因"临近清河（即卫河）"[②]，故名临清。西汉时开始置县，后由于统属变化，县治也经常迁徙。隋唐时期，古临清城址在今临西县仓上村，居永济渠东侧。唐代开始设置官仓，为魏博节度使储粟之地。元朝县治固定在会通河南五里处的曹仁镇。在明洪武二年（1369年），县治由曹仁镇向北迁移8里至会通镇（今临清旧城内）。明景泰年间（1450—1457年），在会通河北、卫河东建造砖城（图3.10）。

②城池及附属设施营建脉络

元代建设有围子城，有近20条商业街巷和太平寺、弥陀寺、宁海宫妈祖庙、海神娘娘庙、关帝庙、张仙祠等众多宗教建筑。明景泰元年（1450年），以"广积仓为基"修建砖城，周长9里有奇，面积约5平方里。东、南、西、北各设一门。建有舍利宝塔、运河钞关等建筑。随着商业的发展，明嘉靖年间在砖城西南扩建夯土新城，周长20余里，面积5倍于砖城，卫河和会通河把新城分割为东、西、南、北、中五部分。其中，中州商业最为繁华，商业街最多。此后，政治中心居于城东北一隅。临清城市建筑在明清换代之际和清中后期遭到巨大战争破坏。清军攻入临清时"察民房、马市至天桥口至，东西房屋俱烧……旧城四面俱烧。新城各城楼烧毁不全。城垛口俱拆毁。其新旧二城各街烧毁零星房屋，不胜其察"。乾隆三十五年（1770年），王伦起义攻占临清，清政府军队和起义军在临清激战20余天，城市遭到重大破坏。太平军也曾占据临清和清政府激战一月有余，"城内庙宇、市庐、民舍悉付焚毁……洵建城以来未有之浩劫也"（图3.11）。

---

① 乾隆《德州志》，卷四《疆域》，卷五《建置》。

② 乾隆十四年《临清州志》卷二，《建置志》。

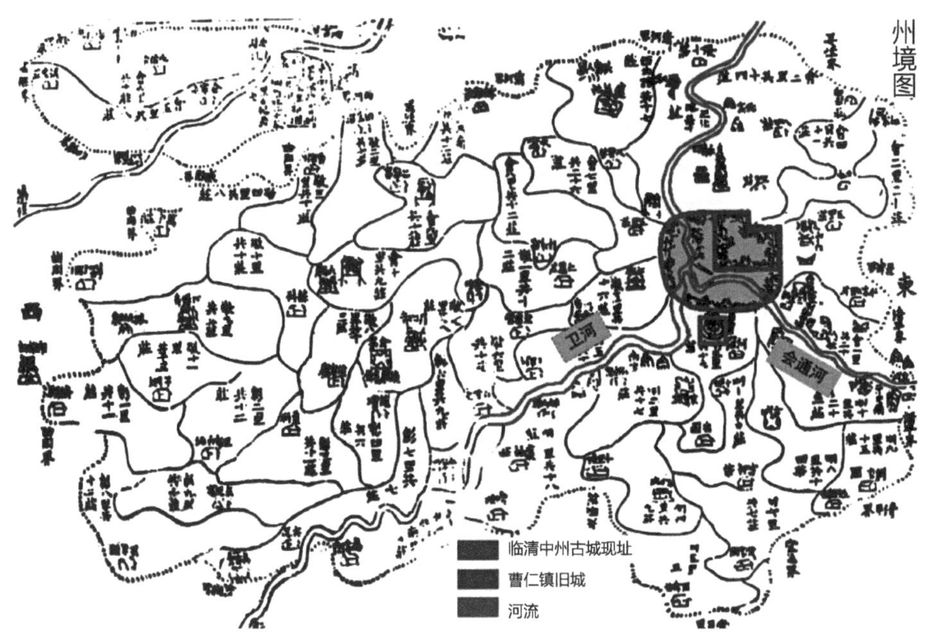

图3.10　元明临清城址变迁图
（图片来源：据《乾隆临清直隶州志》作者改绘）

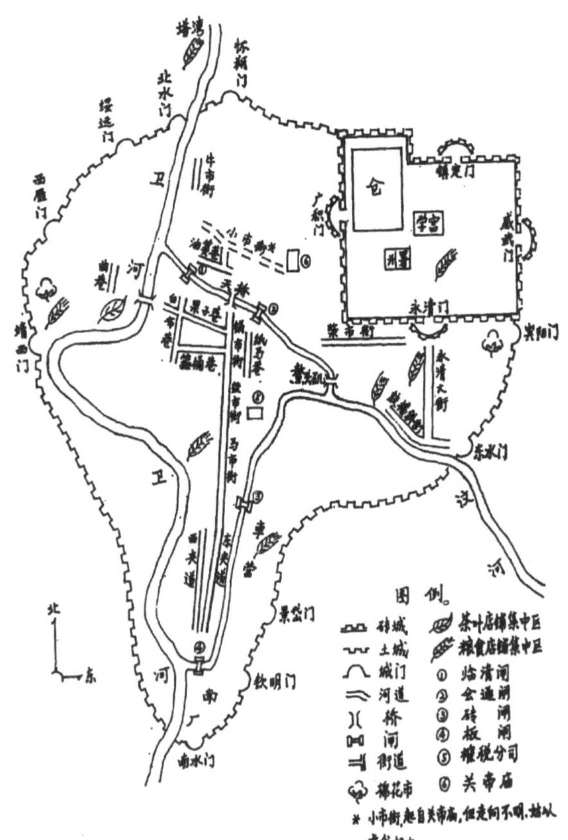

图3.11　明代临清城池及主要商业分布图
{图片来源：许檀. 明清时期的临清商业［J］. 中国经济史研究，1986（2）：135-157}

（2）城市文脉之行为、制度要素层面关键信息

①城市职能的演化

元代会通镇为河运交通要地。元代会通河开挖后，会通镇成为会通河与卫河的河运交通枢纽，既可借京杭大运河南北贯通优势，又可沿卫河西达河南。元代在会通镇建有会通闸、临清闸和急递铺，促进了商业和手工业的发展。

明清时期，临清城市职能为漕粮转运中心、军事和商业重镇、重要钞关和贡砖制造中心。洪武三年（1370年）开始在临清设粮仓，永乐十三年（1415年）设置为五大水次仓之一。后"移德州仓于临清之永清坝"，"增造临清仓，容三百万石"，设有广积仓、常盈仓和临清仓。临清处漕运咽喉要地，设有大型水次仓，明清朝均派军驻扎。明初设有守御千户所，景泰年间设临清卫，成化年间设临清兵备道，崇祯十一年（1638年）临清兵力十三营，13000余人。宣德四年（1429年）开始在临清设置钞关，明朝中期收税银40000多两，万历年间83000多两，占全国漕运税收的1/4，居当时八大钞关之首。明清时期，临清城内商业十分繁华，既是多种商品中转批发市场，又是农产品集中收储市场，还是商品零售市场。商业街市几乎遍布全城，商店数量众多（表3.5）。

明代临清城内主要店铺数量统计　　表3.5

类别	明隆庆万历年间
客店	大小数百家
典当	百余家
盐行	除公店外，十余家居各街（产品来自山东或长芦）
辽东货店	大店13家
纸店	24家（商品主要来自福建、江西）
瓷器店	20余家（产品主要来自江西景德镇）
粮店	不详（年交易量五六百万石至1000万石）
杂货店	65家
缎店	32家
布店	73家（产品主要来自南方，在临清周转，临清是当时北方最大的纺织品贸易中心）

［来源：依据《明神宗实录》卷三百七十六和（乾隆）《临清州志》卷十一相关记载整理］

临清土壤富含铁质，俗称"莲花土"，烧出的砖异常坚硬，"击之有铜声，断之无孔"，被列为贡砖。明初"岁征砖百万"，共设有4个砖厂，日后规模日渐扩大，从今临清城区西南15里至城区东北部、东南部，绵延30多里。据统计，砖窑192处，烧砖窑384座，规模十分庞大。

②城市人口规模及职业构成

据傅崇兰先生根据东昌府各州县每户平均人口数乘以临清同一时期户数的方法计算得出，崇祯时临清城市人口23098人，其中游宦侨商人口约占一半（有较知名的徽州、山西、陕西、洞庭和江右等商帮），卫军户口有1800人以上。至清代人口增至46091人。

明清时期临清城市人口主要有兵员、官员、手工业者、商人及其他服务业人员。明崇祯年间，临清兵员最多时13000余人。清代兵员减少，士兵仍有1800人。明清两代在临清设有20余种官员机构（如钞关、漕运行台、都察院行台、兵备道等），驻有众多各级官吏。临清建有砖厂、硝厂、船厂、灰厂、板厂等官设工厂，工厂招募较多手工业者，进而增加了城市人口。此外，行商或坐贾居于临清者甚多于居民，出现了“四方商贾辏集，多于居民者十倍”的境况。

3.3.3 会通河中段聊城营建脉络及关键信息

（1）城市文脉之人造环境要素层面关键信息

①城市定址环境

据文献可考，聊城城址有过四次搬迁，其中迁址王城是唯一一次不是因河患而迁徙。早在春秋战国时期，约公元前522年，齐国即在郭城（又称微子城，今聊城西北约7.5km）屯兵。北魏太长七年（422年）安平王镇守平原时筑造王城（今聊城东约10km），为平原郡治所，管辖聊城、茌平、博平和西聊四县。五代后晋开运二年（945年），因黄河泛滥，王城毁而迁至巢陵故城（今聊城东南约7.5km），五代时为博州治所，宋代时为博州治所、聊城县治所。宋熙宁三年（1070年）在孝武渡西建土城（今古城城址），宋、金时仍为博州治所，又称博州。明洪武五年（1372年）东昌卫守御指挥佥事陈镛改筑为砖城（图3.12）。

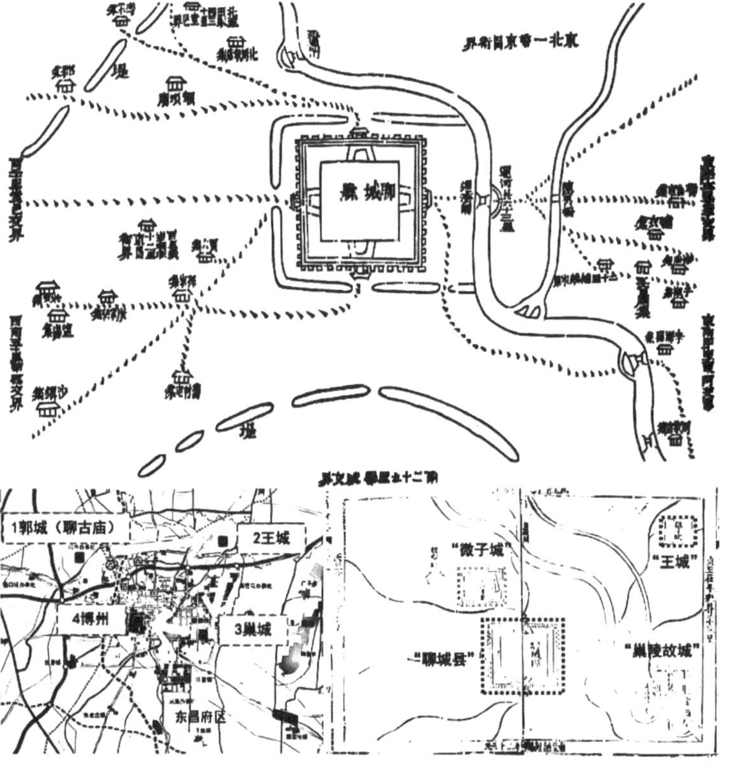

图3.12 聊城城址变迁及定址环境示意

［图片来源：作者注绘。底图来源：（明）王命爵，李士登修：《东昌府志》，明万历二十八年刻本；嘉庆十三年（1808年）《东昌府志》］

②城池及附属设施营建脉络

明洪武五年（1372年）建设的砖城十分方正，城墙周长七里有奇，设有四门，上筑有门楼，外设瓮城，城中心筑有“严更漏而窥敌望远”的光岳楼。南、东、西为扭头门，古城总体形态似凤凰，故名凤凰城。附城为郭，郭外各为水门，护城堤延亘20里。明万历七年（1579年），城墙上又建垛口2700余个、敌楼27座、窝铺48座。城高大坚固，易守难攻，有“能陷不失的凤凰城”之说。

在城内的建筑中，府署是规模相当大的建筑群，在山东府署中首屈一指。其他如县署、学宫、考院等建筑也都极为宽广宏大，另外建有皇帝巡幸驻跸用的万寿宫。城内还建有可储粮约15万石的广盈仓和可储粮约7万石的常平仓。清代在城内建有赣江会馆（江西商人建造），城外建有太汾会馆（山西太原府、汾阳府商人在康熙年间建造）、山陕会馆（山西、陕西二省商人在乾隆八年建造）、苏州会馆（苏州商人在道光四年建造）、江西会馆（江西商人在道光十年建造）和武林会馆（杭州商人建造）。此外，清末聊城还修建了大量的关帝庙，有“一步三关庙”之说。因聊城城墙坚固又驻有重兵，是“能陷不失的凤凰城”，较少有明清时期聊城遭遇战火破坏的记载。太平天国运动时期，太平军沿运河北伐路过东昌时因驻有重兵而绕击临清，聊城古城也免于战火（图3.13）。

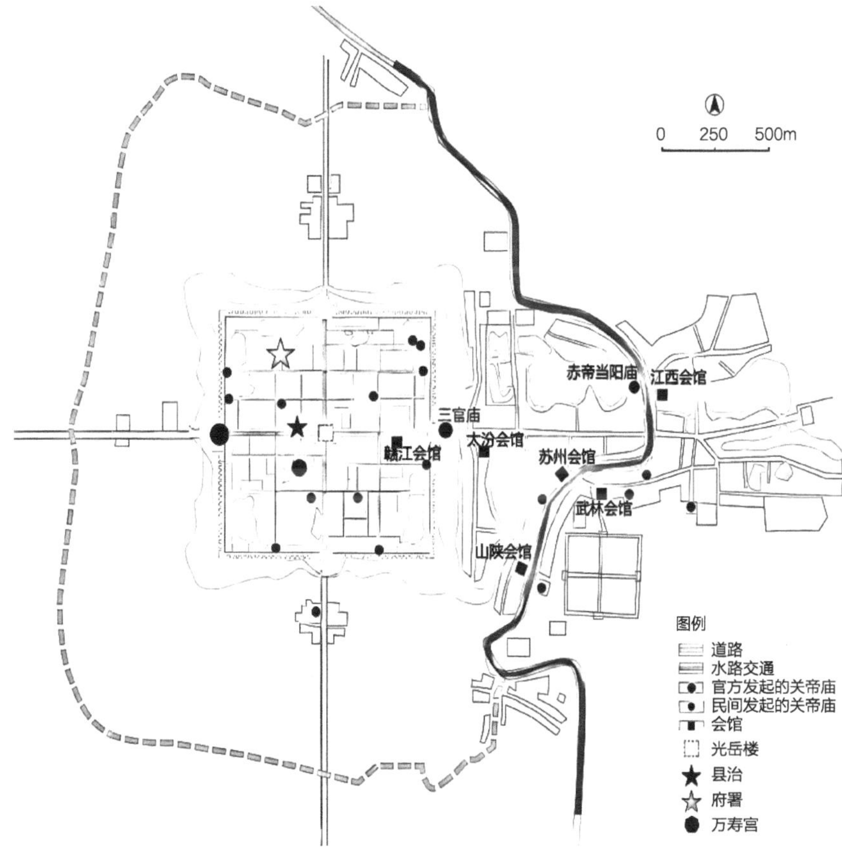

图3.13 清代聊城城池形态及主要建筑分布示意图（图片来源：作者改绘）

（2）城市文脉行为、制度要素层面关键信息

①城市职能的演化

北魏至清代，聊城一直为现聊城市行政辖区区域内的政治中心。聊城在北魏时即为平原郡治所，五代、宋、金时为博州治所，明洪武元年（1368年）改东昌路为东昌府，为东昌府和聊城县治所。清朝“承明旧制”，东昌府辖聊城、茌平、高唐（一度升为直隶州）、临清（一度升为直隶州）平轩、莘县、冠县。

明代时期，除政治、军事职能外，经济职能也逐步得到发展。明洪武年间在聊城设有平山卫和东昌卫。会通河开通后自东关外经过，借运河之交通便利很快成为“商贾所聚”之处，但此时商业和临清、济宁相比不甚发达，商业区只限于东关以外。究其原因，临清处鲁西北汶河和卫河交会处，是运河漕运之喉，济宁居鲁西南亦为交通孔道。

清代时期，城市经济功能明显加强，商业发达程度一度比肩于临清、济宁。康熙年间，聊城“幅员数里”，“有2000户之家，82条胡同，72条街”。清中后期临清商业日渐衰落，聊城却日渐繁盛。乾隆至道光年间聊城最为繁荣，被誉为“漕挽之咽喉，天都之肘腋”“江北一都会”。道光年间聊城的商业店铺达1300家之多。

②城市人口规模及职业构成

明清时期，聊城城区人口主要包括民户、军户和客籍商户。据测算，清嘉庆二十二年（1817年）聊城固定人口约3万人，把未计入户的流动商人和码头搬运工人、挽船纤夫、船工水手等计算在内，暂住人口约5万人。

3.3.4 会通河中段济宁营建脉络及关键信息

（1）城市文脉之人造环境要素层面关键信息

①城市定址环境

济宁在夏商时为古仍国，周代为仍国，秦汉以后多为任城县或亢父县。亢父城在今济宁市南约50里，任城故城在亢父城北约10里，任城县城在今济宁市东南约40里。北魏设任城在今济宁市区小南门，金海陵王天德二年（1150年）济州治所迁于任城。元明清至今城址固定于此（图3.14）。

②城池及附属设施营建脉络

济宁金为土城，明改扩建砖城加城郭，清多次加固维修。济宁州城始建于金天德二年（1150年），为土城。明洪武三年（1370年）在土城基础上扩建加固为砖城，东、南、西、北各设一城门，门上设有城楼，城周九里三十步[①]。环城有护城河，周长1670丈，深一丈五尺，

---

①（清）徐宗干修，卢朝安续修，许瀚纂，［道光］《济宁直隶州志》，咸丰九年（1859年）刻本.

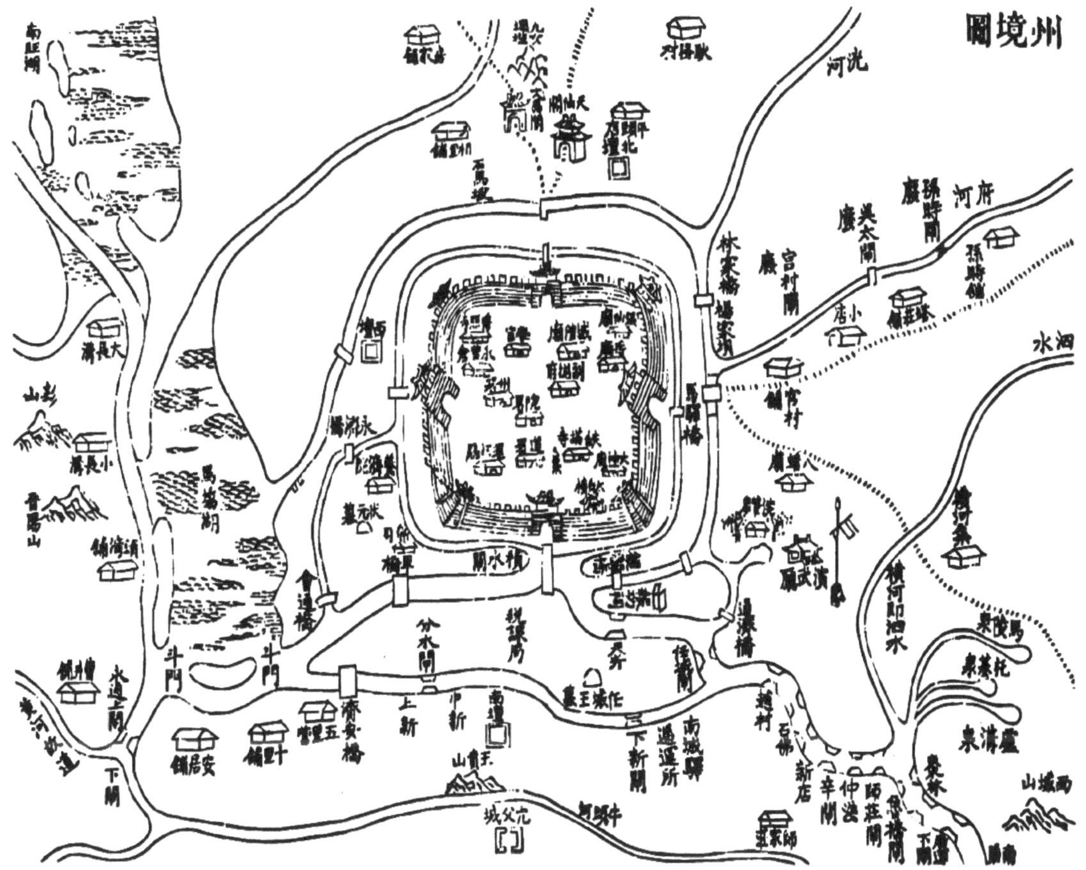

图3.14　清代乾隆四十三年（1778年）济宁直隶州州境图

（图片来源：山东省历史地图集编纂委员会. 山东省历史地图集：远古至清·古地图［M］. 济南：山东省地图出版社，2014：136）

阔一丈六尺至三丈三尺[①]。明熹宗天启二年（1622年），在砖城外修筑外郭，清文宗咸丰九年（1859年）复建城郭，周三十三里，门十八[②]。

济宁“公署特多于他郡”，民间有七十二衙门之称。城内还建有7处书院。随着商业的发展，城外四关厢及运河沿岸成为商业店铺林立之区，形成了居民、商业店铺沿运河延伸的非规则型河街。据道光《济宁直隶州志》记载，城北有街巷107条，东南西北四关有街巷183条，在商业最繁华的南关外有街巷90条。明清时期，济宁建有多处私家园林，明代33处，至清代增加至56处（图3.15）。

① 民国《济宁县志》卷二，法制略，建置篇，右城池。

② 同上。

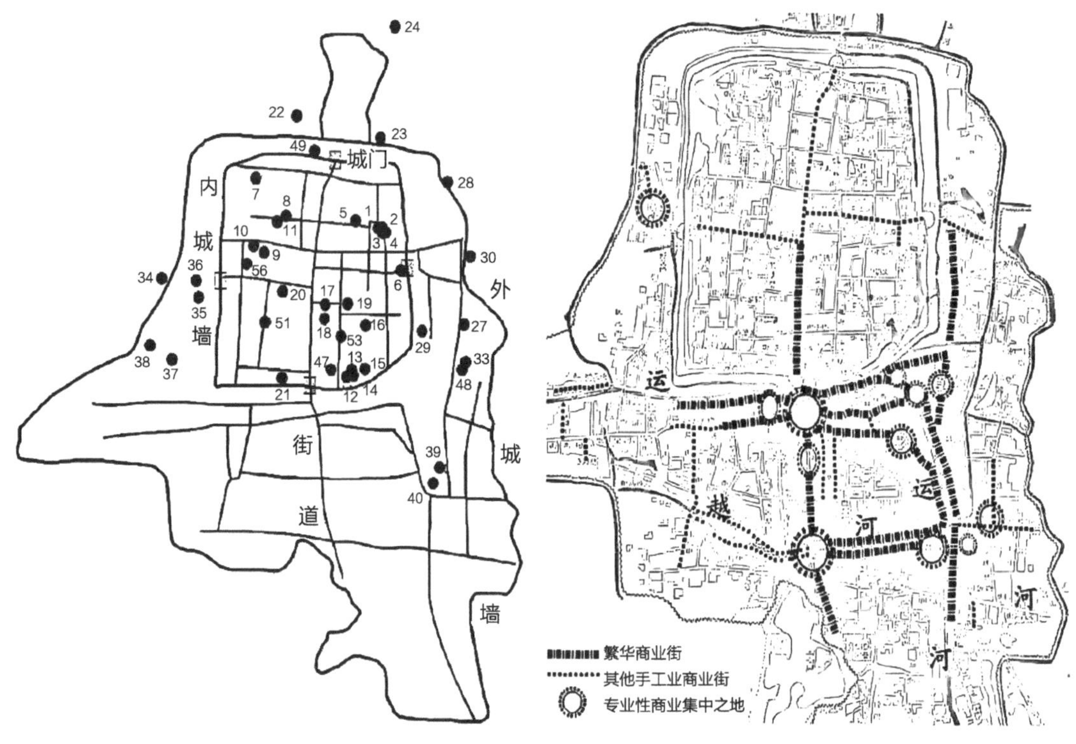

（a）清代中期济宁城池及园林空间布局示意

（b）清代济宁商业布局示意

图3.15 清代济宁州城池建设

{图片来源：(a) 李嘎. 明清民国时期运河城市济宁的园林绿地系统［J］. 三门峡职业技术学院学报，2009，8（4）：34-37，41；(b) 刘捷. 明清大运河与济宁城市建设研究［J］. 华中建筑，2008（4）：153-156}

（2）城市文脉之行为、制度要素层面关键信息

①城市职能的演化

元代，政治职能突出，商业发展初具规模。元世祖至元八年（1271年）升济州为济宁府，至元十二年（1275年）升任城县为济州，至元十六年（1279年）升济宁府为济宁路。至元十七年（1280年）设“汶泗都漕运使”。至元二十二年（1285年）元政府在济宁“增济州漕舟三千艘，役夫万二千人”，年运漕粮30万石。元代济宁路商税为124034锭银子，在全国185路中居第四位，工商业发展已具有一定规模。

明清时期，区域政治地位降低，为军事重镇、全国最大商业城市之一。明洪武元年（1368年）改济宁路为府，洪武十八年（1385年）又改府为州，清雍正二年（1724 年）升济宁州为直隶州，雍正八年（1730年）改为散州，总体上政治地位逐步降低。明代初，济宁设置任城卫和济宁左右二卫，驻军1.68万人。清代又设置了城守营、河标左、中、右三营和运河营等五个营。从济宁商税征收情况可窥商业发展情况，康熙年间济宁州每年征收商税1300余两，至乾隆初年已增至7900余两。

②城市人口规模及职业构成

元明交替时期和“靖难之役”，济宁一带都是主战场，人口减少明显。洪武二十四年（1391年）济宁州仅34166人，可想城区人口也较少。明成祖从山西移民充兖州府，济宁人口才迅速增长。万历三十七年（1609年）济宁城人口8240丁，约24720人（按一丁带二人计算）。清乾隆五十年（1785年）济宁城20958户，人口约104790人（按每户五人计算），外来商贾游宦，漕运官兵等流动人口每年约四五十万人次。

3.3.5 会通河南段台儿庄营建脉络及关键信息

（1）城市文脉人造环境要素层面关键信息

城市定址环境。《明史·河渠志》《清史稿》和清代各版本的《峄县志》中均称台儿庄为台庄，在当下“台儿庄”是规范称谓。台儿庄的人类居住史可以追溯至6000年前的大汶口文化早期的南滩子遗址，而真正迅速发展起来是借助于明朝万历年间的运河改道和转销滞留货物带来的商贸繁荣。起初京杭大运河不流经台儿庄，为避开黄河侵扰，山东段河道曾四次东迁。万历二十二年（1594年）开始开挖流经台儿庄的泇济运河，万历三十九年（1611年）泇河成为京杭运河漕运船只的主航道。每年经过台儿庄北上的漕船有七八千之多，仅漕粮就达400多万石。

城池营建脉络。明末清初，台儿庄一带战火不断，为保障漕运畅通，清顺治四年（1647年），兖东道兵备副使蒋鸣玉傍运河建台儿庄土城。台儿庄土城东西长约2.5km，南北长约1.25km。清代中期，西城墙东移约1公里，在西城门添设台城。咸丰七年（1857年）再修台儿庄城墙，城墙底部为土台，上部外砖内土坯，上宽近3m，设城门6座。护城河离城墙外9m，宽约10m，深约2m，周长约5.7km。城内共有衙门大街、月河街、顺河街等8条主要街道和鱼市巷、万家巷、竹竿巷、太平巷等20余条小巷。台儿庄地势低洼，城内水巷纵横并与城外运河相通。城内有官署、商铺、会馆、公馆、书院、宗教庙宇、富商大院等不同风格建筑6000多栋（图3.16）。

（2）城市文脉行为、制度要素层面关键信息

万历三十四年（1606年）始，基于泇运河防御和管理维护的需要，陆续在台儿庄段运河沿线置邮驿、兵备道巡检司和厅、汛、闸各级运河管理机构。至此，台儿庄成为峄县的经济中心、军事中心和次政治中心。

明代，台儿庄人口剧增，新立村庄196个。据测算，明万历年间台儿庄境内约有10300人。乾隆年间，台儿庄领323个村，约55000人，其中城内约有5000户人家，约24300人，是鲁南苏北区域重要的农副产品集散地。

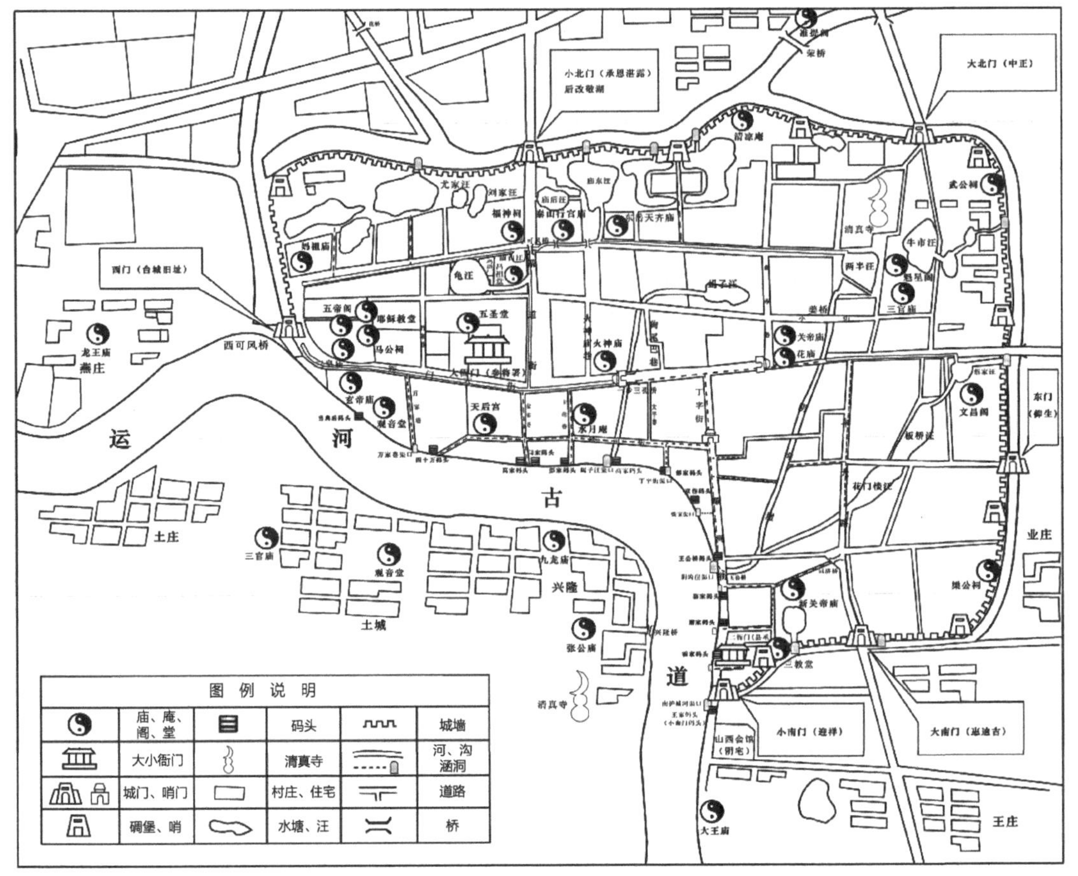

图3.16　20世纪30年代台儿庄城区平面示意
（图片来源：陈忠奇. 台儿庄古城规划建设与保护研究［D］. 西安：西安建筑科技大学，2012）

3.3.6 漕运废止（1901年）对山东运河城市的主要影响

明清时期，京杭大运河山东段沿线的德州、临清、聊城、济宁、台儿庄这5个重要城市严重依赖外籍商人和转运贸易。外籍商人和数以十万计的漕粮运军构成了庞大的客源，借此山东运河沿线各城市形成了完备的服务业体系。近代以来，运河淤塞，通商口岸开放，海运、铁路、公路运输兴起，山东运河城市的经济社会发展在全国版图中边缘化趋势明显。尤其是山东境内的津浦铁路和胶济铁路的开通，促使商路改变，商人和转运贸易日趋减少，失去往日市场的中心地位。

（1）近代以来区域的政治、经济格局

近代海关设立。鸦片战争以后，沿东部海岸线由南向北以及沿长江由东向西逐步设立了近代海关。列强强迫中国实行“门户开放”政策，清代“闭关锁国”政策被打破。自清咸丰四年（1854年）至清光绪二十四年（1898年），设置海关达49处之多，其中对山东影响比较大的有天津、烟台和胶州三个海关。天津海关根据1860年英、法、清《北京条约》在1861年开设；烟台海关根据1858年中英《天津条约》中规定开放，1862年开设；胶州海关在1899年开设，按1905年《中德条约》管理。1861年成立总理衙门，任命英国人赫德为中国海关总税务司，海关管理权完全由外国人控制，中国成为当时世界上关税最低的国家。帝国主义向中国倾销商品，国内手工业者纷纷倒闭破产。

区域商路改变。京杭大运河（山东段）沿线是借运河水运兴起的城市。运河将华北、江浙及长江流域联系起来，在南北物资交流方面发挥巨大作用。但近代商路发生重大改变，经过山东运河沿线城市的商品越来越少。商路改变主要表现在南北商路由运河转向海运、公路和铁路运输（津浦铁路、胶济铁路）。近代海运通畅，原来经京杭大运河来往南北方的商船，改由海路直达天津、烟台或胶州，这也促使沿海地区兴起了许多全国性的大城市。津浦铁路于1913年7月建成通车，1904年胶济铁路通车，沿线地区商品流通逐步沿铁路运输线进行（图3.17、图3.18）。

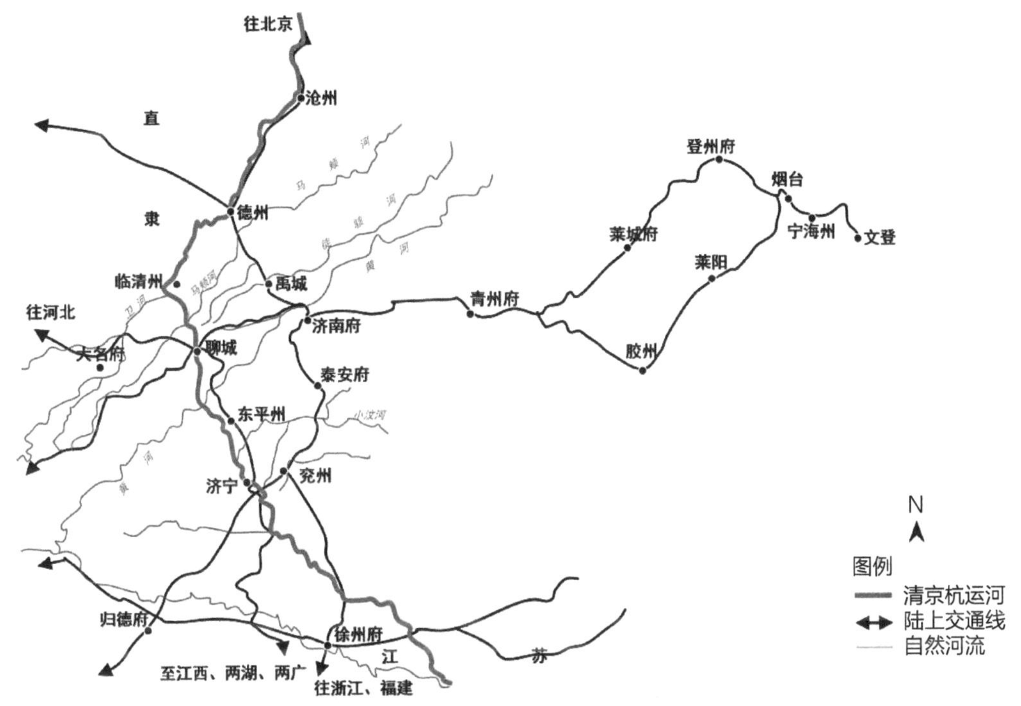

图3.17　清代山东运河区域水陆交通网络示意
（图片来源：作者自绘）

（2）近代以来城市的营建及关键信息

在海关设立，运河断行、漕运废止，海运、铁路和公路运输畅通，以及军阀混战、外强入侵、社会动荡的背景下，德州、临清、聊城、济宁、台儿庄这五个运河城市均出现了经济衰

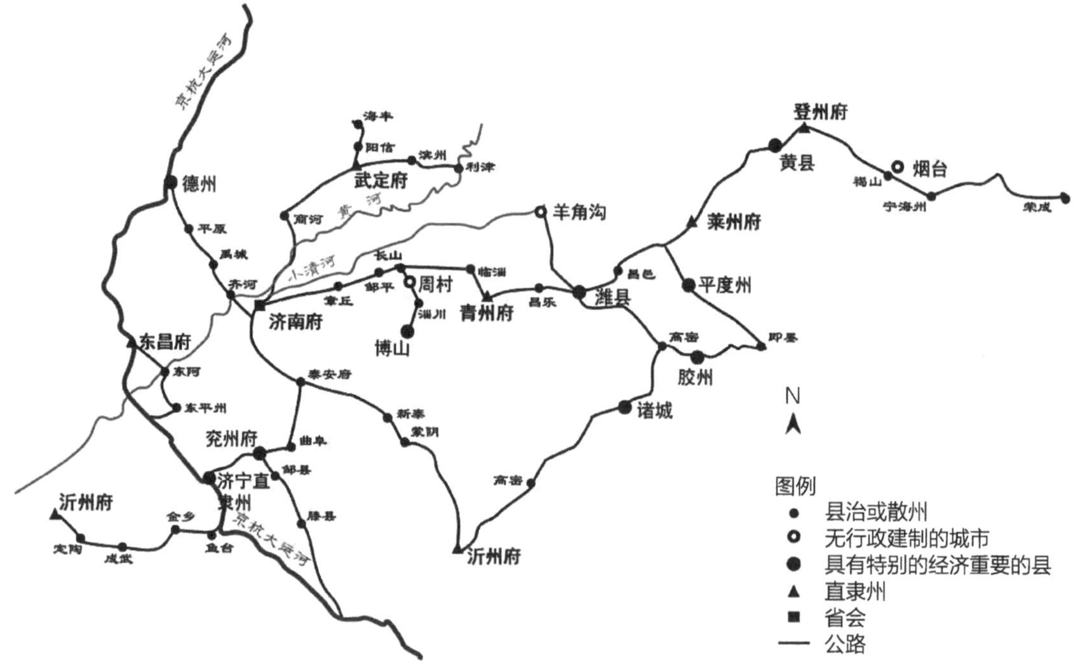

图3.18　19世纪90年代山东公路交通网络示意

（图片来源：作者自绘）

退、人口锐减的颓势。其中，由于津浦铁路经过德州、济宁和峄县，卫运河和黄河以南运河在漕运废止后还得以运行，使得这三个城市衰退稍微缓慢一点，聊城和临清衰退快一些，尤其是行政地位较低的临清。

①德州。民国时期，德州城仍驻有大量军阀及国民党军队。城市公路交通、铁路交通、通信设施、教育事业等近代化建设有了较大发展。城市工商业发展缓慢，商铺基本面向本地客源，手工业几乎没有形成机器生产，由天津迁入的兵工厂也是昙花一现（1904年建成，1925年迁往济南）。随着津浦铁路开通，区域内商品贸易数量增大、种类增多，较明清也有较大发展，但此时的经济地位远低于明清时期。据《德县志》记载，1934年，县城所在区7354余户，33393人。城池规模几无变化。

②临清。和德州、聊城、济宁相比，临清由于经济腹地较小，经济发展受运河断航影响尤为显著，其衰落速度令人愕然。此外，临清受战争破坏也较为严重，行政职能一直较低，其衰落几无可挽回之势。

③聊城。明清时期，聊城腹地的农业和工商业并不发达，经济发展过于依赖漕运和驿道。随着运河阻塞、漕运废止，驿道交通为铁路、公路所取代，加上清末山东农民起义多转战于运河沿岸州县，社会动乱下山陕商人逐渐离开，商品贸易日益减少，东昌日渐衰弱（图3.19）。

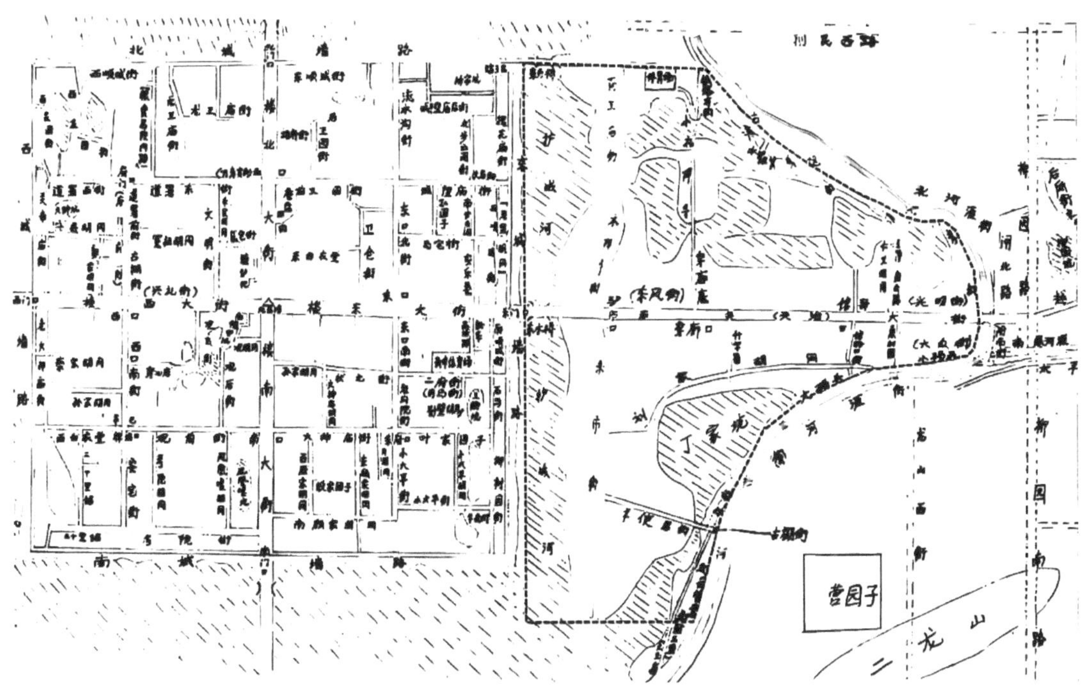

图3.19　聊城20世纪30年代格局图
（图片来源：底图，高文广绘）

3.4 融合区域自然人文环境的山东运河城市文脉载体特征

城市是人类群体在特定文化观念指导下，于特定社会性聚居环境中不断创造而成的产物。在创造过程中，不断把环境中的要素融入城市演化中，沉淀、结晶为具有地域环境融合性的文脉载体。这些文脉载体是城市文化脉络的外在表现、内在结构关系，亦是“由表及里”探寻城市文脉演化机理的根本线索。

3.4.1 城市文脉积层的时空尺度特征

（1）多维视角下山东运河城市文脉积层时间尺度特征

从文化线路理论的跨区域文化交流视角看，山东运河城市以下四个时段文化交流后形成的文脉积层较为典型：远古东夷本土居民融合、夏周东夷与中原文化交流、明清国内（尤其是南北）文化交流、民国至今中外文化交流，其中明清时期是文化高峰期。从总体史观及时段理论“长时段”和“中时段”要素形成稳定结构看，山东运河城市以下四个时期的文脉积层较为典型：先秦时期（公元前21世纪—公元前221年）、皇权时期（公元前221—1912年）、民主革命时期（1912—1949年）和现代（1949年至今）。从城市文化重心视角看，山东运河城市文化重心主要经历了偏重宗教的东夷文化、偏重“皇权神授”和儒教的文化、偏重“民族独立、个人解放”的政治文化和偏重“发展是硬道理”的经济文化。从文化层累的视角看，先秦时期齐鲁就已有铁器，经济已进入农耕社会，人们崇拜多神。秦汉至清中期以上几方面变化不大，只有政治制度有稍大的变化。清后期，随着鸦片战争国门被打开，经济、政治、物质方面都有较大变化。据此，山东运河城市文脉积层层累节点可划分为先秦时期、明清时期、中华民国时期和中华人民共和国成立以来四个时期。

从文化遗产锚固年代视角看，山东运河城市的市域文化遗产年代跨度较大。以聊城为例，目前市域范围内共有文物保护单位332处，其中，明清时期的文物保护单位最多，占到文物保护单位总数的51.8%。其次为近现代建筑，占到文物保护单位总比例的15.7%。聊城市域范围内共有历史建筑150处，从年代上看，明清时期历史建筑居多，共135处，占历史建筑总数的65.9%；从类型上来看，以明清古建筑居多。故层累至明清的文脉积层最为典型。从2020年《国家历史文化名城申报管理办法（试行）》提出的国家历史文化名城应该具备的六个方面的价值看，山东运河城市在见证中华民族5000多年历史发展方面的作用、在见证180年中国近现代历史方面的作用、在见证中国共产党领导中国人民奋斗的100年历史中的作用、在见证中华人民共和国成立70周年的建设成就方面的作用、在见证改革开放40年伟大发展方面的作用具有重要价值（图3.20）。

综合以上分析，结合1901年清政府废止运河漕运，1912年和京杭大运河平行的津浦铁路开通，运河交通功能降低，运河城市逐步衰落。山东运河城市的文脉积层大致可划分为1912年民国以前、民国至中华人民共和国成立（1912—1949年）以及1949年以来三个文化重心时期的层累，其中上古、东周、明清、民国、1949—1978年、1978年至今六个时期文脉积层较为典型（图3.21）。

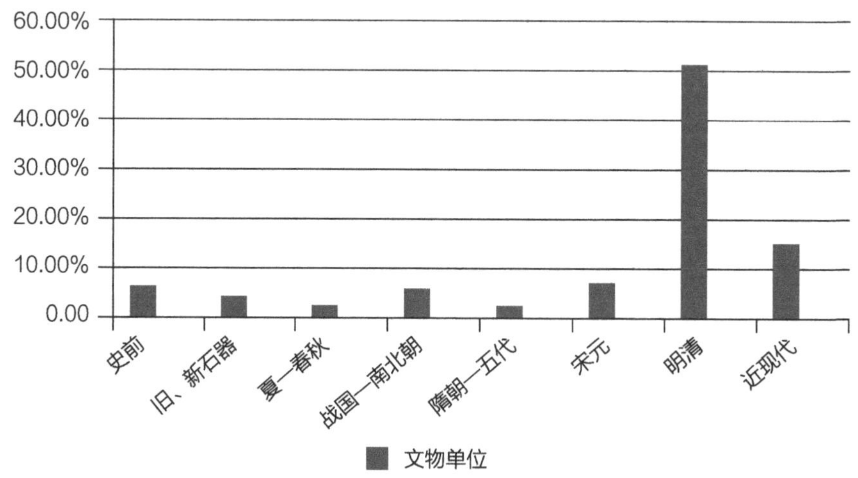

图3.20 聊城市域物质文化遗产年代分析
（图片来源：作者自绘）

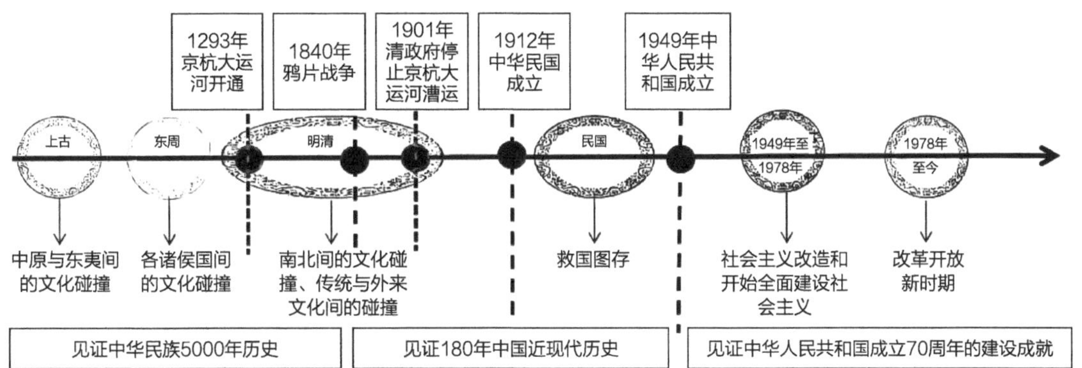

图3.21　山东运河城市文脉积层时间尺度特征
（图片来源：作者自绘）

（2）山东运河城市文脉积层空间尺度特征

从聊城的文物保护单位年代及空间分布看，除城市建成区外，沿运河及郊区亦有大量属同一个文脉积层的文物保护单位。因此，各城市文脉积层的空间尺度应结合文化遗产的空间分布范围及各遗产相互之间的联系，以及未来随着城乡一体化的发展城市建设区范围划定等条件进行综合判定（图3.22、附表1～附表5）。

3.4.2 城市文脉物质载体的类型及表征

（1）城市文脉物质载体空间形态类型划分的基本逻辑

城市文脉空间形态承载了城市文脉主体、客体要素相互作用的空间过程，并以形态类型表征相互作用的结果，也是社会结构、社会制度、哲学思想、伦理观念、礼仪风俗和地域文化表征。城市文脉空间形态有广义和狭义之分，狭义上讲是指具体的文脉空间表现特征，广义上讲它是不同历史时期经济、文化现象和社会过程在空间投影而成的具有空间秩序的空间表现形式和内涵。从"人—时—空"三维交互视角看，城市文脉空间形态通过不同文脉积层内各类文脉物质载体表征空间形态演化过程，文化内涵上体现各文脉要素产生发展的先后关系和对文脉空间形态的塑造过程。因此，城市文脉空间形态类型是城市文脉信息和文脉链条的外在表现，文脉信息和文脉链条是促成城市文脉空间形态类型形成的动力。

城市文脉空间形态类型的划分是一种认识和思考的方式，遵循分类学与类型学的基本原理。首先，分类学与类型学都是在现象间建立组群系统的过程，都要求各类间互无交叉，而它们的集合却能有更高一级的类属性；其次，分类是有层次的，每一类别可继续分类下去；再次，分类可依据不同的标准和不同的方法，分类不只是一种；最后，分类仅是通过现象中抽出的特定秩序即分类的尺度，进行抽象认知的方法，不能依此割裂类与类之间本源上的联系，各类别对立中仍有同一的成分。

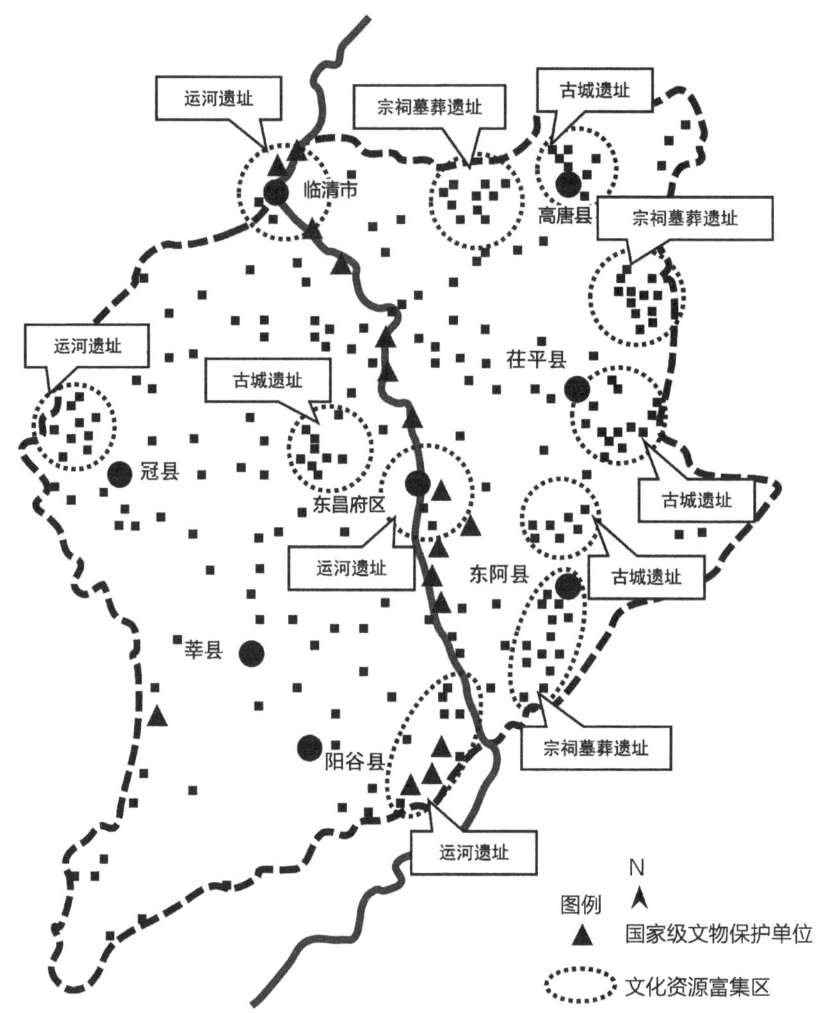

图3.22 聊城市域物质文化遗存分布示意

［图片来源：作者改绘。底图来源：《聊城市城市总体规划（2014—2030年）》］

城市文脉物质载体系统中，自然环境、建（构）筑物及其组合的城市空间是基本构成要素（即第2章文脉要素层次划分中的自然环境要素和人造环境要素）。这些要素的形式各异，在历史背景下进行不同的组合，形成不同类型的文脉空间，进而呈现出不同时段文脉积层内具有特定文化内涵的城市文脉物质载体的空间形态。参照《关于城市历史景观的建议书》（2011年）中“城市历史景观”的定义中所涵盖的“更广泛的城市背景”内容，去掉后面几项非物质城市环境要素，可以看出各类城市历史景观物质要素基本包含城市文脉物质载体要素（表3.6）。再结合各位学者从不同视角对城市历史空间要素的类型单元组合与空间体系架构（表3.7），区域自然人文特质对文脉物质载体的影响和各类文脉物质载体的时段动态演进性，以及山东运河城市的营建脉络及关键信息，山东运河城市文脉物质载体类型可划分为自然环境（区域自然特质要素）、城市格局、城市地段、“线型空间”和“城市地标”，参考刘云《城市地标保护与城市文脉延续——美国地标保护为例》(2015年)中相关概念界定，本文城市地标的概念是指在城市发展过程中具有重要历史与美学价值的，承载着城市生活与集体记忆的多种类型的城市空间场所（图3.23、图3.24）。

城市历史景观层积要素分类　　表3.6

城市历史景观层积	主要相关环境要素
地形、地貌、水文和自然特征	所有自然环境要素
历史的或当代的建成环境	城市发展沿革、历史或当代的城市空间格局等
地上地下基础设施	城市市政设施
空地和花园	公园、广场、绿地、水系等
土地利用模式和空间安排	城市空间结构、土地使用性质、土地使用强度等
感觉和视觉联系	标志物、景观点、景观视廊等

不同视角下城市历史空间要素的类型单元组合与空间体系架构　　表3.7

空间视角	学者及文章或著作	要素类型单元组合及空间体系
空间意象	凯文·林奇《城市意象》	道路、边界、区域、节点和标志物
城市景观结构	齐康《城市建筑》(2001年)	轴、核、群、架、界面
城市设计要素	吴良镛《寻找失去的东方城市设计传统》(2000年)	对山的利用、对水面的利用、重点建筑群的点缀、墙和城楼、城市的中轴线、“坊巷”的建设、城市绿化和近郊风景名胜八个方面
城市空间形态	王树声《黄河晋陕沿岸历史城市人居环境营造研究》	自然、轴线、骨架、标志、群域、边界、基底、景致八个方面的概括
城市特色的主要物质构成	金广君《城市特色的物质构成》	平面结构、建筑实体、公共空间、气候条件、地形地貌和行为活动
城镇景观载体	肖竞《西南山地历史城镇文化景观演进过程及其动力机制研究》	历史城镇格局、建筑簇群、街巷场所、地标节点

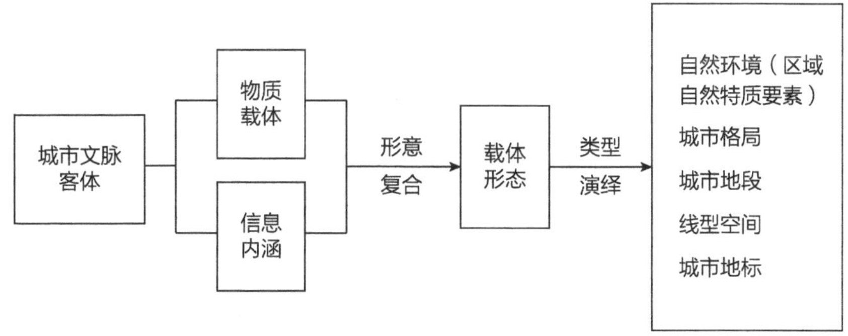

图3.23　城市文脉空间的类型层级示意
（图片来源：作者自绘）

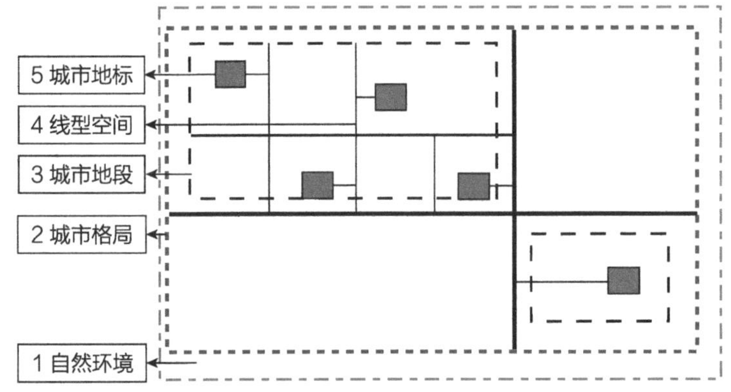

图3.24　城市文脉客体要素与文脉空间类型层级关系
（图片来源：作者自绘）

（2）山东运河城市文脉物质载体表征

①自然环境（区域自然特质要素）

在城市长期的发展演进过程中，地域自然环境特质风貌早已融入山东运河城市文脉物质载体构成之中，与其他物质要素相互穿插、不可分割。山东运河城市处于平原地区，城市建设受地形地貌影响较小，但经常暴发洪灾，因而水文要素对城市建设具有较大影响。其自然环境总体上呈现区域环境、郊区环境和建成区环境三个层面在空间中呈圈层镶嵌序列结构模式。

在区域环境层面，山东运河城市傍运河而建，给人以暖温带平原城市的景观及意境感知；在郊区环境层面，主要呈现河流水系以及各种农田、湿地、森林等要素；在建成区环境层面，城市内部河流、湿地面积占比较大。

②城市格局

在"人—时—空"长期相互作用的过程中，城市文脉载体的人造环境元素与自然环境元素相互交织、关联呈现出一种城市整体秩序。这种秩序体现了城市自然环境与人工活动相互作用、融合的痕迹，充分反映了城市演进的历史过程，从整体上呈现出城市空间形态即城市格局，也是城市文脉物质载体特征的重要表达。山东运河城市格局特征主要从形态格局、功能格局与路网格局三方面表达出来：

（a）形态格局。受鲁西北平原地区整体岗地、坡地和洼地相间的地理环境因素的影响，山东运河城市整体呈现出城、自然与人工河流、护城河融聚的基本特征，即城镇在不断发展的过程中，对黄河等自然水系的趋利避害，对人工水系的依赖、因借与利用，使自然河流、人工河湖和城市有机地融合为一体，进而形成了一种城市和水系相互交融，水（护城河）中有城、城中有水（自然人工水系）的平原水城格局形态。在明清时期，呈现出跨河而建、形态自由的形态格局特征。

（b）功能格局。受气候、自身职能、民族、宗教因素的影响，各案例城市对空间的需求不同，进而导致城市不同用地布置、各类建筑物的选址、间距和布局方式的差异（图3.25）。

（c）路网格局。城市路网是城市文脉物质载体的基本骨架，是城市适应不同功能片区交通组织关系以及地形条件的直观体现，尤其在地貌因素作用较小的京杭大运河（山东段）沿线平原历史城镇中，街道平面格局主要结合河流走向变化，从而塑造出了不同的城镇空间形态（图3.26、图3.27）。

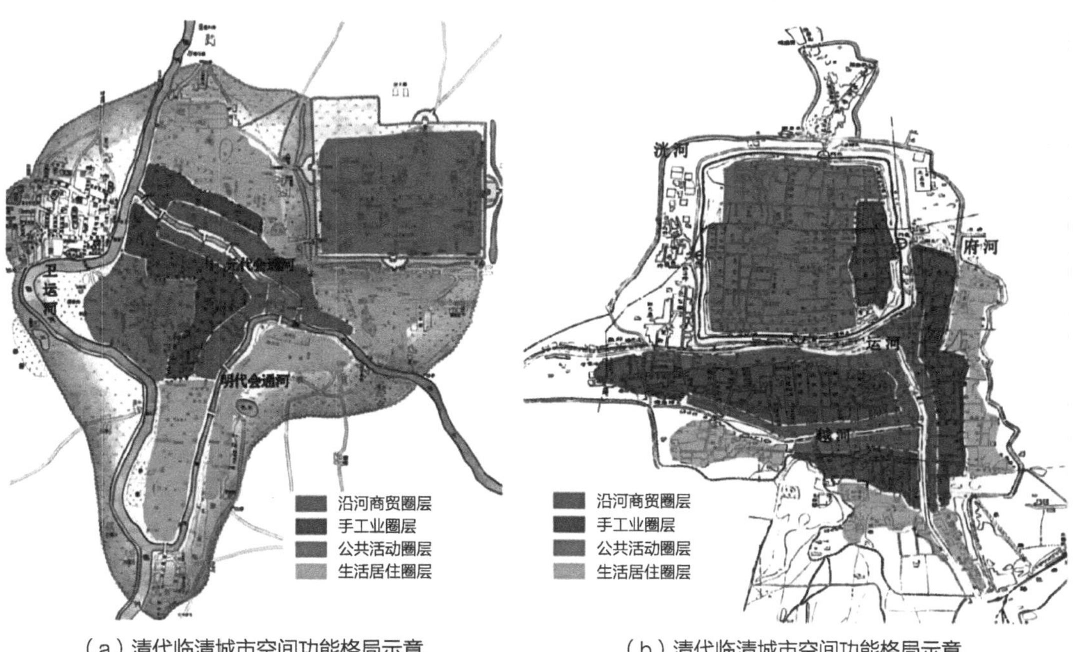

（a）清代临清城市空间功能格局示意　　（b）清代临清城市空间功能格局示意

图3.25　清代临清和济宁城市功能格局示意
（图片来源：作者整理。底图：赵静. 山东运河沿线城市空间形态解析及济宁运河遗产活化研究［D］. 天津：天津大学，2017：64-65）

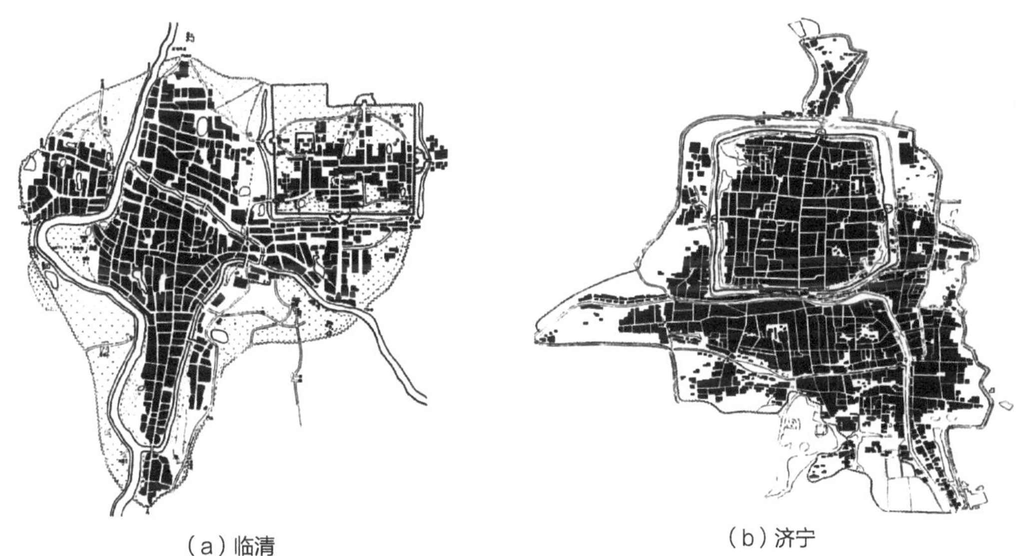

（a）临清　　（b）济宁

图3.26　清代临清和济宁路网示意
（图片来源：作者改绘）

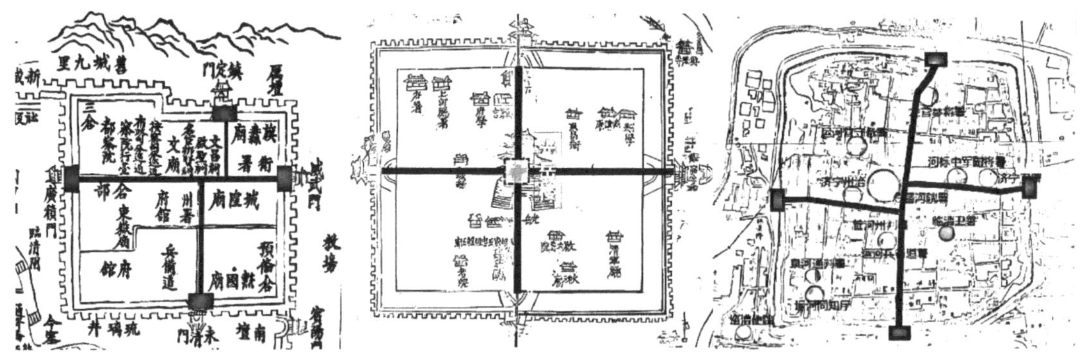

（a）清康熙临清城池内街巷示意　（b）清乾隆东昌府城池内街巷示意　（c）民国济宁城池内街巷示意

图3.27　明清时期临清、聊城和济宁城池内街巷示意

［图片来源：作者整理改绘。（a）底图来源：清康熙《临清州志》；（b）底图来源：清乾隆四十年《东昌府志》；（c）底图来源：民国《济宁县志》］

总体而言，城市格局是城市文脉物质载体宏观、总体层面的展现。在山东运河城市中，漕运水次仓、漕运衙门、商贸、军事、政治（政府衙门）、宗教等因素与山东运河区域自然环境相结合，孕育出具有黄河下游冲积平原特色的运河城市格局形态，它在自然环境要素、人造环境要素层面直接呈现城市文脉载体特征，也在社会/制度层面和精神层面形意相关地传递出了城市文脉的信息内涵。

③城市地段

山东运河城市中，在不同历史时期都锚固下若干具有一定紧密组织关系的建筑簇群，形成特定城市地段。它是在城市发展进程中某一时期在一定空间范围内由具有某些相同特征或具有紧密功能关系的建（构）筑物、空间、环境等物质要素聚集、组合而成的一类有机文脉空间。在山东运河城市中，城市地段主要表现为历史价值较高的单体建筑及其周边许多单体价值虽不突出，但群体组合关系反映了地域文化特征的物质载体。从空间形态层面来看，城市地段是城市文脉要素组合而形成的一种体现建（构）筑物群体与环境组合方式的文脉空间；从文化内涵层面来看，城市地段涵盖了相关文脉要素聚合的动机，也是地域文化在文脉空间上形意一体的综合反映。城市地段作为历史城市文脉物质载体的一个载体层级，是历史建筑组织关系的基础，并直接影响城市的整体格局，对城市形态起到承上启下的作用，城市地段的规模、肌理与形态表征了城市中历史建筑群体之间相互关系。

（a）城市地段规模。城市地段规模表征了其在城市空间中的大小，是判别其不同历史时期空间发展动力强弱及其在哪一时期稳定固化的重要标志。

（b）城市地段肌理。城市地段肌理变化往往主要表征在建筑的高度、密度、体量、布局方式等多方面，具有明显的时代地域特征，与社会生产生活和技术相适应，反映并潜移默化地影响人们的行为模式。山东运河城市的城市地段肌理呈现为不同建（构）筑物、自然环境要素、城市空间要素之间的锚固形态结构、空间距离以及由此形成的图底关系。这些不同形态结构与

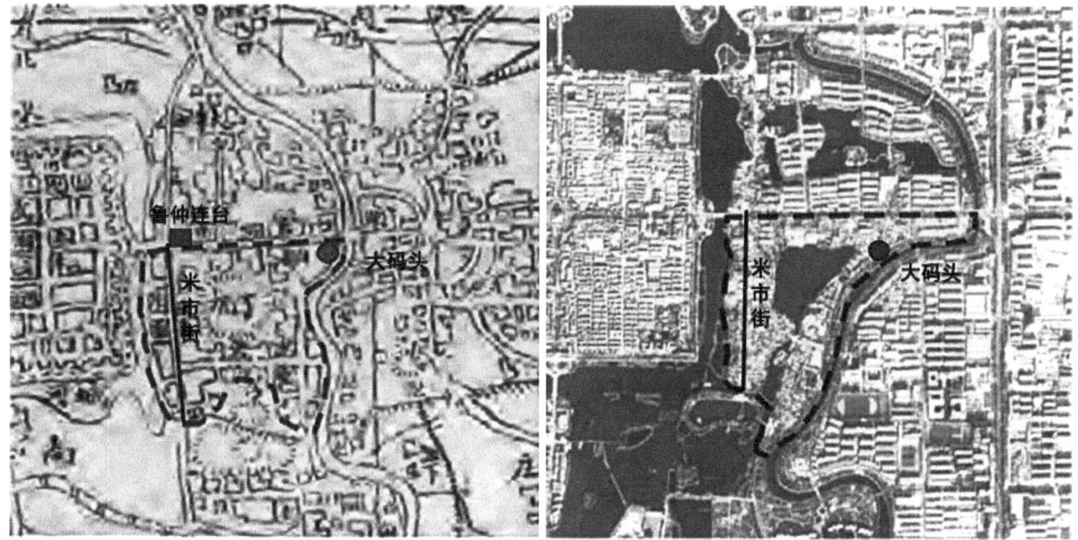

（a）清代聊城米市街城市地段肌理　　（b）2018年聊城米市街城市地段肌理

图3.28　聊城米市街“城市地段”肌理变化示意
（图片来源：作者改绘）

细密程度的空间肌理特征，分别反映了相应城市地段的功能结构与社会关系。具体而言，城市地段肌理是不同文脉物质要素依附锚固的“点”或“线”，按照一定功能关系生长、聚合而成的“块”或“面”。不同类型肌理及其组织方式反映了不同文化背景下城市地段聚合的动力机制（图3.28）。

（c）城市地段形态。城市地段形态是观察者在平视或仰视的视角下对城市地段的直观感受。山东运河区域平阔的地形地貌条件，城市内外河流等相对简单的三维空间特征，使历史建筑在此背景下的个体形态与组织关系受人为因素影响较大，进而凸显了城市地段的天际线、轴线的重要作用。

总体而言，山东运河城市的城市地段通过其规模、肌理、形态传递出不同历史时段城市环境、职能与历史等方面的文化信息，是城市文脉物质载体在中观层面特征的呈现。

④线型空间

山东运河城市中都存在较多具有极强的“连接属性”与“空间属性”的线型空间。一方面，线型空间是联系城市文脉其他物质要素的通道，是连接不同层级文脉物质载体的中介，对城市格局与形态起到一种骨架性的支撑作用；另一方面，线型空间是文脉物质载体格局的主要表现形式之一，是不同时期城市居民日常活动与社会文化生活在空间的投影，是城市文脉物质要素组织的主要空间形态。众多的线型空间交织展现成城市文脉物质载体历史景观。山东运河城市文脉物质载体线型空间的特征主要包括线型空间的形式、尺度（高宽比例）、建筑业态与立面装饰等诸多内容。

（a）空间形式。线型空间的空间形式是指在地形地貌与功能因素影响下，线型空间在平面

（a）临清历史城区沿运河地带鸟瞰

（b）台儿庄（月河段）地带鸟瞰

图3.29 山东运河城市线型空间形式
（图片来源：作者整理）

和立体空间中所呈现的方式。这些空间形式产生的文化背景是城市文脉线型空间研究的一条线索。

（b）空间尺度。线型空间的空间尺度主要指着围合线型空间的两侧建筑以及自然屏障的高度、街道/河流自身的宽度以及两者之间的比例（街巷的宽高尺度比例）。影响线型空间的空间尺度的因素有很多，对山东运河城市来讲，河流水系的宽度与街道功能是最为主要的两大影响因素。

（c）风貌特征。线型空间是由地面与限定外部空间的建筑立面以及自然屏障围合所限定。这些围合界面的立面分隔、空间形式、色彩、装饰、地面铺装和沿线绿化共同决定了线型空间的风貌特征（图3.29）。

⑤城市地标

山东运河城市存在若干不直接与核心秩序相关，也不直接生成关联网络，但发挥领域标识性作用，承载着不同历史时期城市生活与集体记忆的空间，主要由不同历史时段城市中重要的职能性建（构）筑物作为载体，成为建构在人的头脑当中的集体共识。具体而言，城市地标具有代表性、典型性、可识别性、公共性、时间性、场所性、文化性等诸多重要属性，它的形式和功能已从使用的层面飞跃到了建筑内涵和城市精神的层面。城市地标是城市文脉的源流和精神意义的物质载体，主要从地标属性、地标区位、地标尺度与地标形态四方面呈现特征，涵盖三个层面：表层是可识别的构成城市形态的物质元素，中层是特定地域的场所，深层是历经时间累积而塑造出的城市精神（图3.30）。

（a）地标属性。地标属性即历史时期它的具体功能属性，是城市历史时期相关文化、职能属性的直观呈现，也是在历史文化意义传递上给人的首要印象。

（b）地标区位。地标区位反映了城市地标及其关联的职能属性对于城市而言的重要程度。位于城市中心与河流旁的城市地标及其象征的职能属性对于整个城市而言有着重要意义，处于主导性的地位；位于城市地段中突出位置与线型空间对景处的地标也在一定程度上具有重要价

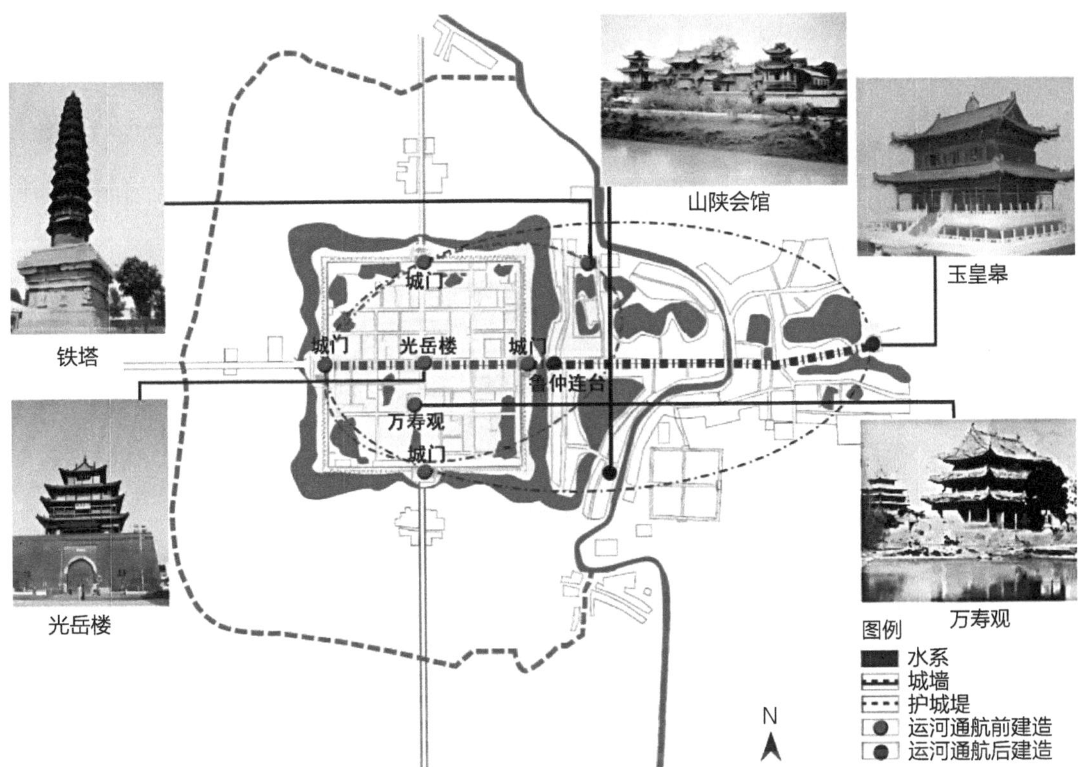

图3.30 清代聊城城市地标示意
（图片来源：作者整理、改绘）

值；位于城市边缘地带的城市地标通常为历史某种职能衰败后的呈现。

（c）地标尺度。地标尺度可由地标建（构）筑物高度、体积，及其场所的空间规模决定。通过对同一城市中不同类型地标或不同城市中同一类型地标尺度的比较分析，可研判在同一城市中不同历史时期各种职能属性的变化程度以及不同城市中同一职能属性的发展状况。

（d）地标形态。城市地标形态是建（构）筑物空间形体及细部装饰在一定环境空间内所呈现出的总体形体特征，它是地标精神文化内涵的表达。建（构）筑物自身具有地域特色的物质材料形体是地标形态的第一表意语言；与地标建（构）筑物相关的环境及空间和其形成的尺度对比，比例映衬以及环境氛围上的"虚一实"、主从、对景、障景等也具有强烈的场域性文化表意功能；地标建（构）筑物上的立面装饰元素也反映了人们的审美传统与信仰意识，是进一步承载、传递文化信息的要素。

3.4.3 城市文脉非物质载体的文化表征

城市文脉非物质载体要素包含行为、制度要素和精神要素两个层面要素。从山东运河城市营建脉络及关键信息看，和城市文脉行为、制度要素对应的文化是行为文化与制度文化，此层

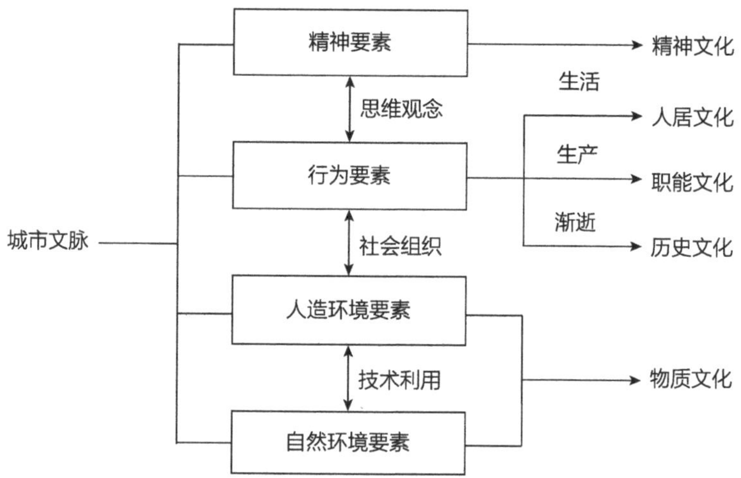

图3.31　城市文脉非物质载体要素信息内涵的层次关系与文化表征
（图片来源：作者自绘）

面文化是城市居民的日常生活与生产的各种行为与社会关系表达，可分为生活行为与相关风俗习惯引发的人居文化以及国家体制、制度和城市职能引发的职能文化两部分，这两部分为中时段文化，与城市某一时段发展现实密切相关；对人的行为影响逐渐减弱的城市事件信息、风俗习惯等可划归为历史文化，它既是城市发展的历程见证，也是城市未来发展的文化资源。此外，和精神要素层面对应的是观念世界中较为纯粹的、具有相对稳定性的（长时段特性）精神文化。这四种文化是在区域自然人文环境的客观条件下催生的城市主体的能动意愿的文化表达（也是促进文脉物质载体演化的文化动力），共同构成了山东运河城市文脉非物质载体要素信息内涵的核心内容（图3.31）。

（1）人居文化

山东运河城市人居文化由古代象天法地、崇尚自然、顺应自然、因地制宜的思想脱胎而来。具体而言，齐鲁文化源于东夷文化与周文化，东夷文化属于炎帝系统，夷（炎）族崇尚自然，以太阳（即风鸟）为图腾。周文化属黄帝系统。黄帝一系，即后来夏周系统，乃鲁国文化之来源，周公孔子发扬光大之，而齐国文化则部分来自炎帝系统，道家老子所出。大多学者认为中国人的文化气质在西周开始定型，经过春秋时期演化为中国文化的精神气质或叫“基本人格”。齐鲁文化的形成也是在春秋时期。山东运河区域受夷族自然环境崇拜、老子文化思想，以及齐鲁文化的代表孔子、荀子思想影响显著，传统人居文化主要表现为整体观空间构图下的诗意栖居、山水情怀和天人和谐观。

①诗意栖居。《诗经》对山东运河区域传统居住文化的诗性思维、理念的形成有着深刻、持久的影响，如《诗经・硕鼠》中提出的建立乐土、乐国、乐郊的美好理想。为了体现居住环境的诗情画意，明清山东运河城市都打造出城市的“八景”或“十景”（表3.8）。

山东运河城市“八景”或“十景”一览表　表3.8

城市	“八景”或“十景”位置		资料来源
	城内	城外	
德州	梵语晨钟、空营夜月	方山暮雪、剑冢秋风、九河流息、八里荒塘、古堤芳草、漳水轻帆、书台夕照、高海朝烟	嘉靖《德州志》
临清	津楼夜雨	汶水秋帆、南林双桧、平冈积雪、土山晚眺、东郊春树、卫浒烟柳、官桥晓月、书院荷香、塔岸闻钟	乾隆《临清直隶州志》
聊城	绿云春曙、光岳晓晴、仙阁云护、古甃铺琼	崇武连樯、圣泉携雨、铁塔烟霏、巢父遗牧	康熙《聊城县志》
济宁	白楼晚眺	峄岫晴云、南池荷净、西苇渔歌、行宫春树、麟渡秋帆、墨华泉碧、凤台夕照	乾隆《济宁直隶州志》
峄县	无	坛晓翠、承水环烟、仙洞悬云、许池绿波、刘伶古台、青檀秋色、湖口观渔、君山望海	乾隆《峄县志》

②山水情怀。山水情怀是山东运河城市居民在长期的地域自然环境生活中形成的寄情山水的深厚情结，体现在城市布局形态和建筑建造上追求完美吉祥的环境格局。此外，城镇居民的山水情怀还会通过对山水神灵的精神崇拜得到展现，此区域比较崇拜山神泰山奶奶（尊称为“东岳泰山天仙玉女碧霞元君”）和漕运之神——金龙四大王。

③天人和谐观。山东运河城市先民在对自然界的长期主动改造与被动适应过程中形成了一种“天人和谐”的人居环境营造意识。《管子·乘马》中“因天材，就地利，故城郭不必中规矩，道路不必中准绳”就是这种营造意识的展现。这种“因天材，就地利”的建城模式，被认为是一种完美的、能反映自然天性的居住模式。此外，在居住环境设计中崇尚“顺乎其性而为之”的意匠，强调遵循事物的自然之性，以追求“真”美的境界和环境格局上的吉祥。

（2）职能文化

职能文化是与历史上城市职能密切相关的文化，它集中反映了城市职能转型中不断积淀的精神产物与社会关系。明清城市中各类军事防御、商贸建筑以及与商品相关工艺技术、祭祀仪式等都是城镇职能文化的投影。职能文化主要通过城市的职能属性和职能技术得以体现。

明清时期山东运河城市漕运、军事、政治和商贸职能文化比较突出，且各种职能都与税收制度、漕运制度、水次仓制度等社会制度建构和风土民俗传承之间有着密切的联系。职能技术和技艺是城市居民在不同历史时期城市职能活动中形成的技术发明与方法手段，反映了城镇生产发展与社会制度、体制之间的互动关系。反映城市职能文化的要素也是当下非物质文化遗产保护的重要对象，如临清的贡砖，德州的木板烙画，聊城的东昌府木版年画、东阿阿胶、雕刻葫芦、剪纸、黑陶、面塑、编织、东昌古锦、东昌毛笔，济宁的木雕、团扇、花轿等都是这些城市职能技术和技艺的代表（附表6）。

（3）历史文化

这里所说的历史文化主要与城市见证或经历过的一些有影响的、有重要的公共性的城市历史事件相关联。山东运河城市的历史文化主要通过历史人物、历史事件、节庆事件和老地名（历史的微缩）表征出来。

①历史人物。历史著名人物是推动城市重大历史事件发展，影响城市发展演化的重要因素。“历史人物在城镇中的活动也会遗留下与其个人或小规模群体相关的一些物质遗迹，如名人故居、墓址、牌坊等。”在山东运河区域，济宁市的曲阜是孔子故里，邹平是孟子的故乡。聊城产生了曹植、谢臻、穆孔晖、朱延禧、傅以渐、邓钟岳、傅斯年、季羡林等著名的文化学者。这些著名学者大都留下了较多的文化遗迹。

②历史事件。历史事件具有故事性、情节性，是城市发展历史长河中的时空坐标，是人们认知城市空间的路径之一。城市文脉认知在很大程度上要依赖空间中的历史事件，历史事件充当着一种空间文化解码的功能。城市历史事件会赋予城市特定时期的文化脉络主题，展现出城市某一时段的文化重心结构，同时城市的历史事件也影响着后续城镇中生活的人和发生的事件。城市历史事件具有多样性，多样性城市事件的类型包括名人事件、历史事件、建设事件、商业事件、文化事件、战争事件、民俗事件、节庆事件等。山东运河城市中的著名战役（齐魏的马陵之战、台儿庄战役、范筑先将军聊城抗战等）以及一些重要的政治、宗教事件，不但赋予了城市特定的历史文化内涵，还在城市中留下一些重要的遗址或纪念性建（构）筑物。

此外，历史典故／传说也是历史事件的重要组成部分，它浓缩并辅助反映城市的历史演变轨迹。如发生在聊城的凤凰城传说、光岳楼传说、铁塔传说、羊使君街传说、邓钟岳批文解家仇、朱延禧写对联、状元骑驴等。

③节庆事件。节日带有强烈的历史纪念意义，它承载着传统文化记忆的功能。联合国教科文组织颁布的《保护非物质文化遗产公约》把节日庆典作为一个重要内容。玻利维亚的狂欢节、韩国的江陵端午祭、我国的端午节都被列入世界非遗名录。我国从殷商至明清的君王都要通过主持繁多的祭礼来唤起部族／民族的历史和神话故事，复苏集体文化记忆。当前，我国的春节、清明节、端午节、七夕节、中秋节、重阳节等六个中华传统节日已被国务院列入国家级非物质文化遗产名录。这些众所周知的节日，其实每个地方还有些差异。如鲁西人民过春节从腊月二十三算起，腊月二十三日为祀灶日，这天还打扫卫生。鲁西一带大都有除日祭天、祭祖的习俗，其他几日也各有讲究。通过这些节庆活动，文脉信息以一种节日事件的形式流传下来。

④老地名。城市中的老地名既代表着一个特定空间，也大多和空间中所发生的特定事件关联，以一种讲故事的形式存在着。老地名是城市变迁的印记，是历史文化信息的原始载体，它叙述了城市不同历史时期不同地域空间的生活状况、环境面貌。虽然这个空间的物质面貌

在“时段性”变化下已经面目全非，但人们还是可以通过老“名”来感受它丰富的历史文化信息。城市历史越长，在同一个空间中发生的事件往往会越多。一般来说，对于这个空间影响越大的事件就有可能成为代替此空间的专有名称。当然，有些城市中的老地名没有很有影响的故事，但是被保存下来却也有一定的趣味性，如聊城的凤凰台，它既是一个老地名也是一个城市节点，它与光岳楼遥遥相对，像是光岳楼的一个天然屏风，又如一颗璀璨的宝石镶嵌在东昌路上，成为聊城水城景观的一个亮点。

（4）精神文化

精神文化主要反映人的内心世界，是一种凝练为信仰的思想理念体系。山东运河城市中自然环境、人居文化、职能文化、历史文化以及儒家思想、道教、佛教、基督教等各种宗教都会对地域人群的思想观念体系产生重要的影响，是地区自然环境观、传统文化观与宗教思想的叠合，主要以地域人群的道德情操、价值信仰两方面来表征呈现。

①道德情操。道德情操是地域人群在社会生产生活中形成的对社会的抱负、处事原则和是非黑白的判断标准。社会民风与伦理原则是社会主要价值观念的重要体现。山东运河流域是儒家文化发祥地，受孔孟之道影响较深，自古民风以节俭朴厚为特色，形成以“仁、义、礼、智、信”为主导的伦理价值观。

②价值信仰。价值信仰是人们在宗教和对世界认知根本方法等因素的影响下，从自身内心世界出发进行思考而形成的一种思想体系。儒、释、道三大宗教思想体系是山东运河区域价值信仰的主流。其中，儒家思想以“礼”为思想内核，强调人之社会性，企盼天人合德，行善以求至善，而佛、道两教思想具有一定的隐逸特质，重视人之自然性。随着外来文化的传入，伊斯兰教、基督教也对一些人群的价值信仰有一定的影响。城市战火不断及产业更迭，使城市百姓寄望于宗教神明庇佑，形成了以祀先贤与相关行业领域神圣为目的的大小庙宇。

山东运河区域价值信仰的显著特征是财、义之神的关帝崇拜。据乾隆《德州志》记载，乾隆年间，山东运河区域的德州城区内外仅官方设立的关帝庙就有11处。《聊城关帝庙琐谈》一文也指出，聊城在清时期关帝庙遍布大街小巷，据称城区内外足有百十座，比较出名的有运河岸边的山陕会馆，西城门关帝庙，南城门“一步三关庙”，东关大街的“庙上庙”（庙有两层，下祀财神，上祀关公）。明清时聊城店铺林立，商人众多，商人家里也多供奉关帝。山东运河区域关帝崇拜兴盛的主要原因是关羽忠信仁义的精神品格与该区域传统人民大众心理十分吻合。山东运河区域为孔孟故乡，忠心观念是这一区域人文精神的核心，再加上宋元以来，此区域历经战乱和灾荒，使人们特别推崇强力和信义，此区域形成了尚武好义的民风。因而，特殊城市职能与地域文化也是价值信仰孕育的重要土壤。

综上，本文将山东运河城市文脉非物质载体要素的行为、制度要素和精神要素所蕴含的文脉信息内涵划分为四种文化表征类型：与城镇日常生活相关的人居文化；反映城市的职能性质，由职能属性、职能技术与技艺组成的职能文化；对城市的发展影响逐渐减弱由历史人物、历史事件、节庆事件和老地名（历史微缩版）构成的历史文化；隐秘于人类文化结构的最里层，由道德情操与价值信仰组成的精神文化。它们是城市文脉物质载体背后对城市文脉物质载体呈现产生影响的内在作用要素（表3.9）。

山东运河城市文脉非物质载体文化表征 表3.9

内涵构成	内涵亚类	具体表现
人居文化	诗意栖居	“诗性”的思维方式、“八景”“十景”所表达的居住观念
	山水情怀	追求山水环境格局上完美吉祥的居住环境选择标准
	天人和谐观	“因天时，就地利”的建城模式、“顺乎其性而为之”的意匠
职能文化	职能属性	政治职能、军事职能、产业、商贸
	职能技术和技艺	生产技术、营造技术、军工技术、技术发明
历史文化	历史人物	文化名人、传奇商贾、军事将领、政教领袖与能工巧匠
	历史事件	著名战役、政治事件、宗教事件、历史典故、历史传说
	节庆事件	各种传统节日
	老地名	和旧人、故事、功能等相联系的历史地名
精神文化	道德情操	社会民风、伦理原则
	价值信仰	宗教信仰、行业精神信仰

3.4.4 城市文脉载体识别指标体系构建

山东运河城市文脉载体的生成特征是对不同案例不同时段城市文脉积层内文脉载体的共性表征“集合”进行归纳凝练后的“全集”，在对山东运河城市文脉演化进行深入分析时，上文总结的山东运河城市文脉物质载体表征和文脉非物质载体的文化表征又可转化为山东运河城市文脉积层内文脉载体初步识别指标体系（表3.10）。

山东运河城市文脉载体识别指标体系 表3.10

类别	识别因子	识别指标	指标释义
城市文脉物质载体要素（形意相关）	自然环境	区域环境	从最宏观的角度审视城市诞生、演进的客观物质环境基础
		郊区环境	在区域尺度下，城市周边的山水田园环境呈现
		建成区环境	融于城区内部的绿化空间，如著名的私人园林
	城市格局	形态格局	主要指山水格局对城市形态格局的影响，包含水体形态要素、城市绿地要素、城墙等组成的城市边界轮廓
		功能格局	功能区域的划分所呈现的格局特征
		路网格局	城市空间图底关系中所呈现的整体路网结构
	城市地段/锚固簇群	“锚固簇群”规模	建筑“锚固簇群”在空间中的大小，也是判断其空间发展动力强弱及其发展阶段的重要判别标志

续表

类别	识别因子	识别指标	指标释义
城市文脉物质载体要素（形意相关）	城市地段/锚固簇群	“锚固簇群”肌理	不同建筑的高度、密度、体量、布局等多方面要素之间的锚固聚核结构、物理距离以及由此形成的图底关系，也反映其聚合的内在动力机制
		“锚固簇群”形态	立体空间中所呈现的形态，在人仰视或平视视角下对“锚固簇群”的直观感受。平原地区凸显天际线作用
	线型空间	空间形式	在地形地貌与功能要素影响下，在平面及三维立体空间中所呈现的方式，内含形式产生的文化机制
		空间尺度	围合街巷两侧建筑以及自然屏障的高度、街道
		风貌特征	建筑立面分割、空间形式、色彩、装饰、地面铺装和沿线绿化等
	城市地标	地标属性	建（构）筑物及其场所的功能属性
		地标区位	在城市空间中的位置关系。反映城市地标及其关联职能属性在城市中的重要程度
		地标尺度	地标建（构）筑物及其场所高度、体积，以及与相关环境、空间的占地规模
		地标形态	在相关环境、空间衬托下所呈现的景观形态
	参照识别：不同文脉积层锚固的各类文化遗产及其判别标准		
城市文脉非物质载体要素	人居文化	诗意栖居	“诗性”的思维方式，通过意境来表达
		山水情怀	寄情山水的情结与追求吉祥完美居住环境的标准
		天人和谐观	对自然环境取势、因借思想
	职能文化	职能属性	与周边城镇的相对关系中对自身的定位
		职能技术和技艺	城市居民在不同历史时期城市职能活动中形成的技术发明与方法手段
	历史文化	著名人物	推动城市重大历史事件发展的人物
		历史事件	城市发展历史长河中的时空坐标
		节庆事件	承载着传统文化记忆的节庆活动
		老地名	历史记忆信息的原始载体
	精神文化	道德情操	地域人群在社会生产生活中形成的对社会的抱负、处事原则和是非黑白的判断标准
		价值信仰	人们在宗教和对世界认知根本方法等因素的影响下，从自身内心世界出发进行思考而形成的一种思想体系
	参照识别：不同文脉积层锚固的各类非物质文化遗产及其判别标准		

第4章 聊城城市文脉『锚固—层累』过程解析

城市文脉载体的价值内涵是我们在对其进行保护中不断丰富的，因而城市文脉载体本身具有主客观双重特质，客观性体现在它来源于已凝结的文化见证，主观性体现在它是不同历史群体建构集体想象和集体认同的重要载体，是“从众多的历史遗存中筛选出来的值得保护的对象，体现了一个时代一个社会的文化价值的取向”，具有建构性。正如安东尼·吉登斯所言：即便是在那些最传统的文化中“传统”都通过反思而被利用，而且在某种意义上也“通过话语而被理解”，因而，城市文脉载体可以不断地产生，并在运用中不断地被强化或遗弃。

本章以聊城为例，在聊城城市文脉“层累”建构分析中，以纳入文化遗产保护范围的不同历史时段的各类具有代表性的重点文化遗产为线索，结合其文化地理背景，辅以多源文本的文献资料，借助文脉载体识别指标体系来建构反映不同时段文化特征的文脉积层全息文化系统，进而通过对相邻文脉积层的各层面“锚固”文脉载体对比来观察城市文脉的“层累”建构过程。此过程既可在“素材层面”对不同时段“锚固”的城市文脉载体进行全面梳理和发掘，形成对现有文化遗产及生成环境的全面审视，也可观察城市文脉载体“前天—昨天—今天”的不断“镶嵌、影响、谨慎添加、修饰、粗暴破坏”，透视到城市文脉“动态的、脉络式”的演化过程。

本章借鉴英国历史景观特征识别（HLC）体系的原则与方法，把时间深度作为历史遗存及信息入选城市文脉载体的首要关注点，结合文化遗产的历史性、艺术性、科学性、纪念性等特征，考虑不同时期社会价值取向和历史遗存的稀缺性不同作出以下筛选原则：首先，距今越久远的文脉积层，只要有少许传统文化特征的历史遗存就纳入；距今较近的文脉积层，需有重要意义的历史遗存方纳入。其次，结合国内外文化遗产评定标准采用第2章“三维四层一体”方法对城市文脉要素进行提炼。

本章可为“由表及里”地深入揭示聊城城市文脉演化的动力机制与表现法则奠定坚实基础，同时也为聊城文脉要素价值评价和聊城城市文脉传承适宜性策略提供必要素材（聊城文脉要素谱系）和切实的框架指导。

4.1 聊城城市文脉积层的空间尺度

本节结合山东运河城市文脉积层时空尺度特征，梳理不同时期文脉积层“层累”分析的切入点“锚固要素”（不同时段生成的各类文化遗产），进而划定聊城文脉积层的空间范围。

4.1.1 聊城行政辖区范围的历史变迁

城市行政区域的变化过程也是城市和区域文化交融的历程，可以说不同时期的城市行政区域是不同时期文脉积层内文脉要素分布的核心区域。今聊城城址一带春秋时期为聊摄国，齐国

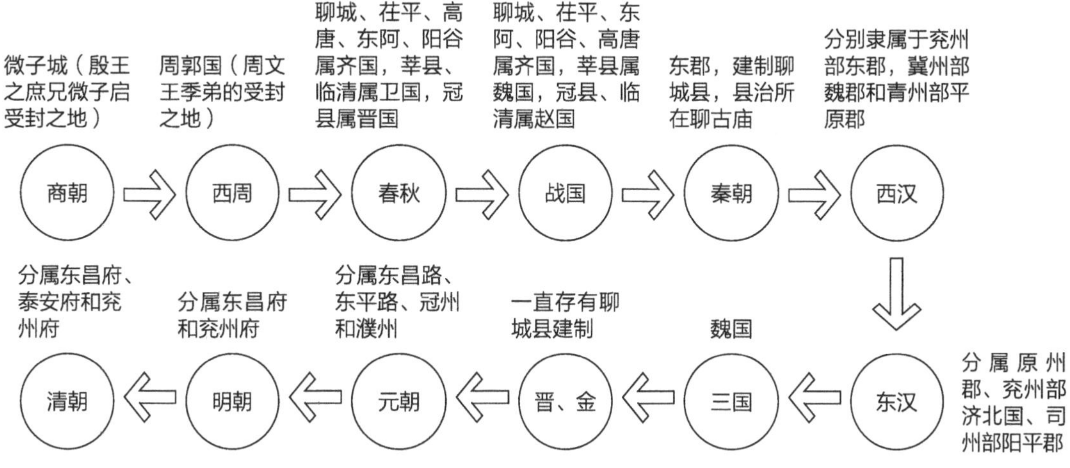

图4.1　古代聊城行政历史沿革
（图片来源：作者自绘）

灭聊国后，始称“聊城”，为齐国西部的重要城邑。

聊城县建制自秦朝设置以来一直存有，所以聊城县（今东昌府区）有2000多年的历史。明朝开始设置东昌府，聊城行政辖区扩大。此后各朝代聊城市现行政辖区分属不同行政区管辖（图4.1）。

1949年至今，聊城县行政区划变化频繁，如1947年9月聊城县南部置聊阳县，1949年8月聊阳县建制撤销，所辖村镇划归原属各县。对城市发展影响较大的是地（区）县改市、以市带县体制确立后的行政区划。1983年至今，聊城辖东昌府区、茌平区、临清市、高唐县、东阿县、莘县、冠县和阳谷县，市政府驻地聊城。2014年以来东昌府区、茌平区和东阿县正逐步推进聊茌东都市区融合发展。

4.1.2 聊城主要锚固文脉载体的空间分布

（1）聊城物质文化遗产空间分布

①名城名镇名村分布。聊城市市域范围内有国家级历史文化名城聊城，省级历史文化名城临清，省级历史文化名镇阳谷县阿城镇，此外，有正在申报省级名镇的东昌府区堂邑镇和阳谷县七级镇。市域范围内暂无申报成功的历史文化名村，正在申报中的历史文化名村有3个，分别为阳谷县侨润街道办事处迷魂阵村、临清市戴湾乡水城屯村、临清市戴湾乡戴闸村。聊城有众多特色景观旅游名镇名村、古村落遗址和传统古村镇资源，其中省级景观特色名镇有冠县柳林镇和高唐县清平镇，国家级景观特色名村有阳谷县阿城镇闫庄村。省级历史文化名镇阿城镇是明清时期京杭大运河沿岸著名商埠，存有古阿井、古城墙、海会寺等名胜古迹。阿城镇出现过战国军事家孙膑、三国名将程昱、元代政治家曹元用等历史名人。

②历史文物古迹空间分布。截至2016年，聊城市域范围内共有各级文物保护单位332处：

其中，全国重点文物保护单位29处，绝大多数分布在京杭大运河沿线；省级文物保护单位28处，大部分以新石器时期龙山文化遗址和大汶口文化遗址为主，大多分布在聊茌东都市区内；市级文物保护单位84处，县级文物保护单位191处，大多分布在城市建成区内。

③城乡历史文化聚落分布。城乡历史文化聚落是指跨越一个以上城市行政边界的区域性地理单元，其生成历史和演化历程以及有形遗产和无形遗产方面有许多共同性和相似性，富集着丰富多样的、具有复合性和整体性价值的历史文化遗产要素。其中任何一个单体的历史性城镇或乡村所具有的历史文化价值，无法反映出整个“文化板块”内部高度复合的历史文化价值。从聊城的文化遗产空间分布看，主要集中在大运河沿线穿过的临清、东昌府区、阳谷县及东昌府区、东阿县和茌平县围合的三角区域，形成线型廊道状和片状的历史文化聚落。此外，黄河沿线同样也是一条物质遗存富集带，以大汶口文化、龙山文化为代表的大量史前农耕文化遗存分布在这里，空间分布主要涉及阳谷县、东阿县和茌平县。

④古树名木空间分布。据聊城市城市园林管理处、聊城市林业局等有关部门对全市古树名木调查显示，截至2013年，聊城有古树名木443株，其中最老的古树已经约1500岁，分属21科37属44种。从这些古树名木的空间分布看，绝大多数位于东昌府区和临清市。按树龄划分，300年以上属于一级保护树木的有近200株，500年以上的有近百株，千年以上的也有近20株。数量最多的几个树种为：国槐106株，侧柏20余株，皂荚19株。杜梨、枣树等也较多。这些古树名木分布于城乡，是聊城2000多年历史的见证。

（2）聊城非物质文化遗产空间分布

截至2019年，聊城市级以上非物质文化遗产共分为12类，107处，包括民间文学14项、曲艺9项、传统技艺29项、传统音乐7项、杂技2项、民间信俗3项、传统舞蹈20项、传统美术4项、传统医药2项、传统戏剧2项、消费习俗9项、传统体育和游艺与竞技6项。其中，国家级非物质文化遗产11处，包括聊城杂技、木版画、张秋木版年画、东昌葫芦雕刻、郎庄面塑（面老虎）、高唐驴肉制作、临清贡砖烧制技艺、临清烧麦、临清驾鼓、查拳和鱼山呗（附表6）。省级非物质文化遗产16处，包括莘城镇温庄火狮子、柳林花鼓、山东八角鼓、阿胶（东阿阿胶制作技艺、东阿镇福牌阿胶制作技艺）、黄河夯号、东阿凤凰山传说、临清健脑补肾丸制作技艺、茌平剪纸、聊城牛筋腰带制作技艺、聊城铁公鸡等。市级非物质文化遗产80处，包括鲁班传说、茌平董庄中堂画、东昌府道口铺唢呐吹奏等。从空间上看，主要分布在东昌府区、临清市、东阿县和阳谷县。

4.1.3 聊城城市文脉积层空间尺度的选取

（1）聊城城乡一体化的动力机制及空间演进

公平与效率是人类社会存在和发展的永恒主题，“经济人”与“社会人”是互为补充的一枚硬币的两个面。因而，经济“效率”与社会“公平”是城乡一体化发展的基础性机制与均衡化逻辑。当下聊城城乡一体化的发展是一种市场自发和政府自觉共同发挥作用的结果，形成的要素包括以市场为导向的集聚扩散机制和以政府为主导的统筹协调机制。

截至2017年，聊城市常住人口城镇化率为50%左右，城乡在社会、经济、文化、制度等方面走向初步一体化状态。聊城城乡一体化的空间演进为“三化三区”模式，即在时间上工业化、城镇化和农业现代化“三化”同步，在空间上“工业园区”“新乡村社区”“农业园区”三区协作的空间演进模式。从市场推进机制看，东昌府区、茌平区、东阿县，经济、人员、交通等联系紧密。三个县市区的产业主要集中在金属、能源、化工等基础工业领域，据2012年统计，此区域工业产值占全市40%以上。三个县市区对外的主要联系方向以济南为主，茌平、东阿主要与东昌府区、济南产生客运联系，济聊交通廊道化发展特征明显。从行政机制看，聊城在积极推进东阿、茌平的撤县设区工作。规划建设的京九高铁线路走向为临清东—聊城西—阳谷东，郑济高铁途经聊城市的莘县、阳谷县、东昌府区、茌平县，分别为莘县站、聊城西站、茌平南站。2014版聊城总规提出了将适时启动“聊茌东阳莘都市区”规划建设。

（2）聊城文脉积层空间尺度的选取

我国古镇（村）的形成主要集中在三国、南宋和明清时期，其中的明清时期也是山东运河区域繁荣发展的重要时期。然而，目前山东运河区域历史文化名镇（村）较少，为反映聊城运河区域文化的完整性，京杭大运河聊城段沿线城乡历史文化聚落应纳入空间研究范围。考虑城乡一体化发展趋势，东昌府区、茌平区和东阿县将转化为主城区。再综合聊城锚固文化资源的空间分布情况，聊城城市文脉积层的空间尺度选取上主要涉及四个层级：第一层级为市域行政区层级，主要包含东昌府区、阳谷县和临清市内运河沿线城乡文化聚落；第二层级为聊城主城区，即聊茌东都市区，包含东昌府区、茌平区和东阿县全域行政区；第三层级为中心城区，即2014版总体规划划定的城市建设区范围；第四层级为历史城区，历史城区的划定主要以明清时期的历史要素和历史格局为依据。

4.2 1912年以前聊城文脉积层的层累

从主要物质文化遗产的锚固时间看，1912年以前聊城文脉物质载体可分为古遗址、古墓葬、古城、古街巷和古建筑。其中，古遗址年代大多始于史前的龙山文化时期，文化层丰富，多数可持续到汉代；古墓葬除极少数三国、唐墓葬外，多为汉墓和明清墓葬；古城、古街巷和古建筑绝大多数为明清时期所建。从历史文献资料梳理看，古人对待古迹珍如珠玉，宋代以降的地方志都列出了官方认定的古迹名录，范围包含自然物、器物、建筑、遗址、景观等。本节以这五类物质文化遗产和地方志古迹名录为线索，以山东运河城市文脉积层内文脉载体识别指标体系为指引，按图索骥发掘聊城上古、东周、元明清三个典型文脉积层内的文脉载体的全息信息，并在上古原住东夷文脉积层上顺时“层累”东周和元明清两个时期的文脉载体，观察这三个文脉积层“层累”时四个层面文脉载体的变化。

4.2.1 聊城原住东夷文脉积层

（1）聊城东夷文脉积层之文脉物质载体

聊城上古原始居民为东夷族。东夷作为中国古代三大集团之一，是中国古代民族的重要组成部分。目前聊城境内发现的遗址大多为新石器后期的龙山文化（距今约4000～4600年），是东夷文化繁盛期的文化。聊城地处东夷文化的西端，也是最早融入夏的地区。据考古发现，截至2018年，聊城共发现41处龙山文化遗址，包含多个时代的文化堆积层。古墓葬主要有颛顼墓、尧王坟、巢父陵等（附表1）。在这些遗址、遗迹中“茌平—阳谷”一线就有9座密集排列的龙山文化城址，占山东龙山文化城的50%。其中，景阳冈龙山文化遗址是迄今为止黄河流域发现的最大古城址，规模达35hm²，规格之高，在国内亦属罕见。此遗址在1995年被评为“中国十大考古新发现”第一提名奖。结合历史史料及历史传说不难印证，聊城在上古时期在中国占有重要的政治文化地位（图4.2）。

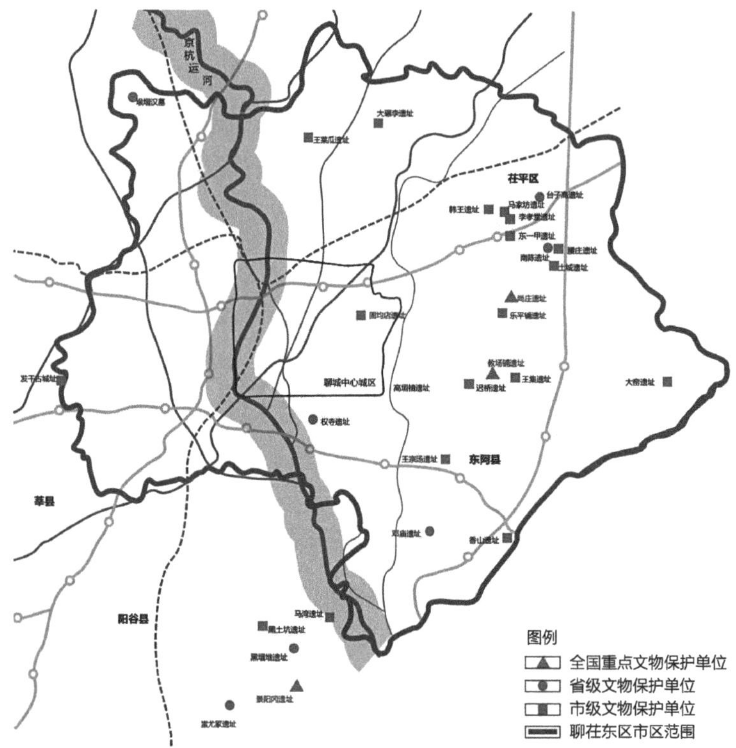

图4.2 聊城市域龙山文化时期古城分布示意图

（图片来源：作者自绘）

①自然环境：沿河而居。唐尧之时，天下划分为九州，聊城大部分属兖州之域，古黄河、古济水穿境而过，土地肥沃。聊城遗址分布规律与古济水有关。东昌府区、茌平县遗址大多分布在干涸的古济水河道两侧高台地上，徒骇河以西遗址很少，阳谷县遗址大多集中在赵王河以东，东阿县遗址大多在中东部。据此可判断，此区域形成了以茌平县西南部和东阿县中北部、阳谷县东南部为中心的两个聚落群。在聚落群内形成了以阳谷景阳冈、茌平教场铺为中心的“都、邑、聚”结构聚落体系。

②“文化城”格局：圆角长方形。阳谷景阳冈等级较高，也最为典型，可以此说明此时期的“文化城”格局。该城址位于阳谷景阳冈村周围，平面形状为东北—西南向的圆角长方形，南北长约1150m，东西宽300~400m，面积38hm^2。城垣外陡内斜，宽约20m，高2~3m，南、北、西三面有缺口，当为城门。城垣为夯筑而成。城内有与城墙方向一致的南、北两个台址。大台址面积约9hm^2，现存部分高于周边2~2.5m，应为大型宫室基址。小台址面积约1hm^2，有人头骨，完整牛、羊架及陶器的灰坑，应为祭祀之处（图4.3）。

③建筑：半地穴和地面住房。据考古研究，此时期的建筑为半地穴式和地面住房，地面房居多，房子向阳、高坡、近水。地面房为土台式，土台经夯打而成，房子由墙基、墙外护坡、室内地基、柱洞、火灶、出入口组成。

（2）聊城东夷文脉积层之文脉非物质载体

此时期的文化信息主要为伏羲、神农氏、少昊、黄帝、“字圣”仓颉、高士巢父和大禹治水等远古传说、典故，以及崇拜自然、灵魂与祖先，以鸟为图腾的精神文化。人居文化为

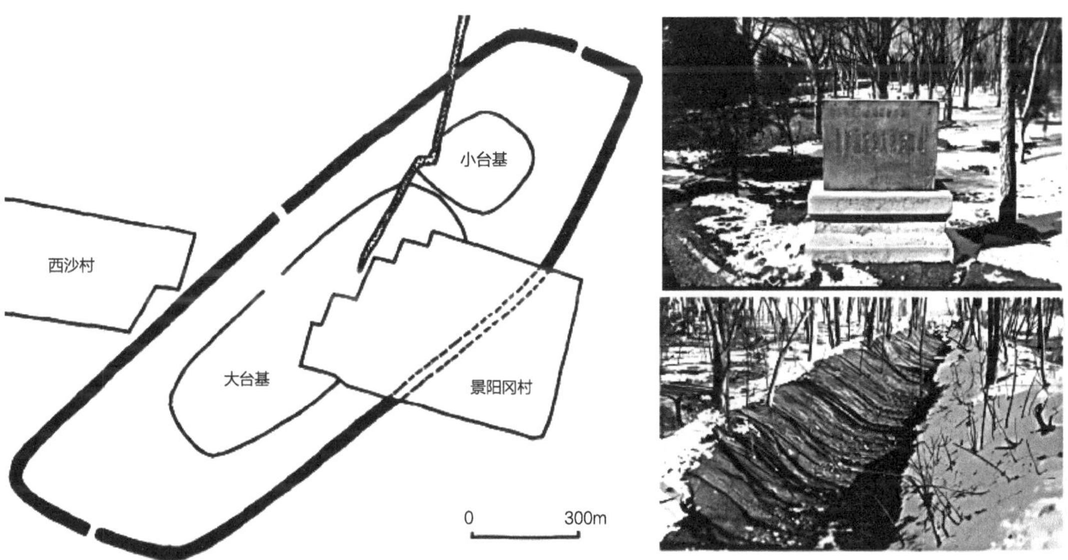

图4.3　阳谷景阳冈文化城遗址平面示意及现状图
（图片来源：作者2017年拍摄于聊城中国运河文化博物馆）

选择高坡、近水之地建造土台式地面房或挖半地穴，形成“都、邑、聚”结构聚落体系。城内主要有宫殿和祭祀之所。东夷族有着源远流长的宗教文化传统，聊城远古宗教文化主要体现在对不可知的大自然、图腾、人的灵魂的敬重崇拜上。对人类有较大影响的日、月、星、土地、山川、石、雷、电、风、雨、火等自然力以及某种物体都崇拜与祭祀。考古发掘的大汶口文化就反映出当时人对“天”的崇拜。墓葬出土的陶罐，往往可见到用朱彩绘的太阳图案。《礼记·郊特牲》言：“郊之祭也，迎长日之至也，大报天而主日。”注曰：“天之神‘日’为尊。”《管子·五行》篇曾说：“黄帝得蚩尤而明于天道。”可见“天道”之学也最早流行于东夷地区，以鸟为图腾。少昊“为鸟师而鸟名”，诸部落有凤鸟氏、玄鸟氏、爽鸠氏等，崇拜灵魂与祖先。人死后有葬具，如棺、椁，即为人死后修建的住所。专为死者制作冥器，随葬品已经出现。经常祭祀祖先，以为灵魂不死。大汶口墓葬中有以龟甲为随葬品的习俗，在平尚庄M25亦有龟甲随葬。这些龟甲，可能与占卜有关。这个时期宗教文化信仰较为普遍。从《国语·楚语》等文献记载看，“民深杂糅”“家为巫史”，说明一种原始宗教信仰和普遍迷信状态。在当时人的心目中，作为人的崇拜对象的“天”，似乎是人人可以与之相沟通的，与天沟通的巫有常人不具有的特殊身份和超常人技能。宗教文化成为一种普遍的民间文化存在（图4.4、表4.1）。

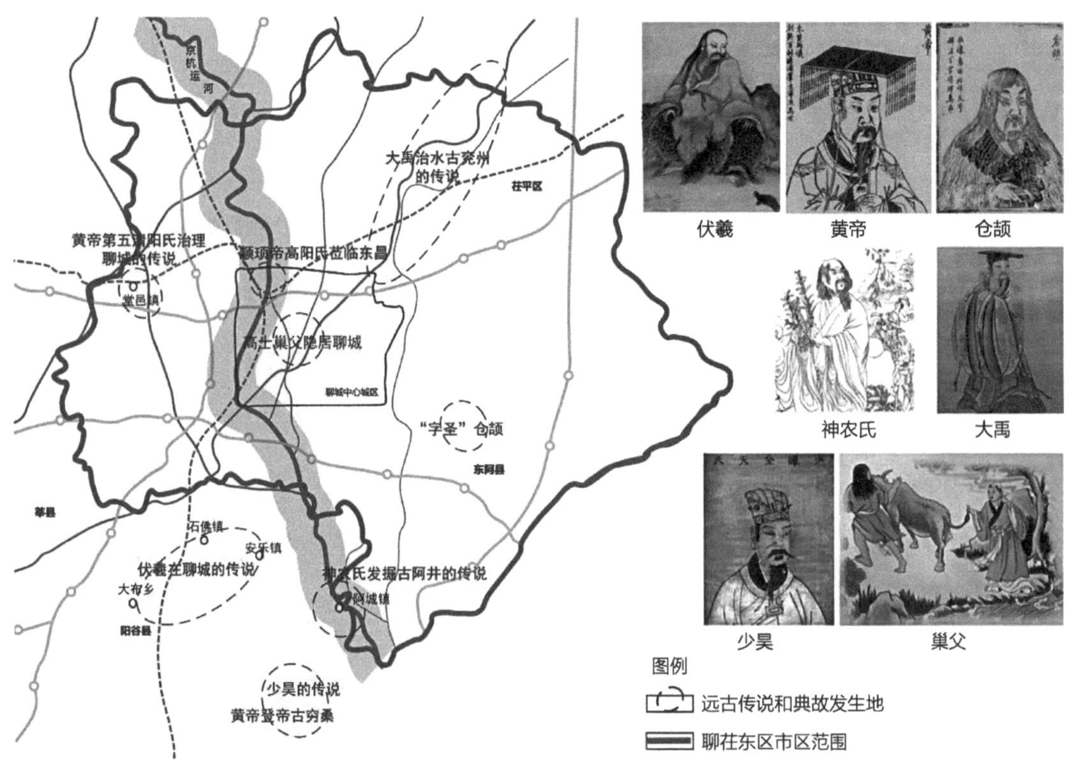

图4.4　东夷文化时期聊城远古传说和典故发生地示意图
（图片来源：作者自绘）

聊城远古传说与典故一览表　　表4.1

传说、典故	主要内容
伏羲在聊城的传说	清康熙十二年（1673年）修纂的《阳谷县志》记载：“阳谷北境有宓城，太皓伏羲氏之城也。”
神农氏发掘古阿井的传说	阿井在今阳谷县城东阿城镇西北约3km处。古阿井最早记载见于东汉时的《本草》：“真胶产于古齐国之阿地，又以阿井煮水之最佳。”
少昊的传说	少昊是东夷集团的一支，是中国古代神话中的鸟部落的首领。少昊部落首领有穷桑帝之称。《帝王世纪》：“少昊邑于穷桑，以登帝位，都曲阜。”（据考证，今阳谷县景阳冈极有可能是古穷桑）
涿鹿之战及黄帝登帝古穷桑	黄帝在蚩尤曾居住占领的穷桑登为帝。《帝王世纪》中记载：“黄帝由穷桑登帝位，后徙曲阜。”
“字圣”仓颉	明万历年间于慎行编修的《兖州府志》载：仓颉故居在“城（原东阿县城）西北三十里，有墓、有寺”。清道光九年（1829年）《东阿县志》记载：仓颉墓“在县北三十里，有墓，有寺。”
黄帝第五子清阳氏居堂邑治理聊城	“清”即东昌府区堂邑镇，志书记载堂邑西南十五里，古有清阳集，为“清阳之墟”
颛顼帝高阳氏称帝古穷桑，莅临东昌府	清宣统二年（1910年）修纂的《聊城县志》记载：“聊城城西北二十里有高阳氏陵，俗称聊古庙。”清康熙年间，聊城人状元邓钟岳到此，书写“聊古庙”匾额1方，悬于庙门，遂将“聊古庙”之名称沿袭至今
高士巢父隐居聊城	胸怀济世安邦之策的巢父，在聊城一带躬耕放牧，隐居不出。他在树上修筑了一个巢，夜晚就躲进巢里睡眠，人们都称他为“巢父”。巢父去世后，为了纪念他，人们在他生活放牧的地方，修建了巢父墓。旧志载：“巢父墓在城东南十五里，旧治十字街东南。”此处的“旧治”，是指巢陵故城的旧聊城县治所而言
大禹治水古兖州	《尔雅·释水》记载，禹疏太史、复釜、胡苏、徒骇、钩盘、鬲津、马颊、简、洁等九河，聊城地处黄河下游，是古兖州之域，境内有黄河、济水、漯川，众多河道需要疏通，是洪水暴发的重灾区，大禹治水地域

（来源：作者根据聊城新闻网聊城简史整理）

4.2.2 聊城东周（齐鲁文化）文脉积层的层累

经过龙山时代近千年众多邦国部族的相互兼并和融合，夏、商、周依次建立。聊城境域商汤末年隶属微子城（殷王之庶兄微子启受封之地），西周时期隶属周郭国（周文王季弟的受封之地），春秋时期属齐国。经过夏、商、周时期的进一步融合，至东周末期，聊城居民融合其他部族文化，又锚固形成了特征鲜明的文脉积层（图4.5）。

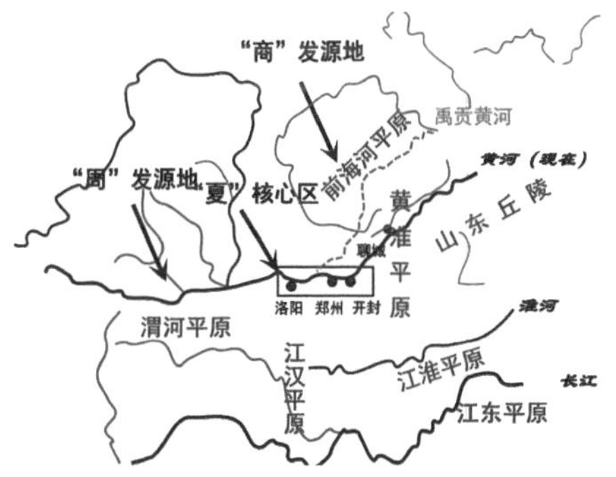

图4.5　夏、商、周三代地缘关系示意图
（图片来源：作者自绘）

（1）聊城东周时期文脉物质载体层累

①自然环境。公元前602年（周定王五年），黄河在浚县宿胥口（今河南浚县淇河、卫河合流处）改道，流经聊城堂邑西，漫及境内。区域地表水文条件变化较大，农业生产受到极大影响。

②城市格局。据《史记·高祖本纪》记载，东周时期，聊城地处齐燕戎战之地，齐在聊古庙筑城屯兵抵御燕军入侵，现为一处遗址。东周是建立在宗族基础上的宗法国家，王权的政治身份和宗族的宗主地位相一致，政治统治权和宗教祭祀权合二为一，宗庙、宫室、祭祀场所是城市的核心。"宫庙一体，以庙为主"，是这一时期城市的主要特征。

（2）聊城东周时期文脉非物质载体层累

层累至东周时期的聊城文脉非物质载体要素的信息主要展现为"顺乎其性"的人居文化、政治与军事为主的职能文化、东周历史人物及事件和齐鲁交融的精神文化四个方面。

①"顺乎其性"的人居文化。在居住环境建设中崇尚"顺乎其性而为之"的意匠，强调遵循事物的自然之性,以追求"真"美的境界。

②政治与军事为主的职能文化。夏、商、周三代时期是各族群、诸侯国文化碰撞、融合的时期，战争占了绝对主导地位，聊城城市职能主要是军事与政治，此时期重要的军事事件有鲁仲连射书救聊城。

③东周历史人物及事件。此时期，在聊城出现的著名历史人物和事件主要和齐桓公、重耳、晏颖、孔子和鲁仲连等著名历史人物相关（表4.2）。

聊城东周时期著名历史人物及事件一览表　　表4.2

历史人物、事件	主要内容
诸侯会盟	齐桓公称霸期间，"九合诸侯，一匡天下"，东阿北杏之盟是首次。春秋时期，从公元前702年—公元前584年的百余年间，在东阿、茌平、阳谷、聊城四县的重要诸侯国会盟就有10次之多
重耳避难隐博平	春秋时期，博平境属于聊摄之地的摄国，有博陵邑，西邻赵、晋，为齐西鄙之地。晋国内乱，晋公子重耳逃亡至齐。齐桓公建台于博陵，以供其西望故国，以待重整霸业。后人将"晋台晚照"列为博平八景之一
季礼挂剑徐君墓	季礼是春秋时期吴国国王寿梦的四公子。他坚守信义，朋友虽死，仍不自食诺言，挂千金宝剑于徐君墓。此墓在张秋镇古运河畔，大江南北文人墨客对此吟诗20多首
晏颖治阿有绩效	晏颖齐景公时任宰相，曾任阿宰
孔子回辕处	古为黄河渡口，又名"鸣犊口"，博平八景之一，名曰"犊河圣迹"

另外，聊城杂技这一传统体育游艺开始出现。据传，新石器晚期的东夷人首领蚩尤就是一位杂技高手。聊城五六千年前就是蚩尤部落的活动区域，蚩尤素有"兵器之祖""百戏之祖"之称，多被认为是聊城杂技的起源。春秋战国时期，聊城出现了鲁仲连和钟离春两位杂技名人。相传鲁仲连好奇伟之戏，载有射书救聊城的佳话。钟离春生活在今阳谷一带，擅长幻术，

曾为齐宣王表演。

④齐鲁交融的精神文化。自西周以来，齐国与鲁国是今山东地区的两个最主要诸侯国。齐鲁两国治理者对周文化和东夷—殷商文化的取舍有异，形成了不同的宗教崇拜文化。齐国突出了天神的自然权能，对自然神特别崇拜。在齐人观念中无所不在的鬼神多具有自然属性。齐人有“神仙”观念，在秦汉之际，神仙说演化为方仙道，并成为原始道教的源头之一。西周以来，鲁国社会的主流文化是周传统文化，形成了以周的传统宗教文化为主，以东夷—殷商宗教文化为辅的格局。鲁国宗教崇拜最显著的特征是它的道德化。从崇拜的对象看，它们都是道德神格化的产物，而选择人格神偶像时，道德成为唯一的选择标准。《国语·鲁语》曾说：“在选择确定祭祀对象时，圣王认为，那些为民典范的人，为国牺牲的人，为国作出巨大贡献的人，才能成为祭祀对象”，而这些人无一例外都是道德高尚的人，因而道德性原则是鲁国宗教崇拜的灵魂所在。聊城西周时为周文王季弟的受封之地，其文化政策偏于周的传统文化。春秋时始为齐国之地，因西周是齐、鲁文化形成的重要时期，故东周时期聊城文化是以鲁宗教文化中神格道德化为主导，辅以自然崇拜（图4.6）。

图4.6　层累至东周时期聊城古遗址及历史典故发生地示意图
（图片来源：作者自绘）

4.2.3 聊城明清（运河文化）文脉积层的层累

公元前221年，秦灭齐后统一中国，始皇“废封建、立郡县”，通过从中央到地方的官僚统治大秦帝国。从秦至明清，这种专制主义集权制度延续了2000多年，城市的发展基本与封建王朝兴衰变化规律相一致，这个阶段的城市文化重心也较稳定。古人对文化遗产的认识为“古玩”或“古董”。历史遗迹、风景名胜等都轻实体重纪念意义，多随朝代更替而毁灭、重建。此时期，聊城市域主要锚固的文化遗产为古墓葬、古遗址和古塔，空间上多分布于高唐、冠县和莘县。聊茌东范围内主要有东阿三国时代曹植墓（全国重点）、宋—元时代的邓庙石造像（省级）、聊城宋代东昌湖（市级）、宋—明时期的堂邑古城遗址（市级）以及茌平北魏时代的土城遗址（市级）（附表2）。秦至宋期间聊城城址迁移三次，现遗址已无遗存，只有古文献记载。现聊城古城，定址于宋，筑土城，兴起于明初，筑为砖城，到明代中期有较大发展，随着明末清初战争又衰落下来，经过清初整顿慢慢复苏，到乾隆时期达到顶峰，此后又走向了下坡路。综上，本节主要分析在东周文脉积层基础上层累至1912年以前的文脉载体，空间上主要关注运河沿线聚落和古城区。

（1）聊城明清时期文脉物质载体层累

①聊城京杭大运河沿线聚落兴起

秦汉至明代这段时期，聊城长期饱受黄河泛滥之害，导致境内土地盐碱化严重，加上旱灾荐至，影响农作物产量，致使该地几无可供贸易的农产品，商品经济落后，城市发展缓慢。

1289年（至元二十六年）会通河（安山至临清）凿成，它纵贯聊城腹地，自阳谷张秋镇入境，经聊城、临清入漳卫河，在聊城境内全长97.5km。1293年（至元三十年）通惠河（通州至大都）凿成，元代大运河全线贯通。聊城因处于新修河段中间的位置，起着很重要的作用，可谓“漕挽之咽喉，天都之肘腋”。京杭大运河将济水和御河这两条河流连通，除京杭大运河从聊城古城东流经外，发源于山东、河南两省交界处的马颊河从聊城古城西流过，从运河分流出的徒骇河也贴近聊城古城东，无形之中，聊城古城处于三条河流的交汇点上。此外，明代，聊城有向东南经东阿至泰安，向北经高唐、恩城至德州，东南经平阴东阿镇至东平，向东经茌平至济南，西南经濮县至菏泽，向西至大名，西北至临清等驿道7条。清代筑官路与周围各州县相通，光绪年间有东南至东阿、正南至阳谷、西南至莘县、正西至冠县、西北至临清、正北至博平、东北至济南、正东至茌平、博平的大路9条。聊城从明代大运河通航起就已经是一个区域性的水陆码头，自此，聊城沿京杭运河城乡聚落逐渐兴起，繁荣于明清（图4.7）。

②城市格局

（a）西城“方正”+“凤凰城”形态格局，东市“因天材，就地利”自由式布局。聊城古城格局元朝定型，其形态受元大都、上都城和宋代城市建设的影响。宋代聊城县治属博州，州治与县治同在一个城区。聊城宋初筑城时仍沿用了唐代地方城市按照行政建制进行建设的等

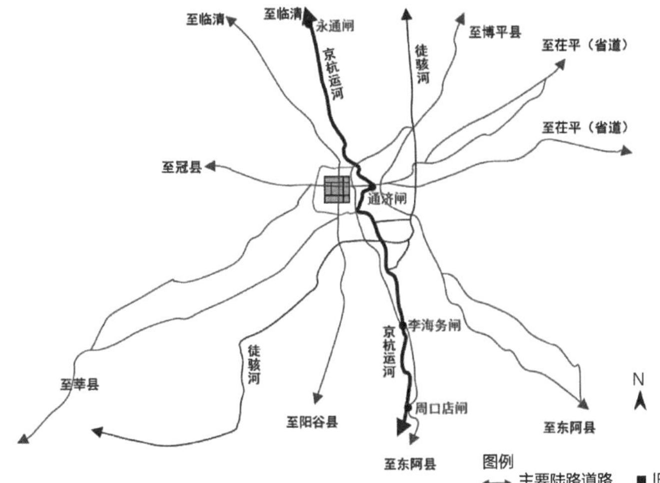

图4.7 清代聊城对外交通示意图
（图片来源：作者自绘）

级制度：都城以下的城市一般县城一坊，州城四坊，仅次于都城的十六坊。标准的坊边长为500m。《重建东昌府城记略》记载："周七里有奇"，以光岳楼为中心，两条主街划分的四个区就是标准的四坊。此格局应属典型的隋唐城市布局手法。聊城处于平原地区，受地形限制较小，形状极其方正。大运河从城东蜿蜒而过，古城有东、南、西、北四门，初建时为暗门。万历二十八年（1600年）把暗门改为了瓮城，内城门外是瓮城，瓮城门为外城门。宣统二年（1910年）版《聊城县志》记载，四个方向城门"各为水门""吊桥横跨水上"。古城四门是两道城门，东（春熙门）、西（清远门）、南（正德门）都有扭头门，北门为重叠门似凤头，东西二门扭头门向南似凤翅，南门扭头门向东似凤尾，故名凤凰城。聊城在明清两代数次兵乱中皆未被攻破，故被称为"能陷不失的凤凰城"（图4.8）。

聊城古城运河区是"因天材，就地利"自由式布局思想的典型代表，东关街两侧的街巷，或顺水而行，或垂河而走，均为曲街弯巷，曲折而自由，这种与古城街道形成鲜明对比的格局反映了当时人们经商的需要和自由发展的情况。体现了管子的"城郭不必中规矩，道路不必中准绳"，体现了"因天材、就地利"的规划理念。城内和城外建筑风格迥异，形成鲜明对比。

（b）"西城东贸"的城市功能格局。古聊城按建造年代、背景、位置和性质的不同，可大致分为东、西两部分。古城内主要为明代军事性城池，古城东的运河区为清代的运河贸易区。明清时期聊城古城区的功能布局有以下特征：官府、书院、考院、卫仓都集中在古城中；以光岳楼为中心，西北片区主要为行政区，设有府衙、县衙、府文庙、府学和东昌营等；东北片区主要为军事、仓储区，有聊城仓、卫仓、东昌卫等；西南片区主要有考院、府仓、海源阁、万寿官等；东南片区主要为清军厅和启文书院。高官巨贾宅第多集中在古城次干道，胡同小巷多住穷苦人家。商铺主要集中在以光岳楼为中心的东、南、西、北四条大街和东关大街。东关大街西起东门，东达运河，这里有大小码头，街上南北店铺，阛阓衔接（图4.9）。

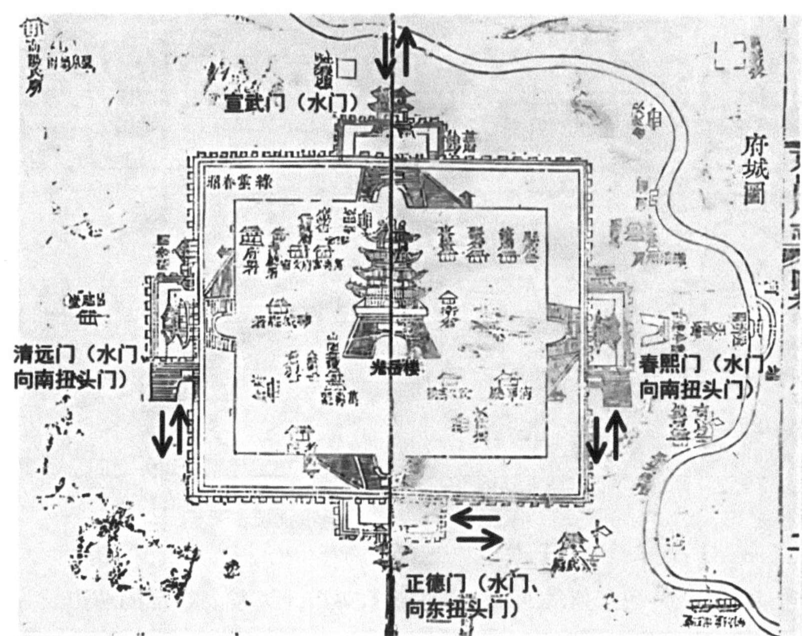

图4.8　聊城“凤凰城”形态示意
（图片来源：作者改绘。底图来源：《东昌府志》府城图）

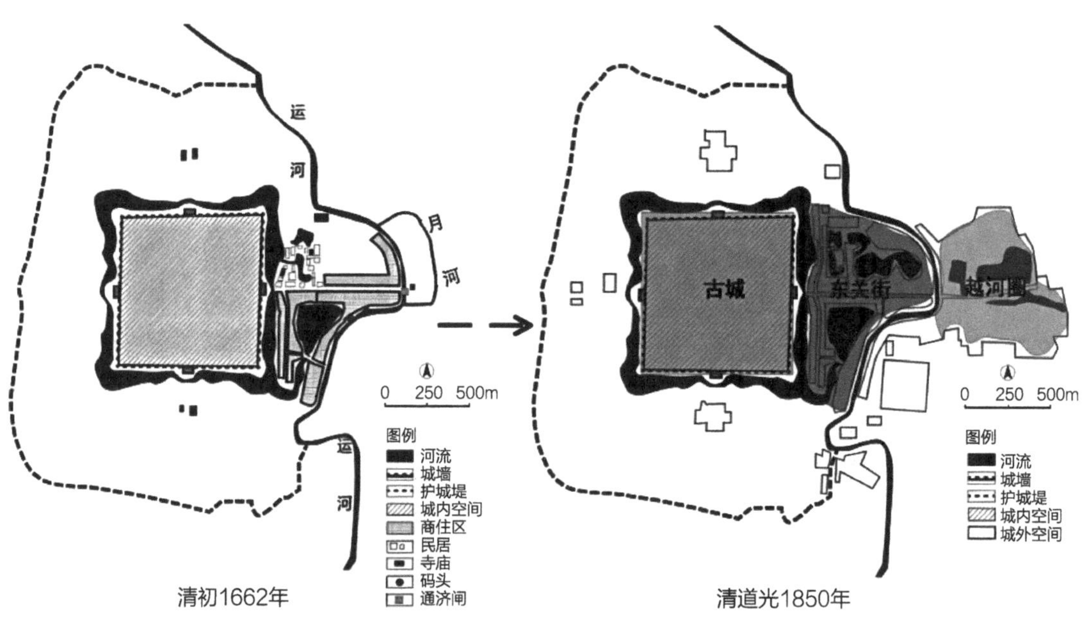

图4.9　聊城城市空间功能演化示意图
（图片来源：作者改绘）

运河商贸功能推动城市中心不断东移。明筑城初期商铺只是城市点缀，明代万历年间，府城内逐步出现了商业集中区域，楼东大街、东关及运河沿岸形成了重要的商行经营区。到了清代，聊城商业有了更为明晰的功能分区，如聊城的印书业、毛笔业、医药业、钱庄等规模大的行业多集中在楼东大街和东关街，餐饮、客栈等服务业则分布在闸口附近，菜市、粮食市集中

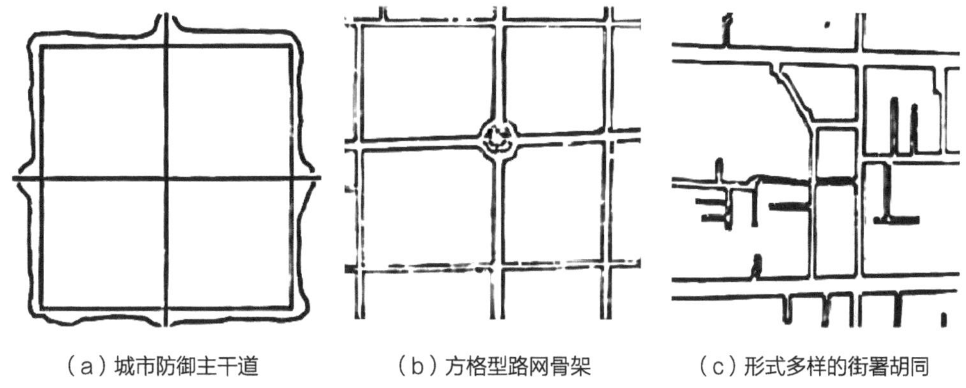

（a）城市防御主干道　　（b）方格型路网骨架　　（c）形式多样的街署胡同

图4.10　聊城古城路网格局
（图片来源：作者整理）

在运河西岸，商业会馆集中在东关及运河沿岸，各种信仰的坛庙、寺观则散布于城区各个街巷。古城部分为宋元时期城市中心；东关街部分为清初至清中期的城市中心，东关以外靠近运河的地方，成为商业最为繁荣的场所，“金太平、银双街，铁打的小东关”歌谣在此地流传；越河圈区域为晚清城市中心。

（c）“十字相套”路网格局。聊城古城主路是典型的北方防御城市布局，城中心的光岳楼原名为余木楼，是筑城时修建的，主要功能是“严更漏”和瞭望敌情。它是过街式楼阁，至四个城门均等，是古城的交通中心，便于防御指挥，东西南北四条大街与环城墙路形成“田”字形。次干路如“井”字套在“田”字之内，呈大小十字街相套的方格路网，街巷胡同呈现多样变化（图4.10）。

③城市地段

除府衙、县衙、考院、城隍庙、光岳楼等公共设施用地外，古城内四大街主要为商业，四大街把古城划分成四个区域，每个区域以次一级的街道划分成四个街坊，形成“主街—次街—胡同—四合院”的结构，空间形态匀称均衡、严谨方正。除相府有少量二层楼房外，其余民居、商业建筑多为一层。在城市内主要形成了六处城市地段：在古城西北形成了由府署、府学和书院组成的以行政为主的建筑簇群；在中心区形成了由光岳楼、海源阁、县治、书院组成的以文化为主的建筑簇群；在闸口和大、小码头形成了以商业功能为主的建筑簇群；在府城隍庙和龙湾处形成了以祭祀功能为主的建筑簇群；在玉皇皋周边区域形成了文化、商业建筑簇群（图4.11）。

④线型空间

明清时期街巷情况无县志记载，据古城老居民刘洪山在《东昌古城历史旧貌概述》描述可知大概。民初以前城内主干道是青石铺路，宽仅4m。旧城内外的街道、胡同众多，多是按习惯称呼自然形成，随着历史发展，名称多有变化，有的街巷也被修路或民居侵占，仅存在于老年人的记忆中。清代“楼东大街—东关街—小东关街—闸口—玉皇皋”和沿运河两侧是最主要的线型空间。自通济桥可望到光岳楼、东城门、鲁仲连台、城墙和铁塔，天际线丰富。“北大街—南大街—南关岛”和道署西街、米市街、大小礼拜寺街等为次要的线型空间（图4.12）。

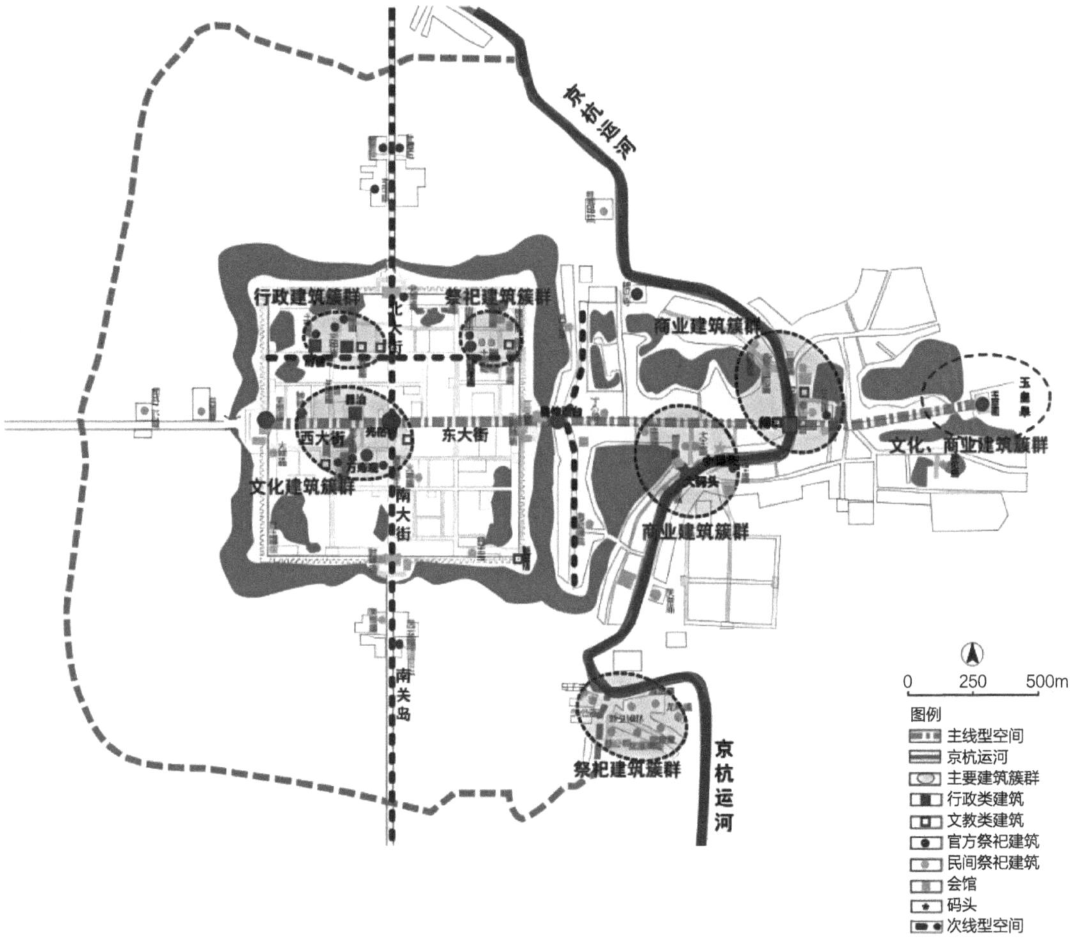

图4.11 清中期聊城建筑簇群示意
（图片来源：作者改绘）

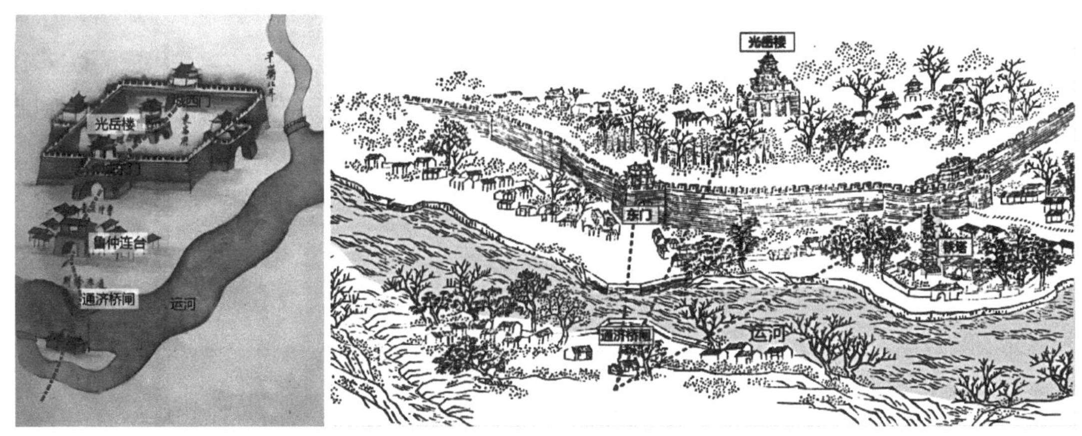

图4.12 清代聊城主要线型空间
（图片来源：靳慧．明清时期聊城城市景观营建［D］．深圳：深圳大学，2019：63）

⑤古城地标

此时期锚固的城市地标主要为政治、文化、宗教、商业建筑和民居大院。政治建筑主要有府衙、县治；文化建筑主要为考院、书院、海源阁；商业建筑主要为八大会馆。明清时期的东昌府商业繁荣，鸿儒巨宦鹊起。在外做官的人都喜欢在故乡修建气派豪华的“大院”，告老还乡后在“大院”颐养天年，甚为出名的望族宅院较多在城墙上、街道中和街巷交叉口建有庙宇。清宣统版《聊城县志》记载，包括遗址，府城区有坛4处，庙祠39处，寺观庵堂26处，县志未载的18处，共计87处（附表7）。在大约不足2km^{2}的城区，有七八十处坛庙寺观堂祠，其中关帝庙众多，相传庙宇及佛龛至少有百余处，有“一步三关庙”之说。较大的关帝庙有府城西门关帝庙和山陕会馆内的关帝庙。明清时期，官方、民间出于道德教化、尊崇先贤和保存地方史迹的目的，对重要古迹进行保护，故形成的古城地标十分丰富。从1906年清政府颁布的《保存古迹推广办法》中把庙宇作为重要保护对象就可看出，在古代朝廷或地方官员下令保存古迹较为常见，对庙宇的保护、修缮也较为重视，这种情况一直持续到晚清时期。美国基督教公理会来华传教士明恩溥说：“在各国中，没有其他国家像中国那样尊崇古迹”（表4.3、图4.13、图4.14）。

聊城明清时期主要城市地标一览表 表4.3

地标名称	地标属性、地标区位、地标尺度与地标形态
光岳楼	光岳楼亦称“余木楼”“鼓楼”“东昌楼”，位于古城中央，始建于明洪武七年（1374年）。为四重檐歇山十字脊楼阁，由楼基和4层主楼组成，总高33m
城门、城楼	东、西、南、北四个
府衙、县治	府衙位于古城西北角，明清两代500余年间，东昌府知府衙门一直位于此址。据《东昌府志》“府署图”所绘，院中有照壁、大门、仪门、大堂、二堂、三堂、内宅、寅宾馆、土地祠、司狱署、经历署、班房、科房、西花厅、内书房、西书房、钟楼、厨房、马厩等建筑
府文庙	明清时府文庙坐落于道署东街路北，府文庙东面设有府学。乾隆二十五年（1760年），将其改为万寿宫，专门供皇帝巡幸驻跸。万寿宫的建筑规模可观，由照壁、宫门、圣谕门、大殿和四座东西朝房组成，此外还有守宫人住房等
城隍庙	位于古城东北隅，明洪武三年（1370年）东昌府同知魏忠主持建造，同时院内还建有戏楼。明天顺至清道光年间，进行过9次重修。光绪年间，贡生李太华好善乐施，于府城隍庙内设立“同仁社”，义务掩埋无主尸骨。清中后期在府城隍庙东有程公祠
海源阁	位于古城万寿观街东首路北杨氏宅院内，由清代江南河道总督、著名藏书家、聊城人杨以增创建。始建于清道光二十年（1840年），历经四代人悉心努力，多方搜集，上百年的积累，总计藏书4000余种，22万余卷，其中宋元珍本逾万卷，为清代四大藏书楼之一。海源阁藏书楼为单檐硬山脊南向楼房，两层、面阔三间，上为宋元珍本及手抄本等秘籍收藏处，下为杨氏家祠。杨宅第四进院内为海源阁明清版本藏书处
考院、书院	据宣统二年（1910年）《聊城县志》记载，考院在南门内，先是考棚，嘉庆三年（1798年），知府嵩山率属捐廉庀材鸠工，重为建造。知县郭捍加意经营，内外房舍全行修葺，焕然改观。道光三年（1823年）冬，学使何凌汉科试未毕，不戒于火，考棚烧毁。明清时东昌除府儒学、考院、聊城县儒学外，另有启文、东林、光岳、阳平、龙湾、摄西等22处书院

续表

地标名称		地标属性、地标区位、地标尺度与地标形态
八大会馆（目前可考的共6处）	太汾公所	东关米市街路东，山西太原府、汾阳府商人建于康熙年间（1662—1722年）
	山陕会馆	双街南段，古运河西岸，山西、陕西商人建于乾隆八年（1730年）
	苏州会馆	东关大码头西侧路北，苏州商人建于嘉庆十一年（1806年）
	江西会馆	东关大闸口北街路东，江西商人建于道光十年（1830年）前后
	赣江会馆	城内楼东大街路南，江西商人所建
	武林会馆	山陕会馆南邻，浙江杭州商人所建
民居大院	刘通府	在楼南大街距光岳楼百米左右的路西，刘通在明朝被封为一品镇国将军。刘通六世刘宠，世袭平山卫指挥同知，诰封怀远将军，万历二十一年（1593年）参与重修光岳楼
	相府	清开国状元傅阁老傅以渐，傅以渐官至武英殿大学士兼兵部尚书。傅氏显宦、名流辈出，现代著名学者、史学家傅斯年是傅以渐的第八世孙。据傅以渐八代孙傅乐铜介绍，整个相府坐北朝南，占地20多亩。进大门后是会客厅，随后是6排12座砖木结构二层楼房，楼房后是四合院，院落两侧是“侧院”。二层楼房在当时的民居中十分少见，可见相府建筑之豪华
	杨以增府	“收藏之富为海内之甲观”的海源阁
	其他	以望族宅院取名的街道、胡同也可看出有不少大院。如安宅街、东顾家胡同、西顾家胡同、蔡家胡同、孙家胡同、郭家胡同、前王园子街、殷家园子街、叶家园子街等
坛庙寺观堂祠		具体内容见附表7

（来源：作者根据县志资料整理）

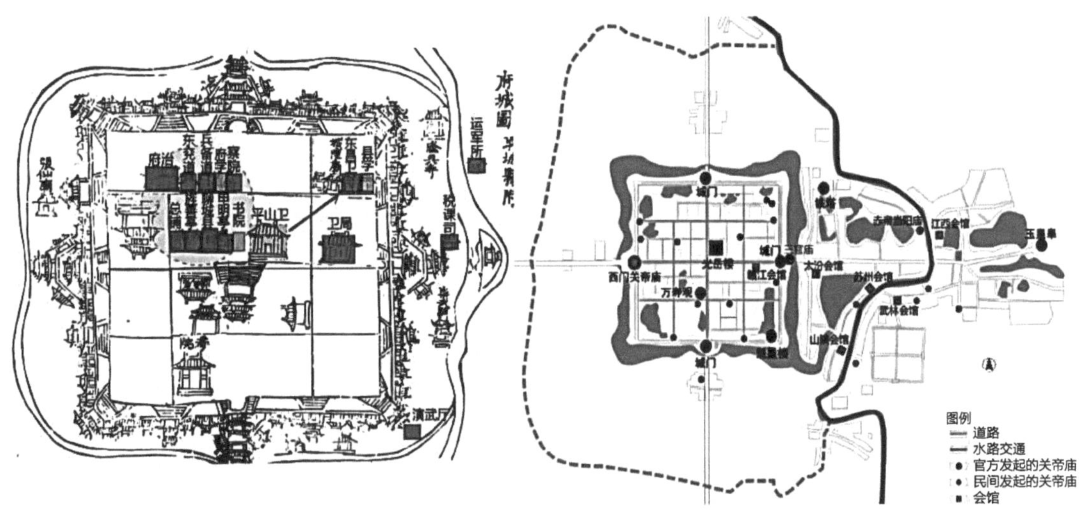

图4.13　清代聊城地标分布示意图
（图片来源：作者改绘）

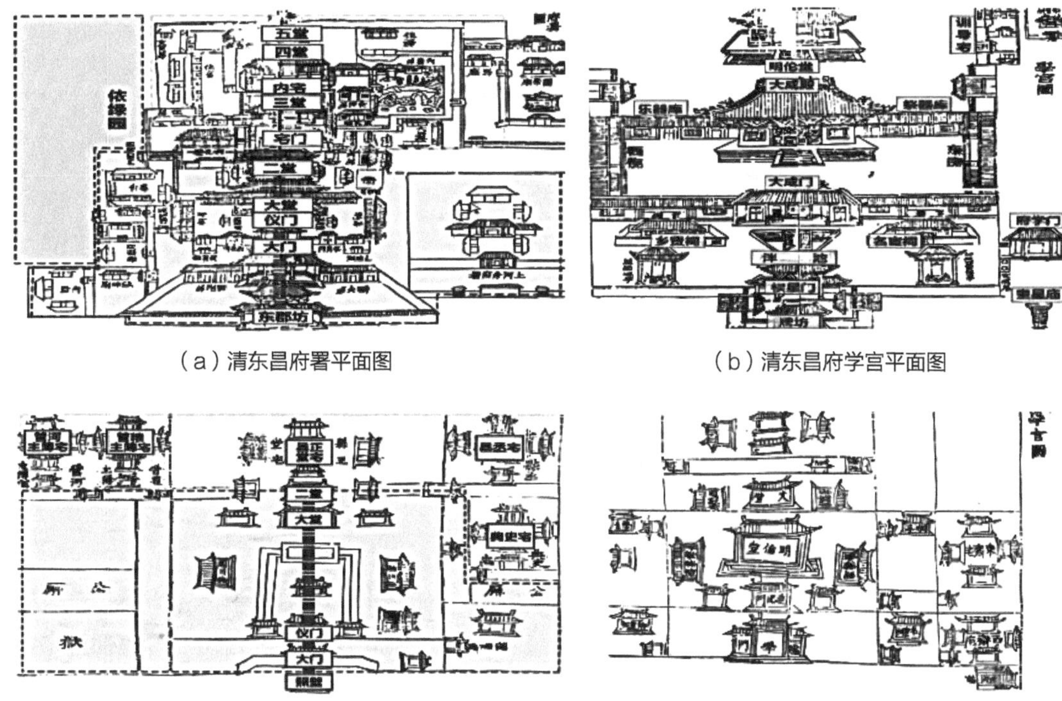

（a）清东昌府署平面图

（b）清东昌府学宫平面图

（c）清聊城县治平面图

（d）清聊城县学宫平面图

图4.14　清代聊城主要公共建筑平面图

［图片来源：（a）底图来源：清嘉庆《东昌府志》；（b）底图来源：清嘉庆《东昌府志》；（c）底图来源：清康熙《聊城县志》；（d）底图来源：清康熙《聊城县志》］

（2）聊城明清时期文脉非物质载体层累

①“重防水患”“礼制秩序”与“诗意栖居”的人居文化

城市自然灾害防范重点是水灾、雨灾。除了前面提及的城、郭并防，抵御水灾外，聊城古城墙的四角均开挖有面积不小的蓄水池，用于暴雨时排涝。宋熙宁三年（1070年），掘土修筑东昌古城城墙时形成护城河并且城周围出现大片洼地，后为防止河水浸城在城四周洼地之外修筑了护城堤。明洪武五年（1372年），守御指挥陈镛主持重修东昌府城，“附城为郭，郭外各为水门，钓桥横跨水上，池深以二丈，阔倍之三，护城堤延亘二十里”，使古城有了外堤、护城堤、城壕和城墙的多重城防体系。

明清聊城古城城内居民建筑多为三合院、四合院。按照棋盘式方格路网布局，具有整齐划一的秩序感。体现了封建王朝的统治意识和封建礼制的规范观念。明代《东昌府志》有东昌八景的胜迹描述，清宣统二年（1910年）的《县志城郭图》标明了东昌八景的名称与方位。“东昌八景”（光岳晓晴、铁塔烟霏、仙阁云护、圣泉携雨、古甃铺琼、巢父遗牧、崇武连樯、绿云春曙）中除巢父遗牧和古甃铺琼在聊城古城外，其余六景皆在今古城内，体现了栖居环境的诗情画意（图4.15）。

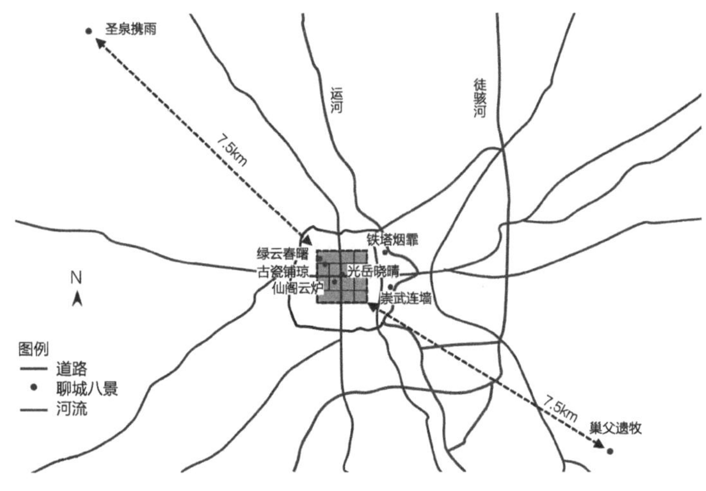

图4.15 聊城“八景”分布示意图（图片来源：靳慧. 明清时期聊城城市景观营建［D］. 深圳：深圳大学，2019）

②手工业、商业突出的城市职能文化

明清时期，随着漕运的兴盛，聊城成为运河沿线一个重要的水陆转运码头，聊城出现了前所未有的繁荣。据中国社会科学院经济研究所藏《钞档》（乾隆十一年九月初二日吏部尚书兼户部尚书暂署直隶河道总督刘於义题本）记载：“临清关系水路要津，并非陆路大道，绸缎等货在台庄、济宁、东昌等处起卸，直由南、北、中三大路北上，既免关津之课钞，又无漕船闸座之阻滞。”随着大量商人的汇聚，各地客商在聊城古城内建立了多处会馆，从会馆创建和重修的有关资料可见当时的繁荣程度之一二。据许檀《清代中叶聊城商业规模的估算》一文，以山陕会馆历次集资修建金额对山陕商人的经营规模进行的估算研究可知：“嘉庆年间在聊城的山陕商号至少有三四百家，年经营额超过万两的大商号有四五十家。若以山陕商人数量及其经营额占全城的70%计算，嘉庆年间聊城的商业规模已达200万两。道光年间，以1‰的抽厘率从低折算，其年经营额为300万两；若以0.3‰的抽厘率折算则高达1000万两。”明清时期聊城纺织业、印刷业、毛笔业、工艺品生产业和食品业异常发达，尤以刻书和制笔业为盛，“东昌作坊，书笔两行”，是当时全国刻书、制笔中心之一。

③“耕读传家”为代表的历史人物及事件

明清时期，聊城书院林立，除府儒学、考院、聊城县儒学外，另有启文、东林、光岳、阳平、龙湾、摄西等书院22处。

明清东昌名人辈出。据《中国状元全传》载，清代山东的状元和进士总数均在全国前五名，而聊城又名列山东前茅。据北京国子监进士题名碑记载，明清两代，聊城县中进士95名，占山东117个州县4074人的2.33%；状元2人（内有武状元1人），占全省11人的18.18%。另据宣统二年（1910年）《聊城县志》记载，明清以来，考中举人者323人（内有武举129人）。聊城颇享盛名的是以任、邓、朱、傅、耿五大家为代表的“耕读传家”官宦世家，这使聊城在明清时期一直处在鲁西政治文化的最高位置（表4.4）。此外，清代江南河道总督、著名藏书家杨以增，也是清代进士，他于道光二十年（1840年）在聊城创建我国清代四大私人藏书楼之一海源

明清聊城“五大家”一览表　　表4.4

家族名称	简介
任克溥家族	任克溥，清代刑部尚书。任克溥之子任彦昉，康熙十一年（1672年）举人。任克溥之孙任士理，江西抚州知府，封中宪大夫。任克溥曾孙任兆熙、任彦昉，乾隆元年（1736年）举人。任克溥之叔伯曾孙任兆鲲，泾州知州等
邓锺岳家族	邓锺岳，清代状元，被康熙皇帝誉为“字居天下”。三个胞弟邓锺音、锺岳弟、邓锺叙均中举。邓锺岳长子邓汝功，次子邓汝敏皆为举人
朱延禧家族	朱延禧，明代礼部尚书，史称“朱相国”，世称“朱阁老”，被明熹宗誉为“讲官第一”。朱氏家族为聊城鲁西名门望族，有明崇祯十六年（1643年）进士朱鼎延，雍正癸丑进士清代翰林院编修朱续晫等
傅以渐家族	傅以渐，清代首科状元，武英殿大学士兼兵部尚书，康熙的老师。1644—1912年，聊城傅氏一门，考取进士6名，举人11人，拔贡11人，国子监91人，秀才110人。其中有清嘉庆进士工部郎中傅绳勋，现代名人傅斯年等
耿如杞家族	耿如杞为明代倡导“以才历职”的职方郎中。耿如杞著有《与争录》《楯墨延枝议》及《抚晋疏稿》行世。耿如杞之子耿章光，崇祯十年（1637年）进士，仕至兵部武库司员外郎

阁，总计藏书22万余册。

明清时期广为流传的聊城历史事件主要有铁铉东昌大战、仁义胡同，此外还有重大的移民事件。元末明初，由于连年战乱和灾荒，加上朱元璋北伐和“靖难之役”两次战争，造成了山东地区“千里无鸡鸣”的荒凉。明初洪武、永乐两朝，山东地区成为内迁移民的重点地区，外来人口主要迁入东昌、济南、兖州、莱州和德州等地。洪武年间迁往东昌府的移民约4万户，是当地原住居民的约3倍，成为典型的移民重建区，这也是明清时期聊城山陕商人占比最大的原因之一。

④神格道德化、圣贤神仙化的精神文化

聊城古城区曾有明清牌坊80余座，大体可分为四类：功德牌坊、贞洁道德牌坊、科举成就牌坊和标志坊，这些牌坊体现了明清古城人们的民风与社会伦理原则。明清时期，聊城古城内共计87处坛庙寺观堂祠，它们的建造可分为四类：奉旨由地方官府建造、祭祀；宗教人士募资而建；市民感谢对地方有贡献、有恩德的官员神灵捐资建造；市民为祈求某神而建。这也充分反映了明清时期人们价值信仰的丰富多样。从东昌府坛庙宫祠供奉的神灵来看，已完成了以道化佛，把佛教的人物列入道教神仙系统的进程，绝大多数神灵属于道教、道教俗神和儒家圣贤，奉旨按典由地方官府建造、祭祀的也为道教的神仙。从县志上看，没有官员对佛教寺观祭祀的记载，因此，在明清东昌古城的信仰是道儒合一的文化，从被儒道皆封位，官方和民间都极为崇拜的关公就可见一斑。

综上，明清时期，儒家以礼为核心，通过社会伦理的建构，形成调整社会成员的一种意识形态，进而通过内心认识和观念升华，逐步达到自律效果，从而完成社会教化。道教将儒家伦理教化观念和“神道设教”思想结合，通过神明监督来强化伦理规范，形成聊城明清时期价值信仰的神格道德化，圣贤神仙化的宗教文化特征。

4.3 1912—1949年聊城文脉积层的层累

晚清内忧外患、积贫积弱，在面对帝国主义侵略时，民族至上、国家至上、抗战高于一切和胜利高于一切成为时代的口号。维新运动、五四运动、革命运动、抗日战争都是文化趋于政治为重心的表征。在政治文化为重心的文化里，道德从明清“君要臣死，臣不得不死；父要子亡，子不得不亡”的皇权专制、愚忠思想，转变为以国家的利害为前提。法律成为国家命令，无论城市设施建设、城市社会改革，还是城市居民思想上的引导，都是国家的任务，都由国家直接或间接管理。

1840年鸦片战争爆发，中国进入了半殖民地半封建社会。据统计，从1840年至1916年的76年中，山东就发生社会动乱多达125次之多。这些社会动乱中，有许多是大规模的政治反抗运动，在这些运动中城市受到极大破坏。这期间聊城城市建设无暇顾及，大多是随着政治改革，把府衙、府学、县学、寺庙等公共建筑改为其他用途，建立邮政、电报局等城市基础设施。到目前为止，聊城没有1900—1919年建造的建筑物被列入文物保护单位。1921年中国共产党成立，随后发生北伐战争、土地革命战争、抗日战争和全国解放战争。聊城1938年11月被日军占领，城市建筑受到洗劫。1945年，日本投降，聊城又被国民党占领，城市遭到进一步的破坏。1947年解放时，聊城留下了一个市容残破、经济萧条、群众失业的烂摊子。1921—1947年聊城城市建设基本停滞不前，此期间锚固下来的城市文脉载体主要是革命遗迹。

1912—1947年间，聊城境内多战事，城区公共建筑多遭损坏，聊城城市建设较少，主要为原有城市设施的利用和改建，城市文脉积层“层累”分析主要以原有设施的文化信息累积分析为主。

1912—1949年，从文物古迹保护对象扩展看，《关于历史古迹修复的雅典宪章》（1931年，ICOMOS）提出保护历史纪念物，《雅典宪章》（1933年，CIAM）提出保护建筑艺术品（包括独立的建筑或建筑群）。国内《保存古物推广办法》（1906年清政府颁布）、《咨行各省调查古迹》（北洋政府民政部，1908年）、《保存古物暂行办法》（北洋政府民政部，1916年）、《古物保存法》（国民政府，1930年）和《暂定古物之范围及种类大纲》（国民政府，1935年），定义了“古迹”范围。受西方保护理念影响，大多类型的建筑（物）从古迹（名胜）传统意识中抽离出来，变为被独立保护的对象，剩余自然要素也被独立保护（表4.5）。

（1）聊城民国时期文脉物质载体层累

民国时期聊城的自然环境及城市格局和清中期相比几无变化。此阶段文脉物质载体锚固保留下来的主要有古城墙、光岳楼、山陕会馆、铁塔，以及伴随帝国主义侵略而来的天主教堂、基督教堂和革命遗迹。城市文化信息累积以城市空间改造为主，一些官府建筑改为他用，民居大院也因主人搬迁而破落。据宣统《聊城县志》记载，城市空间演变分为两种形式：同一职能

1912—1949年我国“古迹”范围　　表4.5

《保存古物推广办法》	《保存古物暂行办法》	《暂定古物之范围及种类大纲》
碑碣、石幢、造像	历代帝王陵寝、先贤坟墓	古生物、史前遗迹、建筑物、绘画、雕塑、铭刻、图书、货币、舆服、兵器、器具、杂物等12类
古人金石书画并陶瓷各项什物	古代城郭关塞、壁垒岩洞、楼观祠宇、台榭亭塔、堤堰桥梁、湖池井泉之属	
古代帝王陵寝，先贤祠墓	历代碑版造像、画壁摩崖、古迹流传至为繁盛，文艺所关尤可宝贵	
古庙名人画壁，并雕刻塑像精巧之件	故国乔木、风景所关，例如秦槐汉柏	
非陵寝祠墓而为古迹者	金石竹木、陶瓷锦绣、各种器物及旧刻书帖、名人书画	

城市空间的演变和不同职能城市空间的演变。前者主要表现为教育机构的变迁上，即原有书院、试院等旧式文教机构转变为新式学堂；后者主要表现为宗教空间转化成政治、文教、实业空间（图4.16、图4.17）。

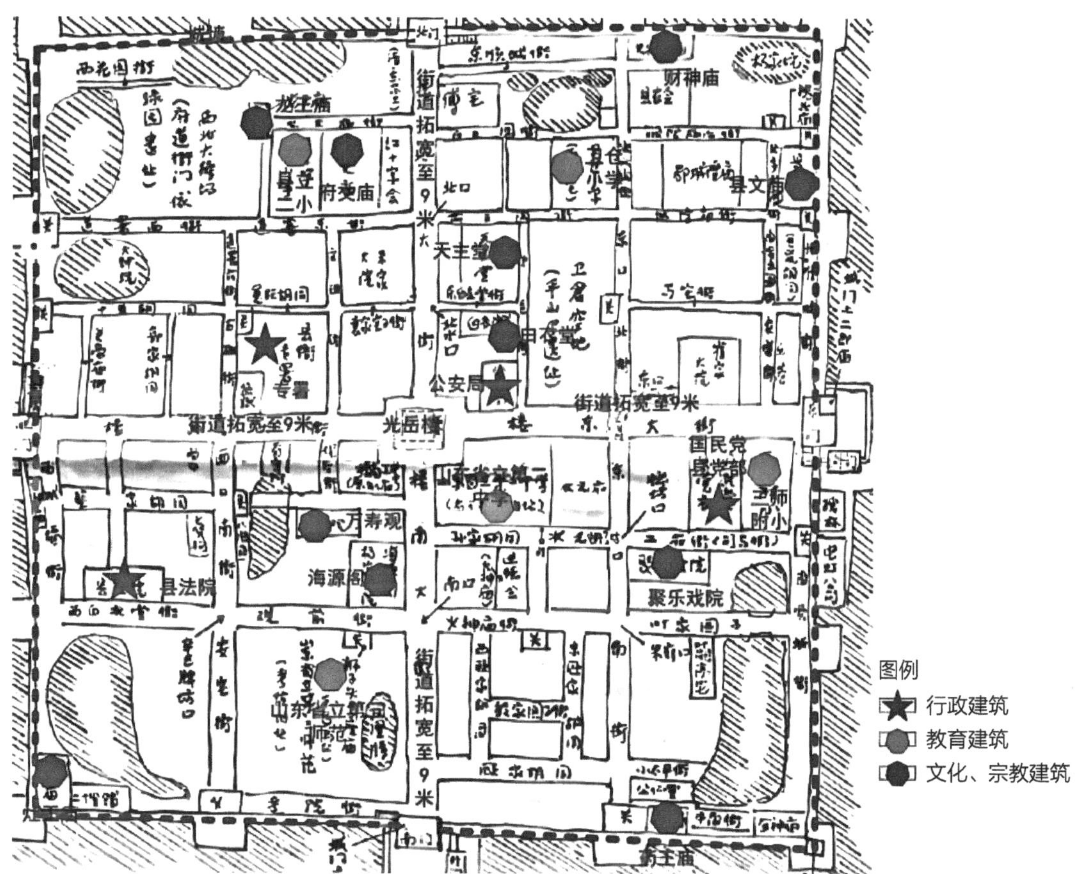

图4.16　聊城20世纪30年代古城建设概况
（图片来源：作者自绘。底图来源：高文广绘《聊20世纪30年代古城格局图》）

聊城古城东门

位于古楼西南角，
海源阁西部的万寿观

聊城古城南门（1947.1.6）

聊城古城东城墙外

聊城古城西城门楼（1947.1.6）

聊城古城内20世纪30年代民居

古城门楼

聊城古城内20世纪30年代的光岳楼

聊城古城内20世纪30年代的牌坊

图4.17 20世纪30年代的聊城古城风貌
（图片来源：作者整理）

①府衙及周边的变迁。1914年府衙改称道尹公署，在此创办“东临道立模范小学”。民国初，在小学以北建有造步枪为主的东临道兵工厂，1925年关闭。聊城解放后，在“东临道立模范小学”故址上建聊城地区粮食局机关大院。

②府文庙及周边。日伪占领时期，在府文庙故址一带建设了“东昌公园”。原万寿宫故址一带慈善机构，民国年间为“道院”，后改为“红十字会”。1941年，日伪在道院故址建“东临道联立师范”，1945年9月抗战胜利后，改为“聊城简易师范”。1948年，聊城地委党校在原“东昌公园”处建立，院内建有一座大礼堂和多间平房教室。

③考院、书院改学堂。清末启文书院、考院改学堂，启文书院改为山东省立第二中学、考院改为山东省立第三师范。

④坛庙寺观堂祠的毁灭。据刘洪山《东昌古城历史旧貌概述》记载，1851—1947年社会动乱，坛庙寺观堂祠的人为大毁灭有三次：一是国民革命军到达聊城后倡导拆庙拉神，成立“清理庙产委员会”拍卖庙产，拆了一批；二是1946年解放军攻城，西城门上关帝庙、玄武庙、魁星楼、吕祖庙和江西会馆等都毁于战火；三是1947年后，玉皇阁、华佗庙、县文庙、城隍庙、

火神庙、万寿观、东岳庙、白衣堂、文昌宫、赤帝当阳等陆续被拆除，其他的改为他用，如1922年，在僧忠王祠处建起了聊城有史以来的第一所女子小学。

⑤宗教教堂建设。1840年，在城内南顺街设有天主教活动堂口，同治年间，迁至聊城南关。1903年，德籍孔神甫在白衣堂街建立教堂。19世纪70年代，基督教圣公会在闸口南赵兴店建有简易教堂，悬挂“中华圣公会”立匾。1915年，基督教在太平街成立圣公会聊城总堂。1908年，美籍传教士于山陕会馆北邻购地20亩，历时10年之久，建起容纳千人的大教堂及附属房舍，共160余间。

⑥古城街道改建。据1998版《聊城市志》第十二编第一章城区建设记载，“清末至民国期间，聊城老城区街道只有城内四街和城外四关8条，全长10余公里”。“晴天满街土，雨天满街泥”是那时街道状况的真实写照。1937年，抗日将领范筑先兼任聊城县县长，主持将城内和东关大街临街店铺厦檐拆掉，街宽由6m拓宽为9m，为聊城近代城区第一次拓宽街道。

⑦民居。据1998版《聊城市志》第十二编第一章城区建设记载，清末至民国时期，城区民居均为私人所建，建设质量、等级差距很大。地方权贵住宅多为三进院落，住房几十间。富裕居民多为四合院，青砖灰瓦房。临街商贾，前出一厦板搭门，做生意开店铺。贫穷居民居住在背街小巷，住房简陋，仅有一席安身之地。1947年聊城解放时，城区住宅少门无户，满目疮痍。

⑧鲁仲连台拆除。民国初年，台上楼阁已倒塌。1937年，大水围城，台坍塌于水中后拆除。

⑨革命遗迹。1938年11月15日聊城被日军攻占，抗日民族英雄范筑先及部下700余人壮烈殉国。1940年成立聊城县抗日民主政府，同时组建抗日武装力量，在斗争中涌现了大批革命烈士，付出了沉重代价，消灭了大批敌人有生力量。锚固下了运东地委旧址、范公祠、北杨集革命烈士纪念亭、范筑先殉国处及纪念馆、冯玉祥题字碑、“六·二七”惨案碑亭、抗日纪念碑等大批革命遗迹（图4.18）。

（2）聊城“民国时期”文脉非物质载体层累

①庙宇功能改造以适应现代城市职能需要

晚清时期，聊城城市空间基本为城墙内的规模，极为有限。随着国家新政改革，需新建一些机构，在财政困难的情况下，政府征用大量建筑，征用最多的是祀典坛庙，主要有三个方面的原因：一是随着城市商品经济发展，传统祭奠渗入了商业和娱乐成分，淡化了精神信仰，使祭祀“变质”；二是政府主张摒弃非官方信仰系统的“小传统”因素，其载体空间庙宇成为改造重点；三是在现代化运动中，发展经济、改革政治、改造社会和启蒙大众是国家政权的主要任务，宗教功能逐渐边缘化。

②历史人物、历史事件及庙会

此时期，聊城涌现的著名历史人物为抗日民族英雄范筑先和著名历史学家、古典文学研究

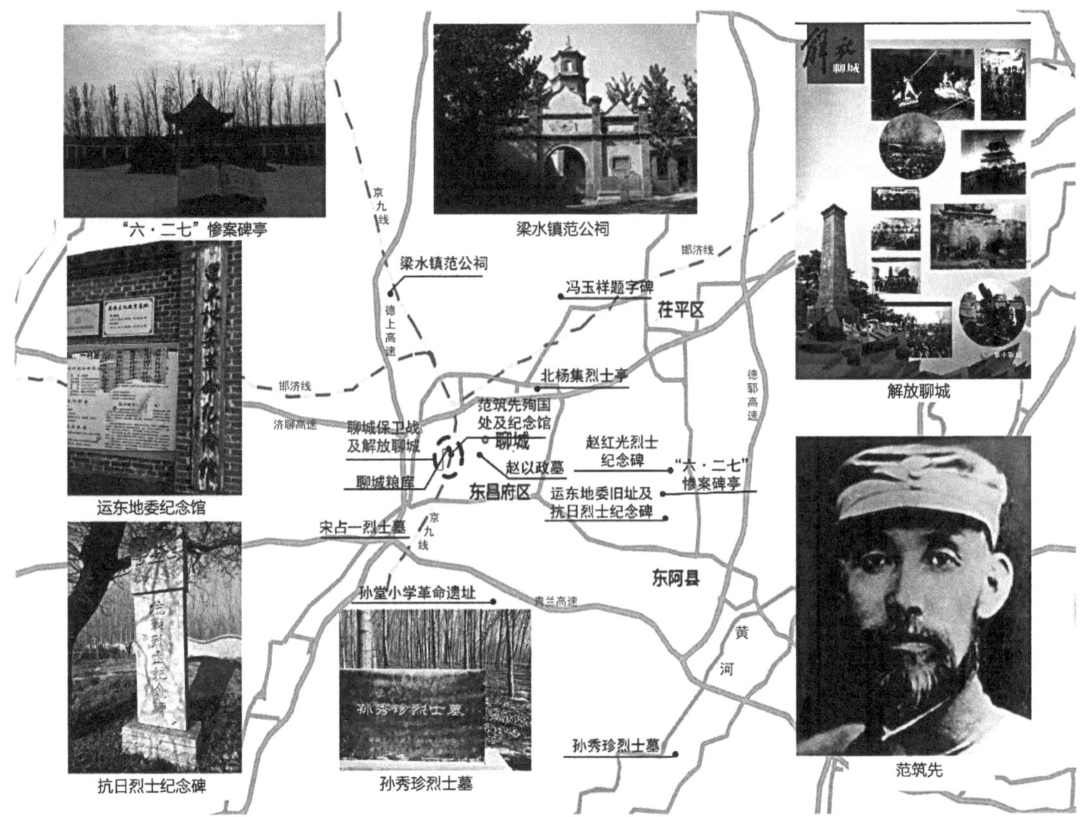

图4.18 聊城革命遗迹分布示意图
（图片来源：作者自绘）

专家、教育家傅斯年。范筑先在1938年的聊城保卫战中壮烈殉国。重要的历史事件为聊城保卫战和聊城解放。据1998版《聊城市志》第十八编第六章军事记载，1938年11月中旬，日军3000余人分3路进犯鲁西北地区。敌一一四师千叶联队于14日由东阿渡过黄河开始围城。聊城被围后，范筑先率部与日军英勇战斗。15日终因寡不敌众，被日军攻破城门，范筑先、姚第鸿、张郁光等近700名将士壮烈殉国。范筑先殉难后，重庆、洛阳召开大会追悼，朱德、彭德怀、董必武、吴玉章均亲撰挽联，高度评价范筑先的抗战伟绩。

民国时期聊城城区举办的庙会主要有五处。庙会期间，每处除有1～2台大戏公演外，还有马戏、魔术、评书等文艺演出，热闹异常，除上市牛马驴骡外，还有农具、布匹、衣物、玩具、日用杂品等。1938年日军侵占聊城后，战乱频繁，民不聊生，庙会停办（表4.6）。

③"科学信仰""主义信仰"的精神文化

在中西方文化冲突中，中国文化选择经历了三个阶段：第一阶段，承认器物文化上不如"夷人"，于是"师夷之长技"；第二阶段，承认制度文化上不如对手，于是维新变法、辛亥革命，学习西方政制；第三阶段，承认思想文化上不如西方，于是高扬民主与科学的大旗，学习西方。

聊城民国时期的庙会　　表4.6

庙会名称	地址	时间（农历）
奶奶庙会	越河圈	3月18日
准提庵庙会	陈口	2月19日
吕祖庙会	西关	4月14日
华佗庙会	前菜市	9月9日

（来源：1998版《聊城市志》第九编第二章贸易市场）

"敬天法祖"是中国式信仰之原型，进而构筑了"敬天以德""以德配天""德取天下"的国家理性及其价值信仰。辛亥革命彻底否定了"天子"统治天下的形式，倡导以民主、共和的形式治理国家。俄国十月革命成功后，孙中山学习俄国"以主义治国"，"主义"被建构成为信仰，成了以党建国、以党治国和一党执掌政权的基本信念，进而要求国民党员信守三民主义。信仰一种"主义"，替代了传统的"天命"，以信仰建构国家，圣人正义转变为革命正义。五四运动以来，"科学"与"民主"成为中国人反对迷信、改造民众信仰世界的启蒙主题。"唯科学主义"成为话语霸权，与此同时也出现了科学代宗教、美育代宗教、伦理代宗教、哲学代宗教等文化思潮。科学信仰、主义信仰和宗教替代思潮共同构成了20世纪中国"信仰论政治"趋向。

4.4 1949年至今聊城文脉积层的层累

1949年以来聊城城市文脉的层累，可以改革开放（1978年）为节点，分为1949—1978年文脉积层的层累和改革开放以来的文脉积层的层累。

4.4.1 聊城1949—1978年文脉积层的层累

1949—1978年，聊城跳出老城开拓新区进行建设，主要在"小三线"建设期间建设了一些重要企业，古城区一些老建筑由于发展生产的需要被拆除。此时期的文脉物质载体主要反映中华人民共和国成立70周年的成就，但目前列入文化遗产的较少，故本节主要以市志、城市规划为文献资料线索梳理此阶段文脉载体的层累。

（1）聊城1949—1978年文脉物质载体层累

①城市格局

（a）形态格局：从"单十字"到"双十字"。1947年1月1日聊城解放时，城区面积约

1.5km^2，人口约1.7万人。1947年，城楼、城门、城墙被拆除，但城墙基础完整保留，老城区单十字格局也因此完好保留下来。“一五”（1953—1957年）时期，聊城在新区先后建起了农具厂、酒厂、卷烟厂、车辆修配厂、榨油厂、被服厂、纺织机械厂、电厂、木厂等工厂，还兴办了织袜厂、缝纫厂、熬硝和磨坊等小手工业作坊。古城内建起了县医院，在光岳楼楼北、楼东分别建起了县委、县政府、县公安局、县法院等机关大院，光岳楼楼东建起了新华剧院。1958年12月，国务院批准将聊城县改为市建制。1958—1959年，聊城编制了第一轮城市总体规划《聊城市区总体规划》，规划城区规模为11.5km^2，规划远期人口规模25万人，规划确定“离开古城，建设新城”的原则。1959年，在古运河东建设了南北向长1480m、宽40m，碎石路基的柳园路。1960年，在环城湖北建设了东西向长3000m、宽40m的东昌路（1958年之前为309国道的一段，称北顺河街。1958年“大跃进”中改名东方红大街。1976年后改称东昌路），在东昌路北建设了地委机关大楼，城市跨湖外扩，形成了“双十字”的城市格局（图4.19）。

（b）功能格局：老区生活疗养，新区工业主导。据1998版《聊城市志》第十二编第一章城区建设记载，1958年版《聊城市区总体规划》以闸口为中心，南至四河头，北至何官屯，东至飞机场，西至环城堤；近期以轻工、农机为主，远期建成水陆交通枢纽；老城区定为生活疗养区；老城西北定为污染区，东北定为工业区。1959年5月重新修订《聊城市区总体规划》，编制市区发展《应急规划》，规划人口规模60万人，城区面积约28.6km^2。1960—1962年“三年困难”时期，一批项目被迫停建或缓建，在东北新区中留下线长、面大、空白多、布设分散的格局。20世纪60年代“小三线”建设，从沿海迁到聊城一批企业，仍按1958年《聊城市区总体规划》功能区框架选址、搬迁、建设。1974年10月，本着节约土地、集中紧凑、连片发展的指导

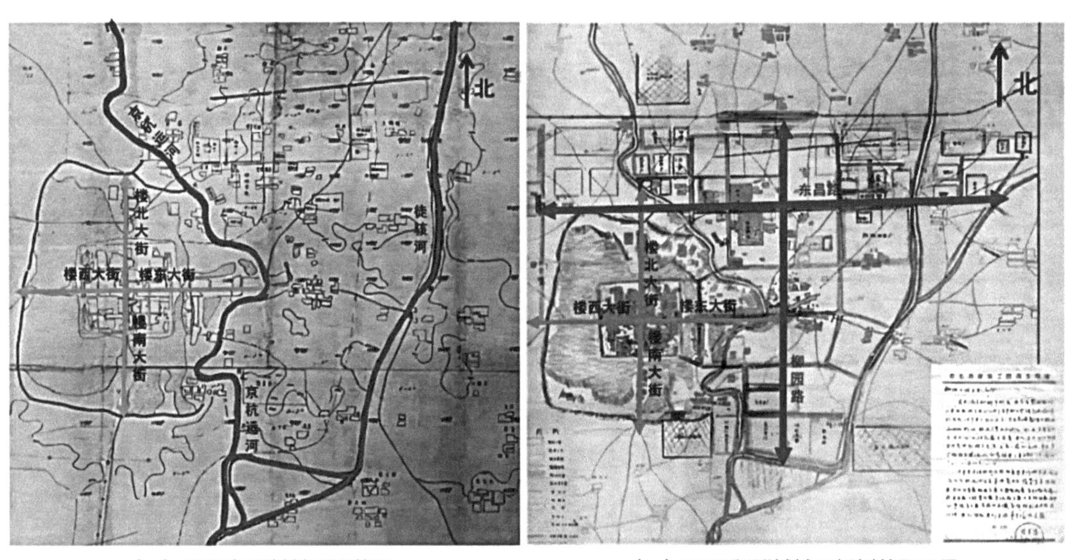

（a）1958年聊城城区现状图　　（b）1958版聊城城区规划总平面图

图4.19　1958年聊城城区现状图与1958版城区规划总平面图

［图片来源：作者自绘。底图来源：聊城市规划局编《聊城规划记》（2009年）］

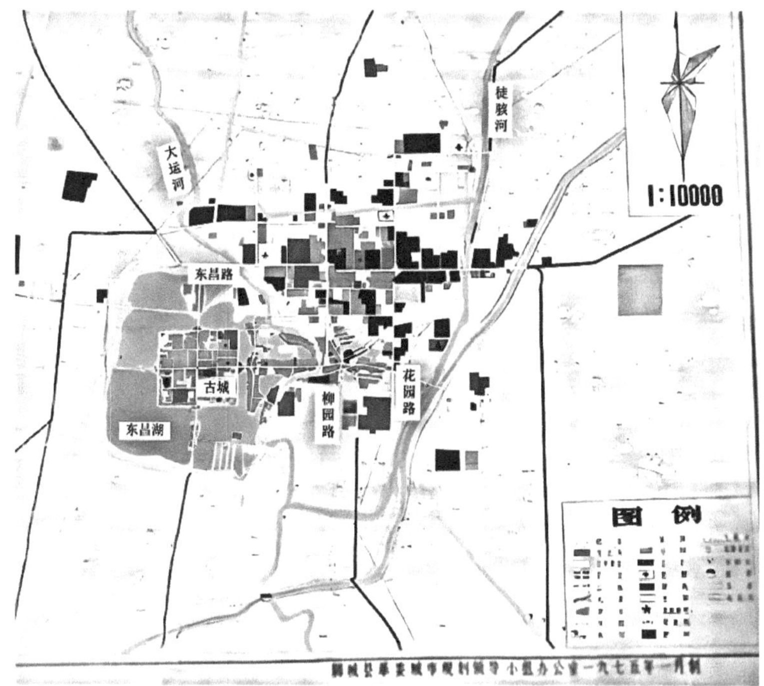

图4.20 1975年聊城城区现状图
[图片来源：聊城市规划局编《聊城规划记》(2009年)]

思想再次修订《聊城市区总体规划》，规划布局分为机械工业区、轻纺工业区；仓库区、危险仓库区、生活区和大、中专学校用地区。从1979年聊城城区现状图来看，城区功能布局和规划功能分区相一致（图4.20）。

（c）路网格局：新区延续老城棋盘式路网格局。1949—1975年，古城东北新城区主要在京杭大运河与徒骇河之间的地带建设，主次干道采用棋盘式路网格局，因在新区建的主要是工业，故路网间距较大，主干路间距在1000m左右。老城区主次路网格局基本无变化。

②城市地段

工业企业及家属院。1949—1975年这段时期，城市地段主要是工业企业及连同企业一块建设的家属院。机械工业和轻纺工业企业占地规模一般在8～10hm^2，城市地段肌理相对粗糙，是集中紧凑、连片发展的形态（表4.7）。

1949—1978年聊城主要工业企业概况　　表4.7

名称	位置	面积/hm^2	建设年份	备注
山东聊城运输机械厂	建设路东段路北	8.58	1966	青岛车辆厂聊城分厂
山东聊城活塞环厂	聊城花园北路路东	8.57	1952	是国内最早最大的活塞环专业生产厂之一
山东聊城电机厂	花园南路路东	7.58	1966	青岛电机厂聊城分厂
聊城拖拉机制造厂	新区建设路路北	11.0	1961	山东省八大制造厂家之一

续表

名称	位置	面积/hm^2	建设年份	备注
山东省聊城客车厂	建设路路南	6.78	1958	1985年被定为交通运输部客车定点生产厂家
山东省聊城市阀门厂	花园南路路东	2.17	1966	全民所有制企业
山东聊城手表厂	东昌东路路北	11.96	1966	全国航海计时仪表唯一生产厂
聊城棉纺织厂	兴华西路路北	10.1	1971	全民所有制企业
山东聊城毛纺织厂	付花路路东	8.56	1951	全民所有制企业
山东聊城造纸厂	兴华西路路北	10.32	1958	全民所有制企业
聊城鲁西化肥厂	市区东北济聊公路以东	10.96	1976	全民所有制企业
山东聊城化肥厂	东昌东路路北	7.26	1966	全民所有制企业

（来源：1998版《聊城市志》第七编第三章工厂和产品选介）

③线型空间

此阶段建设的线型空间主要为横平竖直的道路。线型空间的空间尺度增大，新城区新建道路红线宽度为30～40m，古城旧街道，也从民国时最宽9m，拓宽为15～18m。由于新区建筑多为3～4层，街道宽高比为2～3；旧城建筑多为1～3层，旧城主街街道宽高比为1.5～3.5（表4.8）。

1949—1978年聊城改建或新建道路概况　表4.8

名称	宽度/m	新建或改建时间	名称	宽度/m	新建或改建时间
红星路	15	改建，1958年	柳园路	40	新建，1958年
东城墙路	15	改建，1963年	卫育路	30	新建，1959年
城内四街	18	改建，1966年	建设路	40	新建，1970年
东关街	18	改建，1966年	利民路	30	新建，1972年
东昌路	40	新建，1954年	兴华路	30	新建，1975年

（来源：1998版《聊城市志》第十二编第一章城区建设）

④城市地标

1947年解放聊城时，古城内的山陕会馆、光岳楼、隆兴寺铁塔、海源阁、大礼拜寺、小礼拜寺、聊城天主教堂等历史建筑得以较好的保护，并锚固为古城的地标。20世纪30年代中期聊城尚存山陕会馆、江西会馆、武林会馆和苏州会馆四处。苏州会馆、江西会馆在解放时拆除，武林会馆（武林是杭州的别称，故又称杭州会馆、浙江会馆）在1956年电厂扩建时拆除。性海禅院、西关吕祖庙、西城门上关帝庙以及城墙上的所有庙阁都毁于战火。基督教英国教派“中华圣公会”1947年被改为卷烟厂，玉皇阁、华佗庙、府县文庙、城隍庙、火神庙等建筑在破除旧思想、旧文化、旧风俗、旧习惯的“破四旧运动”中被拆除。

1949年中华人民共和国成立以后，除对旧有建筑进行改造外，主要扩建、新建了砖木结构的公共建筑。1952年主要建设聊城专署礼堂、聊城军分区司令部、中共聊城县委机关、中国人民银行聊城分行、新华舞台剧院、聊城第二中学、聊城师范附属小学、东关街小学、民主小学、聊城汽车站等公共单位。1953—1957年主要建设了聊城第三中学、聊城农业学校、聊城专区疗养院、聊城专区中心医院、聊城职工俱乐部、人民影院、东风池等单位。20世纪70年代，各机关、学校、企事业单位兴建的办公楼、宿舍楼、营业楼、教学楼、门诊楼大量增加，这些公共建筑楼房约占1/3。规模较大的公共建筑主要有聊城剧院、百货大楼、聊城师范学院教学楼、聊城电业局办公大楼、聊城第三中学教学楼，聊城市医院病房楼、聊城邮电大楼。1949—1978年这段时期的城市地标全为公共建筑，按属性可分为办公建筑、教育建筑、商业建筑和医疗建筑。这些地标建筑主要分布在东昌路、柳园路和古城大街。地标建筑形态比较规整，既有仿古风格，也有俄式风格、欧式风格（表4.9）。

1949—1978年聊城城区建设的主要公共建筑一览表　　表4.9

建筑名称	坐落位置	面积/m^2	建成年份	建筑结构	建筑形态
聊城市东风池	柳园路与东昌路交叉口	2228	1956	混合	三层、欧式风格
聊城地委办公楼	东昌东路路北	5755	1958	混合	四层方块形
地委招待一所客房楼	东昌东路路南82号	7871	1958	砖木	三层、俄式风格呈凹字形
聊城影剧院	柳园路与利民路交叉口	3230	1962	混合	门厅三层
聊城市红星影院	古楼办事处红星路	996	1964	混合	门厅二层
聊城市新华剧院	古楼办事处二府街	1638	1970	砖混	两头二层，中间一层，起脊瓦顶
聊城市宾馆营业楼	柳园路与兴华路交叉口	3544	1973	混合	四层拐角
市委招待所客房楼	郁光街古楼南54号	1255	1973	混合	三层、顶层为仿古木结构
聊城师范学院教学楼	文化路路南	7353	1974	混合	三层U形平顶楼
聊城市经委办公楼	柳园南路前许街	1717	1976	混合	四层

（来源：1998版《聊城市志》第十二编第一章城区建设）

（2）聊城1949—1978年文脉非物质载体层累

①人居文化

1949年，聊城城区人口约1.7万人，由于没收汉奸、反革命分子、地主及资本家房产较多，至1957年老城区住宅都较为宽松。“大跃进”期间聊城城区迅速扩大，工厂增加到96个，人口增长到约5.9万人，城区扩展到约8km^2。企业实行“先生产，后生活”，工厂配建住房减少，私房出租实行社会主义改造，加之国家建设动迁民房，住房日趋紧张。据《山东城市与城市建设》记载，“一五”期间，山东城镇新建住宅面积平均每人每年0.3m^{2}左右。1998版《聊城市志》第十二编第一章城区建设记载，1978年以前，聊城城区人均居住建筑面积约5m^2。20世纪50—60年代，学习苏联的集合住宅，但由于住宅需求极大，出现了“合理设计，不合理使用”，多户合用一个居住单元的情况。除集合住宅外，还建设了一些单身职工或学生居住的集体宿舍楼即“筒子楼”。由于住房紧缺，原本没有独立厨厕的集体宿舍楼也演变成了职工的家。集合住宅、“筒子楼”时代没有配套的概念，住宅区周边自发形成的市场、商店就是全部“配套”。此外，在城区外围建设了一大批平房住宅，这些住宅基本户型为二间，平均每户建筑面积约30m^2，除部分院内设集中供水龙头外，没有其他市政公用设施配套。在城市居住空间分布上，由于实行福利分房，相同单位的人住在同一院落里形成一个居住单元。个人在单位内部逐渐分发住宅，形成小的生活社交圈。人与人之间的关系不仅仅是邻居，而且也常常是同事，工作和生活上具有广泛联系。

②职能文化

“一五”时期，聊城轻工和农机类工业为主要工业。聊城城市道路、公共交通、城市给水、排水、绿化等得到了较大发展，建立了一些小的轻工企业。“二五”时期提出了“以钢为纲”的战略方针，工业生产被具体在一个“钢”字上。这个时期聊城城区工业生产得到普遍的扩大，特别是重工业提高很大，城市重工职能加强。“三五”时期以“备战”为中心，以“三线”建设为内容，城市建设被视为修正主义而批判。根据国家的战略部署，聊城迁人较多青岛、烟台等沿海城市的工厂，也建设了一些“五小”工业。所谓“五小”工业，就是指在地方发展起来的小煤炭、小化肥、小农机、小五金、小水泥。“四五”时期，聊城再次修订《聊城市区总体规划》，城市性质为地区行署所在地，以发展轻纺、农机为重点的城市。

③精神文化

“阶级道德”为纲的道德情操。在完成社会主义三大改造以后，中国开始解决人们世界观问题的思想文化精神领域改造。要在政治上、思想上、理论上批判修正主义，用无产阶级的思想去战胜资产阶级利己主义和一切非无产阶级思想，改革教育，改革文艺，改革一切不适应于社会主义经济基础的上层建筑，挖掉修正主义的根子。这种改造思想把社会道德理想看得高于一切，依靠革命、依靠群众运动来追求个体道德的净化。此后，阶级斗争成为一种扎根于当时领导者和人民大众内心深处的政治思维模式，“唯阶级论”“血统论”等观念盛行。整个社会的文化氛围烙上了高强度的政治社会化的烙印，人们的道德观念、道德行为和道德习惯也深深地烙上了“政治的痕迹”。

“价值虚无主义”的价值信仰。这段时期，“文化大革命”对价值信仰冲击最大。“师道尊严”“宽厚”“忠恕”“仁义礼智信”等一些基本的伦理道德观念被否定，民主、自由、平等、博爱等西方理念也被斥为资本主义的特有产物而否定。此期间树立了多位先进人物榜样，但由于人们发现榜样是难以实现的目标，最终造成个体表面谈崇高理想、崇高道德，内心则是充满怀疑的价值虚无主义。

4.4.2 改革开放以来聊城文脉积层的层累

1978年，在党的十一届三中全会上作出党的中心工作从“以阶级斗争为纲”转到经济建设上来。随着中国经济建设全面开展，聊城经济发展在1978—2010年高速增长，聊城市1978—1985年总产值平均每年递增15%。东昌府区国内生产总值从1986年的5.77亿元增长到2010年的280.36亿元，年均增长17.6%；东昌府区规模以上工业总产值，从1986年的5.68亿元增长到2010年的434.7亿元，年均增长19.8%；东昌府区人均生产总值，从1986年的784元增长到2010年的26574元，年均增长15.8%；东昌府区总产值一二三产业构成，从1986年的53：32：15变化到2010年的10：52：38。农、工、商业的快速发展，对物质文化引起重大变化。衣食住行方面愈加舒适，娱乐方面愈加发达，此外法律、道德、风俗、习惯以致信仰都受到了经济状态的影响。

此时期是国际和国内文化遗产保护最活跃的时期，几乎和人类活动相关的各类事物都被划入文化遗产范围。2014年大运河入选世界文化遗产，聊城文化遗产进一步丰富，此外聊城改革开放以来建设的不同种类文化锚固载体处在不同发展阶段，亟须提前给予关注。

（1）聊城改革开放以来文脉物质载体层累

①城市格局

城市形态格局变化。1982年批复的聊城《市区总体规划》，中心城区用地布局总体上延续了上一版总规的布局。预留京九、邯济两条铁路线在城市西侧、北侧，南水北调京杭运河通航后的航运码头，设于古城南郊、徒骇河北岸。这轮规划，城市用地主要在古城西侧、北侧布局，环城湖南侧有少量布置，城区东侧未跨过徒骇河。一脉相承地规划了以东昌路和柳园路为新十字轴、以古城内十字大街为老十字轴的“双十字轴”构架。1984年国务院公布《城市规划条例》后，1985年聊城市人民政府发布《处理城市违章建筑暂行规定》，市区总体规划走上依法管理轨道。主要对外交通基本按规划选线实施。馆聊专线1990年6月通车，京九铁路1996年9月1日建成通车，济聊高速1998年1月开通，邯济铁路1999年7月1日开通运营。1995版总规确定中心城区在规划期内，发展方向以向东发展为主。2001版总规，中心城区发展方向：以东扩、南展为主，西、北完善。城中有湖、湖中有城、城河湖一体的城市特色格局呈现出来。2014版总规确定中心城区发展方向为“西展、东控、北优、南拓”。

城市功能格局变化。聊城城区功能格局扩展主要追随铁路和高速公路等重大交通设施，并逐步跨越徒骇河向东发展。1982—1989年城市主要的功能区位于东昌湖东北部的徒骇河西岸区域。在东昌路以北平行东昌路，建设了大面积的城市新兴功能区。2004版总规把旅游功能提升到重要地位，提出跨越湖南路建设行政文化新区。2014版总规，考虑京九高铁、郑济高铁、聊泰城际、聊德城际、青兰高速、茌东高速等重大交通设施布局，提出建设聊茌东都市区，在区域层面对城市功能格局进行优化（图4.21）。

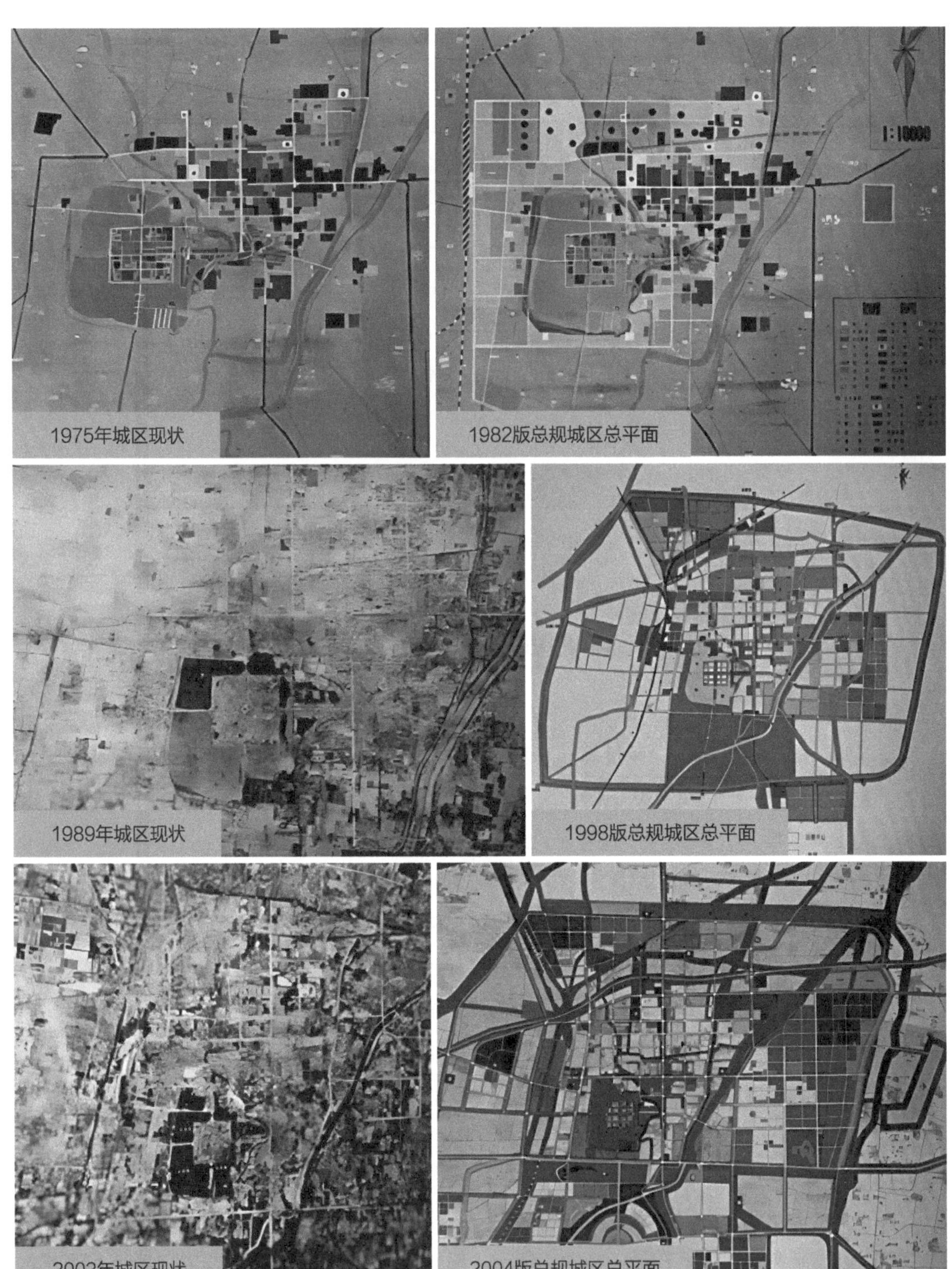

图4.21 聊城1975—2004年城区形态变化
[图片来源：作者整理。底图来源：聊城规划局编《聊城规划记（2009）》]

城市路网格局。至2019年，聊城中心城区形成了以昌润路、聊阳路、柳园路、光岳路、中华路等南北向主干路和建设路、振兴路、兴华路、东昌路、黄河路、长江路、湖南路等东西向主干路为主的骨架路网形态。由于东昌湖、徒骇河、邯济铁路等设施阻隔，导致主干路网形态不完整。东昌湖导致干路网难以贯通，城市南北和东西联系被阻断；东西向跨徒骇河主干路仅3条，城市交通服务主要依赖东昌路，城市南北向主干路间距达3km。城区路网分区发展形态比较明显，徒骇河以西较密，外围片区路网系统性较差，同时外围片区与老城区路网衔接不足。古城内除四大街外路网也进行了改造（表4.10）。

1998、2004和2017聊城三版总规中的城市性质及功能分区　　表4.10

城市总体规划	规划年限	城市性质	功能分区
1998版	1995—2010	国家级历史文化名城，区域性交通枢纽，省级能源基地，以机械、商贸、旅游为主的冀鲁豫接壤地区中心城市	一个中心：柳园路、东昌路交叉口区域为城市主中心；四个次中心：古城、经济开发区、火车站及城北中心；九个功能区：中心区、古城及环湖景区、文教区、综合居住区、北部综合工业区、经济开发区、西部三类工业区、嘉明工业区、对外交通及仓储区
2004版	2001—2020	中国江北水城；以发展商贸、旅游为主的历史文化名城	“一城五区”。一城，即整个聊城市城区；五区，中心区、开发区、嘉明工贸区、行政文化新区、西部能源仓储区
2017版	2014—2030	中国江北水城，冀鲁豫交界区域中心城市，国家历史文化名城	“一城五区多组团”：一城，即聊城中心城区；五区，即北部工贸物流区、西部新兴产业区、中心生活服务区、东部产城新区和南部旅游商贸区；多组团指北部的北城办事处、西北部的闫寺办事处、西南部的候营镇3个外围生活服务组团

②城市地段

改革开放以来的城区布局受城市功能分区影响较大，按居住、工作、游憩、交通四大功能对城市空间进行布局，城市地段也和四大功能区位对应着锚固下来。

工业建筑地段。1986—2005年间，东昌府区工业系统全面实施经营体制改革，2005年实现全区经济民营化。改制后延续经营的，随着城区规划的调整，逐步迁移到工业园区。原工业用地逐步改为住宅用地、办公用地和商业用地，主城区无工业簇群，只有尚经营较好的零星企业。

居住建筑地段。1980年起，城区对住宅建设放宽审批权、扩大自主权，居民兴起建房热。1981年，聊城县房产管理所试搞商品住宅开发。1982年，山东省建委在聊城召开商品住宅现场会，向全省推广聊城开发商品住房做法。1985年底，聊城建成新式商品房3.38万m^2，但和1985年市区房产普查数据（住宅面积176万m^2）相比极低。在2005年经济民营化以前，聊城主要建设的是重要企业家属院和市直机关家属院，这些家属院多为六层楼房。2005年以后小区住宅楼多为小高层、高层。小区按《城市居住区规划设计规范》GB 50180-93设计、建设。随着城市建设的快速发展，目前，2005年以前的住宅小区要么被列入老旧小区改造，要么被列入棚户区拆迁改造。从2018年颁布的《山东省老旧住宅小区整治改造导则》的内容看，改造主要涉及小区市政、环境、安全、物业管理等方面，但对小区在文脉延续方面没有要求。居住小区是城市地段的主要构成，德国柏林现代住宅区（Berlin Modernism Housing Estates）2008年就被评为了世界文化遗产，因而，我们理应对典型小区从城市遗产的视角进行更新改造。

游憩设施地段。1982版总规在批示的其他提示中要求“环城湖水面综合利用，逐步开发为区域水上游览风景区，老城区坚持充分利用与逐渐改造原则”。1982年，环城湖水面已扩为4.2km^2，成为北方城市中罕见的人工湖泊，至1985年已初步成为旅游胜地。2009年，聊城古城的改造被寄望成为“旅游业发展的龙头，带动经济发展，带动老百姓发家致富”，力求重现千年的恢宏历史成为追求目标。现已改造完成对外开放，但旅游带动效果一般（图4.22）。

③线型空间

城市道路线型空间的空间尺度进一步增大，主干路道路红线宽度为40～60m，次干路道路红线宽度为30～45m。新建主干道的每侧绿线宽度多为30～50m，沿主次干路的建筑高度多为小高层、高层，街道宽高比主干路为1～3，次干道为0.7～1.5。随着城区的扩展，众多河道纳入城市中。在聊城城区众多的河流中，徒骇河、京杭大运河、周公河、小湄河和四新河与城市的关系最为密切。

图4.22　改造完成后的聊城古城大街
（图片来源：作者自摄）

徒骇河整治。2000年，对徒骇河城区东段河槽扩挖，河槽由原来的80m，扩宽到140～180m，两岸绿化带平均宽度200m，沿河建设红心广场、治水广场。2011年，启动聊城徒骇河景观工程后，徒骇河两侧的滨河大道已经通车，徒骇河的水质与沿河景色也发生了巨变。

京杭大运河在城区长约15.6km，运河开发是“江北水城”的重点工程。运河从南到北，多处与东昌湖、铃铛湖相连，在城区北端与周公河交汇，城区南端与徒骇河交汇于四河头。沿运河建设有多处广场和几十座桥梁。周公河起源于东昌府区侯营镇付楼附近，从源头到湖南路为西南东北走向，从湖南路到东昌府区闫寺街道十里铺为南北走向，从十里铺至徒骇河相交处共计9km，为东西走向，河道平均底宽21.5m。原来作为城区排涝河道的周公河南北段，现在基本被南水北调主干渠征用。小湄河南起九州洼公园，向北蜿蜒流入徒骇河，全长约7km，宽约150m。目前，小湄河是集生态湿地、园林景观、休闲娱乐及文化于一体的综合性滨河生态风景区。四新河位于聊城市城区东部，在开发区境内全长18.1km，现为排灌河道。

除此之外，聊城城区及其周边的河流还包括南水北调干渠、西新河、赵王河、班滑河、位山二干渠等。上述河流在聊城城区范围内，河道总长128.8km，大多河流宽度在20m以上（图4.23）。

④城市地标

此时期的城市地标主要包含历史建筑、高层建筑、城市公共建筑、广场、公园、桥梁等。

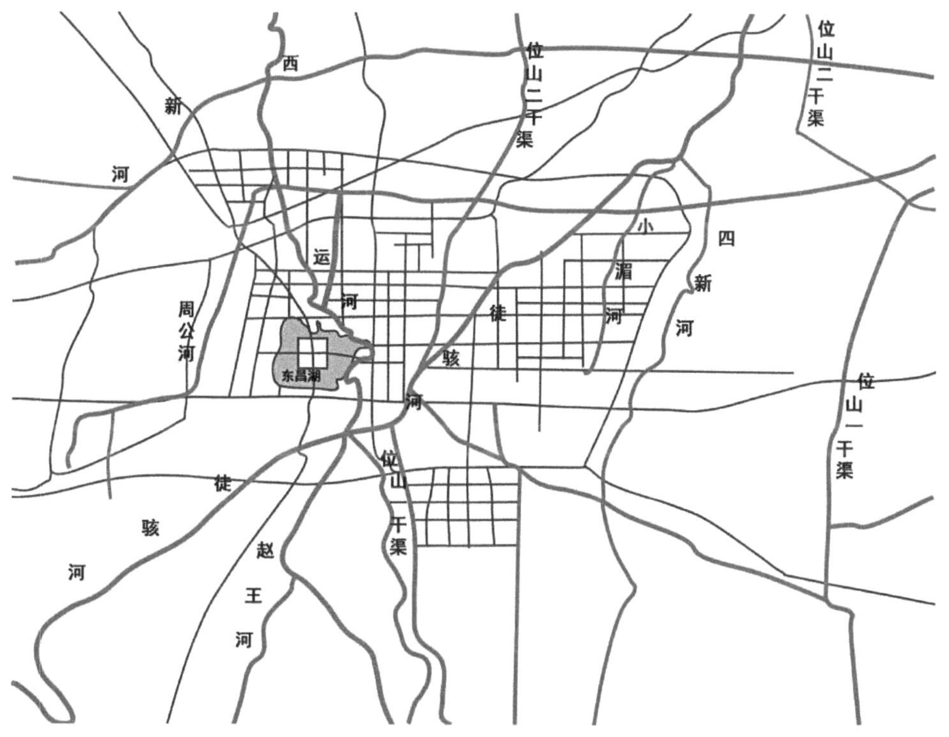

图4.23　聊城城区河流水网
（图片来源：作者自绘。底图来源：《聊城市城市总体规划2014—2030年》）

建筑类。古代建筑中的山陕会馆和光岳楼1988年被列为全国重点文物保护单位，隆兴寺铁塔2006年被列为全国重点文物保护单位，海源阁2006年被列为省级文物保护单位，大礼拜寺和聊城天主教堂1999年被列为市级文物保护单位。此外，一些革命纪念馆建筑也被列入文物保护单位。近年来聊城公布了两批聊城市历史建筑，共37处，这些历史建筑集中在古城、米市街和东关街。

改革开放以来逐步锚固成长的地标建筑主要有范公祠、孔繁森同志纪念馆、聊城天主教堂、百货大楼、金鼎商厦、铁塔商厦、火车站、汽车站、华能电厂、运河博物馆、水城明珠剧场、聊城体育馆、市人民医院、市民文化中心、市图书馆、摩天轮、海底世界等。

广场类主要有人民广场、水城广场、英雄广场、腾龙广场、金凤广场、当代国际广场、星光城市广场等。

公园类。聊城的公园绿地很大程度上是依靠水系来组织，主要沿徒骇河呈线形集中分布。区域性的公园有人民公园、聊城植物园、凤凰苑、姜堤公园、体育公园、九州月季公园、周公河湿地公园。

桥梁类。与“水城”相呼应，桥梁是很重要的城市坐标。聊城桥梁主要分布在东昌湖风景区内（共有桥梁61座）、跨京杭大运河桥梁（32座）、跨徒骇河桥梁（16座）。2014年《聊城市城区桥梁名称规划》对城区桥梁进行了命名。

（2）聊城改革开放以来文脉非物质载体层累

①人居文化

在宏观环境上，1982年，聊城即开始了住宅商品化的试点，1998年福利分房制度完全结束。自1992年党的十四大正式确立社会主义市场经济体制以来，聊城完全进入以市场经济为主导的商品房时期。在住区环境营造上，开发商根据市场的需求而调整。20世纪80年代居住区规划方面引进一些新的概念，如小区、街坊等。此时中国住区文化深受“欧洲中心论”的影响，相继出现了“欧式生活”“英伦风格”等概念，居住区常常是功能分区明确，按照理性思维模式建立起来。在住宅户型上，套型建筑面积90m^{2}以下比重较大。在邻里关系上，居民职业多样，受教育水平差异大，行为准则、道德规范及生活方式差异悬殊，邻里关系冷淡，邻里交往较少，社会责任感不强，居民大多不关心社区的管理、建设。为方便管理，形成了大量的封闭式住宅小区。

②职能文化

东昌府区1986年三次产业比例为53：32：15，2010年为10：52：38，至2015年已调整为6.4：55.7：37.9。这说明聊城的生产性、服务性职能逐步增强，服务性职能从简单的生产服务，进入到信息服务和科技文化服务。同时聊城强化服务环境建设，提高生活服务的水平，创立“宜居城市”概念和“以人为本”的服务理念。当前，聊城是区域生产与服务中心，城市正在向现代制造业、交通运输业、商贸物流业等专业职能突出的综合服务职能转变。

③精神文化

“麻木、困惑和缺失”的道德情操。1992年，党的十四大正式确立社会主义市场经济体制。随后社会主义市场经济体制一直处于改革之中，政策稳定性不强。一些人因为钻法律空子甚至违规而暴富，以及有善不赏、有恶不惩甚至赏罚错位，出现了诸如拜金主义、急功近利等异化现象。

“工具理性主义”的价值信仰。改革开放以来，伴随着现代化进程的是中国社会出现了分化，进而带来了人的主体地位的提升及人的理性化。主体地位的提升使城市人陷入自我中心主义，越来越热衷于现实的、此世的、需借助理性计算衡量的利益目标。人们对工具理性无限推崇，使“工具理性统治了理性的所有其他形式”。工具理性在追求功利的动机驱使下，崇尚效果的最大化，漠视人的情感和精神价值的合理性。人为实现“虚妄自我”，通过无限度技术开发来满足欲望，造成生态危机。同时，创造出琳琅满目的商品，人与人之间的关系被物与物之间关系的虚幻形式所取代，拜物教支配了人的精神，信仰消失在功名利禄之中。

自2012年习近平总书记在参观“复兴之路”展览时提出“中国梦”的概念，随后，“中国梦”成为一项系统的战略思想，中国特色社会主义核心价值观逐步深入人心。

4.5 聊城城市文脉要素提炼及谱系建构

运用前面提出的“三维四层一体”城市文脉要素识别方法，通过对以上聊城城市文脉的“层累”过程进行分析，可进一步逆向识别各文脉积层内的文脉要素构成，即提取出各文脉积层内具有时间层次和空间结构完整的城市文脉要素。从各文脉积层所反映出的文化信息可比较哪些层面的文脉载体在历史发展中被迷失，也可比较分析哪些文脉信息在物质载体上得到较好呈现，哪些需加以弥补展示，以填补空白，进而形成聊城城市文化脉络较为连续的展现。将提取出的城市文脉要素归集入不同时段的城市文脉积层可建构出当前反映城市文化发展脉络的文脉要素谱系。该城市文脉要素谱系形成了聊城纷繁复杂的各类文脉要素的归类框架，随着文化遗产研究及保护实践工作的深入，不同文脉积层必将不断添加反映各积层文脉物质载体与非物质载体特征的要素（表4.11）。

从当前聊城文脉要素谱系可看出，聊城东夷文化积层和东周时期文脉积层的文脉非物质载体信息比较丰富，历史文化内涵较为厚重。明清时期文脉积层的文脉物质载体较为丰富，但在民国至改革开放前这一时期遭到巨大破坏，大多宗教类、商业类城市地标被拆除，此类文脉载体建议在适当时机重建。此外，具有聊城明清三宝之一的玉皇皋区域随着玉皇皋的拆除其场所精神逐渐消逝，这一片区目前未被划入历史城区，造成聊城明清文脉积层的残缺，进而也未能展现出山东运河城市跨河而建的空间格局特征，这是亟须填补的聊城文脉载体空白。

聊城城市文脉要素谱系　　表4.11

文脉积层	文脉物质载体与非物质载体特征			文脉物质载体要素与非物质载体要素的文化内涵
东夷文脉积层	物质载体	自然环境	亚热带气候特征	考古发掘：鹿、大象等动物骸骨
		城市格局	圆角长方形的“文化城”	考古遗址（大、小台基；南、北、西三个城门；长方形城墙）见附表1
		城市地段		
		线型空间		
		城市地标		
	文化内涵	人居文化	沿古济水而居	众多的龙山及新石器时代遗址的选址思想
		职能文化	政治、军事、祭祀	城邑即为国
		历史文化	远古有关“三皇五帝”传说与名人典故	伏羲在聊城的传说、神农氏发掘古阿井的传说、少昊的传说、涿鹿之战及黄帝登帝古穷桑、黄帝第五子清阳氏居堂邑治理聊城、“字圣”仓颉墓、颛顼帝高阳氏称帝古穷桑，莅临东昌府、高士巢父隐居聊城、大禹治水古兖州
		精神文化	崇拜自然、灵魂与祖先，以鸟为图腾	遗址考古出土的随葬品
东周时期文脉积层	物质载体	自然环境	周定王五年（公元前602年）黄河改道，漫及境内	地形地貌、地表水文
		城市格局	宗庙、宫室、祭祀场所是城市的核心。宫庙一体，以庙为主	明代定位聊城八景之一——圣泉携雨，现为微子城与郭城遗址
		城市地段		
		线型空间		
		城市地标		
	文化内涵	人居文化	崇尚“顺乎其性而为之”的意匠	《管子·乘马》篇：“因天材，就地利，故城郭不必中规矩，道路不必中准绳”的论述，古遗址及郭城选址
		职能文化	政治、军事为主	鲁仲连射书救聊城
		历史文化	著名历史人物及传统体育游艺	历史人物事件：齐桓公诸侯会盟、晋国公子重耳避难隐博平、吴国公子季札挂剑徐君墓、孔子回辕处；非物质文化遗产：聊城杂技（鲁仲连、钟离春）
		精神文化	齐鲁交融的精神文化：以鲁宗教文化中神格道德化为主导，辅以自然崇拜	“神仙”观念、各类自然神祭祀、人格神祭祀
明清时期文脉积层	物质载体	自然环境	气温剧烈波动，旱灾和洪涝灾害频发。黄河主河道多次流经	存有聊古庙遗址，王城和巢城遗址为城市其他功能覆盖，为城市印记。大运河贯通，地表水系为运河供水服务
		运河沿线聚落		见附表3
		城市格局	“凤凰城”轮廓，“西城东贸”的城市功能格局，“十字相套”的路网格局	运河、方正城墙、四个城门及门楼、运河贸易区、古城四条主街、城市轮廓边界

续表

文脉积层	文脉物质载体与非物质载体特征			文脉物质载体要素与非物质载体要素的文化内涵
明清时期文脉积层	物质载体	城市地段	功能复合	中心区光岳楼、海源阁、县治、书院组成的以文化为主的建筑簇群；闸口和大小码头商业功能为主的建筑簇群；府城隍庙和龙湾以祭祀功能为主的建筑簇群，玉皇皋周边区域文化、商业建筑簇群
		线型空间	四条大街宽高比为1.2～2.0	楼东大街—东关街—小东关街—闸口—玉皇皋是最主要的线型空间，北大街—南大街—南关岛为次要线型空间，其他为自然命名的街道、胡同，如米市街、前王园子街孙家胡同、郭家胡同等
		城市地标	密度极高，在古城池及大小码头周边约2km^{2}范围内有城市地标140余处。尤其宗教建筑，有“一步三关庙”之说	卫仓、大小码头、光岳楼、城楼、城门、鲁仲连台、府署、县署、府学、县学、书院（22处）、城隍庙、府文庙、海源阁、会馆（8处）、相府等民居大院（15余处）、坛庙寺观堂祠（87处）
	文化内涵	人居文化	“重防水患”“诗意栖居”与“礼制秩序”	护城河、古城四角各设蓄水池；“聊城八景”；方格路网和三合院、四合院的礼制布局
		职能文化	手工业、商业突出的城市职能文化。纺织业、印刷业、毛笔业、工艺品生产业、食品业异常发达，尤以刻书和制笔业为盛，“东昌作坊，书笔两行”，当时是全国刻书、制笔中心之一	八大商业会馆和古城四大商业街文化活动，东昌府木版年画、张秋木版年画、东昌葫芦雕刻、临清贡砖烧制、东阿阿胶制作
		历史文化	“耕读传家”为代表的历史人物及事件	任、邓、朱、傅、耿五大家为代表的“耕读传家”的官宦世家事迹
		精神文化	神格道德化、圣贤神仙化的精神文化	坛庙寺观堂祠内祭祀对象（附表7）。以道化佛，把佛教的人物列入道教神仙系统，道儒合一
民国时期文脉积层	物质载体	自然环境	气温剧烈波动，水旱灾害频发，“极寒”“极热”天气频现，严重影响农业生产	黄河改道为当前河道，京杭大运河局部断航
		城市格局	形态格局和清相比无变化；功能格局：原有书院、试院等旧式文教机构转变为新式学堂，宗教空间转化成政治、文教、实业空间；路网格局几无变化	运河、方正城墙、四个城门及门楼、运河贸易区、古城四条主街、城市轮廓边界
		城市地段	坛庙寺观堂祠被改用	清末建筑簇群受到较大破坏
		线型空间	四条大街宽高比为1.5～3	城内楼东、楼西、楼北、楼南四条大街拓宽为9m。商业街格局未变
		城市地标	清末增加的外来宗教教堂和原坛庙寺观堂祠几乎被毁灭殆尽	古城区光岳楼、海源阁、山陕会馆、铁塔，绝大多数教堂和原坛庙寺观堂祠成为城市印记。在郊区新锚固了革命遗迹，如远东地委旧址、梁水镇范公祠、赵以政墓、孙堂小学革命遗址等

续表

文脉积层	文脉物质载体与非物质载体特征			文脉物质载体要素与非物质载体要素的文化内涵
民国时期文脉积层	文化内涵	人居文化	居民住宅饱受战火破坏	城市印记
		职能文化	功能改造以适应现代城市职能需要。庙会	奶奶庙会、准提庵庙会、吕祖庙会、华佗庙会
		历史文化	抗战文化、历史名人	聊城保卫战、解放聊城、范筑先、傅斯年
		精神文化	“科学信仰”“主义信仰”的精神文化	拆庙拉神运动
1949—1978年文脉积层	物质载体	自然环境	出现了“三年困难”时期	兴修了部分农业水利设施
		城市格局	形态格局：从“单十字”到“双十字”；功能格局：功能分区进一步明确，分为机械工业区、轻纺工业区、仓库区、危险仓库区、生活区和大中专学校用地区；路网格局：主次干道采用棋盘式路网格局	老城城楼、城门、城墙被拆除，但城墙基础完整，东昌府老城区的格局也因此完好地保留下来。在新区东昌路北建设了地委机关大楼，新区成了政治中心，城市跨湖外扩，形成了“双十字”的城市格局。路网间距较大，主干路间距在1000m左右
		城市地段	肌理相对粗糙的工业厂区	“小三线”建设中的工业企业及连同企业一起建设的家属院
		线型空间	旧城主街街道宽高比为1.5~3	城内楼东、楼西、楼北、楼南四条大街，新建的柳园路和东昌路，大运河
		城市地标	主要分布在东昌路、柳园路和古城大街	山陕会馆、光岳楼、隆兴寺铁塔、海源阁、大礼拜寺、小礼拜寺、聊城天主教堂得以保留。江西会馆、武林会馆和苏州会馆、玉皇阁、华佗庙、府县文庙、城隍庙、火神庙等建筑被拆除成为城市印记。新增了城市公共建筑地标
	文化内涵	人居文化	集合住宅、“筒子楼”，居住十分紧张	1978年以前，聊城城区每人平均居住面积在$5m^2$左右，平均每户建筑面积约$30m^2$
		职能文化	地区行署所在地，以发展轻纺、农机为重点的城市	机械、机电、化工、纺织等工业企业
		历史文化	城市建设事件为主：“备战”“小三线”建设	《应急规划》、1958年《聊城市区总体规划》
		精神文化	“阶级道德”为纲的道德情操，“价值虚无主义”的价值信仰	“唯阶级论”“血统论”，批判一切、否定一切
改革开放以来文脉积层	物质载体	自然环境	温带气候环境稳定，发现了石油、煤炭、地热等自然资源	考虑对城市空间发展方向的影响
		城市格局	从向东发展为主到以东扩、南展为主，西、北完善再到“西展、东控、北优、南拓”	京九铁路、邯济铁路、济聊高速
		城市地段	用地功能频繁调整，无新增	古城、米市街和大礼拜寺、小礼拜寺街区
		线型空间	河流成为城市主要线型空间	徒骇河、京杭大运河、周公河、小湄河和四新河整治

续表

<table>
<tr><th>文脉积层</th><th colspan="3">文脉物质载体与非物质载体特征</th><th>文脉物质载体要素与非物质载体要素的文化内涵</th></tr>
<tr><td rowspan="4">改革开放以来文脉积层</td><td>物质载体</td><td>城市地标</td><td>主要有建筑类、广场类、公园类和桥梁类地标</td><td>范公祠、孔繁森同志纪念馆、聊城天主教堂、百货大楼、金鼎商厦、铁塔商厦、火车站、汽车站、华能电厂、运河博物馆、水城明珠剧场、聊城体育馆、市人民医院、市民文化中心、市图书馆、摩天轮、海底世界等建筑；人民广场、水城广场、英雄广场、腾龙广场、金凤广场、当代国际广场、星光城市广场等公园</td></tr>
<tr><td rowspan="3">文化内涵</td><td>人居文化</td><td>逐步重视生态文化，居住模式主要为封闭式住宅小区</td><td>提出建设生态聊城</td></tr>
<tr><td>职能文化</td><td>“宜居城市”</td><td>向现代制造业、交通运输业、商贸物流业等专业职能突出的综合服务职能转变</td></tr>
<tr><td>精神文化</td><td>“麻木、困惑和缺失”的道德情操，“工具理性主义”的价值信仰。“中国梦”</td><td>社会主义核心价值观</td></tr>
</table>

第5章 基于『层累』过程的聊城城市文脉演化机理分析

通过对聊城典型文脉积层文脉载体的“层累”过程梳理，得以追寻聊城城市文脉在形成与发展过程中的演变历程，透视不同时段“人—城市—区域”相互影响、调适过程，了解文脉载体空间形态及文化内涵的由来。本章将聊城城市文脉“层累”建构过程中客观的环境影响与不同阶段“人”的主动作用线索联立、结合，归纳持续推动文脉载体演化的动力因素，分析主导聊城城市文脉演化的动力机制，探寻聊城城市文脉载体演进过程中的表现规律，为接下来的聊城文脉要素价值评价和聊城文脉传承策略研究提供支撑。

5.1 聊城城市文脉演化的影响因素

聊城文脉演化机理的研究首先须以作用于城市文脉载体的影响因素的提炼为前提。通过对山东运河城市聊城文脉积层“层累”分析可知，城市文脉物质载体大多比非物质载体的变化速率快，非物质载体所蕴含的文化往往成为延滞的文化。城市文脉演化受到多种因素的共同作用，作用大小、快慢差异较大，因而须结合城市文脉物质载体与非物质载体信息内涵的作用关系来分析影响其演化的因素。这些影响因素的归纳分析，可依据城市文脉积层“层累”演进的阶段特征和某类文脉载体演进规律为线索，分析各影响因素对同一文脉积层中不同载体层级的影响效果与其在不同文脉积层中对同一文脉载体的持续作用。通过上述联立分析，一方面，从每个文脉积层的各层面文脉载体横向对比中我们能够总结出对不同文脉积层产生影响的共性因素；另一方面，对城市文脉载体各阶段发展特征的纵向比较又有助于我们认识各类影响因素在文脉演化过程中的作用规律，进而提取出持续影响因素。通过上述方法提取，可归纳分析出影响聊城城市文脉演化的主要动力因素有自然地理因素、社会人文因素、政治经济因素和军事技术因素，每类因素又包含2～3个动力因子（图5.1）。

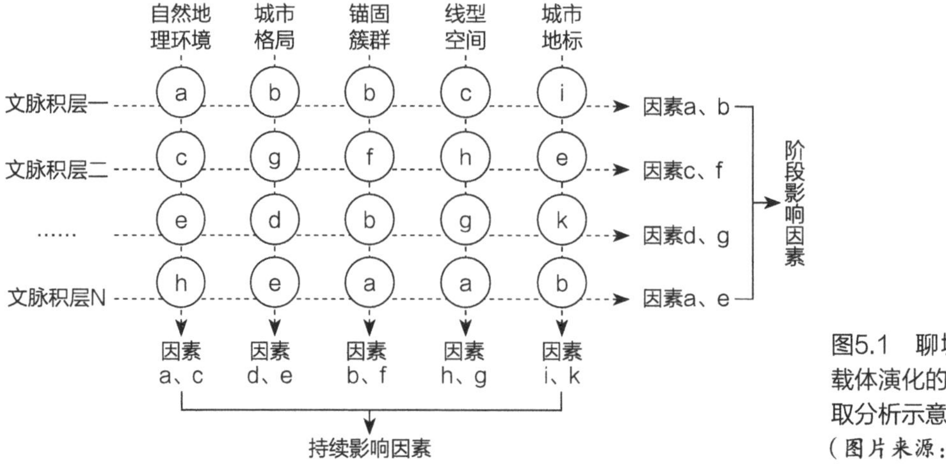

图5.1 聊城城市文脉载体演化的影响要素提取分析示意
（图片来源：作者自绘）

本节所提取出的城市文脉演化影响因素主要为偏重客观层面的文脉区域内自然人文环境影响文脉演化的因素，与不同历史阶段文脉主体主动作用于文脉载体的文化动力有着内在的联系。

5.1.1 自然地理因素

聊城所处的自然地理环境是城市文脉演化的基底，是影响其发展及空间形态的第一作用因素。自然地理因素可分为区位、资源与环境三个因子。

（1）区位因子。区位因子即交通区位和经济区位。无论是明清京杭大运河通航时期，还是现代运河断行、铁路开通时期，区位因子都是影响聊城兴衰演变的重要因素。区位因子也是职能文化与人居文化的具体作用因子之一。宋至明清时期聊城便利的水陆运输条件及重要的军事战略位置是聊城城址锚固的主要影响因素。现代铁路及高速公路的建设，使工业、商贸物流业逐渐围绕具有区位优势的铁路沿线展开，住区围绕环境较好的河流展开，从而对城市格局产生极大影响。从聊城城区北部铁路沿线嘉明工业园的形成也可直观看出区位因子对城市格局生长与城市地段的演替具有直接影响。

（2）资源因子。聊城资源主要包括土地、水、动植物和矿产等，资源因子是城市职能文化的持续影响因子。在新石器时期，资源为部落提供物质和能量供给；农业社会时期，资源是城市生产、生活的基础；在工业社会时期，资源开发是城市发展重要的动力。聊城水利资源丰富、土壤肥沃、生物多样，十分适宜农业发展，而潜在开采价值达3000多亿元的聊城煤、石油、天然气和地热等矿产资源，使聊城发展潜力巨大。

（3）环境因子。环境因子指城市所在地的气候条件、地形地貌及山水环境，是城市的生态市政设施。环境因子是城市选址、城市格局、城市地段的肌理和形态的重要影响因子，同时，对线型空间形式、城市地标区位、形态及美学功能有一定的影响。为躲避黄河泛滥带来的洪水威胁，聊城三迁其址。宋代以来聊城城市空间格局就和水系相生相融，逐渐形成了“水中有城、城中有水、城河湖一体”的江北水城空间格局特色。目前，湖中一平方公里的古城仍基本保持着原来的肌理及形态。近年来，随着城区扩展，徒骇河成为城市发展轴线。选址于东昌湖旁的水城明珠大剧场，其形态采用仿生意象性的造型；中国运河文化博物馆，在建筑周围引入水体，隐喻为京杭大运河，在建筑形态上是一艘货船的变异，这都反映了环境因子对城市地标区位、形态及美学功能的影响（图5.2）。

5.1.2 社会人文因素

城市是不同时段社会关系物化的产物，因而，社会人文因素是持续对城市格局、城市地段、线型空间、城市地标产生重要影响的因素。社会人文因素是包括社会组织结构、社会群体

（a）聊城水城明珠大剧场

（b）聊城运河博物馆

图5.2　结合环境因子的聊城水城明珠大剧场及运河博物馆形态设计
（图片来源：作者自摄）

的交往行为、道德规范、风俗习惯、宗教信仰与审美情趣等在内的各种社会关系的总和。依据社会人文因素对文脉载体的具体作用方式，可分为社会组织结构因子和精神文化因子，它们对城市人居文化、历史文化与精神文化有重要影响。

（1）社会组织结构因子。聊城社会组织结构主要包含家庭结构、阶层结构、就业结构及民族结构等方面的内容。城市不同发展阶段的血缘关系、地缘关系、业缘关系和民族构成对社会组织结构各方面的影响差距较大。首先，血缘关系、礼制伦理是前工业社会时期聊城社会组织结构的内在秩序。以血缘关系为纽带形成家长制为核心的宗族制度构出“君臣”和“父子”的礼制秩序，这在城市格局中表现为“以君为尊”（衙署占据城市中心）的布局模式，在民用建筑层面上表现为“以父为尊”的空间布局形态。其次，地缘关系和业缘关系是聊城社会组织结构的重要构成部分。明清时期，山西大批移民定居聊城，受地缘关系影响，以同乡关系为纽带在聊城建立了太汾公所（山西太原府、汾阳府商人建）、山陕会馆，其他地域商人依地缘关系建立了武林会馆（浙江杭州商人建）、苏州会馆、江西会馆等；受业缘关系影响，聊城的商业活动主要集中在运河畔的东关，形成“西城东贸”的城市功能格局。1949—1978年，聊城各行政机关、工厂建立了业缘关系紧密的“单位大院”住区。改革开放以来，随着城市综合功能的增长，地缘上的归属感成为城市社区文化核心。再次，民族因素致使聊城住区布局形成多元形态。明清以来，随着回族人口的增加，在聊城东关形成围绕清真寺布局的回族住区，宗教信仰和生活习俗的不同，造成不同民族住区建筑簇群形态的差异。

（2）精神文化因子。精神文化是城市文脉演化的最深层次的动力。精神文化塑造和架构了人内心追求层级、人与人和人与世界的本质关系及秩序。在晚清以前的古代社会，依据儒教礼制思想，将聊城城市规模、城市布局、建筑群、建筑个体均纳入伦理和等级的秩序规则之中。聊城古城规模为标准的四坊，采用典型的十字相套路网格局，府衙和县衙建筑簇群采用内外有别、次第相进的空间布局结构，建筑物则依据社会伦理结合成轴线布置，形成位序等级的空间布局。道教、佛教对聊城的宗教信仰也发生重要影响，城市居民把它融入生活观念及日常活动中。聊城古城产生了地方官府建造和祭祀、宗教人士募资而建、市民感谢对地方有贡献的官员神灵捐资建造和市民祈求许愿为某神而建的四类坛庙寺观堂祠，多达87处（附表7），成为当时古城的地标。在道德情操方面，儒家把以“三纲”为核心的道德规范体系政治化，作为政治的基本原则，形成了伦理政治的文化模式。在民国时期，“主义信仰”取代了“敬天法祖”的宗教信仰，“科学”与“民主”成为思维方式的主题，“唯科学主义”成为话语霸权。皇家的“天下”变成国民的“国家”，原有书院、私塾、试院转为新式学校，而坛庙寺观堂祠被转为政府机关、文教机构或者工业生产空间。中华人民共和国成立以来，阶级斗争政治思维模式深深扎根于当时领导者和人民大众内心，形成了“阶级道德”为纲的道德情操。目标高远的共产主义理想和“大跃进”运动现实冲击使个体产生了表面谈崇高理想，内心则是充满怀疑的价值虚无主义。与此相对应，城市空间生产体现“先生产、后生活”的特征，建设了大量的工厂和为数不多的行政办公与科教文化建筑，居住建筑更是极度短缺。改革开放以来，一些人先富了起来，但由于法律制度不健全，违规暴富、善者不赏、恶者不惩甚至赏罚错位以及“老实人”吃亏等现象频频发生，人们的道德情感变得麻木、困惑和缺失。随着科技的迅猛发展，“工具理性主义”成为人们的价值信仰，城市发展呈现了以“效率”为核心，追求效益最大化的景象，城市生态环境遭到极大破坏，雾霾天气频现。综上，宗教文化随着时代的发展，其对城市文脉演化的影响力虽逐渐减弱但仍然较强，道德情操却受经济的影响而衰弱甚至扭曲，城市居民的审美情趣逐步成为精神文化的重要构成内容。

5.1.3 政治经济因素

城市也是人们在一定的政治经济条件下经营空间所形成的产物，政治经济因素不仅反映着城市形成的原始动力，还在很大程度上决定着城市内各层级文脉载体的形态特征。政治经济对城市文脉非物质载体的文化内涵也有持续影响。

（1）政治因子。政治是制度化规范各类社会关系的总体表征，它时时影响着城市文脉载体的演化轨迹。政治反映的是社会主导阶层的利益诉求，它以强制力约束城市文脉载体的演进方向，进而使城市呈现出符合政治意志的格局形态。在封建社会时期，封建统治阶级的政治意图及理念是影响聊城城市文脉演化的重要作用因子。聊城古城等级化的规模、功能布局以及系统规整的路网格局，都是封建社会中庸、规制的政治理念下的格局形态。封建统治阶级把公祭列入朝廷礼部定制，在城中官方建造祭祀场所并进行法定祭祀，规定府衙、县衙的建设规模以及城市街道的使用，也都是政治因子重要影响力的缩影。在民国至改革开放以前时期，政治成为影响城市文脉演化的首要因子。代表无产阶级利益的民主政治走向舞台，人民公园、人民广场、红星影院等城市公共空间成为人民民主政治观念下的城市空间产物，成为无产阶级专政意志的代表。改革开放以来政治对城市文脉载体演化影响仍十分强大，代表多阶层利益的政治观念开始实施。这一阶段城市公共空间呈现自由、开放的形态特征，原来的人民公园结束封闭式管理，还建立了湖滨公园、徒骇河风景区、一系列街头绿地等市民休闲游憩的公共活动空间。

（2）经济因子。文化与经济是两个既互相联系又互相区别的社会系统，城市文脉载体的发展受到经济的制约。在古代，随着京杭大运河的开通，在商贸因素的影响下，聊城东关首先形成了一批商业性的街市、码头等文脉物质载体，之后伴随着城市商贸经济的进一步发展，商业店铺、仓库、会馆等一批商贸性的城市地标建筑产生，进而引发了城市功能格局结构进一步调整。近代工业社会时期，经济因子逐渐成为城市文脉载体演化的主导性因子。外围产业新区建设使城市空间格局不断变化，城市空间逐渐为以公共设施为核心的结构形态。建筑高度、建筑密度不断增大，经济价值成为影响建筑形态的首要作用因子，现代“国际式”建筑风格和“仿古”建筑风格不断充斥着城市空间。

5.1.4 军事技术因素

（1）军事因子。军事是政治的暴力形式的延伸，两者息息相关。战国时期，聊城处在齐、燕、赵攻防交战前沿区域，是齐国的边防要塞。北宋时期，聊城处在宋辽边界区域，军事防御是其重要的职能，元明清大运河通航后，大运河成为国家命脉，沿线城市均派重兵把守，聊城军事地位进一步得到提高。围绕军事防御，聊城古城修建城墙，周边挖有护城河，修建城墙角楼、瓮城、光岳楼（余木楼）、地道等一大批服务于军事战争的人工设施，留下了丰富的城市文脉物质载体。聊城古城易守难攻，解放军解放聊城后怕被国民党军队反攻占领而把城墙拆掉。当前和平环境下，聊城仍具有一定的军事战略地位。

（2）技术因子。技术本质是政治、经济与社会相互关联的结果。不同历史时期的技术发明对城市文脉物质载体的形态具有重要影响。根据作用对象的不同，可分为建筑技术因子与生产技术因子两个亚类。建筑技术因子对历史城市中各种建（构）筑物的尺度、规模、形态有着直接的影响。随着建筑技术发展，它进一步影响到城市地段的空间肌理，甚至对城市的功能格局与路网格局也会产生一定的作用。生产技术发展则对城市产业性的地标、产业开发区地段空间格局与形态影响显著。

5.2 聊城城市文脉演化的动力机制

本节分别从“时间阶段的文脉积层横断面”和“演进过程的层累建构纵断面”对各影响因素和各阶段文化动力对城市文脉载体的作用关系及强度进行梳理，分析它们对文脉载体的作用机制。在此基础上，对前述分析的“文脉区域—文脉积层—文脉要素”“人—时—空”关系进行综合串联，以期对推动聊城城市文脉演化的动力及其关系作出总论性总结。

5.2.1 文脉演化动力因素的阶段作用力分析

城市文脉演化影响因子在城市文脉积层“层累”的各个阶段所扮演的角色以及对城市文脉载体的塑造能力各不相同。本小节在分析归纳影响因子的基础上，进一步梳理聊城城市文脉积层“层累”各阶段相关影响因素的作用力特点（图5.3）。

（1）1912年以前阶段自然地理因素与军事因素主导。上古时期的自然环境为孕育灿烂的东夷文化提供了必要条件，为农耕发展、持续人居活动以及持久城市建设提供了根本保障。“孝武渡”古城（今城址）建造初期的宋代，是聊城古城形态、轮廓塑造的关键时期。在这一时期，主要受到城市所在基址自然地理因素、军事因素以及儒教思想的限制与影响。明清国家统一时间较长，军事因素影响下降，其社会组织结构靠强大的宗法关系和伦理关系维系。随着建筑技术、生产技术水平的提高，人们对自然环境改造能力的增强，自然因素对城市发展的推动能力逐渐减弱，近代由于环境污染压力加大，其对城市发展限定作用反而加强。

（2）1912—1978年阶段政治因素与军事因素主导。自民国初至“文化大革命”结束，聊城一直都是鲁西的政治中心。抗战时期，聊城是山东抗日战争的主战场，聊城保卫战是抗战期间山东较大的战役之一。这些都在聊城文脉载体上增加了浓浓的抗战文化和革命文化。政府的管制、引导是促进城市文脉载体演化的重要动力。解放聊城时，解放军下发了保护城内历史建筑

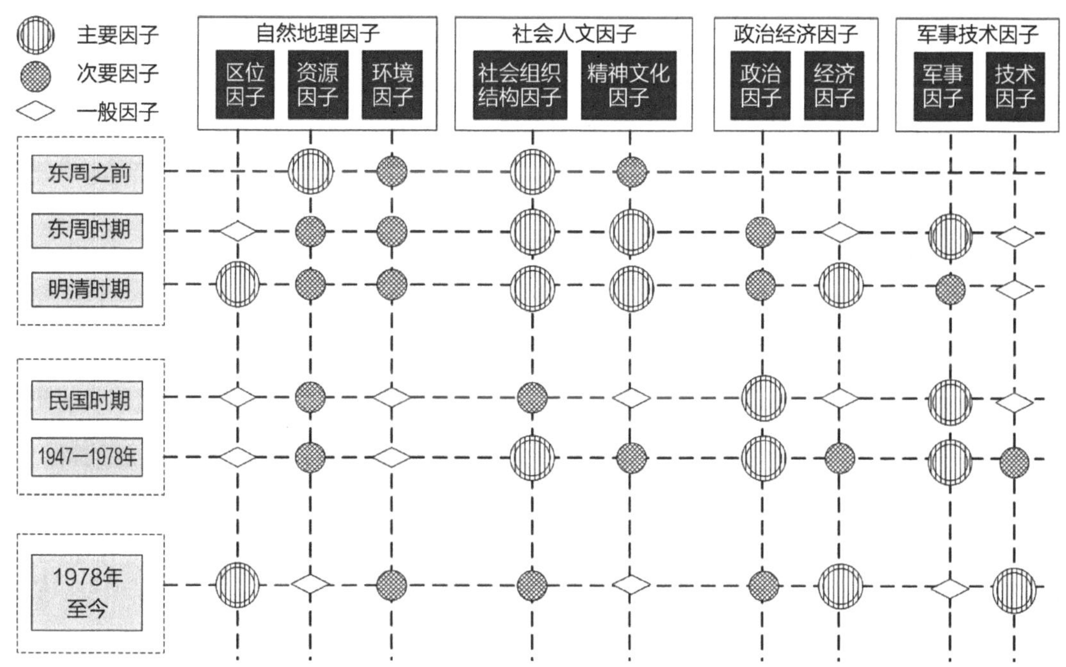

图5.3 聊城城市文脉“层累”各阶段动力因素作用力梳理
（图片来源：作者自绘）

的命令，一些历史建筑免于战火；“文化大革命”时期，“破四旧”又使一些历史建筑损毁。聊城“小三线”建设使得聊城城市工业职能大大增强的同时，也增加了“备战、备荒”的时代烙印。随着国家近现代文化遗产保护法律法规、制度规范的逐渐完善，文物保护力度不断加大，文脉载体类型日益丰富。

（3）1978年至今阶段经济技术因素与区位因素主导。从图5.3可以看出，改革开放至今经济技术因素与区位因素对城市文脉载体演化影响占比最大。济聊高速、京九铁路、邯济铁路的开通，各类技术的发展，促进了聊城沿路发展和跨越徒骇河向东发展。居住区沿河湖而建设，居住环境愈发优越，生态宜居之城成为城市追求的目标之一，城市生态经济愈发被重视。随着城市的发展，城市功能更加综合，塑造出众多经济职能特征的街巷场所以及更具有经济区位指向的城市空间格局。

5.2.2 文脉演化动力对城市文脉物质载体的作用

聊城城市文脉各层载体今日所呈现的状态，既是偏重于客观自然人文环境影响的各动力因素在漫长发展过程中交替发挥主导作用的结果，也是各阶段偏重主体的主观能动性的文脉非物质载体在空间载体上“层累”作用的结果。在空间维度上，将各动力因素代入城市文脉积层“层累”过程中加以分析，便可梳理相关动力因素及各阶段文化动力在城市文脉演化过程中，对不同层级城市文脉物质载体所产生的具体作用及强度。在城市地理环境、城市水系格局方面，自然地理因素与人居文化作用力度较强；在城市形态格局、功能格局、路网格局和簇群规模及形态中，政治经济因素和职能文化发挥主导影响；在线型空间及城市坐标的形式、尺度、风貌特征方面，社会人文因素和职能文化发挥主导作用（图5.4）。

（1）自然地理因素与人居文化对不同层级城市文脉载体外在形态的直接影响。地势平坦、河流众多、旱涝频繁是聊城的自然地理本底，在应对、改造这些自然地理条件过程中形成的“人居文化”对各层级文脉载体的格局和形态演进有着直接决定性的影响。在宏观选址上，聊城宋代古城距黄河、徒骇河、马颊河都有一定距离，皆因前三次所选城址均遭洪水摧毁。在城市空间格局上“顺乎其性”，城市的扩展都是和河流水系相呼应的。在城市地段上，古城、湖中岛的建设受河湖水系影响更大。在城市坐标单体营建上，也与自然环境进行调和。

（2）政治经济因素与职能文化对城市文脉载体的持续综合影响。通过聊城城市文脉积层“层累”建构过程分析，可以发现政治经济因素和职能文化是推动城市文脉演化的主线。城市中的防御设施、工厂、商店、办公建筑、宗教建筑以及建造它们的工艺技术，都是城市职能文化的投影。

（3）社会人文因素与历史文化、精神文化对城市文脉载体的内在和间接影响。社会人文因素与历史文化、精神文化对城市文脉载体具有内在的影响，其反映在城市文脉物质载体的呈现

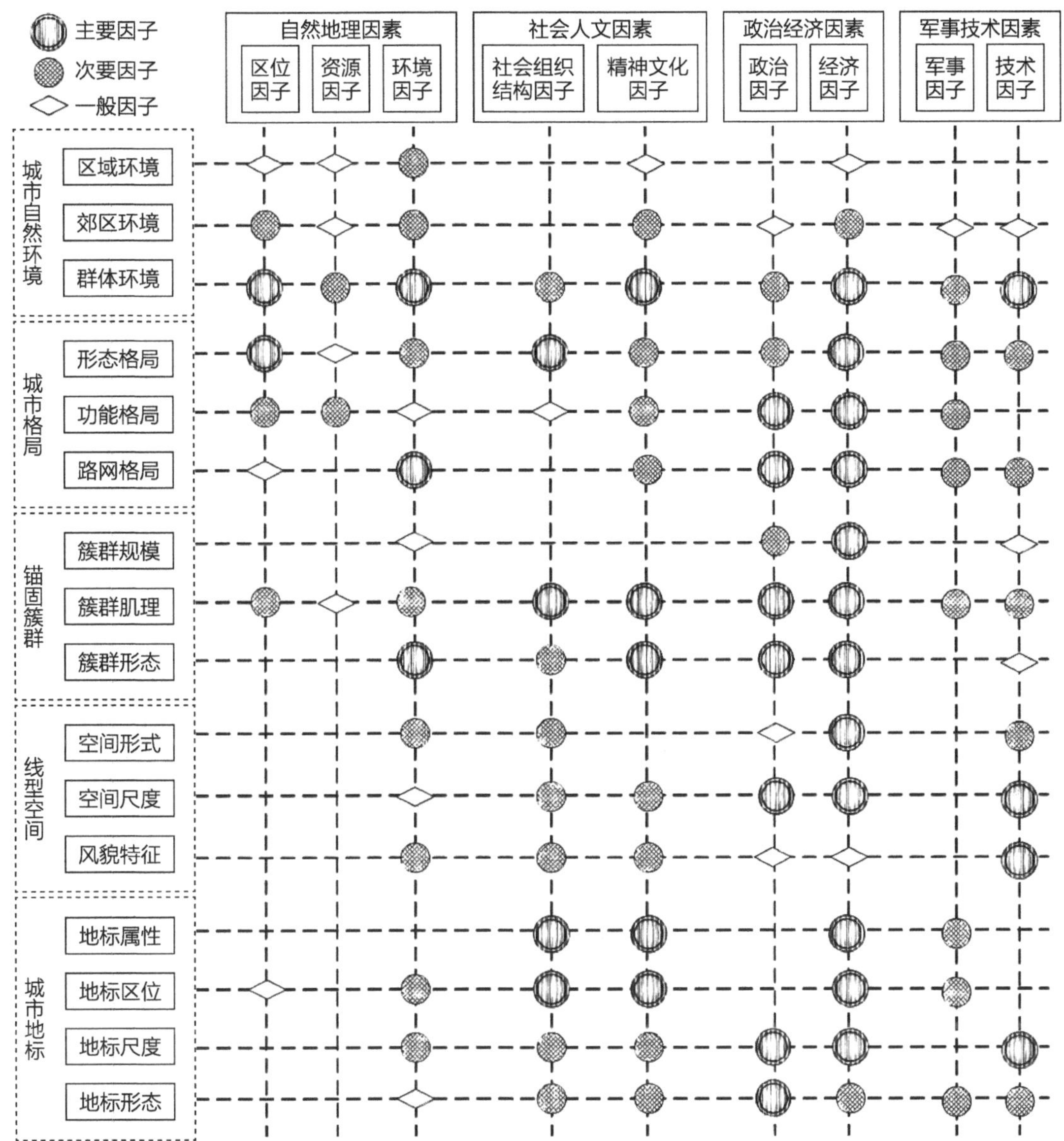

图5.4　影响因素对城市文脉各层级载体作用力及强度梳理
（图片来源：作者自绘）

表达中，需要城市文脉主体产生共鸣才能理解；城市历史文化是人居文化、职能文化与精神文化在演进中复合出的文化形态，它以历史事件、历史人物、城市传统节庆、城市地名等呈现出城市发展脉络的形式作用于城市文脉物质载体，成为与其紧密相关的历史文化环境，它体现出宏观层面城市地理环境和城市格局延续、中观层面线型空间的调适、微观层面城市坐标的更新的内在规定性，并随时间的推移沉淀为城市的历史底蕴；精神文化在城市地理环境、城市格局、城市地段、线型空间以及城市坐标等文脉物质载体中难以找到纯粹的直接对应物，它潜藏于空间布局、形态样式、构造符号和各种雕塑等类型的载体上。

5.2.3 文脉链条视角下城市文脉演化的动力机制

从文化人类学视角看，聊城各阶段文脉载体中只有典型的具有代表集体记忆或者集体共有生活经验的才被传承下来，成为聊城城市文脉信息不可或缺的存在。若从完整性上把城市文脉看作城市生活样式演化的集中体现，城市文脉各积层的产生以及“层累”进程中无一不包含各种文化因素影响下形成的各类文脉要素文化表征的浓缩—文化元，各类文化元在文脉积层“层累”过程中凝结为物象（构成文脉物质载体的遗存）、场所（遗存所在空间）、事件（与物象、场所相关的具有代表性的事件、人物、技术、生产方式与生活习俗等）三类要素。这三类要素规定和推动着城市文脉载体演进的方向，进而构成城市载体层级体系中相互链接的三类链条：物象链条、场所链条和事件链条。这三类链条均由“文化信息链”所构成，就像人的血脉有主脉、次脉、毛细血管一样，也可分为主要、次要和一般三个层级。一般链条、次要链条把物象要素、场所要素和事件要素密织成不同层级类型的文脉空间单元，主要链条再把各层级文脉空间单元链接成具有内在城市文化脉络的文脉积层（图5.5）。

城市文脉空间单元之间的链条依照时间先后顺序和空间特性把不同时期、不同空间尺度的文脉空间单元叠合成一个又一个的文脉积层，因而，城市文脉链条是表述城市文脉这个活的机体演化与传承的重要概念，也是理解和表述城市文脉演化规律的重要中介（图5.6）。

（1）城市文脉演化的动力

一般内部矛盾是事物演化的主要驱动力。城市文脉演化的主要驱动力也来自城市文脉要素内在的矛盾运动，即城市文脉要素的主体（不同阶段的城市居民）在城市中创造、改变客体（城市文脉物质和非物质载体以及文脉链条）活动中的内在矛盾。因此，认识和把握城市文脉

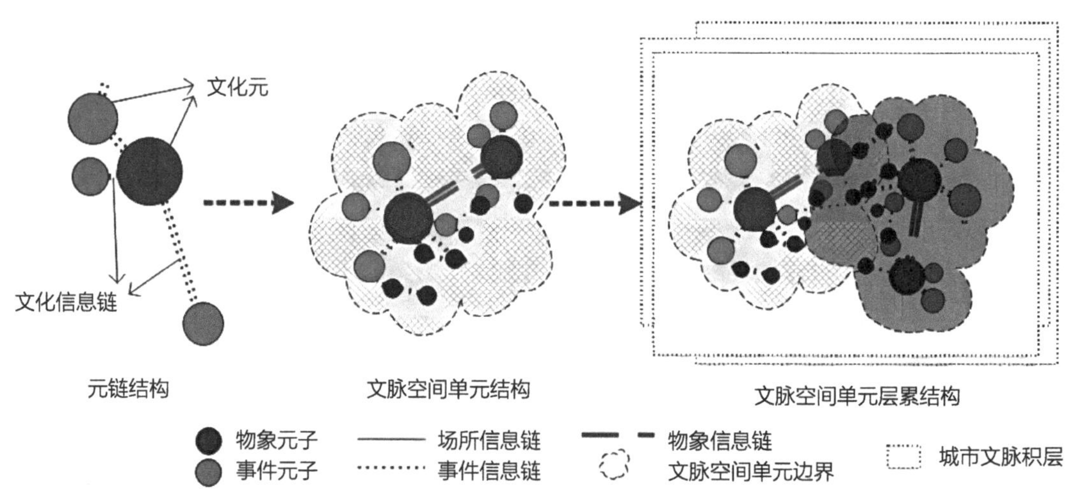

图5.5　城市文脉空间单元的“元—链”层累结构模型示意
（图片来源：作者自绘）

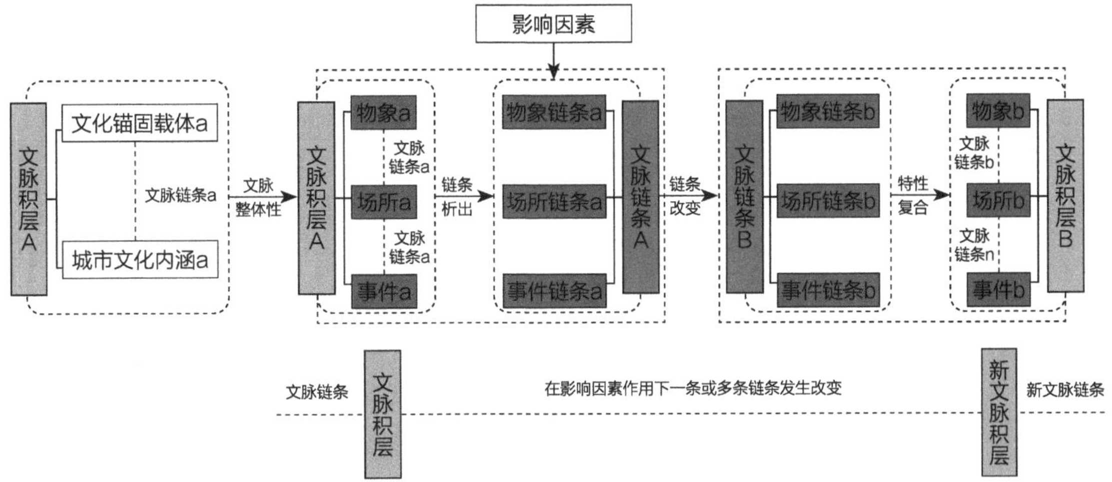

图5.6 文脉链条视角下城市文脉演化机制示意
（图片来源：作者自绘）

积层转换的内在机制，需要从把握城市文脉主体在城市活动中的内在矛盾人手来揭示其动力机制。观察层累过程中文脉链条的变化，研判得出以下结论：

①人居文化、职能文化和精神文化的超越性与自在性的矛盾是城市文脉积层转化的内在深层永恒动力。人居文化、职能文化和精神文化既映现着城市居民对大自然和自身本能的超越，体现着他们的发明创造，具有超越性，也是沉淀累积下来被城市居民所共同遵守或认可的共同的行为模式，具有自在性（群体性和强制性）。因而，人居文化、职能文化和精神文化包含超越性和自在性的矛盾。城市人不仅生活在城市文化之中，而且还不断以新的、有限的文化创造去超越原有文化模式束缚，因而这种矛盾是和城市人本身永恒存在的。这种矛盾在城市中表现为城市人的个体与群体、个体与某一阶段文化模式的矛盾。在矛盾冲突中，新的人居文化、职能文化和精神文化就会通过城市人实践活动的革命性和批判性而产生，导致城市文脉空间单元内物象链条、场所链条、事件链条的一个或多个发展方向改变，进而促进整个城市文脉载体的演化，这就是城市文脉积层转化的内在机制。

②人居文化、职能文化和精神文化所含有的自在的文化和自觉的文化的张力是城市文脉积层转化的内在具体动力。自觉文化[①]活动主要发生在创新性思维和实践居于主导地位的非日常社会活动中，它不断地修正或突破原有的规则和模式。自在文化[②]主要发生在重复性思维和实

① 自觉文化是指集中体现在科学、艺术、哲学等精神生产领域中以自觉的知识或自觉的思维方式为背景的人的自觉的存在方式或活动图式。

② 自在文化是指以传统、习俗、经验、常识、天然情感等自在的因素构成的人的自在的存在方式或活动图式。它一方面包含从远古以来历史积淀起来的原始意象、经验常识、行为规则、道德戒律、自发的经验、习俗、礼仪等，另一方面包含常识化、自在化、模式化的精神成果或人类知识，如简单化、普及化、常识化的科学知识、艺术成果和哲学思维。自在文化通过家庭、学校、社会示范等形式融人人的生活中，顽固而自在自发地左右着人的行为。

践居于主导地位的日常生活中，它甚少创新，一般只是依据先验知识惯例地把各种新问题都纳入已有的模式，结果是日常生活就像春夏秋冬一样在同一水平上循环。自在文化多是传统文化，从古至今城市人受其制约越来越少。自觉文化在现代社会发挥的作用越来越大，它以理性文化引导和规范个人活动，指导经济、政治等社会活动。自在文化是自觉文化的基础，自觉文化是自在文化的重要来源。自觉的文化对自在的文化进行批判、超越，实现城市文脉空间单元的新文脉链条代替旧的文脉链条，进而推动整个城市文脉积层转化。在自觉文化中，各种国家地方政策、城市规划与管理制度、城市文化遗产保护制度对文脉链条影响较大。

③自然地理因素、社会人文因素、政治经济因素和军事技术因素是城市文脉积层演化偏重于客观的环境影响的外在动力。在城市文脉的演化过程中，自然地理因素、社会人文因素、政治经济因素和军事技术因素作用于物象链条、场所链条和事件链条，直接促进新“文脉积层”的形成。城市文脉空间单元的事件链条是引发城市文脉空间单元变化的原因，场所链条的恒定是城市文脉空间单元传承发展的核心，物象链条是城市文脉空间单元发展的表征。如聊城古城东的京杭大运河码头，运河水源、漕运、军事、商贸等活动对运河码头来讲都是重要的事件，这些事件或可促进码头文脉链的延续，也可能分支出新的码头文脉链。在明清时期，聊城人们的生活行为或多或少都与码头相联系，形成共同的记忆。明清时期黄河决口，京杭大运河（山东段）在聊城断航，致使聊城古城东码头的码头功能无法得到发挥，聊城的政治和军事地位下降，经济发展和技术交流变缓，最终被遗弃。此码头的功能也没能迁移到城市他处，这使得原有显性要素戛然而止，造成聊城运河码头事件链条和物象链条的断裂，从而使得聊城古城东码头文脉链条偏离原有轨迹，无法自我更新形成新的码头文脉空间单元的“层累”。

（2）城市文脉演化的路径

在东周至明清阶段，聊城城市文脉在中国东西、南北文化交流的冲击下保持了适当的张力与冲突，属于内在创造性的演化路径，此阶段的文脉载体尤其是宗教建筑、军事防御性建筑都随着其生命周期而不断破败和修复。明清时期聊城地处中国中原地区，深受齐鲁文化影响，传统农业文明异常发达和成熟，难以在自觉文化与自在文化之间形成较大的张力，城市文脉的演化是传统的经验主义路径。晚清至改革开放以前，中国引进了马克思、恩格斯思想开始了有限的和保守的现代化。改革开放以来，聊城也随着国家大势，借鉴西方先进的技术和思想，利用外来的自觉的精神文化走进了现代化进程。这两个时期，聊城城市文脉演化采用的是批判性重建路径（图5.7）。

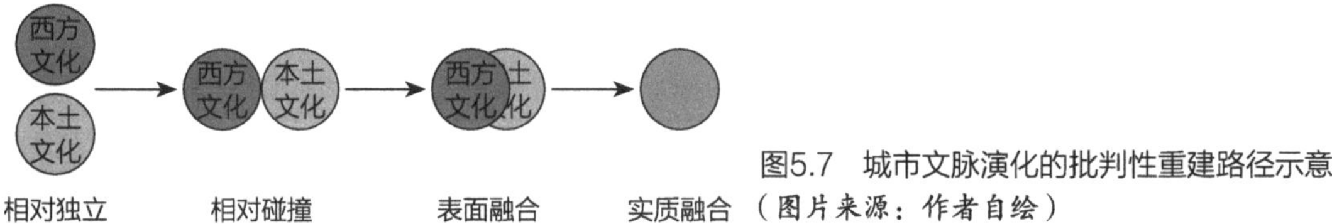

图5.7　城市文脉演化的批判性重建路径示意（图片来源：作者自绘）

5.3 聊城城市文脉演化的表现法则

结合聊城城市文脉层累建构和演化动力机制，可总结出聊城城市文脉载体演化的四大表现法则：文脉载体文化内涵演进的事件法则、文脉载体空间生成存续的场所法则（遗存所在场所）、文脉载体形态演化的“以时率空”法则和文脉载体物象呈现的层累更新法则。事件法则为城市事件的不可复制性决定城市文脉载体的独特性，城市事件的真实性决定文脉物质载体的真实性，多样性的城市事件是城市文脉载体体系的参照坐标；场所法则为功能和意义同构是延续文脉载体的关键，场所链条决定文脉载体链条的延续性；文脉载体形态演化法则为“以时率空”①；文脉载体物象呈现的层累更新法则为物象延续、覆盖和融合。

5.3.1 文脉载体文化内涵演进的事件法则

（1）城市事件是城市文脉载体的灵魂

聊城城市文脉的层累建构中包含着名人事件、历史事件、建设事件、文化事件、商业事件、战争事件、民俗事件、节庆事件等较多类型的城市事件。它们在特定城市空间发生并触发城市文脉要素的生成、锚固、发展和演进，同时，“每一个事件占据有限量的时—空”，借助其内在时—空性和故事性构成链接城市文脉信息和城市文脉物质载体的重要媒介，进而形成不同层级的文脉空间单元。城市事件使人在感知城市文脉载体时不仅有感官体验的愉悦，还会感觉到自己与空间在时间维度上的融合，给人以时空互动的深刻意味，成为城市文脉载体的灵魂。聊城城市事件在文脉载体文化内涵演进中具有以下三个基本特征：首先，它具有原真性和不可复制性。作为每个事件本身而言，它仍是个体的、单独的，具有自己确定的地点与时间，绝不会对其他群体产生影响。其次，重大事件主要对城市格局和城市地段这两个层级文脉载体产生重要影响，一般事件的影响主要在线型文脉空间单元和城市坐标文脉空间单元层级上。最后，带有一定的偶然性和随机性。城市文脉载体的毁灭、联合、共生、突变等都是事件可能导致的后果。

把历时性发生的多样性城市事件与城市文脉载体相结合，可使人们更好地理解城市文脉载体文化内涵演进，如同空间是依托“形式”被呈现一样，时间借助相对稳定的“故事”被展现出来。可有效弥补城市意象理论的缺陷：认知地图只能把握城市意象的个性、结构，对于意义的研究显得无能为力。因而站在“事件”的角度，来统筹“空间意义”和“空间个性”可获得城市文脉空间单元文化内涵的理解和自我实现，并以此实现对城市文脉空间单元价值（意义）的追求（表5.1）。

① 宗白华在《中国诗画中所表现的空间意识》中提出了“以时率空”的观点，认为中国的宇宙观是时间率领着空间。

城市历史环境认知的城市意象五要素与城市事件方法比较　　表5.1

比较内容	城市意象五要素	城市事件
追求目标	城市的可识别性（Logibility）	城市的意义（Sense）
认知层次	物象—场所	物象—场所—事件
营造要素	五要素	三整合
心理认知	定位（Orientation）	认同（Identification）
主要手段	认知地图	事件表述
维度	空间三维（长、宽、高）	四维（空间+时间）
相互关系	识别是意义的基础	意义是识别的灵魂

城市文脉载体价值（意义）的追求是一种“整体生态”，即包含文脉物质载体生态和人文生态。人文生态又可分为历史人文生态（历史文化）和现实人文生态（当下城市生活）。对应城市文脉可持续发展的整体生态的意义内涵，城市事件可与城市文脉物质载体整合、与城市历史文化整合、与当下市民生活整合，共同构建城市整体生态故事（图5.8）。

（2）城市事件的不可复制性决定城市文脉载体文化内涵的独特性

城市事件的独特性和不可复制性对城市文脉载体特色的形成与影响至关重要。正如阿尔多·罗西所言：“场所是容纳一系列事件的地点，它本身也同时构成了事件。人们可以从这些事件发生的标记上，看到场所的这种独特性。”空间为事件发生提供场地，事件影响人对空间的感知，空间又为这种感知提供了场所。空间是时间影响下的空间，“空间在千万个小洞里保存着压缩的时间”，城市事件有效衔接城市文脉载体的历时性和共时性。城市事件强度越大，与之相关的城市文脉载体给人们的认知与情感体验就会越强。如和聊城的历史名人范筑先、傅斯年、孔繁森等有关的纪念馆、图书馆、广场等构成了聊城非常显著的一种特色空间。

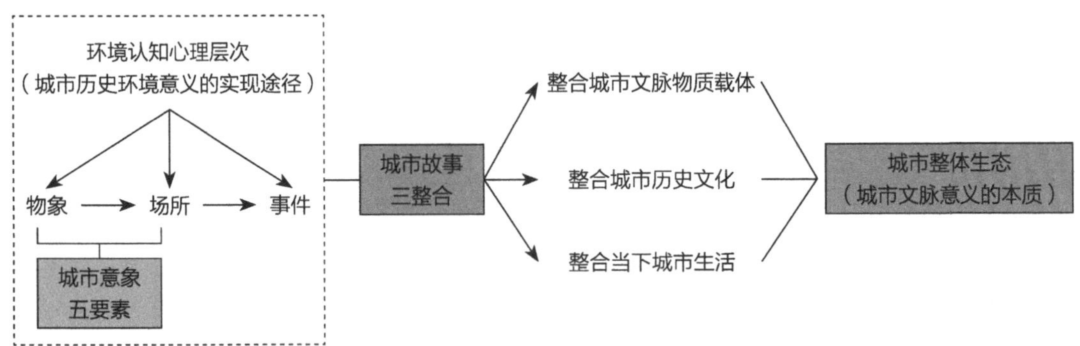

图5.8　城市事件在城市文脉载体中的本质定位
（图片来源：作者自绘）

（3）城市事件的真实性决定城市文脉载体的历史内涵真实性

当下对城市遗产“真实性”概念的理解已从最初用于描述物质实体的艺术展品，逐步扩展至非物质意义和历史演进（2014年《奈良+20：关于遗产实践、文化价值与真实性概念的回顾性文件》)。城市事件受时间、空间和事件的三重约束，其具有原真性和唯一性，这决定了作为其“发生器”，即城市文脉空间单元具有原真性和真实性。城市事件也是串联城市文脉空间单元内各要素进行主题性叙事的资源。叙事学具有以真相为目的特征，城市文脉空间单元文化内涵的“真实性”在一定程度上化为“叙事的真实度”，城市叙事就成了一种利用城市事件资源直接建构城市文脉的手段。由于空间的时间存在，以及时间轨迹不可复原，所以严格意义上不变的物质（空间）是不存在的，所谓的“再现”也只是保持一种“再现”的氛围，它强调尽量尊重事实，并在空间关系上尽量去表现真实。如英国在伦敦石灰房码头（Lime House Basin）滨水区的更新中，利用事件再现与营造模式、情境整合模式再现19世纪以来船家聚居生活模式（图5.9）。

（a）伦敦石灰房港湾一景

（b）伦敦石灰房港湾的水闸和河道

图5.9　伦敦石灰房港湾事件“再现”更新模式
（图片来源：作者整理）

聊城古城改造过程中把原有民居推倒，重建成明清风格的四合院，出现了物质要素建设上的以假乱真，同时将古城原居民迁出安置，也使古城失去了“生活真实性”，在这种情况下，聊城古城叙事存疑，其文化价值内涵遭到较大破坏。

（4）多样性的城市事件是城市文脉载体文化内涵展示的参照坐标

每一个城市事件对应唯一的城市空间，空间属性是其最基本的属性，因而，城市事件还具有时空坐标作用。用事件表示时空属于凸显特征记忆，符合转喻认知“接近即同一”的原则。“接近即同一”是指我们所关注的事物出现时，往往会有时间上或空间上一起出现的其他事物，其中如果有一个事物的特征非常鲜明，或者对我们有特殊的意义，它就会吸引我们的注意力，甚至成了注意的焦点，原本应该关注的事物反倒退居到焦点之外去了。但它的意义并没有消失，而是通过时间上或空间上一起出现的其他事物显现出来。也就是说，它被同一到有接近关系的其他事物上去了。

多样性城市事件横跨城市文脉载体演化整个过程，既可以维护城市文脉载体的历时性特征，也可以在物质空间快速更新的城市中营造一种相对稳定的历史场所空间。随着时间的流逝，大多数城市事件要么被遗忘要么被新事件取代，其辅助空间认知作用会越来越小。在这些消失、模糊的事件中，找出清晰的可以指引城市文脉载体的事件，实际上也就是在加强城市文脉空间单元的“整体性”和“完整性”。

5.3.2 文脉载体空间生成存续的场所法则

20世纪60年代以来，拉尔夫（Edward Relph）从“场所和无场所”[①]，段义孚（Yi-Fu Duan）从“恋地情节”（Topophilia）[②]，舒尔茨（Norberg-Schulz）从“存在空间”（Existential Space）[③]等角度对场所进行了解析，这些解析本质上都可以理解为城市场所是城市环境和人文精神的同构。通过聊城城市文脉积层演化分析，可看出在城市坐标和线型空间这两个层级的文脉空间单元范围具有相当丰富的可感知特征，极具场所性。

（1）文脉空间单元场所性生成

从发生学的视角来看，文脉空间单元的演变是一个周期性的动态的生命周期（Life Cycle），它是特定场地内文化生成、繁荣、衰落及创新发展过程的历时性记录。在这个周期内社会群体和这个特定空间之间通过长期的日常生活联系相互塑造，形成了具有稳定的物质环境和精神内涵的场地。按照阶段性周期的产生、成长、成熟和消亡的过程和规律，城市文脉空间单元的演化一般有四个阶段：功能空间集聚的萌芽阶段、场所意象锚固的产生阶段、对场所情感认同的发展阶段和场所意义转化的转折阶段（图5.10）。

第一阶段，功能空间集聚。集聚是文脉空间单元萌芽阶段的初始机制，经济、军事防御、宗教信仰等是集聚效应得以产生的重要影响因素。第二阶段，场所意象锚固。场所就是一切能够吸引人们注意的固定物体的地方。此阶段文脉空间单元将人、物、信息的集聚效应常态

---

① 拉尔夫在《场所和无场所》（*Place and Placelessness*）一书中，讨论了两种生活方式——真实的与不真实的，同时解答了场所与无场所的不同产生环境。最后作为结论，场所感觉来自环境形式对当地居民的社会、经济、文化生活的真实反映，这一反映可以设计出来，也可以通过居住自然产生。

② 段义孚在《恋乡感》（*Topophilia: A study Ofenvironmental Perception, Attitudes, and Values*）中罗列了由许多不同视角的人所作出的描述，来显示所研究的对象在日常生活中的表现，提示了建筑界曾被认为无法研究的复杂微妙感觉。

③ 存在空间是舒尔茨在海德格尔的思想基础上，又结合皮亚杰的发生认识论提出了存在空间的概念。所谓存在空间，就是比较稳定的知觉图式体系，即环境意象。

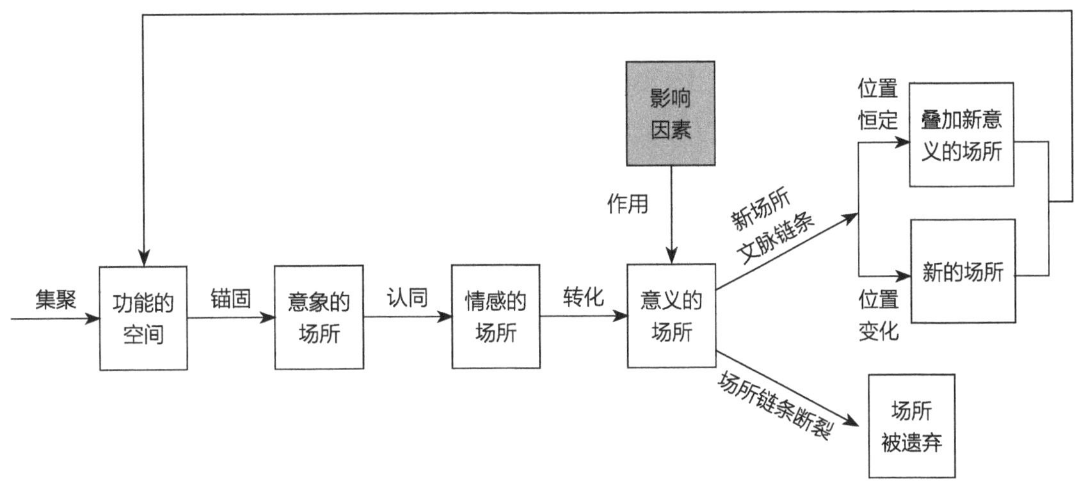

图5.10 文脉空间单元场所性的生成及作用机制
（图片来源：作者自绘）

化，进而形成有着明显内外之分的社会群体和空间结构。第三阶段，对场所情感认同。城市社会各阶层均参与其中，凝聚集体地方意识。城市“八景”就是由意象空间转化为情感场所的典型。“八景”集地方自然景观、人文之大成，由最初的精英审美逐渐扩展为一种地域性的集体意识，最终成为一种文化记忆。这种文化记忆与一定时空及主观感受相关联，带有强烈的“地方意识”并强化和赋予地方某种相对稳定的景观意象。第四阶段，场所意义转化。在相关因素影响下，场所中人的行为、思想、感受以及人赋予该场所的价值总是不停地转化（Transformation）为该场所的一部分。在持续的营建过程中有意识地将“场所精神”通过“寓意于象”的方式进行象征和同构，可产生大量“有意味的形式”。

（2）场所功能和意义的同构是延续文脉空间单元的关键

城市文脉空间单元总是通过对一系列时间和城市事件的集体无意识串联来表达一定的社会组织结构，以及潜意识层面的空间认知图式。在城市文脉空间单元“层累”过程中，无论城市文脉空间单元自身内部发生怎样的变迁，只要符合多样性城市事件为主导的真实性原则，我们便可以判断该城市文脉空间单元为意象锚固。随后城市文脉空间单元得到城市居民集体情感认同，形成场所精神。前三个阶段是“形式决定意义”的被动环境适应，第四阶段则是“意义决定形式”的主动转化。在后续的发展中即使该城市文脉空间单元又衍生出很多新功能，其功能展现出来的物象有较大变化，但只要该城市文脉空间单元的精神意义链条持续，其展示出来的物象和其最初意义产生时的物象具有一定的相对静止性，城市文脉空间单元的意义与空间功能和结构不“脱节”，该城市文脉空间单元就会持续把不同的事件转化成稳定的物质象征，文化内涵就会持续丰富下去。

聊城米市街是把运河商业街的精神意义和空间功能同构并延续下来的典型线型文脉空间单元。聊城米市街区域在明洪武八年（1375年）建崇武水马驿站，开始空间聚集，此时主要为馆驿和兵马驻扎的演武场。明万历二十八年（1600年）该片区北部出现“税课司”，场所意象开始锚固。清嘉庆十三年（1808年），米市街区域增加了“大司税局”和“崇武连墙”（崇武驿大码头），一直到清末该区域的漕运和商贸的场所精神情感得到认同。现被划定为历史文化街区，仍以商业功能为主，且其空间范围逐步扩大（图5.11）。

聊城玉皇皋区域随着玉皇皋建筑群被拆除，周边工业、居住功能对原有商业功能的覆盖，原有场所意义和功能脱节，该文脉空间单元难以把新的同类型事件转化为物质象征，其文化内涵逐渐衰减，空间范围逐步缩小（图5.12）。

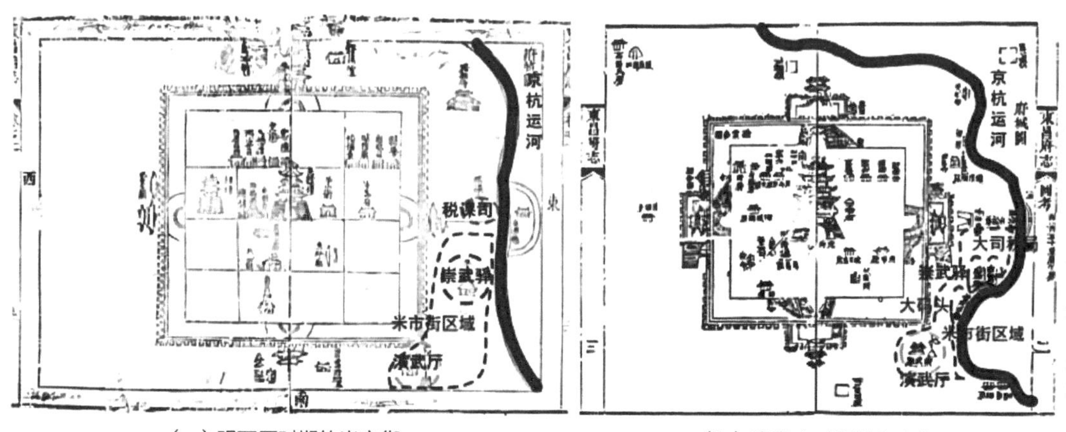

（a）明万历时期的米市街

（b）清嘉庆时期的米市街

（c）清末时期的米市街

（d）米市街现状（2018年）

图5.11　聊城米市街文脉空间单元场所性生成演化示意
（图片来源：作者自绘）

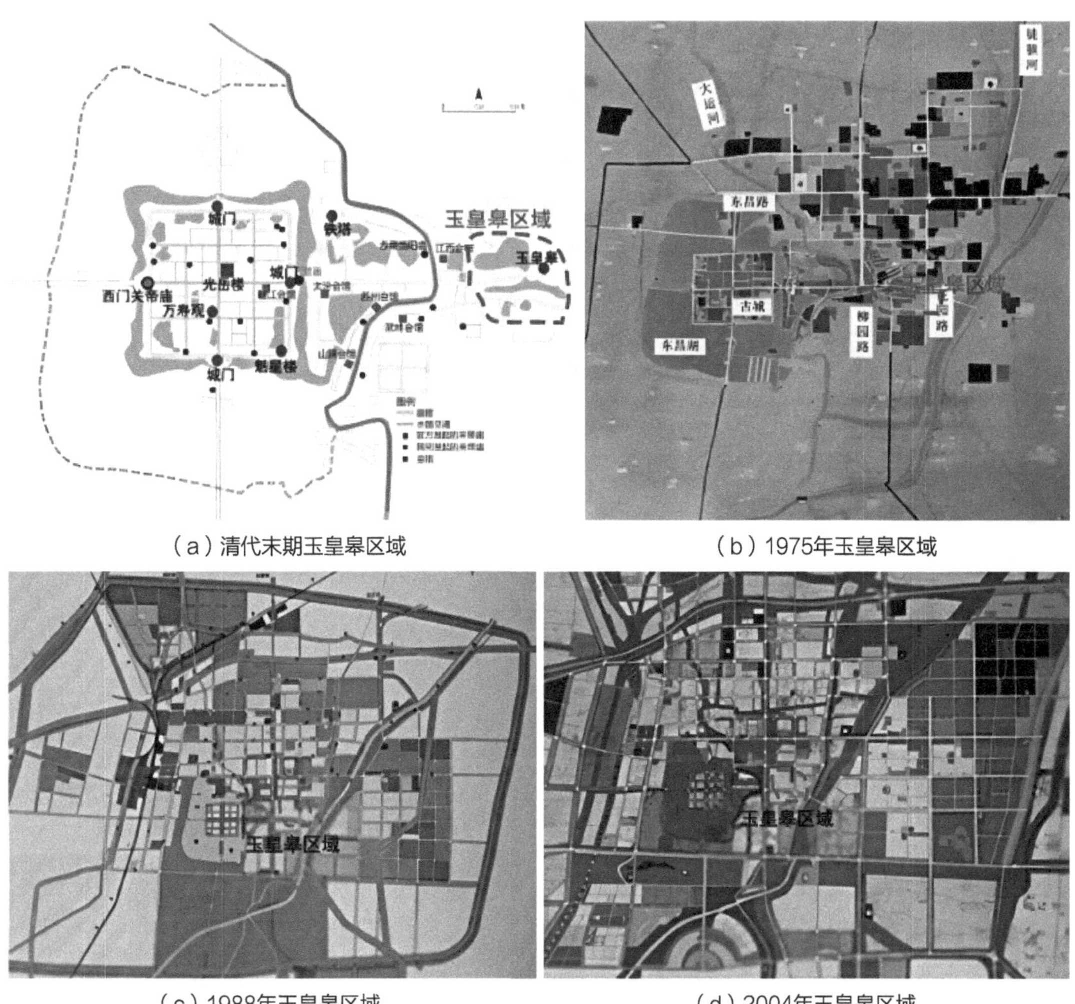

（a）清代末期玉皇皋区域　（b）1975年玉皇皋区域

（c）1988年玉皇皋区域　（d）2004年玉皇皋区域

图5.12　聊城玉皇皋文脉空间单元场所意义的消解示意
（图片来源：作者自绘）

（3）文脉场所链条决定文脉空间单元链条的延续性

一个文脉空间单元的文脉链条包含城市事件链条、文脉场所链条和文脉物象链条，由于文脉场所链条携带着其最初场所意义生成时期的文化特质，即使原有的物质空间被毁灭，只要此空间没被遗弃，此后只要仍以原来的主导功能重新使用，此文脉空间单元就具有延续性。对此，最为典型的例子就是日本的重要神道教建筑“伊势神宫”的“造替”制度，这个制度建造所用材料都是新的，但帮助了非物质的、活态的传统建筑技术的保护，是其作为文化遗产“真实性”的重要组成部分。城市文脉空间单元对真实性的要求相较于文化遗产一般要低，因此，包含场所精神意义的以原来功能为主导的重新使用是文脉空间单元链条延续的重要条件（图5.13）。

（a）2013年航拍图，右旧社殿，左新社殿

（b）游客众多的“伊势神宫”内宫的宇治桥

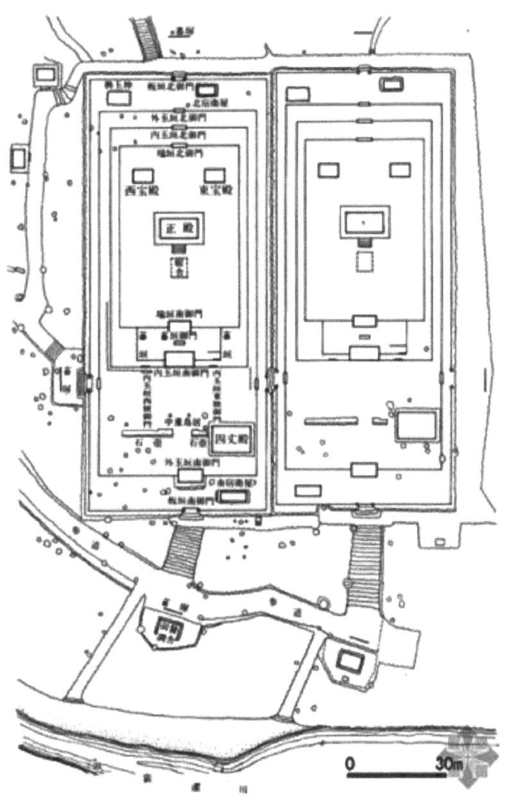

（c）“伊势神宫”两块建造用地的测绘图

（d）2013年“式年迁宫”夜景盛况

（e）2013年“式年迁宫”日景盛况

图5.13 日本“伊势神宫”的“式年迁宫”
（图片来源：作者整理）

5.3.3 文脉载体形态演变的“以时率空”法则

（1）遵循“天道”宇宙观的建筑布局

时空是一切事物存在的基本形式，古代文化的主导思想与时空观有内在关联。从词源意义上看，在古代汉语中“时空”即“宇宙”，且“宇宙”最早被用作对建筑的称呼。战国《尸子》

云："四方上下曰宇、古往今来曰宙"，东汉许慎《说文》语"宇，屋边也"，由此可见，古代建筑与宇宙有着深厚的渊源。聊城远古时期的先民就崇拜自然，《管子·五行》篇载"黄帝得蚩尤而明于天道"。可见"天道"之学也最早流行于东夷地区。聊城封建社会时期，处处体现了"以时率空"和"天道"宇宙观对城市建设的影响。古人以城市轴线、城市建筑等表达对宇宙时空的认知，根据对宇宙时空的理解来营建城市空间场所及形象。从表达宇宙时空结构的"天圆地方"说到天圆地方的祭坛，从模拟宇宙时空结构的"亚"字形模式到聊城古城四角的留空，再到四合院的布局模式，都体现了古人从各个方面加强城市、建筑与宇宙时空的关联，并追求与宇宙时空的同构，体现了"以时率空"的法则（图5.14）。

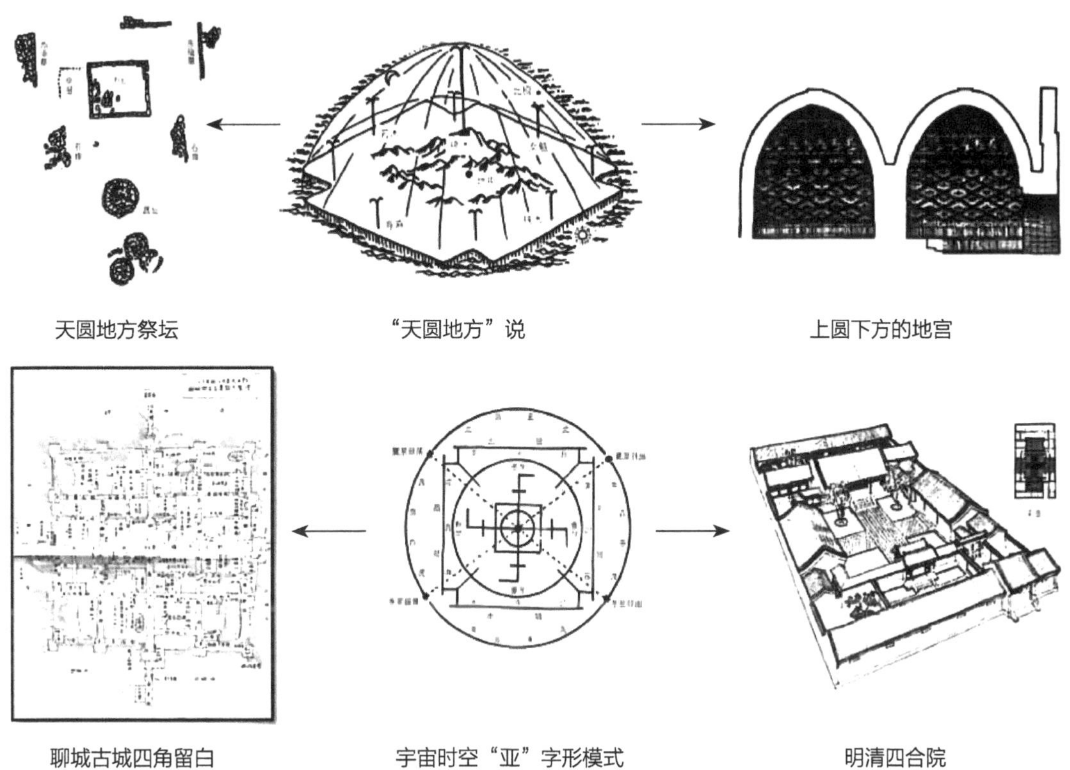

天圆地方祭坛　　"天圆地方"说　　上圆下方的地宫

聊城古城四角留白　　宇宙时空"亚"字形模式　　明清四合院

图5.14 "天道"宇宙观与传统建筑的关联
（图片来源：作者整理）

（2）遵循"天时""时序"的建筑布局

我国古代政治类建筑、礼制类建筑都选择与"天道"中的"天时"关联，并对吉祥的天时最为看重。吉祥"天时"就是具有特别意义的时间点，时间点和数字相关联，从而吉祥"天时"就和数字相关联，以至于我国古代政治性建筑、礼制建筑的选址和营建布局都有各种各样的"吉数"和"天时"相对应。此外，我国古人发现"天时"具有一定的规律和秩序，即"时

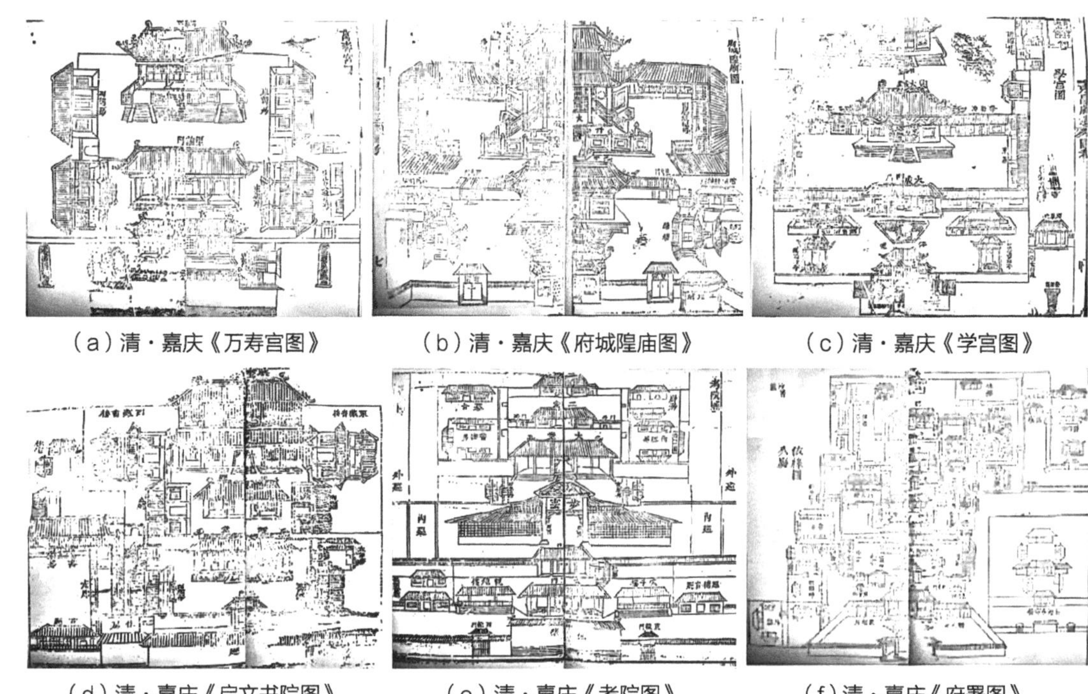

（a）清·嘉庆《万寿宫图》 （b）清·嘉庆《府城隍庙图》 （c）清·嘉庆《学宫图》

（d）清·嘉庆《启文书院图》 （e）清·嘉庆《考院图》 （f）清·嘉庆《府署图》

图5.15 “时序”观下聊城古代建筑的轴线对称布局
（图片来源：作者整理于嘉庆版《聊城志》）

序”。《易传·文言》认为：“夫大人者”，必须“与日月和其明，与四时和其序”。依据“时序”运动的秩序性，我国古人按直线运动安排一系列中轴对称的空间序列。尽管“时序”对应的空间序列被封建统治阶级打上了尊卑贵贱的等级秩序烙印，但抛开伦理观念，传统建筑的空间排列秩序仍可给人引人入胜的空间体验。聊城古城的府衙、书院、考院和城隍等礼制建筑和政治建筑都体现了吉时和时序观念下的吉数选择和轴线布局（图5.15）。

5.3.4 文脉载体物象呈现的层累更新法则

（1）文脉物象“层累”延续法则

延续指事物在后续的发展过程中依照原初的状态发展或保留、传承之前发展过程的一种现象。由于构成文脉载体的各类物质具有生命周期，因而城市文脉物质载体在城市演进的过程中发生局部的更新或重建在所难免，只要不出现颠覆性变化和方向性的大幅调整都可归类为物象延续。这类城市文脉物质载体，总体来讲至其阶段末期仍然保留了某一阶段以文化为主导的物质层积，此种文脉物质载体“层累”模式十分符合文化遗产的“真实性”原则，故其承载的城市历史文化价值，至少从被纳入文物保护单位或历史文化名城或历史文化街区起就受到保护。这些城市文脉物质载体就是已被公布或即将纳入的城市遗产。

从聊城城市文化锚固载体的演化历程看，文脉物象“层累”延续形式多发生于明清时期的城市格局、城防建筑、宗教建筑和礼制建筑。其中，聊城古城格局的延续是聊城物象延续的首要规律。在区位格局方面，聊城被河流和京杭大运河纵横切割，在生产力水平对宏观区位关系改造较弱的古代社会，依附交通便利、土地宽广的条件建立基址后，明清时期古城区位格局就没有发生过变化。在功能格局方面，古城东侧依附京杭大运河码头为原点聚核，沿贸易轴线生长出商业街，结合行业不同进而产生街市分化；古城则结合护城河强化防御格局。古城路网格局也呈现出以四大街为主、四个片区结合的空间职能关系，内部路网动态调整、由主至次的生长。城市历史街区及建筑虽在建筑构造及外观细部发生了局部变化，但其空间格局、形态、尺度和风貌特征均得以稳定延续，在细节上留有很多时代的印记可供体验（聊城此类文脉载体详见附表1-7）。对于城市文脉物质载体来讲，本书强调其不同于物质文化遗产本体的一个重要方面就是真实性的判断，延续模式是一种可以替换的维持，格局、尺度与风貌才是最为重要的标准。即使是已列入世界文化遗产的丽江，也需要随着物质的生命周期进行改造和翻修，但只要绝大部分的街巷与建筑都仍然延续了历史上的形态、尺度和风貌，就不会影响人们获得一种具有历史连续性的和谐体验（图5.16）。

（a）从狮子山鸟瞰丽江古城

（b）从木府鸟瞰丽江古城

（c）民居立面添加现代元素

（d）院落内新添构筑物

图5.16　丽江古城民居的改造与翻修

（图片来源：作者整理）

华沙历史中心的战后重建是延续模式的最极端例子，1944年华沙历史中心连同周围历史悠久的老城区85%以上的建筑在战争中遭到摧毁，成了一片废墟。1945—1966年华沙历史中心原样重建，是一个有意做出的“复制品”（图5.17）。

山东运河城市台儿庄在台儿庄大战时99%的古建筑被毁掉。2008年在重建前，从美国著名战地记者罗伯特·卡帕找到其在台儿庄战场所拍的100多张照片，在日本找到了日本编制的关于台儿庄的有关资料，此外，动员全民参与寻找历史印迹，向国内不断征求各类资料。在开始重建时，虽然经过大量的探索挖掘，但仍有90%的建筑、史料荡然无存。其重建遵循了“存古复古”的原则，主要再现了1938年之前的台儿庄古城真实面貌。2009年，聊城市启动古城重建计划，将大片老街区拆除，同时大量建起仿古宅院。对此，同济大学教授阮仪三说：“聊城古代街巷基本格局虽然还在，但是里面的建筑基本变掉了（图5.18）。”

综上，文脉物象延续的最终表现形式是以文脉物质载体形成时的文化为主导，具体又可分为丽江的连续延续和华沙、台儿庄、聊城古城等的断裂后回归（聊城延续了古城“水中有城”和主次路网格局）。一般来讲，文脉物象延续可获取较丰富的价值，也最有利于保持和深化原有价值，多数情况下符合人们对文脉载体保护的预期。但聊城古城由于“成片历史街区被拆

图5.17　重建后的华沙历史中心
（图片来源：作者整理）

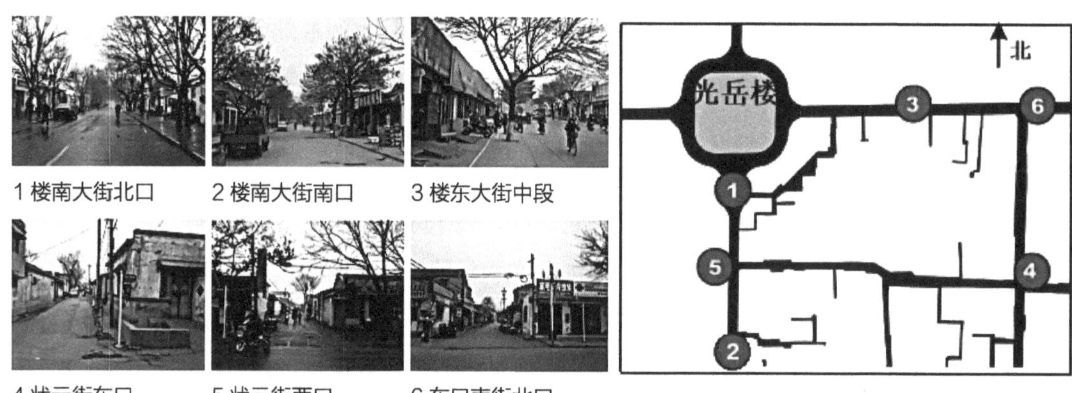

1 楼南大街北口　2 楼南大街南口　3 楼东大街中段

4 状元街东口　5 状元街西口　6 东口南街北口

（a）重建前的聊城古城街巷

（b）从北城墙上看重建后的聊城古城北大街

（c）重建后的聊城古城鸟瞰

图5.18　聊城古城重建前后对比
（图片来源：作者整理）

掉，统一建仿古建筑”的做法，使古城街区成为现代仿建的单一历史积层，在此过程中只是保留了基本的路网格局和文物保护单位等一些重要建筑，其他建筑都已改建为2～3层，再加原住居民的搬迁，使多样性的城市生活事件链条发生断裂，进而失去原古城内生活气息，造成场所结构、功能和意义不能同构，场所性不足，尺度和风貌改变较大，文脉物象延续失真。

（2）文脉物象“层累”覆盖法则

在一段时间内，城市文脉物质载体的绝大部分在时间变迁中被毁坏或改变，表现为新的尺度和风貌类型，即物象覆盖。这种做法在城市总体层面上增加了新的积层，但覆盖的部分只表现出单一层积，致使原有城市文脉要素消亡。这一形式在历史上与目前较多见，有些物象覆盖案例成了今日的文化遗产，最为典型的是巴黎奥斯曼大改造。1859年，塞纳大省省长兼巴黎警察局长乔治·奥斯曼开始负责巴黎城市改造，用5年左右的时间，在巴黎新修建的建筑就已经超过其前700年的总和，这次大改造中对新建街道及两侧建筑严格控制，成为新古典主义的尺度和风格的城市。这次改造距离1933年《雅典宪章》发布，人们真正产生城市遗产保护意识已过去74年，而这70多年间以物象延续为主，所以仍被人们接受为历史城市了。目前不少旧城改造都打出了“创古”的旗号，这里的创古一般是指在存古、复古的基础上重建。

聊城的物象覆盖多发生于改革开放以来的城市快速发展时期。随着建筑技术的不断提高和城镇化的快速推进，原有的城市结构和建筑尺度难以适应需要，在经济发展为主导的大背景下，往往没有“耐心”和“余钱”对城市文脉物质载体进行有机更新。由于旧城位于城市中心，蕴含着极大的商业价值，这一区域的改造与更新的过程中除划定的文物保护单位外，其他城市文脉物质载体被严重损坏。聊城古城改造中，除文物保护单位、医院、学校和列入保护的工厂外，全部拆毁进行商业开发，原来的《聊城古城区保护和整治规划》（2008年）未能遵循实施，和地方政府对经济因素考虑有莫大的关系（表5.2）。聊城古城改造后的建筑尺度、体量和建筑密度发生很大变化，虽是明清风格，但原场所之意义较弱，偏离了城市历史事件的真实性，成为大众褒贬不一的假古董（图5.19）。

《聊城古城区保护和整治规划》（2008年）中的主要经济技术指标　　表5.2

整治措施	数量/栋	百分比/%	基底面积/m^2	百分比/%	总建筑面积/m^2	百分比/%
修缮	10	0.12	735.03	0.16	1973.20	0.34
改善	68	0.80	2739.87	0.58	2739.87	0.47
保留	4681	55.11	196496.09	41.95	192335.92	33.09
整修	399	4.70	47415.73	10.12	73491.94	12.64
改造	35	0.41	11267.20	2.41	34295.84	5.90
拆除	3301	38.86	209760.81	44.78	276481.48	47.56
合计	8494	100	468414.73	100	581318.25	100

注：规划新建建筑面积136665.26m^2。

此外，还有两种比较特殊的物象覆盖形式：一种是一块区域从农田或者城郊乡村变为城市建成环境的过程，即城市的初创或者扩张，任何城文脉物质载体是从这种物象覆盖形式开始；另一种是由于自然灾害或战争作用，某阶段形成的物质载体被遗弃，出现文脉链条的中断，如聊城城市发展的过程中，经历了四次城址迁徙（其中因河患而迁三次），原有的城市都被荒废，其中王城遗址和巢城遗址已灭失，目前仅存聊古庙遗址。

综上，物象覆盖形式一般也会形成某种文化为重心的文化积层为单一主导，具体又可分为如三个旧城址的早期覆盖型、近期乃至目前仍在进行的城市扩张及拆旧建新覆盖型。从价值角度来讲，覆盖是毁灭原有文脉客体的价值，有些也可能产生新价值，但不如延续形式一般保持并持续增加文化内涵价值。

（3）文脉物象“层累”融合法则

由于需要和城市居民的需求相适应，城市发展演进过程中以某种文化为重心的任一阶段都难以做到完全延续或覆盖，即使是尺度与风格。从城市坐标及线型空间层级看，融合形式十分

（a）聊城古城旧貌

（b）聊城古城新颜

图5.19　聊城古貌新颜
（图片来源：作者整理）

接近延续形式或覆盖形式，从城市地段及城区尺度层级看，融合形式是更为多见的“层累”形式，它是延续形式和覆盖形式的组合，是两种形式的小尺度混合的结果。融合过程也是传统文化和异质文化交融、互动的过程，展现出文化的多样性。

近代聊城城市文脉物质载体的演进多有此类型的发生，如古城内的南关岛教堂改造项目、规划重建的玉皇皋项目，都是挖掘场所精神、沿用文脉要素并将历史时期空间感觉融入设计

（a）清代南关岛教堂

（b）重建的南关岛教堂

（c）南关岛鸟瞰

（d）清代聊城玉皇皋

（e）聊城玉皇皋模型

（e）聊城玉皇皋鸟瞰

图5.20　聊城玉皇皋和南关岛教堂的物象融合
（图片来源：作者整理）

中；又如完全延续了原有街区尺度但是街道风貌为适应社会审美的需求而风格一新的聊城女人街改造项目。由于形成动机的不同，融合形式与文化遗产的关系也因此更为复杂（图5.20）。

在融合的过程中也同时发生着城市地标的更新以及部分文脉物象的衰败。城市地标的更新一般反映在属性、位置、尺度与形态等方面。随着城市新兴职能的扩展，全新属性地标不断产生；城市地标相对城市空间范围来讲时刻处于中心化与边缘化的变化之中；基于技术支撑，城市中各类地标尺度高低、大小不断发生变化，形态则呈现出一种由简到繁的拼贴与杂糅。文脉物象衰败是指物质载体不再得到新的加建或修缮，或者其被废弃的速度远超过新建的速度。这是一个将原有的层积载体不断风化的过程，对物质实体产生持续性的伤害。聊城张秋镇就是物象衰败的典型代表。在明清时期，张秋、临清、苏州和杭州是运河沿线重要城镇，素有“南有苏杭，北有临张”之称，但随着运河断行，区位优势丧失，逐渐衰败下来（图5.21）。

综上，融合表现出多个城市文脉积层特点，城市文脉物质载体往往表现出消极的分散和非完整性的特点，但同时常常伴有积极的多样性。从城市文脉价值来讲，融合很难产生新价值，价值通常来源于融合前物质。融合中城市地标的更新可给城市文脉增添新的链条节点，具有积极意义。融合中的衰退则无疑是十分负面的影响，需要尽可能积极寻找改善的机会。

（a）张秋镇2018年新发现的码头

（b）张秋镇运河石桥

（c）张秋镇山西会馆遗址

（d）张秋镇清真西寺大门

（e）张秋镇城隍庙大殿1

（f）张秋镇城隍庙大殿2

图5.21　聊城张秋古镇物象衰败
（图片来源：作者整理）

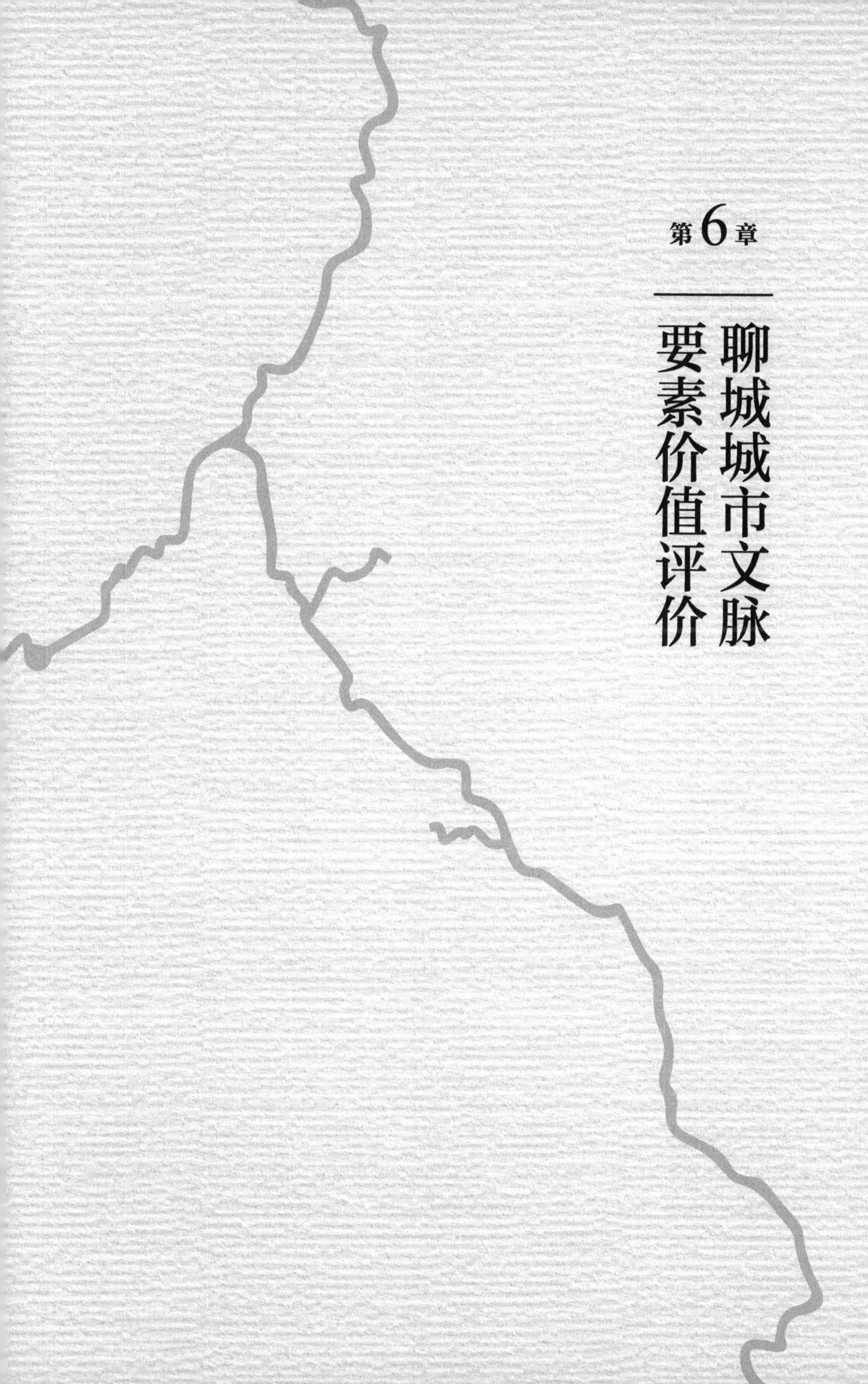

第6章 聊城城市文脉要素价值评价

大卫·罗温塔尔（David Lowenthal）在其著作《过往即他乡》（*The Past is a Foreign Country*）中认为："过往即他乡，人们在那里过着不一样的生活。"人们对于城市文脉物质载体要素的认识，也类似人们对异邦的了解，时间上的延续被转化成了空间认知上的陌生。人们总是通过对今天已存在的批判反思，间接地、转译地、解读地去认识历史，这种认识就决定了城市文脉的传承没有预定路径，而是在影响因素的作用下共同塑造而成的。若仅考虑文脉载体保护自身，而与当前的社会、经济、环境问题脱节，也较少考虑对城市发展的整体影响，城市文脉的传承也必将难以持续。因而，一种"有用的过去"的建构将成为主要的思考。

制定一套基于文化遗产可持续保护和城市文化环境不断改善，能对城市文脉要素进行综合评价体系，进而寻找出其价值特色，是城市文脉有效传承的迫切需要。然而，城市文脉构成要素之间有许多模糊的因果关系，包含的许多抽象内容也难以进行定量，使评价体系的建构较为困难。而若将城市文脉要素转化为呈现出城市文化脉络的能量、能势和能流，从城市文脉要素价值内涵和其资源转化这一视角来审视这一难题，则有望大大缓解其解决难度。本章围绕"活化利用"这一城市文脉要素动态循环的必经环节，以文脉载体"层累"沉淀下的价值内涵为核心，建构文脉要素价值评价体系，以期通过对聊城文脉要素谱系进行更为精准的价值评价，为聊城城市文脉传承策略的制定提供参考依据。

6.1 城市文脉要素价值类型及层次划分

自《世界遗产公约》颁布以来，从价值角度出发进行文化遗产保护已成为普遍共识。城市文脉要素的价值评价直接决定了城市文脉传承载体的选择及其阐释和展示方式，是城市文脉传承的关键问题。而随着人们对文化遗产保护愈发广泛，价值认知不断拓展，以致有些价值追求相互矛盾，这也是造成保护与利用二元矛盾的主要原因之一。因此要解决这类问题就要完整地认知城市文脉要素价值，需要对城市文脉要素价值的类型、层次进行系统梳理，明了各类价值孰轻孰重，分清价值的主要矛盾和次要矛盾，进而指导核心价值保护的方法与措施。

6.1.1 城市文脉要素价值分类

城市文脉要素既包含已评定的文化遗产，也包含具有一定文化意义而当前未被划入遗产保护范围的文化载体。从国内外文化遗产保护历程看，文化线路、历史文化名城、历史街区、文物保护单位等都是文化遗产保护的不同层级和环节，其本质是"地球自然进化和人类发展过程中历史积淀的精华，经由后人根据主流的价值观有目的、有选择地予以继承或传承的东西"。

"遗产价值"被视为现代遗产保护理论构建的起点，遗产价值分类研究一直贯穿于整个保护史。20世纪早期，遗产被看作历史见证和审美器物，十分关注其历史价值和艺术价值；20世纪中后期，基于人类学和文化学视角的再认识，对遗产价值的关注开始向文化价值有所侧重；21世纪以来，遗产的社会价值和经济价值在国内外遗产保护领域受到极大关注。我国除了重视文化遗产的历史、艺术和科学价值外，还从五位一体文化建设以及文化自信角度，十分重视其思想文化和教育价值（表6.1）。

20世纪至今国内外学者/组织对文化遗产价值的分类一览表　　表6.1

时间	作者/组织	文件/著作	价值分类
20世纪早期	阿洛伊斯里格尔（Alois Riegl）	《纪念物的当代崇拜：特性与渊源》	年代价值、历史价值、纪念性价值、使用价值以及创造的新价值等五类。其中，年代价值指纪念物本身的历史性；历史价值是指在纪念物存在的时间段中与其有关联的人类活动所代表的发展变化，历史可视为是每一个具体发生的事物所构成的连续系列；纪念性价值是针对如何将纪念物保存延续至后代的可持续性价值而论
	中央人民政府政务院（1950年）	《关于保护文化建筑的指令》	把“历史价值”和“革命史实”作为遗产价值判断依据（以广义的历史观将革命遗迹纳入）
20世纪中期	国际现代建筑协会	《雅典宪章》	从遗产的历史价值和特征出发，关注美学和艺术价值的完整性
	国际古迹遗址理事会	《威尼斯宪章》	没有明确提出价值分类。从定义第三项以及保护第五、第七、修复等项中可看出，最关注的遗产价值是历史价值与艺术价值，同时也涉及遗产的科学价值
20世纪后期	联合国教科文组织	《世界遗产公约》（1972年）	在对各类遗产定义时，进行了价值描述。纪念物（Monuments）：从历史、艺术或科学角度看具有突出的普遍价值的建筑物（Architectural Works）、碑刻和碑画，具有考古意义的素材或遗构、铭文、洞窟及其他有特征的组合体；建筑群（Groups of Buildings）：从历史、艺术或科学的角度看在建筑式样、同一性或环境景观结合方面具有突出的普遍价值的独立或连接的建筑群；遗址（Site）:从历史、审美、人种学或人类学的角度看具有突出的普遍价值的人类工程或人与自然的共同创造物和地区（包括考古遗址）
	联合国教科文组织	《世界文化遗产公约实施指南》（1977年）	对历史建筑的价值分类描述为情感价值、文化价值和使用价值
	澳大利亚国际古迹遗址理事会	《巴拉宪章》	美学、历史、科学、社会或者精神方面的价值（认识到遗产社会性的重要，对社会价值的明晰成为保护实践之前不可或缺的步骤）
	麦克尔·皮尔逊（Michael Pearson）和沙伦·苏利文（Sharon Sullivan）	《关心遗产地：管理者、土地所有者和行政人员的遗产规划基础》	遗产价值类型可根据遗产特点而拓展（除美学、历史、科学、社会价值外，还可根据遗产地的某些特质，拓展更广泛的价值类型，如生态价值）

续表

时间	作者/组织	文件/著作	价值分类
20世纪后期	莱普	《文化资源的价值与意义》	分为经济、审美、联想/象征以及科学四大类。把文化资源的价值分析置于整个社会体系进行中，这种视角有利于我们认知文化遗产价值和社会其他因素的关系，可以使我们看到有待保护的究竟是什么，可以开发利用的又是哪些。分析认为：最重要的是由历史衍生出的联想/象征价值，与社会发展息息相关的经济、科学价值也是价值的重要部分
	弗朗索斯·萧依（Francoise Choay）	《历史纪念物的发明》	将遗产的“其他价值”分为三个层级：认知价值、经济价值和艺术价值，这些价值彼此关联。从遗产利用的视角出发，认为要从人类学的角度去理解历史遗产。历史遗产是面向未来的，要赋予其更加深远的意义
21世纪以来的发展	兰德尔·梅森（Randall Mason）（2002年）	《文化遗产的价值评估》	分为社会文化价值（Sociocultural Values）与经济价值（Economic Values）两大类。社会文化价值包含历史价值、文化/象征价值、社会价值、精神/宗教价值、美学价值，它们并不完全分离，存在着大量重叠；经济价值包含使用（市场）价值、非使用（非市场）价值、存在价值、选择价值、赠予价值，它们趋向于分离和独立
	菲尔顿（Bernard Feilden）		论述历史性建筑时指出：“它具有建筑、美学、历史、记录、考古学、经济、社会，甚至是政治和精神或象征性的价值。”
	英国遗产组织	《英国世界遗产地现状成本与效益》	遗产价值分为内在价值以及工具性价值。内在价值包含美学、精神、历史、象征、社区/个人可识别性、真实性价值；工具性价值包含经济-旅游，商业及相关产业，可能发生的教育行业的改变及可能带来的社会改变等
	国际古迹遗址理事会中国国家委员会	《中国文物古迹保护准则》（2015年）	文物古迹的价值包括历史价值、艺术价值、科学价值以及社会价值和文化价值。社会价值包含了记忆、情感、教育等内容，文化价值包含了文化多样性、文化传统的延续及非物质文化遗产要素等相关内容。文化景观、文化线路、遗产运河等文物古迹还可能涉及相关自然要素的价值
	徐嵩龄与张晓明（2003年）	《文化遗产的保护与经营：中国实践与理论进展》	文化价值和经济价值。文化价值包含美学价值、精神价值、历史价值、社会学价值、人类学价值和符号价值。经济价值是文化价值派生出来的
	肖建莉（2012年）	《历史文化名城制度30年背景下城市文化遗产管理的回顾与展望》	存在（内在）价值和使用（外在）价值。存在（内在）价值考虑的是遗产地保护等级和社会效益，使用（外在）价值考虑的是遗产利用的门槛以及经济收益，前者主导后者，后者附属于前者

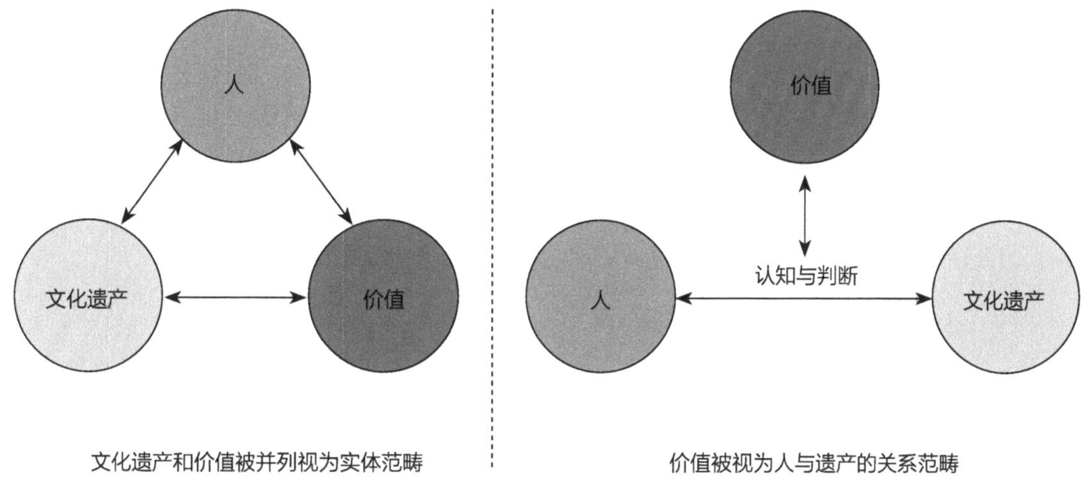

图6.1　遗产、价值与人的关系转变
（图片来源：作者改绘）

纵观20世纪初至今对文化遗产价值分类的变化，可知遗产价值与价值哲学中的价值含义一样，价值本源在于人，是人这个主体与文化遗留这个客体发生联系后产生的，并随着社会发展和人的观念变化而变化，是人类历史观、价值观发展变化的体现，更换审视的角度，往往会产生新的价值和意义（图6.1）。

此外，以上提出的各类价值，均反映了文化遗产的自然、社会、经济、历史文化等功效，但从功能出发的各类价值之间没有明确的主次、因果关系，在进行保护管理时把握各类价值之间的平衡具有一定难度。

2014年京杭大运河山东段有遗产段8段和遗产点15处划入大运河遗产范围，其中，聊城市域有遗产段3段、遗产点5处：遗产段分别为会通河临清段（元运河，1.2km）、会通河临清段（小运河、6.8km）和会通河阳谷段（19km）；遗产点分别为临清运河钞关、荆门上闸、荆门下闸、阿城上闸、阿城下闸。这些运河遗产已全部被认定为全国重点文物保护单位，它们同时具有世界遗产和中国遗产的双重身份和价值，需同时保护其作为世界遗产的突出普遍价值和《中国文物古迹保护准则》（2015版）中要求保护的价值。此外大运河遗产为系列遗产，着重考虑构成要素对整体价值的贡献，对构成要素本体的价值认定有局限性，而《中国文物古迹保护准则》（2015版）所关注的遗产多为单体遗产，多是对本体价值进行全面评估。

根据运河沿线城市部分文脉要素兼具世界遗产和中国遗产的双重身份和价值，综合国内外文化遗产价值的分类，从构建具有体现“历时”“共时”和当下实际需求的目标出发，聊城城市文脉要素的价值可分为本体性价值、关联性价值和现世性价值。这种分类方法具有时间性、层次性和空间性，本分类认为本体价值是所有价值存在的基础，本体价值中的历史价值是城市文脉要素其他价值的根源，必须在保护本体价值的前提下遗产才能被合理利用，三种价值主要分别存在于文脉空间单元范围以内、文脉空间单元及周边区域、文脉空间单元范围以外更大的关联区域。

（1）本体性价值

各类文脉要素都在历史、物质、制度、精神等不同方面具有一定的独立性，进而获得一定的历史价值、岁月价值、艺术 / 符号价值、科学价值和生态价值，即文脉要素普遍具有本体价值。城市自然地理要素所包含的自然环境价值，无论人类是否利用，这种价值都已经客观存在，因此是一种“存在价值”，它也具有生态完整性意义上的生态价值。

（2）关联性价值

城市文脉在内容上是以不同层级物质要素与非物质文化要素结合而形成的相互反映和转化的共同体，文脉要素价值的判断需包括其关联程度的评价。如城市不同时期的历史轴线，虽物质载体可能残破或已被更新，但其内含的文化意义依旧重要。此外，聊城是京杭大运河沿线城市，将城市文脉要素置入文化线路的背景之后，获得了与整条文化线路的关联，构成了这些文脉要素的文化线路关联价值。

（3）现世性价值

城市文脉保护是当代城市极其审慎地进行文化塑形的方式之一，它是恢复或保留本体价值与关联价值之外的理由，这些理由也被认为城市文脉要素名副其实的价值，比如利润收益（经济价值）、娱乐消遣（文化价值）、社会凝聚力强化（社会价值）等功能的价值。

6.1.2 各类价值内在矛盾分析

城市文脉要素的价值是由不同的人和组织以不同的方法，以不同的世界观和认识论作出的评价。因而，城市文脉要素价值内涵具有可变性，这要求以价值为中心的保护和传承需要围绕当下主体以集体价值观来认可一处遗产的多元的、正义的含义，而不是以可视的肌理特征来确定保护模式。从主体集体价值观认知价值和管理这些价值内涵变化的保护措施之间可能存在的冲突看，价值矛盾主要存在于城市文脉物质载体要素内。城市文脉要素价值构成内涵的矛盾主要集中在三个方面：本体性价值之间的矛盾、本体性价值与现世性价值之间的矛盾、关联性价值与现世性价值之间的矛盾。

（1）本体性价值之间矛盾

在本体性价值方面，除去生态价值外的四种价值要求城市文脉物质载体要素在传承的“历时”性上具有四种不同的维持其形态完整程度的要求。其中，艺术价值、历史价值和科学价值具有相似性，三者要求城市文脉物质载体要素在传承中保留某种特定的形态完整，以体现其历史见证和实物见证的价值。艺术价值在其被创造时就赋予了形态完美的意愿，科学价值在体现人类的创造性时也需要一定形态的实物，而某些城市文脉物质载体要素在历史价值认定的基础上，也可能被认定为具有较高的艺术价值和科学价值。三者相比，艺术价值对物质载体形态完整度要求最高，历史价值对物质载体形态完整度要求最低；从城市文脉物质载体的构成整体性来看，它要求历史价值需反映特定历史阶段的物质形态，岁月价值要求尊重物质的时间周期，既不除去已有岁月痕迹，也可增加未来新的岁月痕迹，所以岁月价值和艺术价值、历史价值和科学价值具有不可调和的矛盾。任何保护措施都有可能被视为对文脉物质载体生命历程的干涉，随着物质载体的衰败，这一矛盾愈加尖锐，只有使用符合其生命历程的保护措施该矛盾才能得到缓和。岁月价值和艺术价值之间存在强烈的冲突在于艺术价值内涵层面要求城市文脉物质载体要素接受符合现代“艺术意志”的部分，要求主动地干涉城市文脉物质载体要素的生命进化历程，以维持它作为实物见证的真实性（图6.2）。

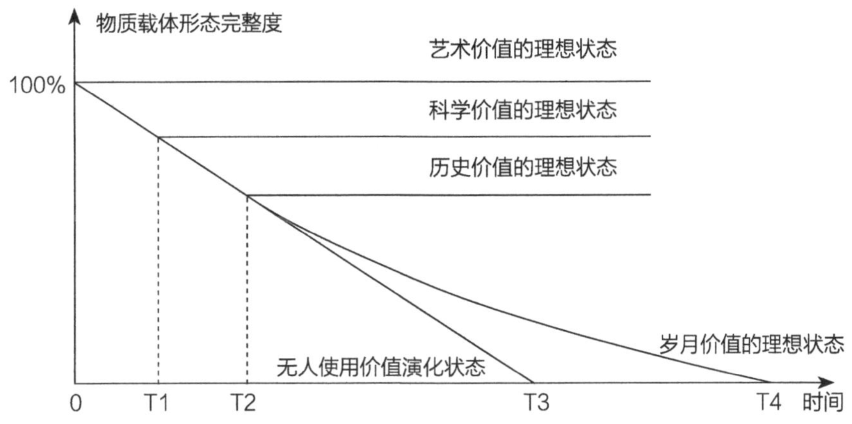

图6.2　四种本体性价值对文脉物质载体形态完整度的要求
（图片来源：作者自绘）

（2）本体性价值和现世性价值之间的矛盾

本体性价值和现世性价值之间的矛盾是当下需求对城市文脉物质载体要素的生命进化历程影响所产生的矛盾。由于历史文化价值是城市文脉要素被保护的根基，城市文脉要素最基本的性质和意义就是它可以与过去建立联系，因而历史文化价值较容易得到普遍认同，在保护实践中，历史文化价值往往置于现世价值之前，而在现实中，大多需求并不直接利用历史文化价值。经济学家认为城市文化遗产更适合于作为资产来评估。城市文脉要素的历史文化价值在无任何外界因素影响下也会如古董一样，随着时间的推移而表现出逐步上升的趋势。关于历史文化价值（本体性价值，即内在价值）和经济价值之间的关系，Georges S. Zouain认为：“在初期，即图中A及A′点之前，历史文化价值随着知名度的提升而有一个快速提升，经济价值也跟随着快速增加；随着认知的确定，即图中B及B′点，其历史文化价值及经济价值增长平缓，进而走向下降的趋势；由于持续使用的消耗，历史文化价值降低，经济价值随其而动，并

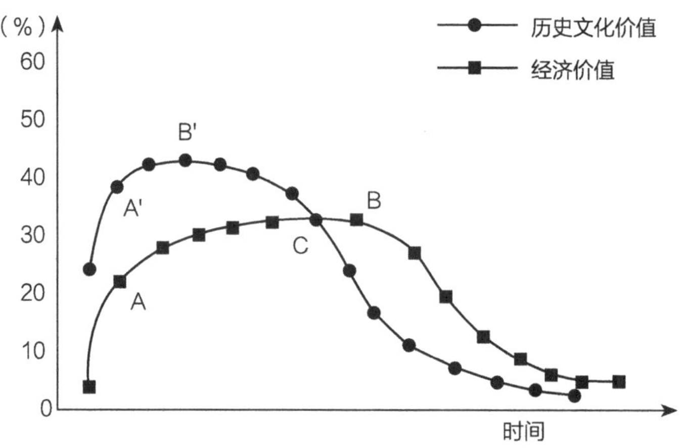

图6.3 经济价值与历史文化价值的关系
（图片来源：作者根据Georges S.Zouain讲座内容绘制）

有一定的滞后性。这就要求遗产的最大经济效用不能超过两条曲线的交点C”（图6.3）。

城市文脉要素之所以具有不同于一般事物的独特价值，主要在于其内在的岁月价值，可以说岁月价值是城市文脉要素一切价值的源泉。岁月价值和现世需求主要的矛盾产生在岁月痕迹积累到影响使用功能需求时，而保护措施仅限于防止其过早死亡，它不能接受人们为了使用而修复、重建或者新建，因为这将使城市文脉物质载体要素给人的“情感力量”消失。然而，城市文脉要素的价值根植于现实世界的存在。从可持续的观念看，城市文脉的保护，是为了历史的传承，而不是历史的停滞，这就需要对一些被破坏或消失的文脉要素进行修复、重建甚至新建。从文化遗产要素真实性的角度来看，本体性价值侧重追求的是被历史定格的、可以感知的真实，而现世性价值要求回到伽达默尔的效果历史，历史文化不仅仅是过去的真实，也是在现实世界中一个实现的过程，历史文化通过制约现世的我们对历史文化的理解而产生效果，这就要求本体性价值必须融入现世日常生活才能得以传承。

（3）关联性价值与现世性价值之间的矛盾

关联性价值与现世性价值之间的矛盾本质是本体性价值和现世性价值矛盾的延伸。主要表现在，与非物质文化要素结合的关联性价值会进一步使历史价值超越现世性价值而成为普遍认同价值，有时在文化线路中的突出特定价值也会使城市文脉物质载体要素与当下使用功能产生矛盾。

6.1.3 城市文脉要素价值层次

不同价值具有不同的重要程度，因而对意义的讨论是要求做出优先排序的。竞争优势来源于竞争，而竞争源于比较。城市文脉要素是城市的一种竞争优势资源，由于各个城市的文脉资源各不相同，所以文脉要素的价值评价关键是需要提供一种通用的价值分析思路，据此分析城市文脉资源的独特性，并结合文脉演化机制以及文脉资源转化机制，把握哪些文脉资源容易转化，哪些文脉资源转化后当下经济价值更大一些。

具有本体性价值是被纳入城市文脉要素体系的前提条件，此外，本体性价值是现世性价值产生的基础，故本体性价值在意义建构时应被首先讨论。本体性价值所包含的历史价值、岁月价值、艺术价值和科学价值首先具有教育性的认知价值，即文脉要素都是历史的见证者，允许我们建立关于政治的、习俗的、艺术的和科学的历史多样性。“对于市民来说，历史记忆使他们获得了文化教育，激发了他们的自豪感和自信心，这将对人类记忆产生重要影响”，也即本体性价值具有面向未来的、深远的人类学意义。

关联性价值是本体性价值的“真实性”“整体性”意义在向更广泛延伸时所被赋予的价值，是构成城市文脉物质载体单元意义的必要组成部分，具有促使人们产生对历史背景进行联想的价值，因而关联性价值应紧排在本体性价值之后进行讨论。

现世性价值是在给予城市文脉物质载体的意义及其变化以极大的优先考虑的基础上，以解决现实中面临的问题为导向，积极推动遗产保护与城市生活的融合，实现保护成果共建共享。正如18世纪的哲学家大卫·休谟（David Hume）对任意特定对象的多重价值的认识思想：“被同一客体激发出上千种不同的感觉是顺理成章的，因为任何感觉都无法真实表示客体的内涵美，这并非实物本身特质的原因，而是因为美仅仅存在于思考他们的精神世界中，并且每个世界感知的美各不相同。”因而现世性价值是在平衡及调和已达成共识价值的基础上，结合时代需求而探求的价值。现世性价值又可分为直接应用价值和间接衍生价值，直接应用价值是把城市文脉要素作为一种特殊资源直接利用时产生的社会和经济效用，它必须依赖于本体性价值和关联性价值而存在。空间上，本体性价值主要存在于城市文脉空间单元所在的范围内，关联性价值存在于城市文脉区域范围内。具体包括山水审美、实物产出、科学研究、旅游休闲和教育启智等五个方面，其中，自然环境要素主要包含前两个方面，人造要素主要包含后三个方面。间接衍生价值是由于城市文脉要素的存在以及直接利用而产生的城市知名度提高、就业机会增加、产业结构优化等作用，它必须以本体性价值、关联性价值和直接经济价值为基础。

综上，城市文脉要素价值具有明显的层次性，犹如一棵“城市文脉物质载体价值体系树”，其中，城市文脉要素自身蕴含着历史、岁月、艺术、符号、科学和生态环境方面的特征信息，对这些特征信息的认知属于第一层次的本体性价值认识，这些特征信息是基于考古、史料记载等的客观存在信息，认知自由度小，客观性较大，它是整个价值体系的基础和根本，犹如坚实的“根”，既是文脉要素的价值核心，也是地域特色城市设计思想的“源”。城市文脉要素在更大区域发生关联，进而反映区域、跨区域，甚至跨国家的人类学意义上的特征信息，对这些特征信息的认知属于第二层次的关联性价值认识，此类信息属于本体衍生信息，由于社会事件的可组织性较大，也可以给“根”不断输入养料，增加其价值。把本体性价值和关联性价值延伸到现世的文化和社会领域，则产生第三层次的直接应用价值和第四层次的间接衍生价值。这两类价值获得现世主流价值认可并应用于实践，是粗壮的“干”，尤其是在以经济文化

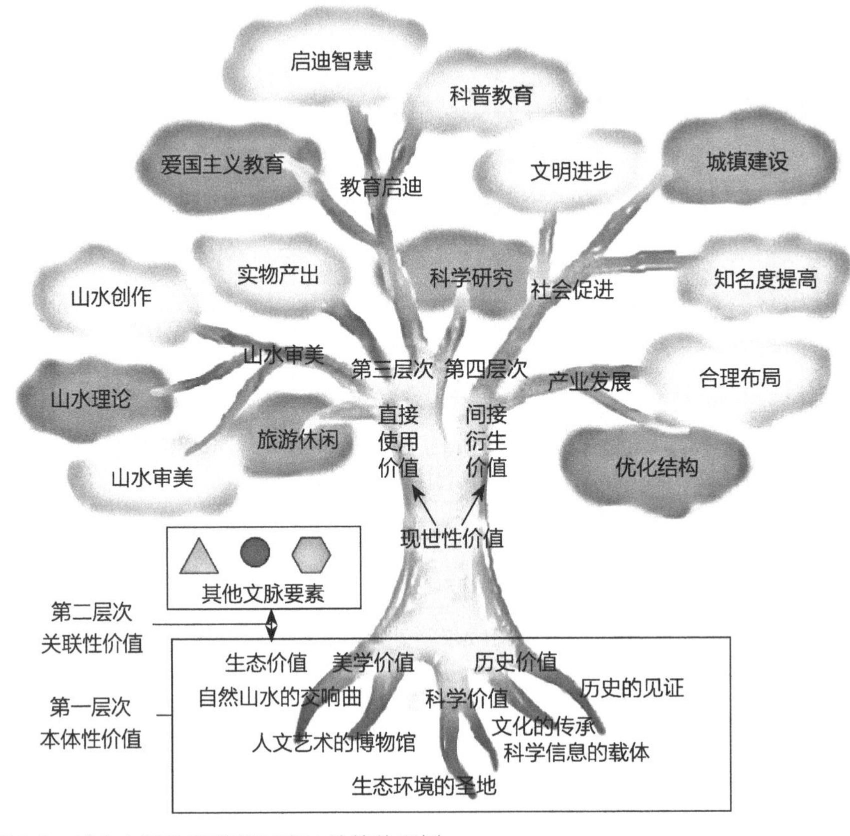

图6.4　城市文脉物质载体要素的价值体系树
（图片来源：作者自绘）

为重心的当下，经济价值往往在文脉保护与传承的实践操作中起到决定性的作用。其他具体价值犹如树的枝叶，只有根深并不断吸收养分才能干壮，才能枝繁叶茂（图6.4）。

6.2 城市文脉要素价值评价体系建构

本节就我国现行的文物古迹价值评价和国际运用较为广泛，影响较大的国际古迹遗址理事会（ICOMOS）组织世界遗产突出普遍价值（OUV）评价、《巴拉宪章》古迹遗址价值评价和美国基于“历史脉络”的遗产价值评价进行分析，从中寻求价值评价的方法，为聊城城市文脉要素价值评价体系建构提供借鉴。

建立以城市文脉物质载体要素为主要评价对象的价值评价体系应从新型城镇化背景下城市建设需求出发，在城市文化遗产保护、城市规划设计与城市建设决策的实践应用下考虑与文脉物质载体要素价值评价相关的因素。城市规划实务视角下文脉要素价值评价主要解决以下四个方面的问题：被评价对象的价值描述、价值评价的流程与标准、得出价值的工具，以及评价归因分析以指导城市文脉保护和传承实践。

6.2.1 城市文脉要素价值评价体系方法借鉴

（1）ICOMOS组织世界遗产OUV评价方法

①评价体系

ICOMOS在对2004年以前所有列入《世界遗产名录》的项目进行分析之后，于2004年和2008年发表了关于《世界遗产名录》的报告*THE WORLD HERITAGE LIST : Filling the Gaps : An Action Plan for the Future*（简称Gap Report），即《世界遗产名录：填补空白——未来行动计划》和*What is OUV*?（简称OUV Report），即《什么是突出普遍价值?》，提出了三套世界遗产价值比较分析与认定的价值评价框架和操作程序。要理解世界遗产的价值须依托Gap Report提出的主题、时空和类型三套框架。Gap Report指出：“主题框架是为了辅助确定某个遗产的优势主题。主题研究可以确定在一定的文化历史背景下，主题框架中的各主题主要体现在哪些区域。对比研究则可以确定在一定的文化历史背景下某个遗产的相对价值。”由于主题是“价值”最直接的载体，因而主题框架是三套框架中最为关键者。OUV Report指出主题框架、时空框架和类型框架存在着逻辑性的递进关系，评价遗产价值的操作程序是：第一步，认定主题；第二步，进行时间—区域评价；第三步，界定遗产类型（表6.2）。

OUV评估的三套框架 表6.2

框架	框架内容
主题框架	6个主题的模式：（1）社会表达/文化的联系：社会中的文化联系（Expressions Society）；（2）创造力的表现（Expressions of Creativity）；（3）精神的体现（Spiritual Responses）；（4）自然资源的利用（Utilization of Natural Resources）；（5）人类的移动（Movement of Peoples）；（6）科技的发展（Development of Technologies）
时空框架	将整个人类文明与文化发展的历程分为3个时段：（1）人类早期进化（Early Evolution of Humans）；（2）现代世界（the Modern World）；（3）两者之间的时段。 将整个世界地理区域分为7个单元：（1）中东和北非；（2）欧洲；（3）亚洲；（4）太平洋和澳大拉西亚（澳大利亚、新西兰及附近南太平洋诸岛的总称）；（5）撒哈拉以南非洲；（6）美洲；（7）北极和南极区域
类型框架	第一次界定了14种文化遗产的类型（类型框架是开放的，将随着不断深化的文化遗产价值认定与拓展进行增补）：（1）考古遗产（Archaeological Heritage）；（2）岩画遗址（Rock-Art Sites）；（3）原始人类的化石遗址（Fossil Hominid Sites）；（4）历史建筑物及建筑群（Historic Buildings and Ensembles）；（5）城市及乡村聚落/历史城镇与村落（Urban and Rural Settlements / Historic Towns and Villages）；（6）乡土建筑（Vernacular Architecture）；（7）宗教遗产（Religious Properties）；（8）农业、工业以及科技遗产（Agriural，Industrial and Technological Properties）；（9）军事遗产（Military Properties）；（10）文化景观、公园以及庭园（Cultural Landscapes，Parks and Gardens）；（11）文化线路（Cultural Routes）；（12）墓葬遗迹和遗址（Burial Monuments and Sites）；（13）符号遗产和纪念物（Symbolic Properties and Memorials）；（14）现代遗产（Modern Heritage）

②评价方法

ICOMOS在2005年喀山（KAZAN）会议上提出了OUV评估程序，分以下三个步骤：识别它的品质；评估品质的价值；判定价值等级，对比分析这些价值是地方的、地区的还是全人类的。

（a）识别它的品质。文化品质代表文化的特征，本身没有固有的价值，其价值随着人们对文化的认识而赋予，可被重新评价。文化品质可体现在物质层面也可体现在非物质层面，既可以被发现，也可以经过规划者设计被创造。一个项目可能体现出多种文化品质，识别文化品质可能联系到历史、艺术、科学，主要包括10个方面（表6.3）。

OUV评估中文化品质识别涉及的主要方面　　表6.3

主要识别视角	涉及方面
历史	一种有特色的文化的证据，它的生活方式或者它的映像；纪念——个体或者群体记忆； 联系到神话、传说、历史事件或者传统；精神的和/或宗教的联系
艺术	美学观念/理想/设计技巧的表达；产生审美愉悦或满足；产生感官的或者加剧敬畏、惊奇、恐怖、害怕等情感反应
科学	技巧或者建设的规模的范例；与玄学知识、哲学或者玄学/超自然观念或运动的构成相联系

（b）评估品质的价值。评价文化品质的价值主要评估被保有度、传播性、典型性、完整性、功能性、受破坏性、关联性、独特性、社会性、经济性、影响性等“使之具有资格的要素”的影响（表6.4）

文化品质价值评估的主要方面及要素表征　　表6.4

价值评估方面	要素表现
保有度	稀有或者丰富
传播性	展示着影响别处发展的品质
典型性	可作模范，提供一个好的实例给它的类型，或者一个特殊设计者的作品
完整性	成群组，一组地点阐释着相同或者相关的现象
功能性	一个遗址或者它的背景环境中关键的、相关的，或相互依存的元素
受破坏性	在什么程度上这些质量面临风险
关联性	联系到知名的记录或实物的藏品或者器物（人造物品、史前古器物、人工制品等）
独特性	有独特性，地方习惯和偏好或者一种独特的创造
社会性	有社会价值，与团体或者民族身份相联系
经济性	有经济价值，联系到货币价值，不管是固有的还是通过产品
影响性	流行，为一大群人提供娱乐消遣

（c）判定价值等级。用比较的方法评估普遍价值是否“突出”。比较评估主要和同一地理文化区的其他类似财产，或者和名录上项目比。文化遗产主题的宽窄直接决定了比较研究的范围，相对自然遗产较难评估。

（2）我国“文物古迹”价值的相关评价方法

“文物古迹”是中国文物保护中约定俗成的名称，在一定程度上可以泛指需要保护的具有文物价值的对象，是一个开放的概念，涵盖当前已有的所有遗产类型，等同于一般意义上的“文化遗产”。目前，我国《中华人民共和国文物保护法》（2017年）、《中华人民共和国文物保护法实施条例》（2019年）和《历史文化名城名镇名村保护条例》（2008年）等法律法规和规范只是在宏观上提出了基本的价值评估导向，而在《中国文物古迹保护准则》（2015年）这个文物古迹保护的行业准则中对价值评估的内容、标准都做出了明确、系统、详尽的说明与阐释，成为法律法规中对价值认识的延伸和重要补充。从内容上看，法律法规在宏观上提出了基本的价值评估导向，但并没有设立价值评估的标准、程序与内容。法律法规和规范中多次提到“重大历史、艺术、科学价值”，但何谓之“重大”，从哪些方面去评估各类价值的大小，标准是什么都没给予明确说明。这就造成了在申报、规划编制、实施检查等阶段给予多次调查评估，造成价值评估不时出现主观性强、不够客观准确的现象，导致保护措施不当，最终损害了文物古迹的价值（表6.5）。

我国法律法规、规范有关文物古迹价值评估的内容　　表6.5

名称	关于文物古迹价值评价与价值载体划定的内容
《中华人民共和国文物保护法》（2017年）	第三条　古文化遗址、古墓葬等不可移动文物，根据它们的历史、艺术、科学价值，可以分别确定为全国重点文物保护单位，省级文物保护单位，市、县级文物保护单位。第十三条　……选择具有重大历史、艺术、科学价值的确定为全国重点文物保护单位，或者直接确定为全国重点文物保护单位，报国务院核定公布。第十四条　保存文物特别丰富并且具有重大历史价值或者革命纪念意义的城市，由国务院核定公布为历史文化名城。保存文物特别丰富并且具有重大历史价值或者革命纪念意义的城镇、街道、村庄，由省、自治区、直辖市人民政府核定公布为历史文化街区、村镇，并报国务院备案
《历史文化名城名镇名村保护条例》（2008年）	第七条　具备下列条件的城市、镇、村庄，可以申报历史文化名城、名镇、名村：（一）保存文物特别丰富；（二）历史建筑集中成片；（三）保留着传统格局和历史风貌；（四）历史上曾经作为政治、经济、文化、交通中心或者军事要地，或者发生过重要历史事件，或者其传统产业、历史上建设的重大工程对本地区的发展产生过重要影响，或者能够集中反映本地区建筑的文化特色、民族特色
《中国文物古迹保护准则》（2015年）	第三条　文物古迹的价值包括历史价值、艺术价值、科学价值以及社会价值和文化价值。第十八条　评估：包括对文物古迹的价值、保存状态、管理条件和威胁文物古迹安全因素的评估，也包括对文物古迹研究和展示、利用条件的评估。评估对象为文物古迹本体以及所在环境。评估应以勘查、发掘及相关研究为依据

（3）澳大利亚《巴拉宪章》古迹遗址价值评价

《巴拉宪章》是以古迹遗址的文化价值保护为主要目的的文化遗产保护法案。它于1979年由澳大利亚国际历史古迹遗址理事会（ICOMOS）初次颁布，最近修订版为1999年版本。1999版在历史遗产的文化意义层面提出了继承发展的保护理念，并结合实践进行了细化。《巴拉宪章》由正文和"文化意义"指导纲要、"保护工作政策"指导纲要和"进行研究与书写报告的程序"指导纲要（附件）组成，它们反映了文化遗产保护认识的逻辑和视角、应用程序。其中，"文化意义"指导纲要规定了文化意义的主要构成内容和评估要求。该纲要认为文化意义是永恒的，而外在的条件是可变的（包括法律的、管理的、经济的、技术的一切条件），不能因为可变条件而改变文化意义，极其强调对文化意义的评估不涉及实施保护的外在条件（图6.5）。

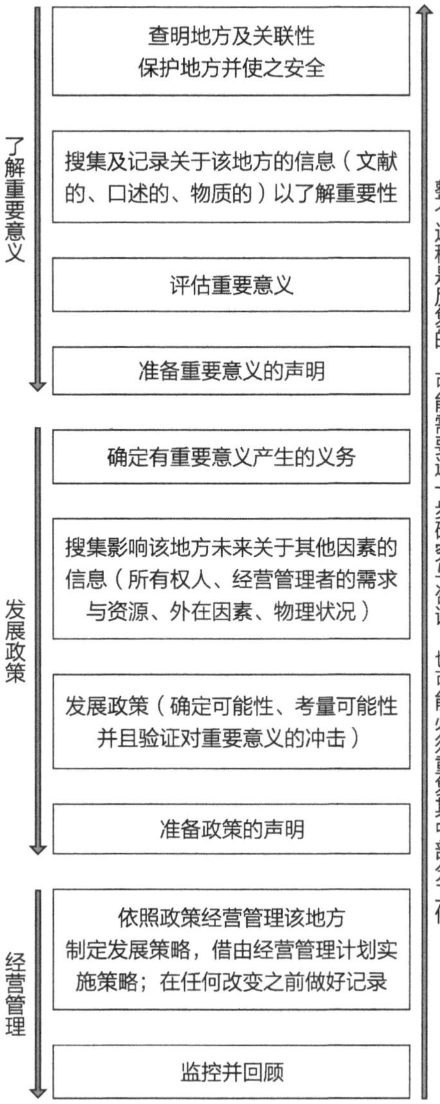

《巴拉宪章》认为在处理文化遗产地时，应该广义地视之为"文化地点"（Place），"它是一个整体，既可指遗址、区域、土地、景观、建筑或建筑群，也可以包括组成要素、内容、空间和风景。其文化意义是指对过去、现在、未来时代的美学、历史、科学、社会或精神的价值"。根据"文化意义"指导纲要确立文化遗产地"文化地点"（Place）的"文化重要性宣言"（Statement of Cultural Significance）是执行《巴拉宪章》的先决条件。加拿大保护文物专家阿拉斯泰尔·科尔教授（Ala–stair Kerr）认为"文化重要性宣言"由以下三部分组成：①对该文化地点的描述（Description of the Place）：这是可以包括其历史简介、物质环境和当前遗产情况多方面的叙述；②文化价值的表达（Articulation of Cultural Values）：解释该文化地点所蕴藏的艺术、历史、社会及精神价值；③列举能够体现（对应）各项文化价值的特征的元素（List of Character-defining Elements）：元素可以是如门窗或砖木等实物，也可以是如空间、比例、尺度、功能或风格等无形元素。

了解重要意义

- 查明地方及关联性 保护地方并使之安全
- 搜集及记录关于该地方的信息（文献的、口述的、物质的）以了解重要性
- 评估重要意义
- 准备重要意义的声明

发展政策

- 确定有重要意义产生的义务
- 搜集影响该地方未来关于其他因素的信息（所有权人、经营管理者的需求与资源、外在因素、物理状况）
- 发展政策（确定可能性、考量可能性并且验证对重要意义的冲击）
- 准备政策的声明

经营管理

- 依照政策经营管理该地方 制定发展策略，借由经营管理计划实施策略；在任何改变之前做好记录
- 监控并回顾

整个过程是反复的，可能需要进一步研究与咨询，也可能必须重复其中部分工作

图6.5 《巴拉宪章》的应用程序
（图片来源：作者自绘）

（4）美国基于“历史脉络”的遗产价值评价

美国对文化遗产的保护建立了综合性文化遗产保护法律措施，形成了完整的文化遗产保护制。美国把遗产保护措施前置，规定工程的规划与勘探工作必须有文物考古学家参与，施工过程中文物考古学家有权进行监督。

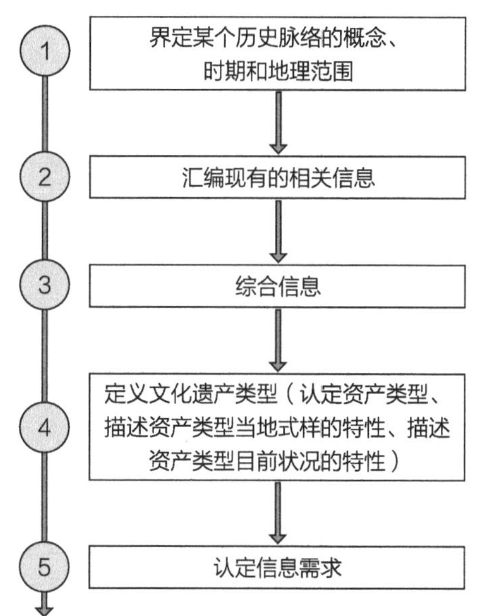

图6.6 美国建立“历史脉络”的程序步骤
（图片来源：作者自绘）

在美国一些系列文化遗产法规措施中，《国家历史保存法（NHPA）》（1966年颁布）是最主要的联邦文化遗产保存法令，《考古与历史保存标准和指南》（1983年颁布）是历史资产保护的指导性文件，《国家遗产伙伴法》（2005年颁布）为建立国家遗产区域提供了一套程序与标准。其中，“历史脉络”是美国在文化遗产保护中的核心概念，所谓历史脉络即收集文化遗产彼此有关联性呈现的历史、审美、科学、工程和社会等方面的信息，基于文化主题、时间和地理范围而成的一个组织框架。历史脉络描述了文化遗产所在地的重要发展历程，所以建立历史脉络是文化遗产认定、价值评估、登录和规划决策的基础，在实践中以“遗产类型”的概念与各文化遗产单元相连接。这样做的优点是，即使缺乏个别资产的完整信息，仍然可以进行认定、评价和进行保护干预（图6.6）。

强调在先期建立“历史脉络”，既可以对文化遗产有整体性认识，也可以为规划的各阶段提供基本信息。以历史脉络来统领文化遗产的保护活动，不仅保护了文化遗产本身，还可以确保文化遗产能呈现的历史得以保存。建立历史脉络后，资产必须用其来评价，因为历史脉络已明了资产的重要展现形式，并界定了在哪类资产类型中进行比较，所以在这种比较性的框架内，评估标准对各个资产就会有特殊意义。

美国的文化遗产保护实施比较成功的城市是洛杉矶市。洛杉矶市的历史资源调查始于1980年的“历史保存整体区域计划”（HPOZS），这项调查计划记录了洛杉矶市高地公园地区建筑遗产的价值，并从物质、经济和社会层面为这一地区许多重要的历史社区找到了一条复原、更新和再利用的道路。洛杉矶市采用“多重资产呈递”（Multiple Property Submission，MPS）方法来组织研究信息和评价经过认定的个别资产和地区的遗产价值，这种方法是把历史脉络精简使用的一种方式。使用此方法，可界定出洛杉矶历史上具有重要性的历史脉络主题、具体年代、人物和地区。这种方法可对历史资产有全面而又有重点的了解，能让调查者在没有对历史资产逐项全部调查完之前就预先知道其位置并进行比较评价。多重资产呈递方法在调查与评价的一致性和工作效率上表现明显（图6.7）。

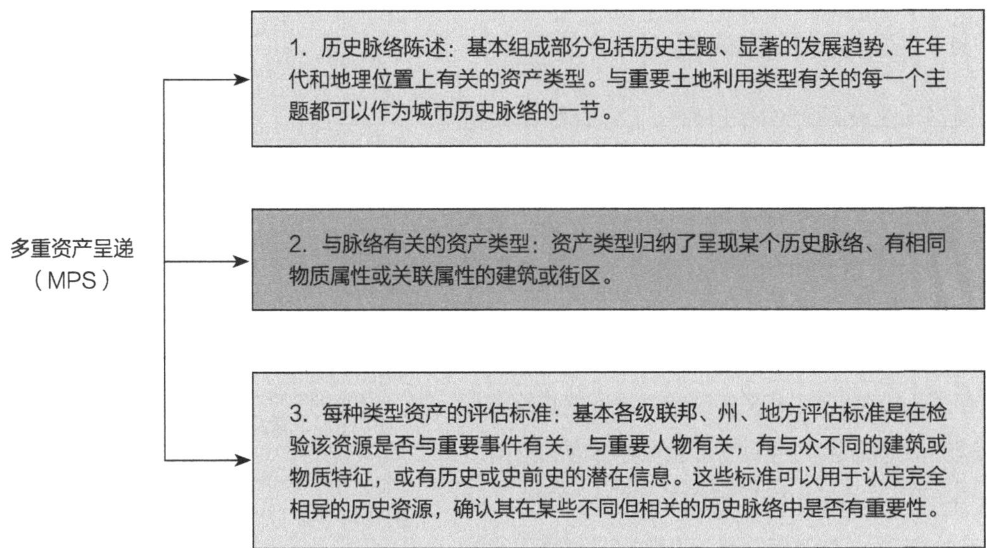

图6.7　洛杉矶市多重资产呈递方法组织历史要素示意
（图片来源：作者自绘）

6.2.2 文脉要素价值评价目的、原则与标准

（1）评价目的

城市文脉要素评价涉及城市地理环境、城市格局、城市地段、线型空间、城市地标等类型丰富、数量众多、形态各异、文化内涵丰富的要素，评价目的不同会影响评价程序、方法及指标体系的选择。本文评价从城市文化环境品质提升的规划实务层面出发，主要有三个目的：第一，在城市层面，对文脉物质载体要素的价值构成及以当下主流价值观下进行文脉构建的潜力进行分析。在此基础上借助文脉的“层累”建构过程提取聊城不同时段的文化价值内涵，进而对聊城进行基于“历史脉络”的价值评价，梳理聊城文脉要素的价值演进脉络，明确哪一时段是城市文脉发展的制高点，哪些文脉要素是价值的核心载体，通过和邻近城市的对比寻找出城市文脉的“价值特色”。第二，在各类型城市文脉物质载体要素层面，在“文化意义”价值评价的基础上，通过建立现实态的修正计算模型，进行定性与定量化相结合的实际综合价值评价，获得相对科学有效的评价分值，并按照分值进行彼此间的排序，为组织城市级“文化线路”提供参考。第三，城市文脉空间单元层面，分析其价值特性，提出针对性的保护措施，为其周边城市更新设计提供文脉分析依据（图6.8）。

（2）评价原则

评价遵循系统性原则、定性与定量相结合原则、可操作性原则和兼容性原则。遵循我国《中华人民共和国文物保护法》《中国文物保护准则》《历史文化名城名镇名村保护条例》及相

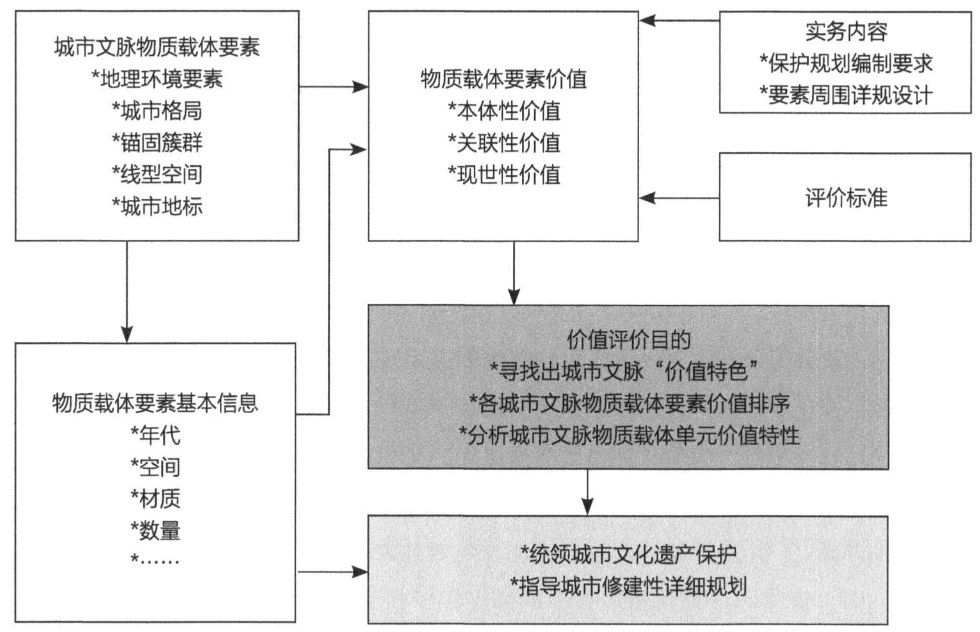

图6.8　城市规划实务视角下的城市文脉物质载体要素价值评价目的
（图片来源：作者自绘）

关规范共同形成的文化遗产保护技术体系，评价程序兼容，使评价程序和文化遗产保护程序紧密关联。

（3）评价标准

我国文物保护法中没有明确的评估标准，国际文化遗产保护文件中的标准不是关于价值本身的标准，而是对历史、艺术、科学、文化和社会价值的解读和贯彻，是在实际操作中掌握遴选尺度的标准（表6.6）。本评价以价值遴选尺度的标准和OUV评估中文化品质价值评估的主要方面及要素表现作为评价标准的重要依据。

世界遗产价值标准与《中国文物保护准则》价值评价标准比较　表6.6

世界遗产价值标准	《中国文物保护准则》价值类型	价值遴选尺度的标准
ⅰ人类创造精神的杰作	艺术价值	代表性、真实性、完整性
ⅱ价值交流的典范	历史价值、科学价值、文化价值	代表性、真实性、完整性、关联性和延续性
ⅲ文明或文化的见证	历史价值	稀缺性、真实性、完整性、关联性
ⅳ一种类型的代表	科学价值	规模层级（重要性）、真实性、完整性、独特性和延续性
ⅴ人类利用自然的代表	文化价值、科学价值	代表性、真实性、完整性、独特性和延续性
ⅵ与著名人物或事件有关	文化价值、社会价值	真实性、完整性、关联性

6.2.3 文脉要素价值评价程序、方法与步骤

（1）价值评价程序

我国《文物古迹保护准则》制定了一套研究贯穿始终的保护程序。第9条和第11条规定，价值评估置于保护程序中的首要位置，一切保护程序都是保存、延续价值的手段。同时，第9条强调研究贯穿保护全过程，所有保护程序以研究成果为依据，在文物普查阶段，研究的主要内容是文物的价值和原状。价值评估中的研究主要包括历史原状认定、历史演变研究、比较确定古迹各方面的价值等级和古迹各方面价值之间的关系研究。但这套程序把确定目标、制定规划阶段的研究，置于完成研究评估步骤之后，调查与研究评估的目标不明确，而且调查阶段没有“文化遗产”认定机制，价值评估也没有提出具体流程。

结合6.2.1节分析，本书认为可借鉴美国的“历史脉络”来组织城市文脉要素的保护规划流程。对城市来讲建立“历史脉络”的过程，也可视为对城市文脉的“历时”梳理和“层累”分析的过程。同时，借鉴OUV评价遗产价值的操作程序和《巴拉宪章》的应用程序，可形成与保护程序的每个步骤都紧密关联（图6.9）。

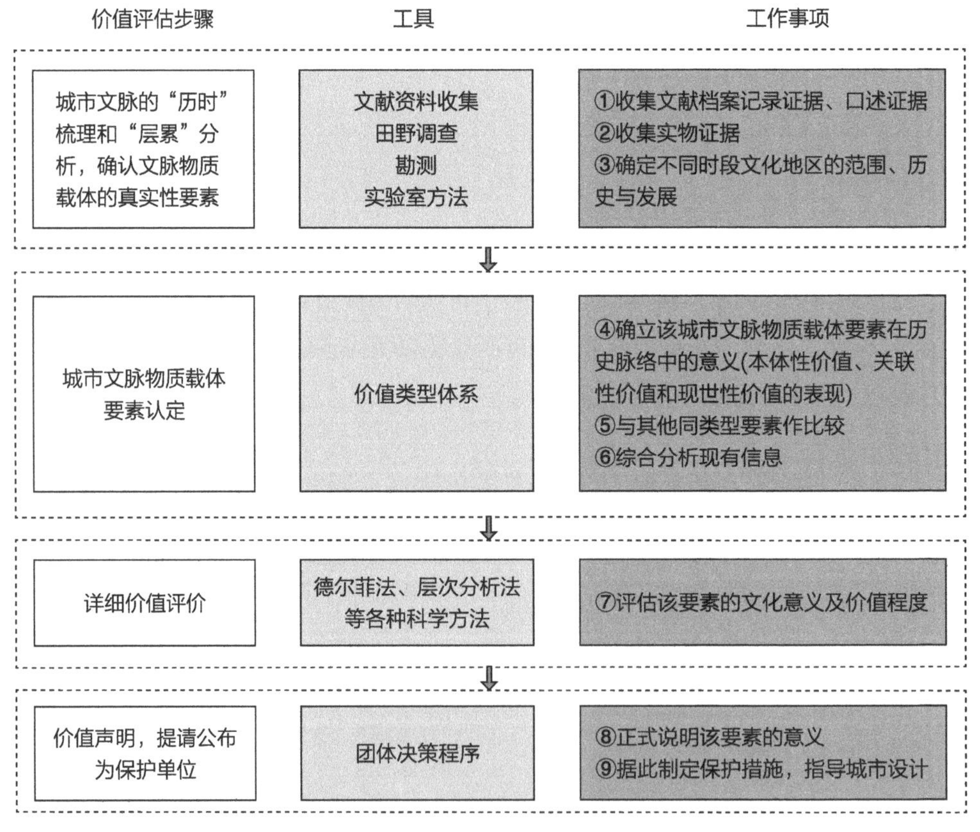

图6.9 城市文脉要素价值评价步骤与对应工具及具体工作事项
（图片来源：作者自绘）

（2）价值评价方法

目前，国内开展的文化遗产评估有定性评估和定量评估两种，定性评估已普遍应用，定量评估以案例研究为主。定量评估主要有因子分析法、模糊综合评价法、层次分析法和专家经验判断法，不同方法各有优缺点（表6.7）。

文化遗产定量评价方法对比表　表6.7

方法名称	特征描述	优点	缺点
因子分析法	以统计分析为基础	避免权重设定时的主观因素；可以进行相关分析	对指标之间相关性有依赖，数据样本数量要求高
模糊综合评价法	关注点在模糊关系的形成	隶属关系形成方法的科学性	权重的确定
层次分析法	关注点在权重的确定	权重确定方法相对科学	模糊关系的确定
专家经验判断法	定性分析，定量回答，通过数据处理得到集中答案	具有直观、简便的易操作性	其准确性依赖于专家对评价内容以及评价系统有较高的熟悉程度和学术水平

基于6.1节对城市文脉要素价值构成、特性分析和层次划分，结合城市文脉要素的价值评价分析涉及多个方面和大量的相关独立要素以及它们之间的相互影响，尝试运用现代综合评价方法对聊城城市文脉要素价值进行整体性评价。综合评价就是通过确定评价对象和目标，构建评价的指标体系，选择适当的评价方法或模型，将多个评价指标合为一个整体性的综合评价结论的过程。

综合评价是根据评价目标和标准认识被评价对象的主观性活动，这一过程涉及评价主体主观活动的影响，但由于评价对象和评价标准的相对客观而具有较强的客观性。本书选用层次分析法（AHP）和专家经验判断法相结合的综合评价方法，以上两种方法各有特点，又有互补之处。二者结合使用，较适宜应用于人的定性判断起重要作用，而对结果难以直接准确计量的分析。

（3）价值评价步骤

城市文脉要素价值评价过程包含构建评价指标体系、设计调查问卷并请专家打分、确定指标权重和建立评价计算模型。

①构建评价指标体系。在保证各评价指标代表性、差异性和相对独立性的基础上，遵循易简去繁，详细梳理影响城市文脉物质载体要素的价值因子，并采用德尔菲法最终确定评价因子，依据各评价因子对评价目的作用关系构建层次结构，建立起评价指标体系。

②设计调查问卷并请专家打分。选取运河学研究（2人）、文化遗产保护（2人）、城市规划设计（4人）、建筑历史（3人）等领域的专家，政府规划建设主管部门人员（2人）及居民

代表（2人）共计15人作为本次评价的专家团体，向专家团体详细说明聊城文脉演变脉络和文脉要素谱系构成，以尽可能得出客观评价结果。在进行城市文脉空间单元价值综合评价时，请专家对价值评价表直接打分。

③确定指标权重。本书使用迈实层次分析软件确定指标权重，包含以下三个步骤：

第一步，由目标层向下逐级建立比对因素，不超过9个（超过9个难以操作，易失去可信性和准确性）可以两两比较的判断矩阵，生成调研表格。

第二步，邀请不同领域专家对指标权重调查表进行判断打分，用迈实层次分析软件对每位专家的分层权重值进行一致性检验，以求得到满意矩阵（CR<0.1）（图6.10）。

第三步，生成各类专家的矩阵权重明细表，再对各类型专家设定专家参数，进而得出专家组（群决策）的矩阵明细表（图6.11）。

④建立评价计算模型

（a）权重排序。本书价值综合评价借鉴《巴拉宪章》的"文化意义"概念，认为基于历史脉络形成的文化意义是永恒的，而现世价值又是"文化意义"的衍生价值，从而指标体系中各层级指标权重分配主要是"文化意义"和现世价值构成比例的反映。通过对最终指标体系中的各层级指标的权重，在城市层面可有助于在城市文化遗产认定、价值认知和保护规划"活态"利用中，保护"特色价值"。在城市文脉空间单元层面，可明确其价值构成特性，进而保护其核心价值。

规划专家1：聊城城市文脉物质载体要素综合价值评价。最大特征值λ_{max}=3.09402 一致性CR=0.0904 CI=0.0470076

	本体价值	关联价值	现世价值
本体价值	1	1	2
关联价值	1/1	1	5
现世价值	1/2	1/5	1

规划专家1：聊城城市文脉物质载体要素综合价值评价→本体价值。最大特征值λ_{max}=4.26136 一致性CR=0.09789 CI=0.087121

	历史价值	艺术价值	科学价值	生态价值
历史价值	1	5	6	5
艺术价值	1/5	1	3	3
科学价值	1/6	1/3	1	1/3
生态价值	1/5	1/3	3	1

规划专家1：聊城城市文脉物质载体要素综合价值评价→本体价值→历史价值。最大特征值λ_{max}=3.03851 一致性CR=0.03703 CI=0.0192555

	真实性	代表性	年代久远度
真实性	1	3	5
代表性	1/3	1	3
年代久远度	1/5	1/3	1

图6.10 分层权重值一致性检验
（图片来源：作者自绘）

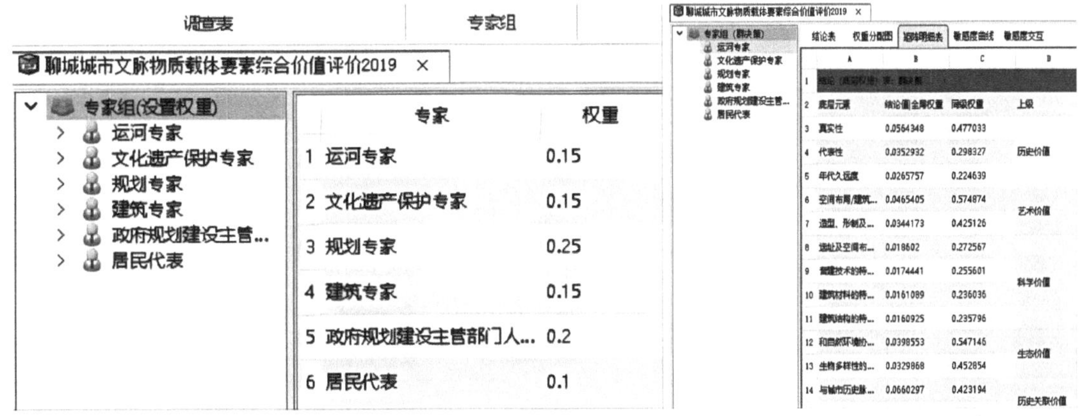

图6.11 设定专家参数生成专家组（群决策）矩阵明细
（图片来源：作者自绘）

（b）实际综合价值排序。根据评价模型和专家打分可得出评估时被认知的城市文脉空间单元的价值总量V，各分项价值，如历史价值、科学价值、艺术价值、社会价值等分别为V_1、V_2、V_3、V_4……，结合评价时其状态要素C（各项状态评估要素的取值区间为［0，1］），存世数量A，存世时段T（根据时段理论，中时段要素周期性有节奏的发生，对城市文脉具有重要影响，本文设50年为一个时间度量单位，则物质文化遗产存世时间的度量值为：$0.02T$），空间传播范围等级S（根据范围的等级，以县域、州域、省域、国域、国际为标准，取值分别为介于［1，5］的整数）。

根据前文6.1分析得出的历史价值是价值生成的核心，而且其历史价值取决于其时空属性的特点，可设定历史价值$V_1=(0.2T)^s$，其他价值类型叠加（$V_1+V_2+V_3+\cdots\cdots$），历史价值对其他价值的决定性以乘数体现，结合其总体价值与存世数量成反比，则可得出城市文脉空间单元的实际综合价值，其公式可表达为：

$$V=(0.02T)\text{^}s\,(V_1+V_2+V_3\cdots\cdots)\,C/A$$

通过各类城市文脉空间单元综合价值排序，可明确文脉空间单元的保护重点，以及据此构建价值从高到低的文脉空间单元势能网络，为周边区域的城市设计提供文化源泉。

6.2.4 文脉要素价值指标体系与指标权重赋值

（1）价值指标体系及释义

结合前文6.1.1节文脉要素价值分类，借鉴层次分析法中层次分析的基本结构，建立价值评价的层次分析结构，共包括4个层次23项评价指标（图6.12）。

①目标层（A）。将基于城市历史脉络梳理，以“文化意义”价值和现世价值为核心的聊城城市文脉物质载体要素综合价值评价作为本次价值评价的最终目标。

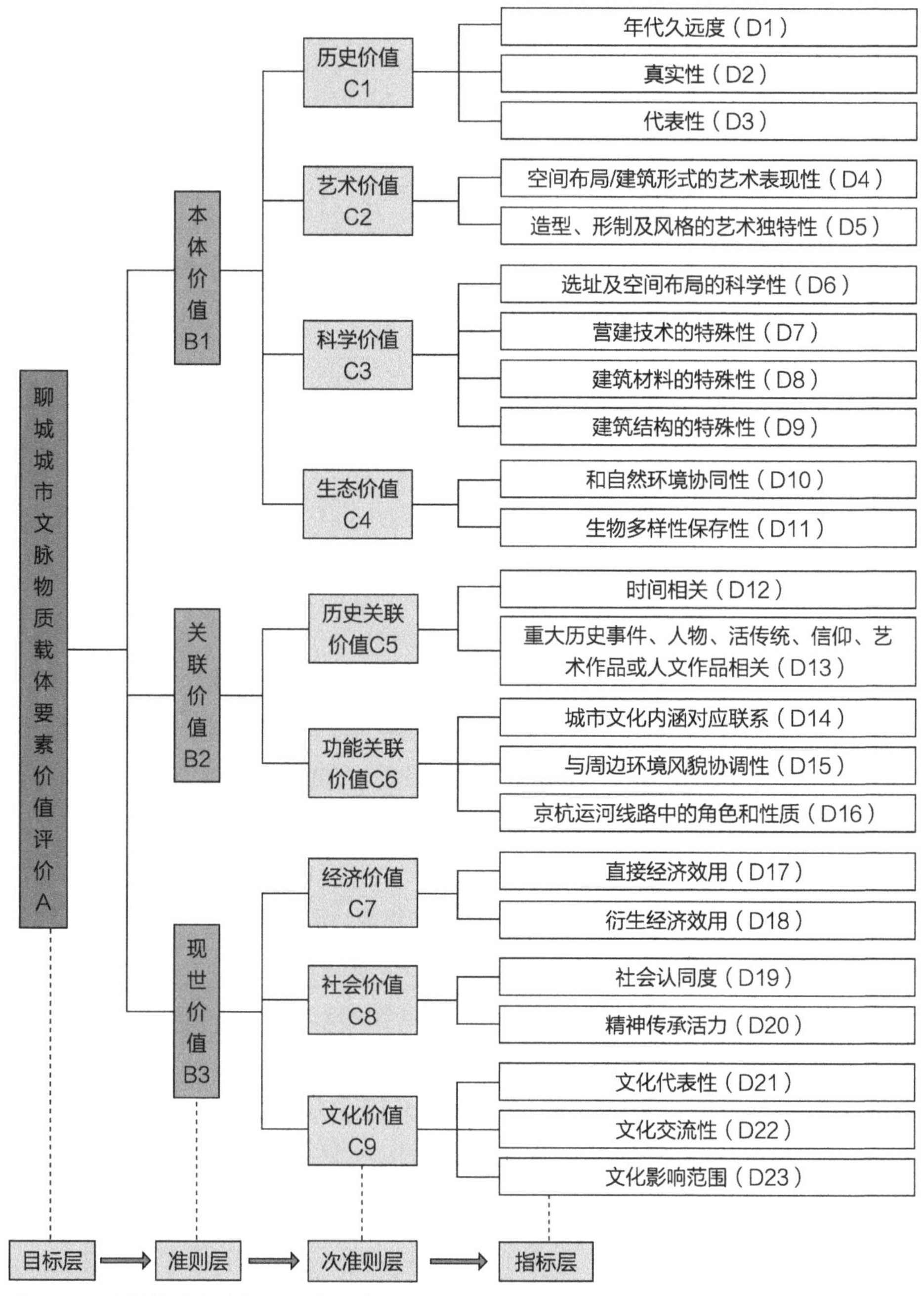

图6.12　聊城城市文脉物质载体要素价值评价的层次结构
（图片来源：作者自绘）

②准则层（B）。目标层下有本体价值（B1）、关联价值（B2）和现世价值（B3），如此划分更切合城市文脉的时空特性。

③次准则层（C）。次准则层包含9个评价因子：

（a）历史价值（C1）：指文脉物质载体要素在聊城历史时期自然环境、城市格局、建筑簇群、线型空间、城市坐标等展示了聊城历史的一个（或几个）重要发展阶段，真实地见证、记录了城市发展的历史脉络方面的价值。

（b）艺术价值（C2）：指聊城历史时期城市格局、建筑簇群、线型空间、城市坐标等作为人类艺术创作、审美情趣、特定时代典型风格的实物见证的价值。

（c）科学价值（C3）：指城市文脉物质载体要素作为人类的创造性和科学技术成果本身或创造过程的实物见证价值。

（d）生态价值（C4）：指文脉物质载体要素作为自然环境的调谐器、生物多样性的保存地等方面的价值。

（e）历史关联价值（C5）：指文脉物质载体要素与重大历史事件与人物、活传统、信仰、艺术作品或文学作品有直接或实质的联系，对文化的诞生和传承具有重大作用。

（f）功能关联价值（C6）：指文脉物质载体要素因被赋予了文化内涵而具有的价值，促进周边环境风貌塑造的价值，以及在京杭大运河遗产中的价值。

（g）经济价值（C7）：指文脉物质载体要素作为一种特殊资源在被利用时产生经济效用。如对科学研究、旅游休闲、实物产出、产业发展等方面的经济效用。

（h）社会价值（C8）：指文脉物质载体要素在知识记录、知识传播、精神文化传承、民族自信建立、民族凝聚力产生、社会共识达成等方面所具有的价值。

（i）文化价值（C9）：指文脉物质载体要素在阐释民族、宗教、地域等文化多样性特征方面所具有的价值以及文化交流价值。

④指标层（D）

指标层包含23个评价因子：

（a）历史价值（C1）包含年代久远度（D1）、真实性（D2）和代表性（D3）3个评价因子。年代越久远价值越高，原真状态保持度越高价值越高，越具有典型性价值越高。各评价因子按照反映程度分为优、良、中、差四个评价等级。

（b）艺术价值（C2）包含空间布局/建筑形式的艺术表现性（D4）和造型、形制及风格的艺术独特性（D5）2个评价因子。各评价因子按照反映程度分为优、良、中、差四个评价等级。

（c）科学价值（C3）包含选址及空间布局的科学性（D6）、营建技术的特殊性（D7）、建筑材料的特殊性（D8）、建筑结构的特殊性（D9）4个评价因子。各评价因子按照反映程度分为优、良、中、差四个评价等级。

（d）生态价值（C4）包含和自然环境协同性（D10）、生物多样性保存性（D11）2个评价因子。各评价因子按照反映程度分为优、良、中、差四个评价等级。

（e）历史关联价值（C5）包含时间相关（D12），重大历史事件、人物、活传统、信仰、艺术作品或人文作品相关（D13）2个评价因子。各评价因子按照反映程度分为优、良、中、差四个评价等级。

（f）功能关联价值（C6）包含城市文化内涵对应联系（D14）、与周边环境风貌协调性

（D15）、京杭运河线路中的角色和性质（D16）3个评价因子。各评价因子按照反映程度分为优、良、中、差四个评价等级。

（g）经济价值（C7）包含直接经济效用（D17）、衍生经济效用（D18）2个评价因子。各评价因子按照反映程度分为优、良、中、差四个评价等级。

（h）社会价值（C8）包含社会认同度（D19）、精神传承活力（D20）2个评价因子。各评价因子按照反映程度分为优、良、中、差四个评价等级。

（i）文化价值（C9）包含文化代表性（D21）、文化交流性（D22）、文化影响范围（D23）3个评价因子。各评价因子按照反映程度分为优、良、中、差四个评价等级。

（2）价值指标权重

通过整理15位专家的指标权重调查表判断矩阵打分，得出聊城城市文脉物质载体要素综合价值评价权重赋值结果。

6.3 聊城城市文脉要素价值评价归因分析

结合预定的评价目标，本节对相关评价结果进行比较分析。

6.3.1 聊城城市文脉价值构成分析

（1）指标体系权重排序总体分析

从表6.8权重结果看，在准则层，本体价值（B1）与关联价值（B2）的对比中，关联价值（0.375556）大于本体价值（0.340351），反映出聊城城市文脉物质载体要素和京杭大运河文化线路具有较大相关性，同时也反映出聊城城市文脉物质载体要素的整体价值大于各文脉要素单元价值之和的特点。本体价值和关联价值之和（0.715907）远大于现世价值（0.284093），表明聊城城市文脉物质载体要素的“活化”利用还有待进一步挖掘。

在次准则层和评价指标层中，权重影响较大的主要集中在关联价值和本体价值中的历史价值方面。在次准则层，功能关联价值（C6）、历史关联价值（C5）和历史价值（C1）排前三位；在评价指标层，京杭运河线路中的角色和性质（D16），重大历史事件、人物、活传统、信仰、艺术作品或文学作品相关（D13），城市文化内涵对应联系（D14），时间相关（D12），衍生经济效用（D18）和真实性（D2）排前六位，表明聊城城市文脉物质载体要素与京杭大运河的功能、文化与发展时段的关联意义对其综合价值极为重要，而文脉物质载体要素在城市范围内的关联较为一般。此外，本体价值中的年代久远度（D1）、选址及空间布局的科学性（D6）、营

聊城城市文脉物质载体要素综合价值评价权重赋值结果 表6.8

目标层A	评价准则层B		评价次准则层C		评价指标层D		
	准则层因子	权重（排序）	次准则层因子	权重（排序）	指标层因子	权重	排序
聊城城市文脉物质载体要素的综合价值评价A	本体价值（B1）	0.340351（2）	历史价值（C1）	0.118304（3）	年代久远度（D1）	0.0265757	19
					真实性（D2）	0.0564348	6
					代表性（D3）	0.0352932	13
			艺术价值（C2）	0.0809578（7）	空间布局/建筑形式的艺术表现性（D4）	0.0465405	9
					造型、形制及风格的艺术独特性（D5）	0.0344173	14
			科学价值（C3）	0.0682476（9）	选址及空间布局的科学性（D6）	0.018602	20
					营建技术的特殊性（D7）	0.0174441	21
					建筑材料的特殊性（D8）	0.0161089	22
					建筑结构的特殊性（D9）	0.0160925	23
			生态价值（C4）	0.0728421（8）	和自然环境协同性（D10）	0.0398553	12
					生物多样性保存性（D11）	0.0329868	15
	关联价值（B2）	0.375556（1）	历史关联价值（C5）	0.156027（2）	时间相关（D12）	0.0660297	4
					重大历史事件、人物、活传统、信仰、艺术作品或文学作品相关（D13）	0.0899971	2
			功能关联价值（C6）	0.219529（1）	城市文化内涵对应联系（D14）	0.0729346	3
					与周边环境风貌协调性（D15）	0.0492421	7
					京杭运河线路中的角色和性质（D16）	0.0973521	1
	现世价值（B3）	0.284093（3）	经济价值（C7）	0.107212（4）	直接经济效用（D17）	0.0453196	10
					衍生经济效用（D18）	0.0618929	5
			社会价值（C8）	0.0903695（5）	社会认同度（D19）	0.0466194	8
					精神传承活力（D20）	0.0437501	11
			文化价值（C9）	0.0865111（6）	文化代表性（D21）	0.0297715	16
					文化交流性（D22）	0.0286695	17
					文化影响范围（D23）	0.0280701	18

（来源：作者对迈实层次分析软件分析数据进行整理得到）

建技术的特殊性（D7）、建筑材料的特殊性（D8）和建筑结构的特殊性（D9）在评价指标层中排最后五位，表明聊城城市文脉物质载体要素中，除景阳冈龙山文化遗址、教场铺遗址、尚庄遗址和曹植墓较为知名、价值较高外，其他宋代以前的文脉物质载体要素虽然数量较多、年代久远、空间布局集中，但对其价值认可度一般，是需要进一步挖掘提升阐释与展示的要素，这也说明了聊城对文脉要素的本体保护力度不够、展示不足（图6.13、图6.14）。

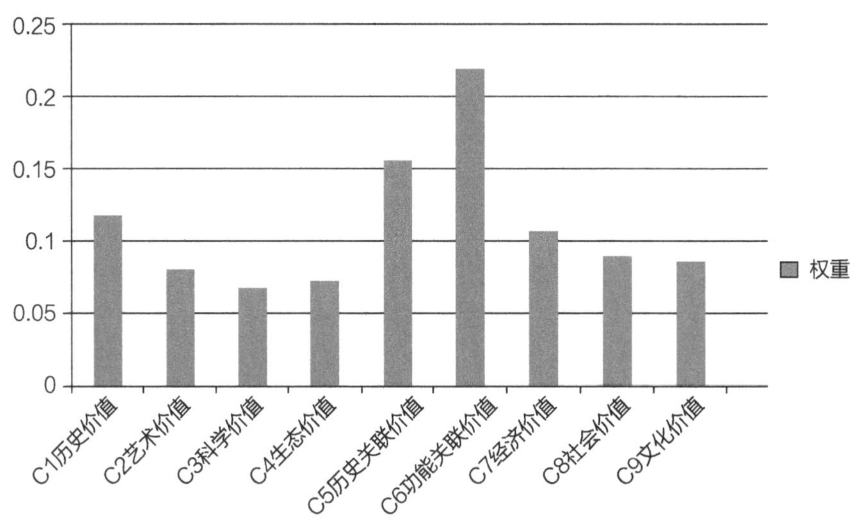

图6.13　聊城城市文脉物质载体要素价值评价次准则层因素权重分析
（图片来源：作者自绘）

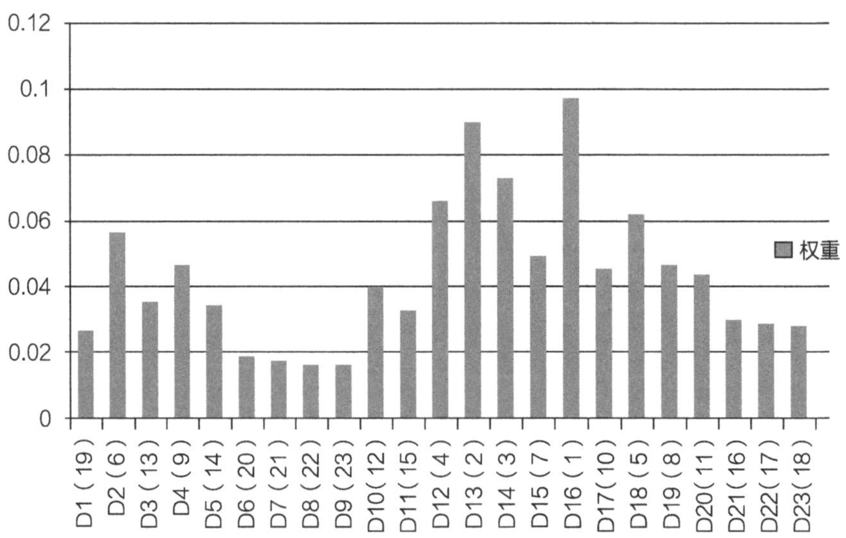

图6.14　聊城城市文脉物质载体要素价值评价指标层因素权重分析
（图片来源：作者自绘）

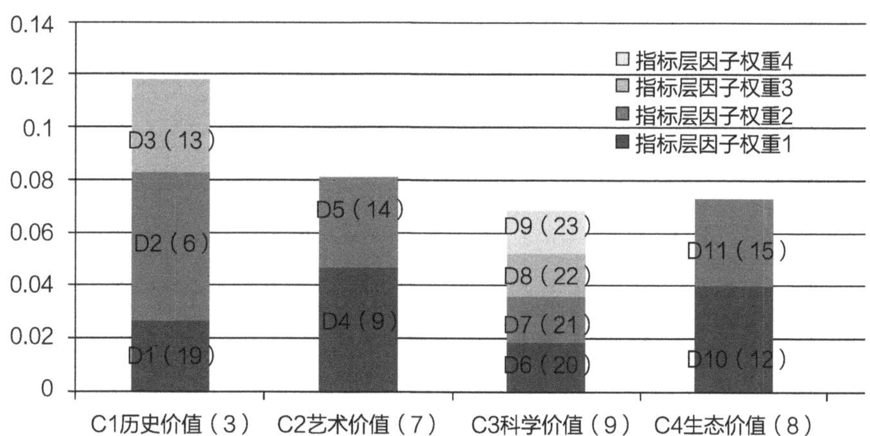

图6.15　聊城城市文脉物质载体要素本体价值构成指标权重分析
（图片来源：作者自绘）

（2）各准则层构成指标权重分析

①本体价值（B1）评价（图6.15）

历史价值（C1）评价。在本体价值（B1）准则层中，次准则层因子历史价值（C1）排名最高，艺术价值（C2）次之，科学价值（C3）最低，这表明，聊城城市文脉物质载体要素的历史价值很高，以聊城光岳楼、山陕会馆、铁塔、小运河、京杭大运河聊城段、临清运河钞关等物质遗产以及聊城古城格局较好地保存了真实性，要素最高等级为世界文化遗产，能够较好地反映城市及建筑的历史发展阶段信息，但代表性（D3）在总计23个指标层中排第13位，说明文脉物质载体要素对整个城市发展脉络的反映不足。

艺术价值（C2）评价。艺术价值评价权重值在次准则层中排第7，其构成要素空间布局／建筑形式的艺术表现性的权重高于造型、形制及风格的艺术独特性，表明运河、古城、东昌湖形成的独特的“河—湖—城”一体的空间布局以及古城的形制和路网格局具有较强的审美价值，建筑形式也有一定的艺术表现力。造型、形制及风格的艺术独特性（D5）在总计23个指标层中排第14位，表明在具体的展现方面，缺乏细腻的艺术表现力。

科学价值（C3）评价。科学价值评价权重值在次准则层中排第9，其4个构成要素在评价指标层权重排序也是后4位，表明聊城城市文脉物质载体所反映的科学价值没有得到应有重视，对古城因水灾而四迁城址，最终选在目前位置的选址及空间布局的科学性展现不足，对地区营建材料、技术和解构的展示有待提高。

生态价值（C4）评价。生态价值评价权重值在次准则层中排第8，表明对已作为南水北调东线主输水线路的运河及水系所发挥的生态价值的满意度不高。

②关联价值（B2）评价（图6.16）

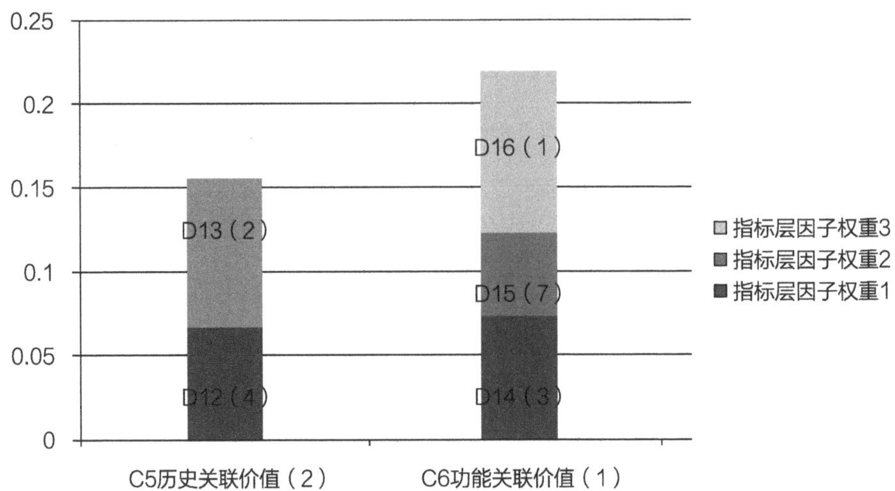

图6.16　聊城城市文脉物质载体要素关联价值构成指标权重分析
（图片来源：作者自绘）

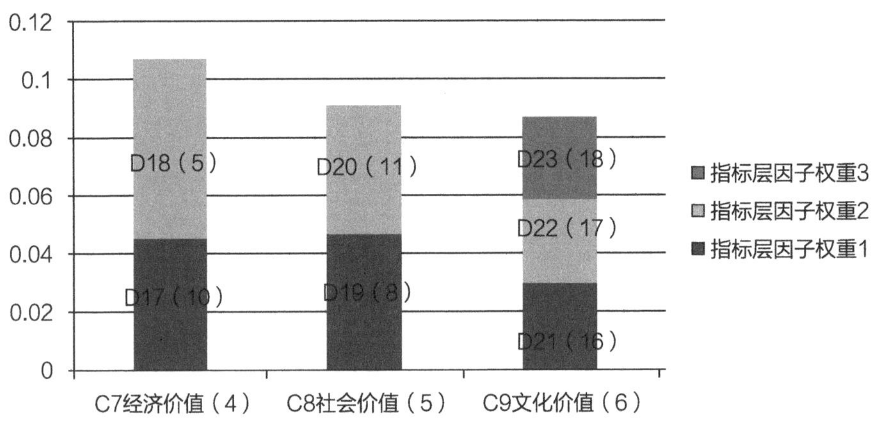

图6.17　聊城城市文脉物质载体要素关联价值构成指标权重分析
（图片来源：作者自绘）

历史关联价值（C5）评价。历史关联价值评价权重值在次准则层中排第2，表明城市文脉物质载体要素既对大运河文化线路及聊城城市发展脉络具有重要的时间坐标意义，也和重大历史事件、人物、信仰、艺术作品或文学作品紧密相关。

功能关联价值（C6）评价。功能关联价值评价权重值在次准则层中排第1，表明城市文脉物质载体要素的整体功能价值远大于各要素的功能之和。

③现世价值（B3）评价（图6.17）

经济价值（C7）评价。经济价值评价权重值在次准则层中排第4，表明城市文脉物质载体要素同当下生态文明、旅游开发等之间的直接经济效用关系较强，间接经济效用方面也可较好地促进聊城社会经济发展和城市形象的提升，同时也反映出城市对城市文脉物质载体要素的保护有欠缺，亟须提高。

社会价值（C8）评价。社会价值评价权重值在次准则层中排第5，表明城市文脉物质载体要素的社会认同度较高，精神传承活力（D20）排11，说明精神传播活力不足。

文化价值（C9）评价。文化价值评价权重值在次准则层中排第6，表明城市文脉物质载体要素能较好地反映城市历史文化特点，从评价指标层评价因子的权重来看，文化代表性较强，而文化交流性与文化影响范围有待进一步提高。

（3）聊城文脉要素价值演变曲线

通过对聊城不同文脉积层文脉载体和其他城市同阶段同类型载体的比较分析，可看出聊城自聊古庙有记载（现有遗址）的2500年以来拥有绵延不断的发展脉络：是黄河下游农耕文明的传承之所；龙山文化城密集，是我国最早的城市诞生地之一，也是史前极为重要的政治中心之一；是千里京杭大运河航线上船闸密集河段运河城镇聚落代表；是我国保存至今唯一具有“城—河—湖”一体的历史城区格局的府城，古代黄淮海平原营城治水的杰出代表，国内面积最大的人工护城湖；历经多次文化冲突，形成多元文化包容发展的格局。

结合上文聊城文脉要素各类价值构成分析，不难看出明清时期是聊城文脉要素的文化价值高点，随着大运河遗产的申遗成功和旅游业的兴盛，聊城文脉要素的价值内涵正向新的高度迈进。

6.3.2 聊城城市文脉价值特色分析

通过对和聊城紧邻的运河城市济宁和德州进行城市文脉物质载体要素价值评价分析，可进一步比较分析聊城城市文脉物质载体价值特色。通过准则层权重对比分析，发现三座城市的本体价值和关联价值权重值都较高，现世价值权重值差距较大。

（1）关联价值权重比较分析。明清聊城兴衰和京杭大运河紧密相关，故三类价值中关联价值占比最高。德州是京杭大运河四大漕运码头之一，明清时期，是全国33个工商城市之一。京杭大运河德州段“三弯抵一闸”弯道代闸技术是传统运河工程的创造性技术发明和典范性技术体系的历史见证，也是大运河全线所独有的，在京杭运河线路中意义重大。城中大量的遗迹和文物与运河文化关系密切，如德州的乾隆行宫、柳湖书院、振河阁、九达天衢牌坊、苏鲁王墓等都是运河遗迹。德州的优秀历史建筑集中成片地段主要有：苏鲁王墓及守陵村建筑文化遗产集中片区、德隆机床厂建筑文化遗产集中片区、德州市供水总公司第一水厂建筑文化遗产集中片区和仓栈建筑文化遗产集中片区。德州中心城区文化遗存很少，未定级为文物保护单位的历史建筑较多，仅有苏鲁王墓一处列为国家级文物保护单位，无省级及市级文物保护单位，且苏鲁王是通过运河在回国途中病故德州的，和京杭大运河紧密相关。历史建筑大部分为近现代工业建筑和公共建筑，关联价值在三类价值中居中（表6.9）。

德州近代优秀历史建筑一览表 表6.9

类型	历史建筑
仓库类	德州银龙棉业有限公司货场、运河开发区的仓库
市政基础设施类	供水总公司第一水厂、天津供电段德州给水一所、铁桥、水渠等
住宅类	银龙棉业有限公司货场（住宿）、天津供电段德州给水一所（机房住房）、长庄等
办公类	德州市行政管理行政执法支队、公安局城市管理警察支队、公安局行政执法警察支队
厂房类	德隆机床厂、塑钢加工厂、德州化工机械厂
文化教育类	德州工人文化宫、德州普利森技工学校、德州市艺术学校
宗教类	苏鲁王墓清真寺、礼拜堂综合楼、水庆寺
遗址、墓葬	城墙遗址、苏鲁王墓、苏禄王妃及二三王子墓
宾馆服务类	德州宾馆、福临居、红旗宾馆等
运河类	德州汽车有限责任公司中转分公司、银龙棉业有限公司货场、运河码头等
小品类	新湖景区水榭、凉亭

（来源：《德州市历史建筑及预保留优秀建筑文化遗产普查规划与管理导则说明》）

济宁市行政辖区有曲阜、邹城两个国家级历史文化名城，济宁为省级历史文化名城，其市域文化以儒学文化、运河文化和水浒文化为主。济宁城北的南旺被称为“水脊”，是京杭大运河全线海拔最高的地方，南旺分水枢纽工程代表了中国古代先进的治水技术。济宁中心城区的文化遗存多和运河相关，如竹竿巷、太白楼、声远楼、崇觉寺铁塔等古建筑，东大寺、柳行东寺等古寺庙，汉上运河图碑、汉上南旺乾隆御碑等古石刻，关联价值也较大（图6.18）。

（2）现世价值权重比较分析。济宁境内的京杭大运河一直未断航，至今还在发挥航运功能，从现世利用角度看，其进一步开发利用潜力相对聊城和德州较小。如德州正在积极谋划德州大运河历史文化长廊和德州世界文化遗产公园，而济宁在做文化进一步提升的项目，如打造济州古城文化博览园项目。此外，济宁文脉物质载体要素的社会价值权重也不高，而历史价值较高，说明其促进社会关联、活动网络和其他关系与文脉物质载体要素的核心历史价值的关联不大，社会活动直接利用历史价值较少，社会融合、社区认同或者社会群体从文脉物质载体要素中获得归属感较弱。

（3）本体价值权重比较分析。聊城文脉物质载体要素最为丰富多样，集中度较高、跨越历

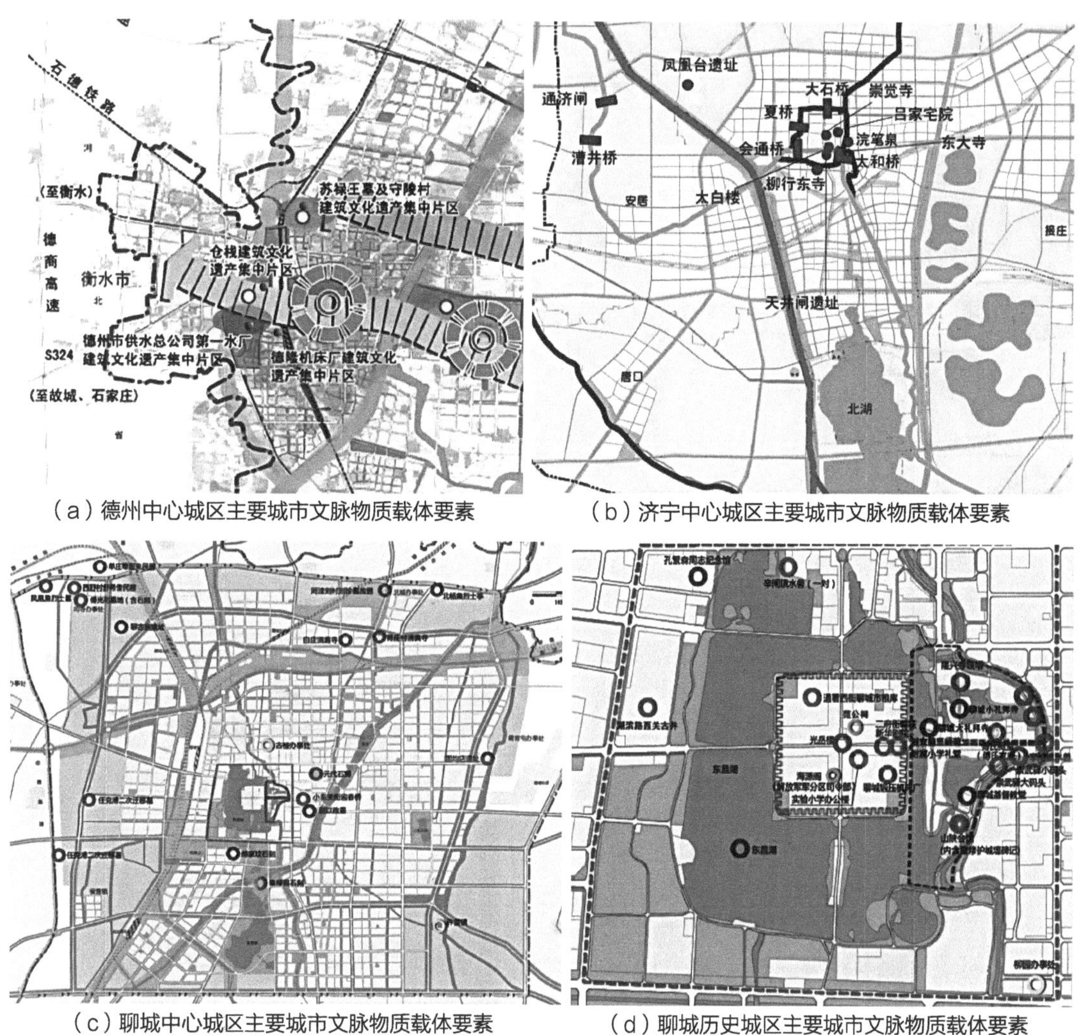

（a）德州中心城区主要城市文脉物质载体要素

（b）济宁中心城区主要城市文脉物质载体要素

（c）聊城中心城区主要城市文脉物质载体要素

（d）聊城历史城区主要城市文脉物质载体要素

图6.18　德州、济宁、聊城中心城区主要城市文脉物质载体现状

［图片来源：（a）《山东省德州市城市总体规划（2011—2020）》；（b）《济宁市历史文化名城保护规划（2009—2030）》；（c）《聊城市历史文化名城保护规划（2014—2030）》；（d）《聊城市历史文化名城保护规划（2014—2030）》］

史阶段也较多。德州现存的文脉物质载体要素多为近现代优秀历史建筑，且数量相对较少，稀缺性凸显。而济宁中心城区的老城区轮廓、格局已比较模糊，老城区内高楼林立、低层较少，一些重要的文化遗址已成为相互联系较差的文化岛（图6.19、图6.20）。

综上，通过各城市自身三类价值横向对比以及三座城市三类价值的分项对比，可看出聊城文脉物质载体要素主要体现的是运河文化，其次是黄河文化和红色文化；济宁文脉物质载体要素主要体现的是儒风文化，其次是运河文化；德州文脉物质载体要素主要体现的是运河文化，其次是黄河文化。

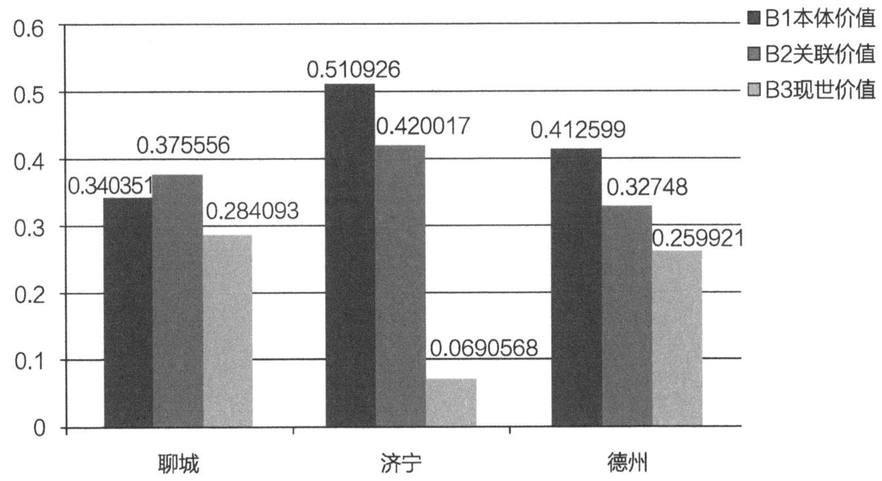

图6.19　聊城、德州、济宁城市文脉物质载体要素价值评价准则层因素权重分析
（图片来源：作者自绘）

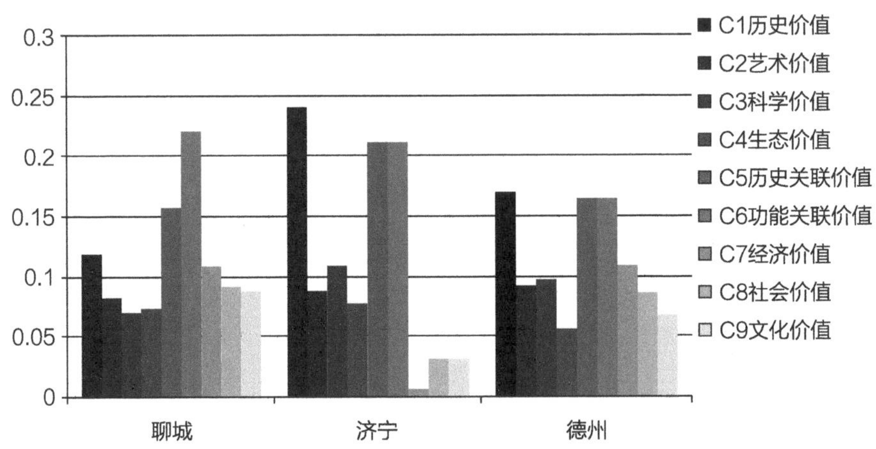

图6.20　聊城、德州、济宁城市文脉物质载体要素价值评价次准则层因素权重分析
（图片来源：作者自绘）

6.3.3 聊城文脉空间单元价值排序

根据该评价模型和专家打分，结合参数修正模型，得出聊城京杭运河廊道和聊茌东都市区范围内城市文脉空间单元的综合价值排序，大致可分为四个层级：一级的主要为元明清时期的古建筑、古遗址、历史文化街区，如临清运河钞关古建筑群、京杭大运河聊城段古建筑和古遗址、光岳楼古建筑、山陕会馆古建筑、聊城东昌湖古遗址和聊城米市街、大小礼拜寺街等，它们是京杭大运河发展最重要阶段，体现京杭大运河文化线路文化交流特征的直接产物。二级的主要为大汶口、龙山、岳石、商周、汉时期的重要古遗址，三国时期到宋代时期的重要古墓葬

与古建筑，如景阳冈龙山文化遗址、教场铺遗址、尚庄遗址、聊古庙遗址、曹植墓等，它们是京杭大运河文化线路发展前阶段的地方文化积淀代表。三级的主要为范筑先纪念馆、运东地委旧址、道署西街聊城粮库、北杨集革命烈士纪念亭等近现代重要史迹及代表性建筑，它们是京杭大运河断航后，沿线文化交流减弱、线路发展衰退、革命战争频发时期的产物。四级的主要为孔繁森同志纪念馆、凤凰集烈士墓、中国运河博物馆、水城明珠大剧院、聊城百货大楼、聊城体育公园、聊城大学科学会堂等以及等级较低的古遗址、古建筑，它们是近现代重要史迹及建筑的代表，是市民感知城市的新增城市地标。

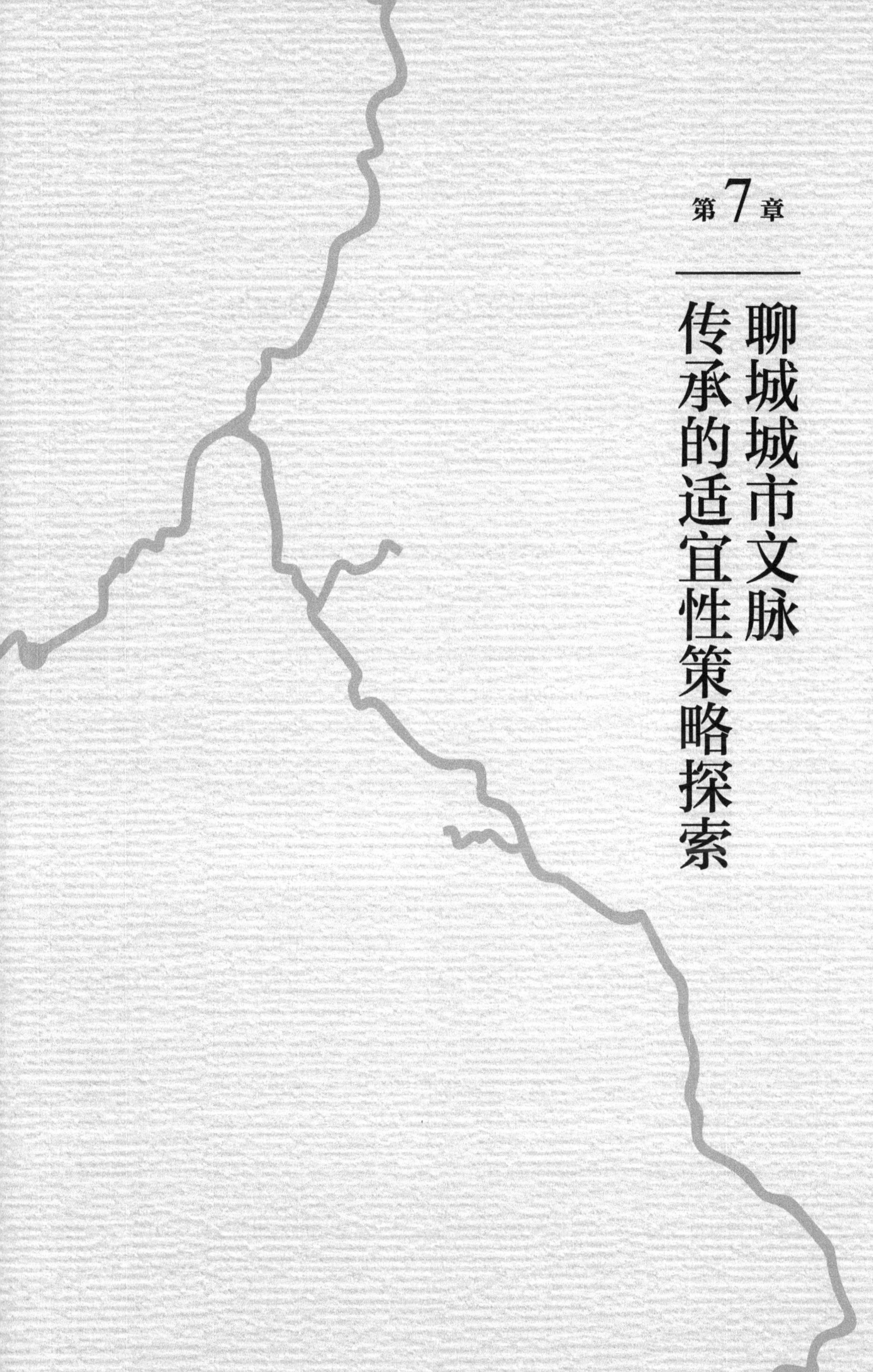

第7章

聊城城市文脉传承的适宜性策略探索

本章基于前文对聊城城市文脉演化的动力机制与表现法则，以及城市文脉要素价值评价的研究成果，立足城市规划设计专业视角，围绕新型城镇化背景下我们这一代人如何更好地“层累”建构聊城城市文脉这一核心问题，以“传承现实条件—传承路径与方法—政策制度保障”为研究主线，探讨聊城城市文脉传承的适宜性策略。

7.1 聊城城市文脉现实传承条件辨析

7.1.1 新型城镇化下城市文脉传承再审视

（1）城市文脉保护与传承亟须城乡空间统筹

《国家新型城镇化规划（2014—2020年）》明确提出了文化传承要求：“旧城改造中要功能提升与文化文物保护相结合；新城新区建设中要融入传统文化元素，与原有城市自然人文特征相协调。走一条人与人、人与社会和谐发展，具有产业凝聚和文化支撑的城镇化道路。”然而，当前以经济发展为主导的城市建设中存在功利主义思潮，城市空间在不断向外扩展的同时城市内部空间资源愈发稀缺，城市文脉物质载体生存和发展空间受到“土地财政”挤压而愈发局促，亟须以最终形成能展示各个历史时段的具有“整体性”的城市历史发展脉络为目标，把一些在城市建设区难以生存、占用空间大且即将扩展纳入的新类型城市文脉载体尽可能选择同类型载体在城郊进行保护，这样既可以填补空缺时段的文脉载体，也可以不断地接纳和包容城郊乡村文化，实现文脉载体空间布局的城乡统筹。

（2）城市文脉载体是新时期城市设计思想的源泉

2015年中央城市工作会议指出：“要保护弘扬中华优秀传统文化，延续城市历史文脉，保护好前人留下的文化遗产。要结合自己的历史传承、区域文化、时代要求，打造自己的城市精神，对外树立形象，对内凝聚人心。”当前城市设计学术定义：“对城市体形和空间环境所作的整体构思和安排，贯穿于城市规划的全过程。”这两条把当前城市设计的内涵和要求概括得全面和明确，弥补了设计内容和要求“源流不分，真假难辨”的缺点。城市自身的历史风貌特色就是城市文化的“源”，其他都是“流”，在城市设计中只能是一种借鉴、参考，决不能照搬，否则极易形成千城一面。

（3）城市文脉传承的有效路径是“活化”

目前中国城市文化遗产保育最普遍的模式是划定保护区范围，用围墙将其包围，然后设景点卖门票，把文化遗产完全变成供人参观的商品，使之成为城市中的文化孤岛，缺乏生气，慢慢侵蚀老去，也造成了城市文脉链条的断裂。在城市文化遗产“怎么保”的问题上，保护方法仍限定参照文物执行，要求“不改变文物原状”，使得严格的管制缺乏可操作的方法支撑，保护成了空谈，传承更无从谈起。为此，2013年习近平总书记在中共中央政治局集体学习时的重要讲话中提出“让文化遗产活起来，让收藏在禁宫里的文物、陈列在广阔大地上的遗产、书写在古籍里的文字都活起来”。所谓“活化”，即基于文化遗产的修缮保育，深入挖掘其文化内涵，以另一种顺应社会性与时代性功能要求方式服务大众，文化遗产则以新的方式延续。通过这种途径，既可为城市文化遗产寻得新生命，做一个新用途，也可让公众得以走近并欣赏它们，更在保留传统文明的基础上，使城市文化遗产重换新颜，创造出新价值。只有把城市文化遗产“活化”，城市文脉的主体构成要素之文化遗产才能在汲取新鲜血液的过程中得以延续，只有赋予文化遗产新的功能，它的存在和延续才能与人们的生活、行为、情感等“合拍”，在与历史积层叠置于“复合”中延续、创新，进而形成城市文脉的脉动。

（4）“活化”的关键环节是阐释与展示

充分的阐释与展示是城市文脉价值内涵传递的途径，因而也就成了城市文脉要素“活化”的关键环节。新型城镇化背景下城市文脉的阐释与展示须以文化自觉、文化自信为导向，在尊重城市文脉演化规律的前提下，传承优秀传统文化。

7.1.2 聊城城市文脉传承的主要问题检讨

（1）城市文脉主体价值取向有分歧

在当前以经济文化为重心的时期，城市政府和开发商等城市主体对城市文脉载体普遍秉持“经济效益为中心、效率优先、兼顾公平”的理念，政府主动引入开发商投资寻求其发挥经济价值的利用方式。开发商以经济回报为目的，对城市文脉的传承缺乏必要的责任感，难以深刻把握城市文化的精髓，只重视空间和形体规划，往往过度商业化，成为流于形式上的保护。城市居民普遍期望对城市文脉载体积极保护利用，同时对本地人居环境的完善上也有较高的期待，但由于城市普通居民缺乏对城市文脉价值内涵的了解，缺乏政策的有效支持，城市居民传承城市文脉的行动难以呼应城市文脉的展示和阐释。在城市文脉主体对城市文脉价值未取得一致认可并达成共识的情况下，聊城也就缺失了城市文脉活化传承的基本逻辑和正常路径。

（2）城市文脉载体系统构建不完整

我们每一代人都应该是城市文脉要素的创新者，而不是它的守夜人。目前为止，聊城城市文脉要素保护的关注点还集中在文物保护单位和古城区，还未从城市发展历史脉络梳理角度，通过过程分析来提取不同级别文化遗产的价值，而常常是基于城市历史遗存的现状分析其价值，价值评价标准随规划定位而多变，未形成基于城市历史脉络梳理的“城市文脉主题—城市文脉空间单元—城市文脉载体要素”的城市文脉载体系统。如在城市文脉主题方面，未以不同时代为背景构建起齐鲁文化、黄河文化、运河文化、红色文化和中华人民共和国成立以来聊城城市文化为主题的文脉载体，造成城市历史脉络展现残缺，城市特色不够突出和鲜明，使人们难以感受到聊城深厚的历史文化。

（3）旧区改造更新违背城市文脉的“层累”规律

城市文脉要素多是经过城市不同发展时段多层叠合积淀而成的，其形成是一个新旧不断交替，“过程性”和“层次性”非常丰富的过程。而聊城在城市更新中，多把城市文脉要素的价值附着在某个特定历史时期，忽视城市文脉的连续性，造成简单的复古和“假古董”的泛滥。尤其是对历史城区进行明清风格的“整体复建”，是对民国、抗战、“文化大革命”、中华人民共和国成立初期等时期文化的严重消解，忽略了古城多元文化的层叠性，复建的角楼、城门、府衙、府文庙、考院、启文书院、县衙、卫仓、相府、状元府和城隍庙等主要明清建筑也是国内其他运河城市大多同样具有的，文脉载体选择缺乏基于“层累”的文化多样性。

（4）城市文脉阐释与展示违背城市文脉演化的表现法则

①台儿庄古城文化阐释与展示主要经验

山东运河城市台儿庄古城在台儿庄大战中化为废墟，在2008年纪念台儿庄大战胜利七十周年时开始重新修缮。重建前也有专家反对，认为“重建的是假古董，不能称古城”。但台儿庄古城重建的城市文脉物质载体要素是在书籍征集考证、寻访老人古运河记忆和挖掘整理大战文化的基础上对古城恢复建设的。其复建遵循了城市事件的不可复制性决定文脉载体的独特性、城市事件的真实性决定文脉物质载体的真实性的城市事件法则，对运河浮桥、中正门、火车站、清真寺、关帝庙等大战遗址遗迹进行了修复展示，对泰山行宫、文昌阁、新关帝庙等城市文脉坐标点进行详细调查，在掌握确定建筑位置、建筑风格、建筑艺术、建筑布局的基础上进行了复建。因而，台儿庄古城与华沙的重建具有一定的相似性，实现了古城重要历史场所功能和意义的同构，延续了场所文脉链条，复建后的整体环境给人以“涌现性”的场所性心理感知。它的重建符合全球中华儿女的心愿，具有增强中华民族和中华文化认同的重要意义，形成了以大战文化、运河文化和鲁南地域文化为特色的“中华古水城、英雄台儿庄”。

台儿庄古城在现存的古城遗迹不到总面积5%的遗迹上重建一个100%的古城，重建获得了巨大成功，现为国家AAAAA级旅游景区，充分实现了古城的现世价值。值得一提的是，在重建期间，几乎没有听到“建假古董”的质疑批评之声，这也说明了遵循城市文脉演化机制和表现法则的古城复建，依然可增加城市文化信息量，进而可以获取较大的文化意义。

②聊城城市文脉阐释与展示的主要问题

城市事件内容展现的精英化、单一化。“城市是多样异质文明要素的空间化聚集，现代城市日益成为诸多异质人群都可以找到自身归属与文脉的包容性存在。”在聊城历史城区更新中，十分倾向于保护、传承精英阶层的文化空间和城市事件，如建设了相府、状元府，而对反映聊城明清商贸重镇的民居、商贾大院无一复建。古城更新本是一种对于历史文化的认同，力图与特定历史时期城市事件建立联系，或者修补城市文脉断裂的行为，体现着城市居民对物质再造建筑的情感寄托。聊城古城区更新后，城市文脉感倾向于展现城市历史辉煌时期的精英感，过于强调物质形态的延续性，而没有更多关注新建建筑是否拥有值得延续的神圣精神或与城市文化环境具有较强的文化关联。现代城市的发展既需要精英阶层，也离不开普通民众，这就需要城市文脉建构时保护和关注非精英阶层的文脉载体，构建多样文脉并存的格局。

城市文脉建构的房地产化，造成场所功能与意义脱离，难以得到社会认同。在城市文脉建构过程中，适当借助商业和资本的力量，对城市文脉的保护具有重要作用，但城市文脉要素具有传承社会记忆的公共属性，如果把文脉保护等同于搞房地产，则可能导致文脉传承的异化、片面、抽象，甚至导致文脉的破坏与丧失。聊城在古城更新建设中，借助房地产开发企业的力量，除将少量文物保护单位、历史建筑和个别家属院保留下来外，其余建筑全部拆除，近1.5万群众被安置在古城区外。古城区新开发的楼盘成了封闭管理的“富人岛”，古城只剩余四大街和部分复建的“博物馆”，以及零星的历史建筑。这严重破坏了传统格局风貌和文化遗产的真实性，破坏了古城区传统生活网络，复建的仿古商业街区活力也严重不足。这样的重建造成古城场所空间功能与意义严重脱离，既没有对古城原有的历史和文化传统进行记忆重构形成集体记忆，也没有将具有京杭大运河文化线路的聊城特色集体记忆升华到国家甚至世界的公众记忆层面，更没有形成新的集体记忆的标识，反而抹消了宝贵的社会记忆。即使“搬迁群众生活条件得到极大改善，对安置很满意，政府负责拆迁工作人员感到很委屈”，也一样得不到社会的认同。

城市文脉物象覆盖偏离原真性。原真性是文化遗产价值的核心，原真性与地方特性紧密相关，其历史、科学、艺术价值均附着于此，城市历史文明精华只有通过真实的遗产才能有效传承。国内不同领域的专家对于历史真实性的观点可谓百家争鸣，但原真性还是具有其概念核心边界的，那就是“原真性的核心在于真实的历史信息”。聊城古城建筑的更新是以明清文脉积层为单一主导的主要通过物象覆盖进行的更新建设，其更新改造后的建筑尺度、体量和建筑密度与原有格局肌理出入较大，虽是明清风格，但场所链条断裂，文化内涵不足，严重破坏了古城的历史原真性（表7.1）。

专家对文物古迹原真性以及历史建筑修复和重建的主要观点　　表7.1

《指南》/专家		主要观点
2015年版实施《世界遗产公约》操作指南		真实性的特征归纳为：外形和设计；材料和材质；用途和功能；传统，技术和管理体系；位置和环境；语言和其他形式的非物质遗产；精神和感觉，及其他内外因素
文物及考古专家	国家文物局古建筑专家组（前）组长 罗哲文	（1）城市的原真性总的来说是整体风貌问题。古城要整体保护，但不像古遗址一样要求不能动。可以是如丽江、平遥整体不动的保护方法，也可以是点、线、面的保护，分区分片，点就是文物保护单位。老城要多保存一些建筑，不是文物保护单位的也需要保护。（2）单体建筑和建筑群原真性就是原状。石头的雕刻不能恢复，就按现在的状况；木结构很规范，斗拱、梁柱都有原来的形制，按原来的工艺换；彩画按不同情况保护或者按原来风格画。（3）中国历史建筑修复讲究和谐。历史建筑修复采用对比修复看起来不美观，根据中国的物质条件来保护，应该有中国特色。中国木结构的建筑，坏了必须修，不然就塌掉了。（4）支持胡雪岩故居有依据的重修。胡雪岩故居原来保存了一部分，不修就没有了，至少保存下来了。文物最大的价值就是它的存在
	中国建筑学会建筑史学分会理事长 杨鸿勋	（1）《威尼斯宪章》只是概括了西方砖石建筑的保护理念和原则，不完全适应东方木结构为主的建筑体系。《威尼斯宪章》的精神是正确的，现在补充了《北京文件》，基本上弥补了它的局限性。（2）胡雪岩故居有足够的材料作为科学复原的依据，我赞成复原整修的意见。这不能叫作“假古董”，这在日本称作“模型保护”。虽然对已经不存在的历史建筑的考证总是有局限性但科学研究是允许的，也是必须有推理的。如恩格斯所说：“自然科学只要在思维着，它的表现形式就是假说。”
城市遗产保护专家	中国城市规划设计研究院（前）顾问总规划师 王景慧	文化遗产的保护原则有“真实性”和“原真性”两种讲法，英文是“Authenticity”。这涉及英文的翻译，也涉及文化遗产保护原则的正确表述。《威尼斯宪章》和我国正式法规文件中表达的实际内涵是要求保护历史过程的全部真实，不赞成恢复到原初的状态，所以我认为用“真实性”为好
	同济大学教授 张松	文化遗产保护的原真性表达了遗产创作过程与物体实现过程的内在统一关系、其真实无误的程度以及历经沧桑受到侵蚀的状态。日本的“伊势神宫”“式年造替”是非常特殊的情形，而且需要足够的经济条件来支撑
	同济大学教授 邵勇	原真性需要考虑历史的原真性和艺术的原真性。历史原真性是指具有真实的历史信息，艺术的原真性追求艺术最想表达的东西。中国“不改变文物原状”是一个非常难以把握的标准。尤其是针对大量被列入文物保护单位，但还具有使用价值的历史建筑、民居院落等更加难以实施
	同济大学教授 陆地	建筑遗产的真实性是种旨在确定遗产价值，对其各方面是否名副其实的判断。作者真实性始终是建筑遗产价值及其真实性的决定性因素，并反映在各种国际保护文件与实践中
建筑遗产保护专家	中国科学院院士、东南大学教授 齐康	（1）中国真正的木结构古建筑很少，都是经过后来重修的。中国的历史文物保护要加以说明，说明原来的历史状况，可以用文字，最好有图片说明，把那些故事写出来。（2）复古式建筑是不正常的现象，复古是一种思潮。建筑史的人应该研究建筑现象，从现象中研究时代特点。观念很重要，所以我说“城市的观念，观念的城市”

续表

《指南》/专家		主要观点
建筑遗产保护专家	中国科学院院士、同济大学教授常青	（1）历史建筑和古董文物不一样，后者多半可以保持原真性，历史建筑是使用空间，历史上修葺变动是常有的事，不可能全都维持现状。（2）对于复原应区别对待。古代的废墟，很难去真实复原，如西安的唐朝西市，在原来的地望上做文化商业开发，并实事求是地说明项目的性质，就无可厚非。绍兴仿造已逝的水乡景观区，如果昔日的水乡生活形态是延续下来的，那么复旧重建就无可非议。从保护与再生的语境出发，对于历史风土街区，关键不在于房子是不是原物，而在于空间肌理和生活形态还在不在。反对新建筑仿古就一概鄙视复原重建。第二次世界大战后，伦敦、柏林都被炸平了，不重建城市怎么生活。（3）历史废墟重建要有前提。现代毁掉的，如有图像、测绘资料，可以考虑复原性重建；古代毁掉的，没有充分依据，只能做些复原研究。“雷峰夕照”是历史景观意象，重建雷峰塔和复原没有关系
	东南大学教授朱光亚	文化遗产保护的核心是原真性，它主要指历史信息的传递。原真性涉及价值判断，以及价值体系中最根本的东西。在不同的文化背景下，原真性是有弹性的，价值判断中必然包含主观的东西，是有局限性的，无法求解的

（来源：根据2015年版实施《世界遗产公约》操作指南和《真伪之问：何谓真正的城市遗产保护》中专家见解的内容整理）

城市设计与城市文脉协同性差。聊城近40年来经济快速发展，城市中心区开发建设活动密集，2018年棚户区改造达2.37万户，建设住宅高达1000万m^2，东昌府区行政中心、徒骇河滨河大道、九州月季公园等行政、市政项目也遍地开花。面对数量巨大的开发建设活动，城市设计周期普遍较短，往往就设计论设计，忽略地块在整个城市空间中的属性，对城市特色和文脉的挖掘乏力，进而也就难以形成地方风味和城市个性。在密集的建设活动中，住区占比最大，也是形成城市风貌的重要元素，可在住区设计上经常出现城市间互相“复制粘贴”的情况，造成“千城一面”。此外，由于现代城市规划设计自上而下的肌理管控，经常对城市建筑簇群的有机生长造成巨大冲击，使城市文脉的延续举步维艰（图7.1）。

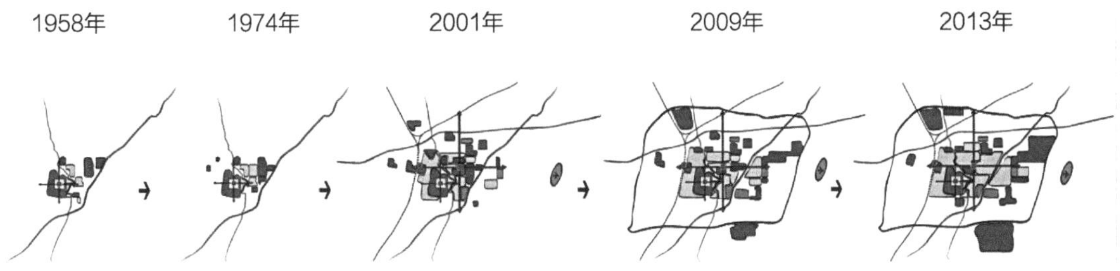

图7.1　聊城中心城区1958年以来的空间演进
（图片来源：《聊城市城市总体规划2014—2030年》）

7.2 聊城城市文脉传承的适宜性路径与方法

综合本书对聊城城市文脉演化的动力机制和表现法则的系统揭示，“聊城城市文脉要素价值构成分析和价值演变曲线归纳”“聊城城市文脉价值特色分析”和“聊城文脉空间单元价值排序”，结合对新型城镇化背景下聊城城市文脉传承条件的研判，尝试进一步探讨聊城文脉传承的适宜性路径和方法。

7.2.1 “保护”与“发展”强度协同的传承路径

从聊城文脉要素价值评价结果来看，其关联价值十分突出。首先，聊城城市文脉要素是在黄河与运河沿线这个特定的地理环境基础上历经沉淀而成的，具有黄河、运河沿线这个鲜明的“空间性”；其次，聊城的城市发展与功能变迁与运河漕运、南水北调东线输水工程、大运河国家公园相联系，具有鲜明的“变动性”；最后，聊城绝大多数的城市文脉要素一直处于使用状态，它们是历史上人居活动对其生存环境进行不断调整和筛选利用的结果，在将来仍将继续具有鲜明的“活态性”。因此，聊城城市文脉的传承需根植于运河城市这种特殊的“人居环境”，寻求一种“保护”和“发展”相协同的传承道路。

当前，山东运河沿线历史城市文化处于以经济文化为重心的发展阶段，各城市产业雷同严重，外来资金成为城市发展的重要动力，投资者对城市发展具有较强主导作用，而投资者的趋利行为使经济增长具有短期性，并且对城市文脉资源重视不够。从辩证的观点看，山东运河城市文脉有独特的文化特性和形象特色，具有转化为经济价值的巨大潜力。如能把城市文脉资源转化为经济价值，将吸引资金流向城市，资本的影响力会下降，城市就可获取塑造自身特色的主动权。聊城城市文脉载体的“保护”和“发展”是主要矛盾的两个方面。从保护的角度看，保护存在着不保护、弱保护、中保护和强保护几种不同强度的保护类型；从发展的角度看，发展也存在着不发展、弱发展、中发展和强发展几种不同强度的发展类型。理论上讲，不同强度的保护和发展类型可组合成多种发展路径。在当下城市经济、社会转型，国家部委改革，城市国土空间规划逐步开始实施，对城市文脉要素保护政府经济能力有限等众多问题纠缠在一起的背景下，最理想的发展模式是寻求保护与发展之间的动态“平衡”。可借鉴美国城市“历史脉络”的工作机制，推行城市历史环境评价制度，使之贯穿于城市规划、城市设计、工程建设、工程验收、工程后评估的全过程，成为在保护与发展中寻求“平衡”的重要途径。基于城市文脉要素价值评价，结合八种类型的“发展”和“保护”组合，可形成城市文脉载体保护和发展协同矩阵。在矩阵的原点，是既不发展也不保护，此处的城市文脉要素处于保持现状特性基础上的自然演化状态，在矩阵右上顶点是强发展也要寻求强保护，矛盾最大也要求处理得最好（图7.2）。

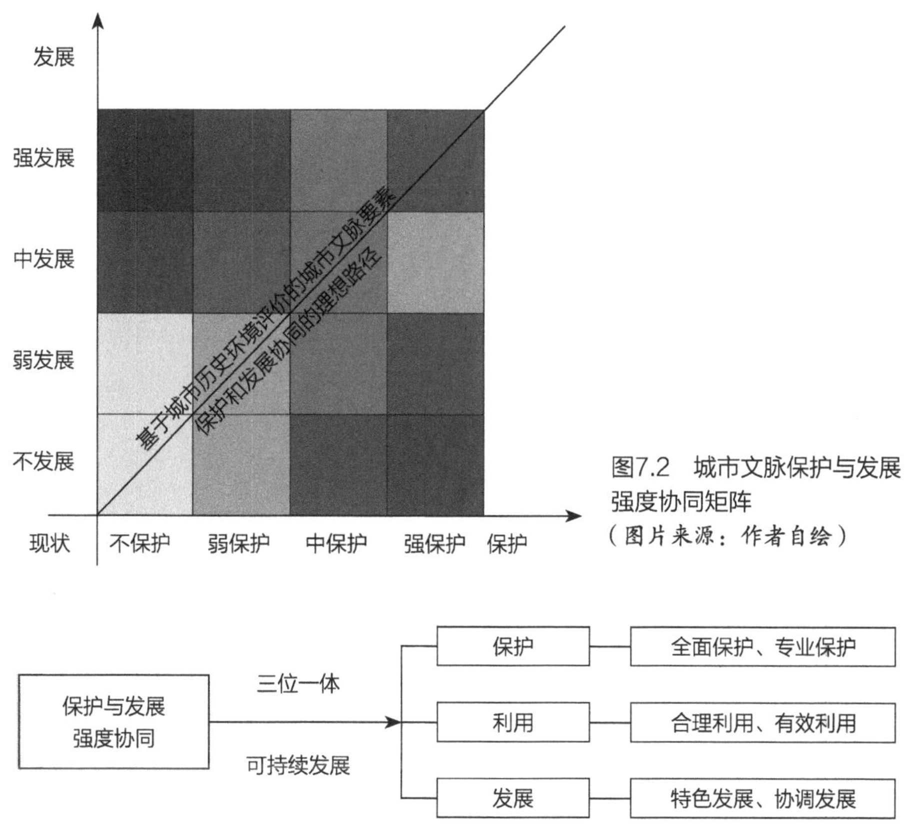

图7.2　城市文脉保护与发展强度协同矩阵
（图片来源：作者自绘）

保护与发展强度协同 —— 三位一体 / 可持续发展 ——
- 保护 —— 全面保护、专业保护
- 利用 —— 合理利用、有效利用
- 发展 —— 特色发展、协调发展

图7.3　城市文脉保护与发展强度协同的内涵
（图片来源：作者自绘）

保护和发展强度协同也是将保护寓于发展之中的“保护—利用—发展”三位一体的可持续发展之路（图7.3）。

7.2.2 建构整体性的聊城城市文化脉络展示载体

整体性保护是城市历史环境保护最有效的准则。城市文脉的整体性活态传承，需要我们正视的一个重要问题就是城市文化环境的重新建构，它需要通过城市文脉要素的关联保护，来构建一座城市的历史格局和空间逻辑，把多元的、相互关联的城市文脉要素系统化、秩序化，以体现城市历史脉络和积层“层累”的过程。

随着运河断航以来聊城古城的衰败和以经济建设为中心时期的城市规模的快速扩张，再加上近期老城区的“整体重建”，聊城城市的整体特色逐渐黯淡。为今之计，就需要依据聊城城市文脉要素价值评价，明确“价值特色”这个城市文脉传承的原点，并以价值特色关联城市历史脉络，重组已经破裂的“相对的整体性”。将城市文脉整体空间格局保护作为城市文脉传承的普遍性原则，利用城市文脉空间单元的主要构成主体—文物保护单位的局部整体性，进行基

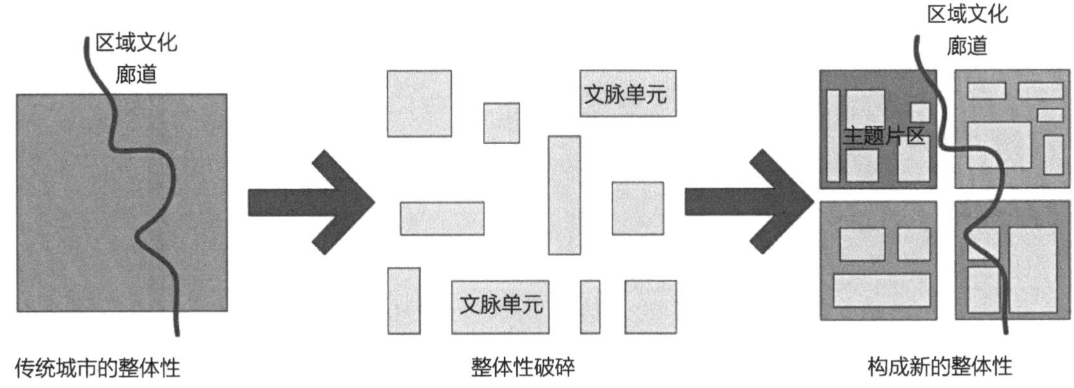

图7.4　聊城城市文脉体系整体性建构示意
（图片来源：作者自绘）

于城市历史脉络和不同文化时段文化重心特征的重构和激发，在混沌中建构相对完整的“区域文化廊道—城市文脉主题片区—城市文脉空间单元—城市文脉要素”四个层次的城市文脉载体体系（图7.4）。

依据聊城城市文脉物质载体要素价值评价结果，在市域宏观层面，采用文化廊道这一模式，重点构建以古代文化为重心的京杭大运河“运河古镇”文化廊道和以经济文化为重心的徒骇河为主干的“江北水城”文化廊道，进一步增强关联性价值。京杭大运河“运河古镇”文化廊道以聊城主城区为核心，南北拓展打造临清市、张秋镇、七级古镇、景阳冈景区等重要节点，建设以运河商旅文化为主要代表性文化要素，齐鲁文化为展示特色的文化廊道，以增强明清时期城市职能文化内涵。徒骇河“江北水城”文化廊道依托水生态环境，整合沿线漕运文化、民俗文化、民间艺术、农耕文化等建设生态文化展示廊道，建设滨河绿化带，塑造城市景观绿廊，从而达到改善市域生态环境和自然景观的目标。

在聊茌东都市区中观层面，可重点展示对聊城城市发展影响深刻的历史遗存类文脉要素，按历史脉络梳理可划分为以古代文化为重心的古漯河湿地区域黄河农耕文化展示区和运河文化展示区；以政治文化为重心的历史城区和古城区为红色文化展示区、大小礼拜寺街区和小三线文化展示区；历史城区南部为以经济文化为重心的东昌湖—南关岛片区和现代风貌展示区。黄河农耕文化展示区主要内容包含大汶口文化、龙山文化和岳石文化，按照大汶口文化遗址和龙山文化遗址分布的聚集区域进行划分。小三线文化展示区主要包含道署东街南新星商标印刷有限公司居住历史文化风貌区、聊城市锻压机床厂工业历史文化风貌区和聊城市中矿集团机械有限公司工业历史文化风貌区（图7.5）。

在聊城中心城区微观层面，主要是由文物保护单位、城市级文化线路、城市历史建筑和其他城市坐标构成的城市文脉空间单元，它们和宏观、中观文脉耦合，展现不同文化重心时期的独特风格。

该重构的城市文脉载体体系可明确展现城市文化演进的顺序，反映不同文化重心时期的

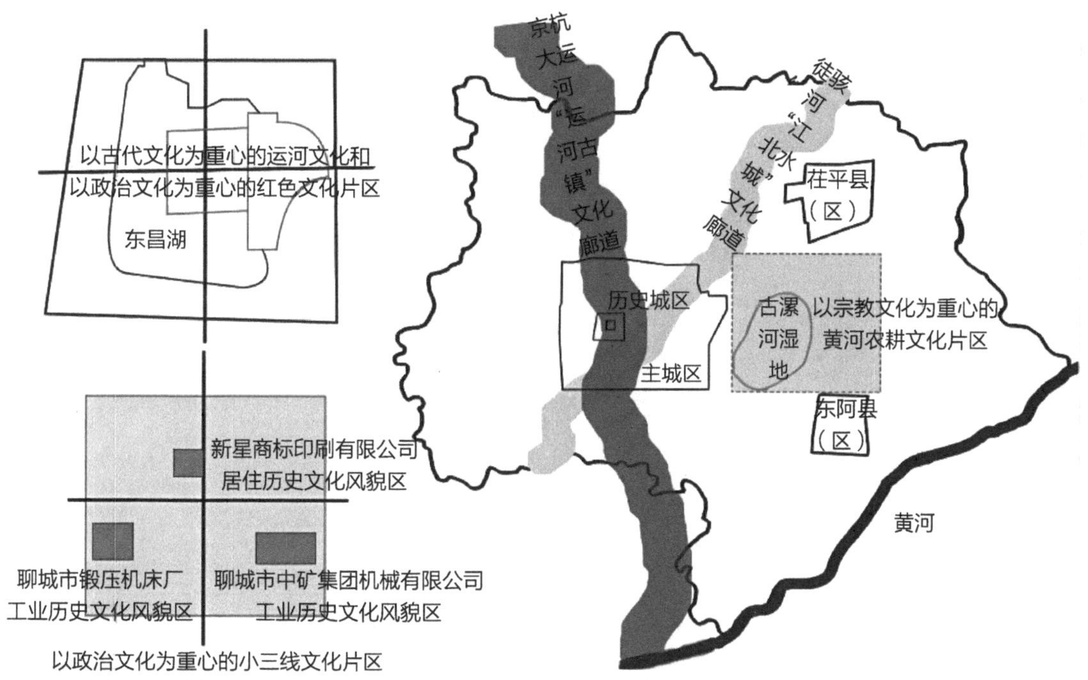

图7.5　基于历史脉络和文化重心的聊城城市文脉体系重构
（图片来源：作者自绘）

主要城市特色。在规划管理中，给定城市更新设计条件时，可以该文脉载体体系为设计创作之源，以不同文化重心时期的城市肌理、空间尺度、建筑符号等为参考依据设定规划设计条件，使规划设计方案更有针对性，也可有效避免不同规划中风貌塑造的矛盾，进而形成个性鲜明的城市特色。通过梳理，可以发现聊城玉皇皋和聊城八景具有极高的重建价值，城市的定位也需进一步突出黄河农耕文化。

7.2.3 建立城市地标保护体系强化文脉要素链接

受城市经济效应和土地价格的影响，城市地标在对外辐射时存在势差，这种势差促进了各城市地标之间“流”的产生，“流”在城市地标间的交流与传递使城市文脉要素在空间上发生锚固和扩散现象，成为城市文脉要素的“链接者”。这些链接过去与未来的城市地标，留存了城市的叙事与记忆，不断增加城市的文化信息量，为城市文脉源源不断地注入新鲜血液，形成有节奏、有力量的城市文脉“脉动”节点，形成对人的意识和精神的塑造。把各地标按照历史脉络联系起来，就形成了联系范围内的环境意义（图7.6）

当前，聊城城市文脉空间单元的构成主体是文物保护单位，其文化意义绝大多数是城市级以上的，由于文物保护单位在城市中的密度低，再加上圈层式的保护模式，造成文脉空间单元之间连接距离过长，城市级文化线路稀疏，进而造成城市文脉空间单元孤岛化的现象。

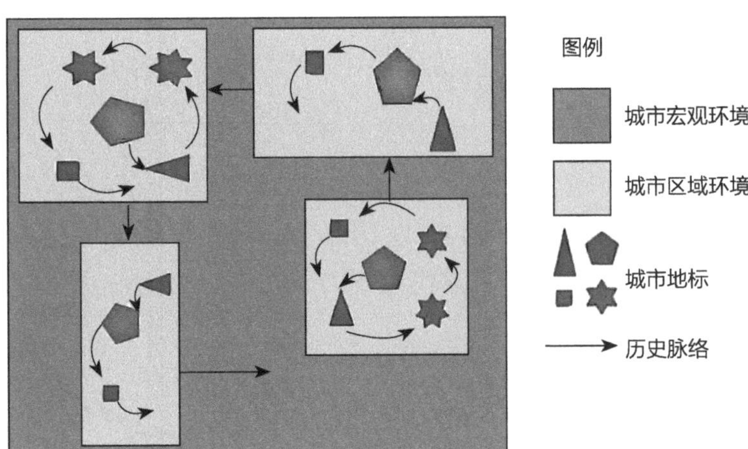

图7.6 城市地标与城市环境的文化意义
（图片来源：作者自绘）

（1）美国城市地标保护经验借鉴

美国城市地标的保护经历了从国家认定纪念碑式的国家历史地标到公众自觉保护地方性地标，从认定少数“神坛地标”向代表地方性文化与市民生活息息相关的城市“平民地标”转化的过程，并最终走向规范化、法治化。不同时空的城市文脉主体与不同等级城市地标之间的彼此关联影响过程中所体现出的诸种变化，正是城市文脉的传承性在环境与人之间的紧密联系的体现。美国纽约于1965年制定了《城市地标保护法》（New York City's Landmarks Preservation Law，“Landmarks Law”），该法在判断一处视觉上的“地标”是否能成为具有世代相传的社会意义地标时，强调它对提高城市多样性和生活质量的能力；该法的立法目的和本书的城市文脉传承目的极为相似，保护对象和范围有较大的借鉴意义（表7.2）。

纽约《城市地标保护法》的七个立法目的和五类保护对象　　表7.2

七个立法目的	五类保护对象
①对代表或反映城市文化、社会、经济、政治和建筑历史的景观，实施保护、完善和永久保存；②保护和改善城市特色景观地区的历史、美学和文化遗产；③保持和提高这些区域价值；④培养公民美的造诣和对崇高历史成就的自豪感；⑤增强城市对游客的吸引力，促进工商业发展；⑥加强城市经济建设；⑦利用历史街区、地标、室内地标和风景地标，为城市居民提供教育、娱乐和福利	①室内地标（Interior Landmark）：具有30年以上的历史，通常对公众开放或可以进入访问的或者可以被邀请进入的，作为城市、州或国家的发展、传统或文化特征的一部分，具有特殊的历史或美学意义或价值的室内内部或其一部分，根据本章而授予室内地标称号
	②地标（Landmark）：具有30年以上的历史，具有特殊的历史或美学意义或价值，作为城市、国家或民族的发展、传统或文化特征的一部分，并且根据本章的规定被指定为地标
	③历史地段（Historic District）：该区域包含有特色的或特殊历史或美学意义或价值，代表城市一个以上历史时期或一个以上的建筑风格，以上要素构成城市中鲜明特色的一个区域，根据本章而授予历史地段称号
	④地标基址（Landmark Site）：位于有历史意义建筑基址上或毗邻该基址并被用作构成该地标的房屋建筑及附属场地，根据本章而授予地标基址称号
	⑤风景地标（Scenic Landmark）：具有30年以上历史，作为城市、国家或民族的发展、传统或文化特征的一部分，具有特色或特殊的历史或美学意义或价值的风景或风景外貌的整体，根据本章而授予风景地标称号

（2）建立聊城城市地标登录制度

我国关于“历史建筑”“优秀近现代建筑”的法律法规和认定标准与美国城市地标法认定标准有着较大的相似度。近些年，我国北京、上海、天津、杭州、南京等城市以通知、条例或办法的形式出台了认定标准，但还未形成系统的法律法规体系。聊城2019年4月向社会发布了《聊城市历史文化名城名镇名村保护条例（草案）》，提到“市人民政府应当建立历史文化名城保护名录制度，历史建筑、历史风貌区将被纳入保护名录”。2019年3月和2020年11月公布了聊城市中心城区第一批和第二批历史建筑名录。由此可见，聊城历史建筑的认定和保护亟待建立规范流程，亟须加强对城市地标的认定工作。

目前，在我国现行的保护制度中，历史建筑需经过冗长的申报流程才可能入选。为防止未纳入文物保护范围的地标型遗产在城市拆建过程中遭到破坏，可通过对城市文化遗产进行大普查，将各种类型、各个时期的有“特殊”城市历史价值和意义的地标进行认定，建立城市地标大数据管理平台。凡是进入“城市地标保护名单”的建筑或场所，在被拆除或被改建之前，必须向地标委员会申报，地方政府可采取相应的保护措施将损失降到最低。通过登录制度明确城市地标的名称及核心价值，可让城市历史保护工作更加具有连续性，也可让市民在长期的影响下，建立起自觉的城市地标保护意识。

（3）规范聊城城市地标管理流程

结合前文提出的城市历史环境评价制度和城市地标登录制度，把全程评价作为城市地标管理的实施路径。成立城市地标委员会，委员会成员主要由建筑师、历史学家、城市规划师和文物及考古专家组成。委员会的主要工作是实地调研和审查报送的评价申请，辨别潜在的城市地标。工作职能可设定为城市地标登录并授予城市地标“称号”、授予改造更新“适当证书”和签发“停工命令”三个功能。通过以上职能可形成城市地标的长效管理（图7.7）。

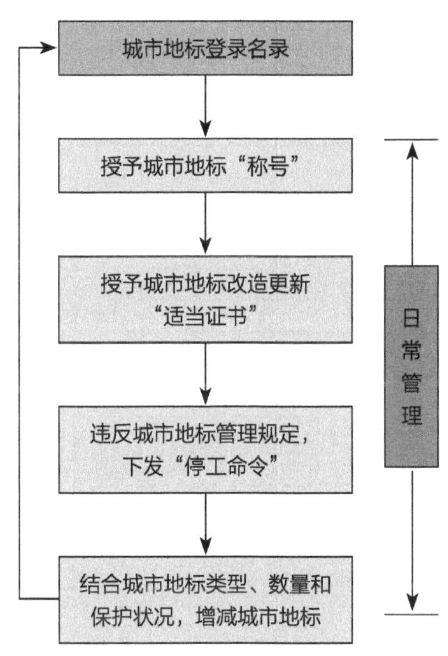

图7.7　城市地标管理流程示意
（图片来源：作者自绘）

7.2.4 文脉要素“价值内涵—物质载体”协同演进

由第五章论述的城市文脉演化机制可知，只有自觉的城市文化对自在的城市文化不断进行批判继承、超越，才能推动文脉积层不断向前发展，进而在城市文脉的物象、场所和事件三类要素展示和阐释上得到创新传承。

从新型城镇化对城市文脉传承的要求以及适应城市文脉演化机理的动态视角看，城市文脉不再是传统意义上的作为保护对象的要素，而已上升为推动山东运河城市可持续演进的重要动力。城市文脉的传承不再仅仅是文物保护单位的保护、修复，历史风貌环境的协调等局限于城市文脉要素物质表征层面的被动保护式传承，而应从城市文脉信息价值内涵延续和城市文脉载体活化利用两条线探寻城市文脉不同层次要素的“价值内涵—物质载体”协同演进的活态保护策略。这就需要我们对城市文脉信息价值内涵进行挖掘与解读，并将解读和领悟的城市文化价值内涵作为城市文脉载体重构线索，应用到城市文化遗产保护、城市特色塑造的城市空间规划设计和建筑设计之中（表7.3），构建出与城市发展文化动力协同的城市文脉保护传承路径（图7.8）。

城市规划中的城市文脉信息价值内涵与文脉物质载体的关联协同　　表7.3

城市文脉信息价值内涵	城市文脉物质载体
人居文化	生活街巷、居住建筑
职能文化	功能布局、城市职能典型地段、职能地标
精神文化	城市轴线、宗教/文化场所、宗教/文化地标
历史文化	城市历史空间格局、历史街区、历史地段、历史建筑、历史遗迹及遗址

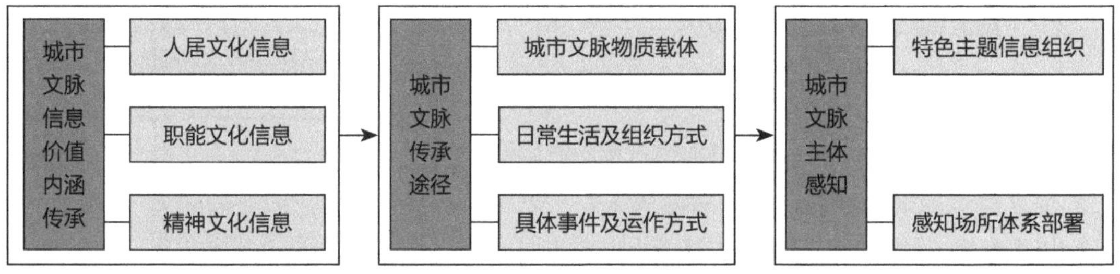

图7.8　城市文脉信息价值内涵传承与城市发展文化动力协同的城市文脉传承方法
（图片来源：作者自绘）

7.2.5 深化聊城国土空间规划管理技术规定

（1）城市文脉传承的城市规划设计之困境

在保护规划近30年的实践中，历史风貌多体现在划定的历史文化街区和文物保护单位上，文保区基本成了孤岛。在具体的规划编制过程中，城市文脉要素的价值评估以历史街区为单位在保护层面展开，也未能很好地将保护规划和价值评估结果有效纳入控制性详细规划，修建性详细规划阶段对价值的判定相对比较主观，造成保护规划“实谈有物、实则无助”难以有效指导建设之困局。此外，目前控制性详细规划也有把城市所有地区一般化处理的局限性。对城市文脉要素所在的历史城区、历史文化街区、城市地标等特殊地区，控制性详细规划并没有针对性的措施，依然如城市其他地区一样将绿地率、容积率、建筑高度、建筑密度作为主要控制依据，在这些控制指标下，城市设计方案与城市空间肌理、建筑簇群形态和地块社会权属等毫无关系，严重背离城市文脉要素表现法则，城市文脉遭到打断。

（2）国土空间规划体系下城市文脉传承之技术措施

①梳理城市文化资源总账，建立以价值为中心的保护规划工作框架。从近年来武汉、银川、广州、德清等空间规划试点城市来看，规划编制改革的目的在于提升国土空间治理能力和效率。在国土空间规划体系中，城市文脉保护与传承主要涉及《历史文化名城保护规划》《历史文化街区保护规划》和市国土空间规划中的《城市景观风貌规划》等专项规划和详细规划。这些规划都要进行调查研究工作，各家规划设计单位调查研究存在重复内容在所难免，在深度、观点一致性上也难以保证，使得调查研究成果失去权威性，因而很有必要进行城市文化资源的梳理，并建立以价值为中心的保护规划工作框架。

②在控制性详细规划层面制定形态条例。在市县国土空间详细规划中，在城市建成区可借鉴美国形态条例控制土地利用和开发强度，各市县根据自己城市的土地利用特点，灵活选择形态条例内容。与美国传统区划条例相比，形态条例较少考虑土地利用性质，以建设强度、空间形态和公共空间特征为主要依据进行分区。美国的形态条例以社区共同愿景为基础形成开发规则。形态条例积极传承历史城镇优秀传统，推动建设功能混合、适宜步行、可持续发展的社区。形态条例把横断面理念作为规划控制体系的基本逻辑，例如从乡村到城市的横断面分区（Transect Zones），可分为六个分区，每一个分区都有一个编号，越大的数字越偏重城市化，越小越偏向郊野，以这种方式来预想和规范场所建设强度，以期能使各个分区之间产生连续的平缓过渡。

③优化控制性详细规划的关键控制指标。针对我国当前城市规划技术规范在城市所有地区的规定几乎都是相同的现状，结合城市文脉空间单元形态特点，可主要对容积率、建筑密度、建筑间距和绿地率四个控规指标进行优化：

容积率指标优化。建设量对地块的空间形态的影响是决定性的，在旧城区城市文脉空间单元保护范围内的规划地块可以采用“现状容积率”。

建筑密度指标优化。旧城区建筑密度普遍超过现行规划技术规范的要求，建筑密度较大（如历史城区平均建筑密度在35%以上），但这并不能说明在人居环境上存在问题。在旧城区建筑密度指标设定上，可采取保留地块规划建筑密度不得超过现状建筑密度，新建地块上不得超过同类历史建筑簇群的建筑密度的“原则性”。

建筑间距指标优化。现有建筑间距技术规范会对不同“文化重心”时段的城市肌理和空间尺度造成破坏，因此，在保证居民基本生活标准的前提下，建筑间距可按不小于原传统历史风貌建筑间距的原则进行规定。

绿地率指标优化。历史城区由于建筑密度较大，保有历史园林绿化原型的绿地面积按现行规划技术标准有的无法计入绿地面积中去，造成绿地率指标达不到现行技术标准要求。在历史城区绿地率控制中，应侧重于强化历史要素的特征与品质，而不是当前仅仅偏重于环境生态的技术指标要求。在控规中，绿地率在不低于现状的前提下，可适当低于现行城市规划关于绿地率的技术规定。

④基于城市形态学和“文化重心”时段空间特征的城市更新设计策略。历史城市在空间演化过程中受自在文化内在秩序的作用，将不同文化重心时期修建建筑同城市文脉联系起来，创造出丰富的空间形态，这种自在文化作用下空间内在的秩序就是“类型”。研究不同城市文脉积层的城市总体格局、城市地段形态、线型空间界面、城市地标代表符号，总结、筛选并抽象其类型后进行形态类型转化，用于城市更新设计，可使城市新建建筑保持在统一的秩序之下。

不同文化重心时段的空间类型是从该段历史中抽取出来的隐含系统，包含了该时段的价值内涵，凝聚并展示了该时段城市主体的基本生活方式，它将城市和它的历史连接起来，并赋予当代城市历史的含义，保证了城市深层结构的历史属性，是城市文化的空间基因。通过在不同历史主题环境中对具有相应文化重心时段特征的空间类型的再现，可建立起更新后的空间与历史文化的联系。这种城市设计策略基于历史图式类推法，操作对象是城市空间结构及形态，结合现有的产权边界、不同单位的边界，符合有机生长的逻辑规律（图7.9）。

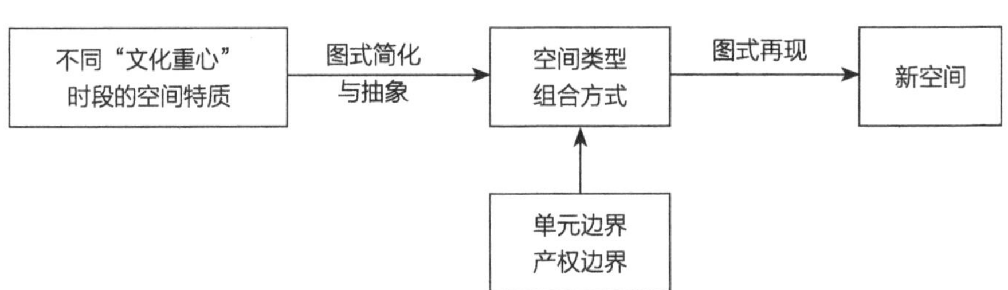

图7.9　基于历史原型类推和现状肌理的城市更新设计策略
（图片来源：作者自绘）

7.3 聊城城市文脉传承的政策制度保障

城市文脉的有效传承需形成一套完整的制度体系，需融合保护、规划、运营等体系共同参与。

7.3.1 建立更为明晰的产权体系

从经济学的角度看，城市文脉要素的产权是竞争的产物，良性竞争就必须具有规则性质的产权制度来约束。产权可分为私有产权和公共产权两种。私有产权包含私有使用权、私人收入权和私人转让权三个主要权利，在一定空间和范围内可以不受他人干扰地自由决策，具有形成预期、激励保护行为和提高资源配置效率的功能。公共产权是因为私有产权难以完全界定或界定成本很高而必须进行公共决策的公共领域。人们选择公有产权物品时，经常会出现“公地悲剧”和“租值耗散”问题。“科斯定理”认为在交易费用大于零的条件下，不同的权利界定会带来不同效率的资源配置结果。因此城市文脉要素或通过政府购买作为公共产品来提供，或者为避免绝对公有或私有通过制度和合约分割出公共使用部分，再对未分割出的私有产权按合约进行监管，同时对因受到限制给予一定补偿。

当前，城市文脉载体的保护主要涉及《中华人民共和国文物保护法》和《中华人民共和国物权法》，但这两个法律有所脱节，使得未收归国有的文物的保护责任是所有权人，经常出现各种矛盾。因此产权制度优化应该以保护与利用都能实现为目标，否则，城市文脉物质载体的保护极易陷入政府、公众和所有者“相互对立”的处境（表7.4）。

城市文脉载体产权规定比较　　表7.4

比较方面	《中华人民共和国物权法》	《中华人民共和国文物保护法》
法规内容	《中华人民共和国物权法》规定的是私权	《中华人民共和国文物保护法》主要从公法角度对文物管理、保护利用进行规定
权力界定	《中华人民共和国物权法》第29条赋予“所有权人对自己的不动产或者动产，依法享有占有、使用、收益和处分的权利”，同时，第117条也确认了可以“对他人所有的不动产或者动产”设定“用益物权”，并“依法享有占有、使用和收益的权利”	《中华人民共和国文物保护法》第6条规定：“文物的所有者必须遵守国家有关文物保护的法律、法规的规定。”第21条规定：“非国有不可移动文物由所有人负责修缮和保养。”

城市文脉载体的“群体”所产生的价值远大于城市文脉空间单元价值的总和。对城市文脉载体产权的界定更多的是要面向群体，但群体产权由个体产权构成，界定群体产权必须对单个产权及相互关系进行界定。从《中华人民共和国物权法》的私权到《中华人民共和国文物保护法》的公共产权，主要会涉及“发展权”“地役权”“无形产权”“共有产权”和“用益权”的分割问题，这些都需要在当前法律法规的指导下进一步完善权责关系，如和历史文化街区居民签订历史建筑保护协议，进一步捋顺权利和义务关系。

7.3.2 制定激励措施和优惠政策

当前，聊城在城市发展与建设的管理层面主要的工作是建立城市文脉载体保护的激励措施和优惠政策，可主要从土地发展权转移和地役权激励两个方面着手。

（1）发展权转移

从聊城古城保护和整治过程可以看出，其要面对的最主要政策问题之一是土地发展权问题。聊城古城保护问题的实质是政府对古城土地发展权（对土地和建筑进行用途管制）的限制和古城居民改善生活条件、政府发展地方经济与该限制之间的矛盾。化解该矛盾可借鉴美国的土地发展权管理制度，通过容积率、建筑密度、开发强度等指标的控制和交易，实现弥补限制区域的发展损失和按国家要求使用。

（2）地役权激励

未纳入文物保护体系的城市地标、传统街巷、城市轴线、非物质文化活动空间等城市文脉载体的地物所有者往往为私人业主，对其进行征收保护管理需要巨大财力，为对此类城市文脉资源进行保护，可和业主签署自愿地役权协议。按照城市文脉资源保护的要求，业主将部分产权授予政府保护单位，政府给予业主充分的税收优惠，既保证业主收益，也约束业主对城市文脉资源的保护和修缮责任。

7.3.3 形成广泛参与的管理制度

聊城城市文脉物质载体要素的创造、发展和传承，其文脉信息价值内涵的展示与传播，都需以公众需求为导向，突出历史传承性与广泛参与性。目前我国遗产保护推行的是自上而下的政府主导的方式，公益组织、社会公众参与意识和参与程度还远远达不到“保护—传承”的需要。和文化遗产相比，更一般的城市文脉要素的保护更是缺乏关注，在城市更新、棚户区改造等项目中多被毁灭殆尽，因此，聊城城市文脉的保护与传承，必须吸引各方的参与，拓展参与的渠道。

（1）制定《聊城城市文脉保护管理办法》

我国现行法律对城市文化遗产保护公众参与制度的原则性规定较多，对公众参与的范围、方式、保障措施等条文较少，存在公众参与城市文化遗产保护的法律主体地位不明确；缺少程序性规定，公众参与渠道不畅；公众监督城市文化遗产保护公共管理行为缺乏保障程序等问题。聊城同样存在类似问题，从古城改造中的公众参与就可见一斑。为此，制定《聊城城市文脉保护管理办法》，成立城市文脉专门管理机构，全面整合目前各文物保护单位、风景名胜区、历史建筑及更低层级城市文脉要素等按照部门职能划分的城市文化资源，建立公众参与制度，扫除公众参与的障碍是聊城亟须解决的问题。

（2）建立城市文脉保护专家论证咨询制度

城市文脉的保护与传承是一个系统工程，也具有较强的专业性，须有众多领域，拥有专业知识、技能和素养的专业专家共同参与。这些专家不仅能对城市文脉价值进行积极传播，唤起公众对城市文脉的保护意识，普及相关知识，而且还能帮助公共管理部门解决实际困难。为此，建议成立聊城城市文脉保护专家委员会，对城市文脉要素的梳理、评估、保护、修缮和利用等工作进行研究、咨询和技术指导，依法将专家论证、听证、监督等城市文脉保护措施制度化。

（3）搭建聊城城市文脉信息大众交流渠道

各类城市文脉要素根植于城市所在的自然和人文环境，承载着城市居民的记忆，与城市居民具有天然的情感联系，这种联系使城市文脉可持续传承的动力广泛存于民众之中。为此，必须维护城市居民和城市文脉要素之间的情感，搭建好城市居民和城市文脉保护主管部门之间的信息交流渠道，保障广大居民的知情权和参与权，发挥好社会舆论和公众监督作用。

附表

聊城市汉代以前重要文物保护单位一览表　　附表1

名称	地址	级别（公布时间）	文化性质/年代
景阳冈龙山文化遗址	阳谷张秋镇景阳冈村	全国重点（2001年6月）	龙山、春秋
教场铺遗址	茌平县乐平铺镇教场铺村	全国重点（2006年5月）	大汶口、龙山、岳石、商周、汉
尚庄遗址	茌平县振兴街道办事处尚庄村东	全国重点（2013年5月）	大汶口、龙山、商周、汉
台子高遗址	茌平县杜郎口镇台子高村	省级（1977年12月）	龙山、商
权寺遗址	江北水城旅游度假区凤凰办事处权寺村西	省级（1992年6月）	龙山、汉
红堌堆遗址	阳谷县张秋镇陆海村	省级（1992年6月）	大汶口、龙山
皇姑冢（蚩尤冢遗址）	阳谷县十五里元乡叶街村	省级（1992年6月）	大汶口
南陈遗址	茌平县杜郎口镇南陈村	省级（2006年12月）	新石器
前赵遗址	东阿县城东北前赵村	省级（2006年12月）	新石器
迟桥遗址	聊城市高新技术开发区韩集乡迟桥村	省级（2013年10月）	新石器时代至汉
固均店遗址	聊城市经济技术开发区蒋官屯街道堌均店村	省级（2013年10月）	新石器时代至东周
聊古庙遗址	聊城市东昌府区闫寺街道	省级（2013年10月）	新石器时代至东周
李孝堂遗址	茌平县振兴街道办事处	省级（2013年10月）	新石器时代至汉
王菜瓜遗址	茌平县肖庄镇王菜瓜村西	省级（2013年10月）	东周、汉
王集遗址	东阿县新城街道王集村西南	省级（2013年10月）	新石器时代至汉
王宗汤遗址	东阿县铜城街道王宗汤村南	省级（2013年10月）	新石器时代至汉
辛庄遗址	冠县斜店乡辛庄村	省级（2013年10月）	新石器时代至东周
孟洼遗址（含汉墓群）	莘县朝城镇孟庄村	省级（2006年12月）	汉
乐平铺遗址	茌平县乐平铺镇北街	市级（1999年4月）	大汶口至战国
韩王遗址	茌平县振兴街道办事处韩王村	市级（1999年4月）	大汶口、龙山
马家坊遗址	茌平县振兴街道办事处马家坊村	市级（1999年4月）	商周
东一甲遗址	茌平县振兴街道办事处东一甲村	市级（1999年4月）	龙山、商、汉
腰庄遗址	茌平县杜郎口镇腰庄村东150m	市级（2003年1月）	龙山
大碾李遗址	茌平县韩屯镇大碾李村	市级（2003年1月）	龙山
西路庄遗址	茌平县乐平镇西路庄村	市级（2014年10月）	龙山
禅州寺遗址	茌平县冯屯镇小杨屯村	市级（2014年10月）	东周
大刘遗址	茌平县杜郎口镇大刘村	市级（2014年10月）	龙山

续表

名称	地址	级别（公布时间）	文化性质/年代
梁庄遗址	聊城市经济技术开发区广平乡梁庄村	市级（2014年10月）	龙山、商周、汉
白庄遗址	旅游度假区凤凰办事处白庄村	市级（2014年10月）	龙山
香山遗址	东阿县黄屯乡香山村南	市级（1999年4月）	大汶口
大窑遗址	东阿县杨柳乡大窑村	市级（2003年1月）	龙山
鱼山龙山文化夯土台址	东阿县鱼山镇鱼山西麓	市级（2014年10月）	龙山至汉
黑堌堆遗址	阳谷县张秋镇刘楼村	市级（1999年4月）	龙山
黑土坑遗址	阳谷县范海镇常楼村	市级（1999年4月）	龙山
马湾遗址	阳谷县阿城镇马湾村	市级（1999年4月）	春秋战国
八里庙龙山文化遗址	阳谷县寿张镇八里庙村	市级（2014年10月）	龙山
孟堤口龙山文化遗址	阳谷县十五里元镇孟堤口村	市级（2014年10月）	龙山
发干古城	莘县河店乡马桥村	市级（1999年4月）	汉
马陵道古战场遗址	莘县大张镇马陵村	市级（2003年1月）	战国
东武阳古城	莘县十八里铺西段屯村	市级（2003年1月）	汉
黄河故道遗址（田马园段）	冠县东古城镇田马园村	市级（2014年10月）	周至东汉
凤凰台遗址	冠县东古城镇张查村	市级（2014年10月）	春秋至汉
冢子龙山文化遗址	东阿姚寨镇东侯村东2km处	县级（1995年07月）	新石器、汉
大尉遗址	茌平县乐平镇大尉村	县级（1979年1月）	新石器至汉
丁块遗址	茌平县温陈街道办事处丁块村	县级（1979年1月）	汉
张李遗址	茌平县温陈街道办事处张李村	县级（1979年1月）	商、西周、东周
十里铺遗址	茌平县振兴街道办事处十里村	县级（1979年1月）	新石器至汉
大崔遗址	茌平县振兴街道办事处大崔村	县级（1991年5月）	新石器、汉
西路遗址	茌平县乐平镇西路村	县级（1991年5月）	新石器时代至东周
前王屯遗址	茌平县乐平镇前王屯	县级（1991年5月）	商周、战国
辛戴张遗址	茌平县杜郎口镇辛戴张村	县级（1991年5月）	新石器时代、商、西周、东周
望鲁店遗址	茌平县冯屯镇望鲁店村	县级（1991年5月）	新石器时代
高垣墙遗址	高新技术开发区韩集乡高垣墙村	县级（1991年5月）	新石器时代
西集遗址	高新技术开发区韩集乡西集村	县级（1991年5月）	商周
广平遗址	经济技术开发区广平乡广平医院北	县级（1991年5月）	新石器
堠堌汉墓	东昌府区斗虎屯镇堠堌村西	省级（2006年12月）	汉

续表

名称	地址	级别（公布时间）	文化性质/年代
邓庙汉画像石墓	东阿县姜楼乡邓庙村	省级（2006年12月）	汉
涸河墓群	高唐县涸河镇涸河村	省级（2006年12月）	汉
吴楼墓群	阳谷县定水镇吴楼村	省级（2013年10月）	汉
郭大庄汉墓群	东昌府区张炉集镇郭大庄村	市级（2014年10月）	汉
注：文物单位统计范围为京杭大运河沿线城乡文化聚落和聊在东都市区统计至县级以上，市域内其他地域统计至市级以上。			

（来源：全国、山东省、聊城市及各县、区文物保护名单）

聊城市三国—宋代重要文物保护单位一览表　　附表2

名称	地址	级别（公布时间）	时代	类型
曹植墓	东阿县单庄乡鱼山西麓	全国重点（1996年11月）	三国	古墓葬
土城遗址	茌平县乐平铺镇土城村	市级（2003年1月）	北魏	古遗址
高唐古城墙遗址	高唐县城内（东北湖东岸）	县级（2008年5月）	北魏	古遗址
堂邑故城遗址	冠县定远寨乡千户营村	市级（2014年10月）	隋	古遗址
韩氏家族墓地	莘县董杜庄镇梁丕营村北	全国重点（2006年5月）	唐	古墓葬
相庄遗址	莘县城关镇相庄村	省级（2006年12月）	唐	古遗址
吕才墓	高唐县清平镇吕庄村	市级（2014年10月）	唐	古墓葬
大觉寺地宫遗址	高唐县李苦禅艺术馆东南70m	县级（2008年5月）	唐	古遗址
西桥村遗址	临清市唐园镇西桥村西北500m	县级（2010年7月）	唐至元	古遗址
皇殿岗遗址	临清市戴湾镇水城屯南村西南800m	县级（1986年10月）	后唐、宋	古遗址
萧城遗址	冠县北馆陶镇东南萧城村	全国重点（2013年5月）	宋	古遗址
兴国寺塔	高唐县梁村镇梁村街东	全国重点（2013年5月）	宋	古建筑
铁塔	聊城古运河畔	省级（1977年12月）	宋	古建筑
陈公堤遗址	临清市先锋街道办事处郭堤村	省级（2013年10月）	宋	古遗址
王旦墓	莘县东鲁街道	省级（2013年10月）	宋	古墓葬
邓庙石造像	东阿县姜楼镇邓庙村内	省级（2013年10月）	宋至元	石窟寺及石刻
聊城东昌湖	聊城市古城外环	市级（1999年4月）	宋、元、明、清	古遗址
堂邑古城墙遗址	东昌府区堂邑镇	市级（2014年10月）	宋至明	古遗址
莘县铁钟	莘县古城镇政府门前南侧	市级（2014年10月）	金	其他
草镇寺遗址	冠县辛集乡草镇村	市级（2014年10月）	宋	古遗址
斜店村古驿站遗址	冠县斜店乡斜店村	市级（2014年10月）	宋	古遗址

续表

名称	地址	级别（公布时间）	时代	类型
东马固村齐王庙遗址	冠县万善乡东马固村	市级（2014年10月）	宋	古遗址
段辛庄马固庄子遗址	冠县万善乡段辛庄村	市级（2014年10月）	宋	古遗址
胡家湾瓷窑遗址	临清市青年街道办事处胡家湾村西北500m	市级（1999年4月）	宋元	古遗址
杨通墓	高唐县固河镇石羊村	市级（2014年10月）	金元	古墓葬
清平县城遗址	高唐县清平镇清平村	县级（2008年5月）	宋	古遗址
东方朔祠遗址	高唐县人和街道相庄村	县级（2008年5月）	金	古遗址
闫咏墓	高唐县汇鑫街道闫寺村	县级（2008年5月）	金	古墓葬
注：文物单位统计范围为全市域内统计至县级以上。				

（来源：全国、山东省、聊城市及各县、区文物保护名单）

聊城市元代—清代重要文物保护单位一览表　　附表3

名称		地址	级别（公布时间）	时代	类型
临清运河钞关	临清运河钞关	临清市青年街道办事处后关街、前关街	全国重点（2001年6月） 中国大运河遗产点（2014年）	明	古建筑
	鳌头矶	临清市先锋街道办事处吉士口街35号	全国重点（2001年6月）	明	古建筑
	清真寺	临清市先锋街道办事处桃园街北首	全国重点（2001年6月）	明	古建筑
	清真东寺	临清市先锋街道办事处桃园街	全国重点（2001年6月）	明	古建筑
	舍利宝塔	临清市先锋街道办事处小庄村北卫运河东岸	全国重点（2001年6月）	明	古建筑
京杭大运河聊城段	张秋上闸（荆门上闸）	阳谷县张秋镇上闸村	全国重点（2006年5月） 中国大运河遗产点（2014年）	元	古建筑
	张秋下闸（荆门下闸）	阳谷县张秋镇下闸村	全国重点（2006年5月） 中国大运河遗产点（2014年）	元	古建筑
	七级下闸（七级北大桥）	阳谷县七级镇北	全国重点（2006年5月）	元	古建筑
	周家店船闸	聊城市江北水城旅游度假区凤凰街道周店村	全国重点（2006年5月）	元	古建筑
	临清闸（问津桥）	临清市先锋街道白布巷街西首运河之上	全国重点（2006年5月）	元	古建筑
	会通闸（会通桥）	临清市先锋街道福德街北首运河之上	全国重点（2006年5月）	元	古建筑
	会通河阳谷段	阳谷境内	全国重点（2013年5月） 中国大运河遗产点（2014年）	元	古遗址

续表

<table>
<tr><th colspan="2">名称</th><th>地址</th><th>级别（公布时间）</th><th>时代</th><th>类型</th></tr>
<tr><td rowspan="13">京杭大运河聊城段</td><td>会通河临清段（元运河、小运河）</td><td>临清境内</td><td>全国重点（2013年5月）
中国大运河遗产点（2014年）</td><td>元、明</td><td>古遗址</td></tr>
<tr><td>崇武驿大码头</td><td>聊城市区东关运河北岸</td><td>全国重点（2006年5月）</td><td>明</td><td>古建筑</td></tr>
<tr><td>崇武驿小码头</td><td>聊城市区东关运河北岸</td><td>全国重点（2006年5月）</td><td>明</td><td>古建筑</td></tr>
<tr><td>阿城上闸</td><td>阳谷县阿城镇阿西村</td><td>全国重点（2006年5月）
中国大运河遗产点（2014年）</td><td>明</td><td>古建筑</td></tr>
<tr><td>阿城下闸</td><td>阳谷县阿城镇刘楼村</td><td>全国重点（2006年5月）
中国大运河遗产点（2014年）</td><td>明</td><td>古建筑</td></tr>
<tr><td>辛闸</td><td>聊城市经济技术开发区北城街道辛闸村</td><td>全国重点（2006年5月）</td><td>明</td><td>古建筑</td></tr>
<tr><td>梁乡闸</td><td>东昌府区梁水镇梁闸村</td><td>全国重点（2006年5月）</td><td>明</td><td>古建筑</td></tr>
<tr><td>戴湾闸（戴闸）</td><td>临清市戴湾镇戴闸村</td><td>全国重点（2006年5月）</td><td>明</td><td>古建筑</td></tr>
<tr><td>临清砖闸（临清二闸）</td><td>临清市青年街道前关街南首运河之上</td><td>全国重点（2006年5月）</td><td>明</td><td>古建筑</td></tr>
<tr><td>河隈张庄明清砖窑遗址</td><td>临清市戴湾镇河隈张庄村</td><td>全国重点（2006年5月）</td><td>明</td><td>古遗址</td></tr>
<tr><td>月径桥</td><td>临清市先锋街道桃园街西首运河之上</td><td>全国重点（2006年5月）</td><td>清</td><td>古建筑</td></tr>
<tr><td>阿城盐运司</td><td>阳谷县阿城镇</td><td>全国重点（2006年5月）</td><td>清</td><td>古建筑</td></tr>
<tr><td>阿城陶城铺闸</td><td>阳谷县阿城镇刘石庄</td><td>全国重点（2013年5月）</td><td>清</td><td>古建筑</td></tr>
<tr><td colspan="2">张秋码头</td><td>阳谷县张秋镇南街</td><td>市级（2014年10月）</td><td>元</td><td>古建筑</td></tr>
<tr><td colspan="2">王懋德墓</td><td>高唐县三十里铺乡石门村</td><td>市级（1999年4月）</td><td>元</td><td>古墓葬</td></tr>
<tr><td colspan="2">报恩寺遗址</td><td>高唐县赵寨子乡解庄村</td><td>市级（2014年10月）</td><td>元</td><td>古遗址</td></tr>
<tr><td colspan="2">减水回龙庙遗址</td><td>高唐县尹集镇四新村</td><td>市级（2014年10月）</td><td>元</td><td>古遗址</td></tr>
<tr><td colspan="2">光岳楼</td><td>聊城市古城中心</td><td>全国重点（1988年1月）</td><td>明</td><td>古建筑</td></tr>
<tr><td colspan="2">土桥闸遗址</td><td>东昌府区斗虎屯镇土闸村</td><td>全国重点（2013年5月）</td><td>明</td><td>古遗址</td></tr>
<tr><td colspan="2">堂邑文庙</td><td>东昌府区堂邑镇</td><td>省级（2006年12月）</td><td>明</td><td>古建筑</td></tr>
<tr><td colspan="2">阳谷文庙</td><td>阳谷县紫石街景阳冈酒厂内</td><td>省级（2006年12月）</td><td>明</td><td>古建筑</td></tr>
<tr><td colspan="2">博济桥</td><td>阳谷县城区中心广场</td><td>省级（2006年12月）</td><td>明</td><td>古建筑</td></tr>
<tr><td colspan="2">陈镛墓</td><td>冠县辛集乡洼陈村</td><td>省级（2013年10月）</td><td>明</td><td>古墓葬</td></tr>
<tr><td colspan="2">汪广洋家族墓</td><td>临清市八岔路镇杨二庄村</td><td>省级（2013年10月）</td><td>明、清</td><td>古墓葬</td></tr>
<tr><td colspan="2">张本家族墓</td><td>东阿县铜城街道王宗汤村西</td><td>省级（2013年10月）</td><td>明</td><td>古墓葬</td></tr>
<tr><td colspan="2">朝城清真寺</td><td>莘县朝城镇</td><td>省级（2013年10月）</td><td>明、清</td><td>古建筑</td></tr>
<tr><td colspan="2">大宁寺大雄宝殿</td><td>临清市先锋街道办事处商场街32号</td><td>省级（2013年10月）</td><td>明、清</td><td>古建筑</td></tr>
</table>

续表

名称	地址	级别（公布时间）	时代	类型
临清县衙南门阁楼	临清市先锋街道办事处福德街南首	省级（2013年10月）	明	古建筑
七级运河古街	阳谷县七级镇	省级（2013年10月）	明至民国	古建筑
清平文庙	高唐县清平镇	省级（2013年10月）	明、清	古建筑
西街清真寺	冠县清泉街道红旗南路路西	省级（2013年10月）	明、清	古建筑
三元阁码头	临清市青年街道	省级（2013年10月）	明	古建筑
聊城古城墙遗址	聊城古城区内	市级（1999年4月）	明	古遗址
王汝训墓	东昌府区沙镇郭庄村	市级（1999年4月）	明	古墓葬
穆孔晖墓	东昌府区堂邑镇三里张村	市级（1999年4月）	明	古墓葬
朱延禧墓	东昌府区沙镇朱楼村	市级（1999年4月）	明	古墓葬
王汝训家庙	东昌府区沙镇镇王楼村	市级（2014年10月）	明	古建筑
许家祠堂	东昌府区堂邑镇	市级（2014年10月）	明	古建筑
玄帝都（杨氏家庙）	东昌府区斗虎屯镇北杨庙村	市级（2014年10月）	明、清	古建筑
西关古井	东昌府区古楼街道办事处西关大桥西首路北	市级（2014年10月）	明	古建筑
赵德和墓	东阿县姜楼镇广粮门村西北	市级（2014年10月）	明	古墓葬
殷云霄墓	阳谷县寿张镇沙河崖村	市级（1999年4月）	明	古墓葬
吴凯墓	阳谷县城棋盘街	市级（1999年4月）	明	古墓葬
五体十三碑	阳谷县张秋镇	市级（1999年4月）	明、清	石刻
任大仙墓	阳谷县张秋镇	市级（2014年10月）	明	古墓葬
水门桥	阳谷县张秋镇	市级（2014年10月）	明	古建筑
王嘉祥家族墓群	莘县明天中学内	市级（1999年4月）	明	古墓葬
韩氏家族墓（含碑刻）	莘县观城镇韩楼村	市级（1999年4月）	明	古墓葬
冯氏家族墓	冠县桑阿镇务头村	市级（2014年10月）	明	古墓葬
张氏家族墓	冠县崇文街道办事处吉固村	市级（2014年10月）	明	古墓葬
东古城古井	冠县东古城镇东古城村	市级（2014年10月）	明、清	古建筑
沙庄清真寺	冠县清泉街道办事处沙庄村	市级（2014年10月）	明	古建筑
竹竿巷	临清市先锋街道办事处竹竿巷	市级（2004年7月）	明、清	古城镇、街区
箍桶巷	临清市先锋街道办事处箍桶巷	市级（2004年7月）	明、清	古城镇、街区
单家大院	临清市先锋街道办事处福德街74号	市级（2014年10月）	明、清	古建筑
邢家佛寺遗址	高唐县尹集镇邢家佛堂村	市级（2014年10月）	明	古遗址
王庙文庙	江北水城旅游度假区于集镇王庙村	市级（2014年10月）	明	古建筑

续表

<table>
<tr><th colspan="2">名称</th><th>地址</th><th>级别（公布时间）</th><th>时代</th><th>类型</th></tr>
<tr><td colspan="2">重修护城堤碑记</td><td>聊城市东昌府区东关古运河西岸山陕会馆内</td><td>县级（2008年）</td><td>明</td><td></td></tr>
<tr><td colspan="2">元代石狮</td><td>东昌府区老城区公园内</td><td>县级（2008年）</td><td>元</td><td></td></tr>
<tr><td colspan="2">依绿园石刻</td><td>东昌府区湖西办事处姜堤村</td><td>县级（2008年）</td><td>清</td><td></td></tr>
<tr><td colspan="2">山陕会馆</td><td>聊城市东关闸口南运河西岸</td><td>全国重点（1988年1月）</td><td>清</td><td>古建筑</td></tr>
<tr><td colspan="2">傅氏祠堂</td><td>聊城市东关街路北</td><td>省级（2006年12月）</td><td>清</td><td>古建筑</td></tr>
<tr><td colspan="2">海源阁</td><td>聊城市万寿观街路北</td><td>省级（2006年12月）</td><td>清</td><td>古建筑</td></tr>
<tr><td rowspan="5">临清民居</td><td>冀家大院</td><td>临清市青年街道办事处前关街82号、78号、86号、98号</td><td>省级（2006年12月）</td><td>清</td><td>古建筑</td></tr>
<tr><td>汪家大院</td><td>临清市青年街道办事处后关街86、88号</td><td>省级（2006年12月）</td><td>清</td><td>古建筑</td></tr>
<tr><td>孙家大院</td><td>临清市先锋街道办事处竹竿巷105号</td><td>省级（2006年12月）</td><td>清</td><td>古建筑</td></tr>
<tr><td>赵家大院</td><td>临清市先锋街道办事处竹竿巷56号</td><td>省级（2006年12月）</td><td>清</td><td>古建筑</td></tr>
<tr><td>朱家大院</td><td>临清市先锋街道办事处福德街124号、127号</td><td>省级（2006年12月）</td><td>清</td><td>古建筑</td></tr>
<tr><td colspan="2">海会寺</td><td>阳谷县阿城镇</td><td>省级（2006年12月）</td><td>清</td><td>古建筑</td></tr>
<tr><td colspan="2">坡里教堂</td><td>阳谷县定水镇坡里村</td><td>省级（2006年12月）</td><td>清</td><td>古建筑</td></tr>
<tr><td colspan="2">净觉寺</td><td>东阿县关山乡皋上村</td><td>省级（2006年12月）</td><td>清</td><td>古建筑</td></tr>
<tr><td colspan="2">魏庄石牌坊（含节孝坊、孝子坊）</td><td>东阿县姜楼乡魏庄村</td><td>省级（2006年12月）</td><td>清</td><td>古建筑</td></tr>
<tr><td colspan="2">莘县文庙</td><td>莘县城内东街</td><td>省级（2006年12月）</td><td>清</td><td>古建筑</td></tr>
<tr><td colspan="2">武训墓及祠堂</td><td>冠县柳林镇</td><td>省级（2006年12月）</td><td>清</td><td>古建筑</td></tr>
<tr><td colspan="2">南街民居（张梦庚故居）</td><td>冠县红旗南路路西</td><td>省级（2006年12月）</td><td>清</td><td>古建筑</td></tr>
<tr><td colspan="2">高唐文庙</td><td>高唐县北湖路南首西侧</td><td>省级（2006年12月）</td><td>清</td><td>古建筑</td></tr>
<tr><td colspan="2">傅氏家族墓</td><td>聊城市江北水城旅游度假区湖西街道傅家坟村</td><td>省级（2013年10月）</td><td>清</td><td>古墓葬</td></tr>
<tr><td colspan="2">陶城铺魏氏家族墓</td><td>阳谷县阿城镇</td><td>省级（2013年10月）</td><td>清</td><td>古墓葬</td></tr>
<tr><td colspan="2">朱昌祚家族墓</td><td>高唐县梁村镇</td><td>省级（2013年10月）</td><td>清</td><td>古墓葬</td></tr>
<tr><td colspan="2">箍桶巷张氏民居</td><td>临清市先锋街道办事处箍桶巷街156号</td><td>省级（2013年10月）</td><td>清、民国</td><td>古建筑</td></tr>
<tr><td colspan="2">清平迎旭门</td><td>高唐县清平镇</td><td>省级（2013年10月）</td><td>清</td><td>古建筑</td></tr>
<tr><td colspan="2">仰山书院</td><td>茌平县博平镇</td><td>省级（2013年10月）</td><td>清、民国</td><td>古建筑</td></tr>
<tr><td colspan="2">张秋陈氏民居</td><td>阳谷县张秋镇北街</td><td>省级（2013年10月）</td><td>清</td><td>古建筑</td></tr>
<tr><td colspan="2">张秋山陕会馆</td><td>阳谷县张秋镇南街</td><td>省级（2013年10月）</td><td>清</td><td>古建筑</td></tr>
</table>

续表

名称	地址	级别（公布时间）	时代	类型
朝城耶稣教堂	莘县朝城镇	省级（2013年10月）	清	近现代重要史迹及代表性建筑
七级码头	阳谷县七级镇	省级（2013年10月）	清	古建筑
礼拜寺	聊城市礼拜寺街路西	市级（1999年4月）	清	古建筑
聊城小礼拜寺	聊城市东关街路北	市级（2003年1月）	清	古建筑
聊城天主教堂（含神父楼及其他建筑基址）	聊城市山陕会馆北100m处	市级（1999年04月）	清	近现代重要史迹及代表性建筑
任克溥二次迁移墓（含任克溥墓志铭）	东昌府区道口铺街道办事处仙庄村	市级（2014年10月）	清	古墓葬
曹庙（泰山行宫）	东阿县单庄乡曹庙村	市级（2003年1月）	清	古建筑
陈宗妫家族墓	东阿县鱼山镇青苔铺村西北	市级（2014年10月）	清	古墓葬
陈宗妫故居	东阿县鱼山镇青苔铺村	市级（2014年10月）	清	古建筑
张氏家祠	东阿县铜城街道办事处张大人集村内	市级（2014年10月）	清	古建筑
程氏家庙	东阿县刘集镇程葛村内	市级（2014年10月）	清	古建筑
三官庙	东阿县刘集镇西苫山村内	市级（2014年10月）	清	古建筑
刘琰墓	阳谷县石门宋乡八里营村	市级（1999年4月）	清	古墓葬
张令璜墓	阳谷县张秋镇王营村西	市级（2003年1月）	清	古墓葬
城隍庙大殿	阳谷县张秋镇北街	市级（2003年1月）	清	古建筑
阿城义井	阳谷县阿城镇	市级（2014年10月）	清	古建筑
莘亭伊尹耕处碑	莘县单庙乡大理寺村	市级（2003年1月）	清	石刻
宁氏家族墓	莘县樱桃园镇樱东村	市级（2014年10月）	清	古墓葬
段氏家族墓	冠县万善乡段辛庄村	市级（2014年10月）	清	古墓葬
考棚黉门	临清市青年路街道办事处考棚街41号	市级（1999年4月）	清	古建筑
更道街基督教公寓楼	临清市先锋街道办事处更道街198号	市级（2014年10月）	清	古建筑
陈家大院	临清市先锋街道办事处桃园街98号	市级（2014年10月）	清	古建筑
苗家店铺	临清市青年街道办事处会通街33号	市级（2014年10月）	清	古建筑
王家宅	临清市先锋街道办事处大寺街62号	市级（2014年10月）	清	古建筑

续表

名称	地址	级别（公布时间）	时代	类型
高唐北关清真寺	高唐县城北关街	市级（2003年1月）	清	古建筑
庄氏族茔	高唐县三十里铺镇庄庄村	市级（2014年10月）	清	古墓葬
南关村清真寺	高唐县开发区办事处时风路	市级（2014年10月）	清	古建筑
李玉带烈女碑	高唐县固河镇李集村	市级（2014年10月）	清	石刻
谭氏家庙（含谭家林）	旅游度假区凤凰街道办事处谭庄村	市级（2014年10月）	清	古建筑
韩氏家庙	高新区许营镇韩庄村	市级（2014年10月）	清	古建筑
注：文物单位统计范围为聊城主城区统计至县级以上，其他统计至市级以上。				

（来源：全国、山东省、聊城市及各县、区文物保护名单）

聊城市1912—1978年重点文物保护单位一览表　　附表4

名称	地址	级别（公布时间）	时代	类型
运东地委旧址	聊城市高新技术开发区韩集乡迟桥村	省级（2013年10月）	1939年	近现代重要史迹及代表性建筑
梁水镇范公祠	聊城市东昌府区梁水镇	省级（2013年10月）	1941年	近现代重要史迹及代表性建筑
道署西街聊城粮库	聊城市东昌府区古楼街道	省级（2013年10月）	1950年	近现代重要史迹及代表性建筑
北杨集革命烈士纪念亭	聊城市东昌府区北城街道	省级（2015年6月）	1947年	抗战遗址、纪念设施
徐河口三英烈士墓	茌平县胡屯乡	省级（2015年6月）	中华民国	抗战遗址、纪念设施
古楼街天主教堂	临清市新华街道办事处古楼街4号	省级（2013年10月）	1934年	近现代重要史迹及代表性建筑
临清先锋大桥	临清市先锋街道办事处桃园街北首，卫运河之上	省级（2013年10月）	1958年	近现代重要史迹及代表性建筑
沙河崖刘邓大军渡黄河指挥部旧址	阳谷县寿张镇沙河崖村	省级（2013年10月）	1947年	近现代重要史迹及代表性建筑
后田庄六十二烈士墓	冠县东古城镇	省级（2015年6月）	1946年	抗战遗址、纪念设施
琉璃寺烈士陵园	高唐县琉璃寺镇	省级（2015年6月）	1946年	抗战遗址、纪念设施
朝城天主教堂	莘县朝城镇	省级（2013年10月）	中华民国	近现代重要史迹及代表性建筑
赵以政墓	聊城市花园南路135号	市级（1999年4月）	1928年	近现代重要史迹及代表性建筑
“六·二七”惨案碑亭	聊城高新技术开发区韩集乡张会所村	市级（1999年4月）	1944年	近现代重要史迹及代表性建筑
范筑先殉国处及纪念馆	聊城古城区光岳楼北	市级（1999年4月）	1940—1988年	近现代重要史迹及代表性建筑

续表

名称	地址	级别（公布时间）	时代	类型
宋占一烈士墓	东昌府区张炉集乡张庄村	市级（2003年1月）	1931年	近现代重要史迹及代表性建筑
孙堂小学革命遗址	江北水城旅游度假区于集镇孙堂村	市级（2014年10月）	近代	近现代重要史迹及代表性建筑
冯玉祥题字碑	茌平县博平镇杨庄村	市级（1999年4月）	1936年	近现代重要史迹及代表性建筑
孙秀珍烈士墓	东阿县单庄乡鱼山村	市级（1999年4月）	1947年	近现代重要史迹及代表性建筑
孙膑碑	阳谷县大布乡小迷魂阵村	市级（1999年4月）	1938年	近现代重要史迹及代表性建筑
马本斋陵园	莘县张鲁镇	市级（1999年4月）	1945年	近现代重要史迹及代表性建筑
丈八烈士墓	莘县大王寨乡东丈村	市级（1999年4月）	1945年	近现代重要史迹及代表性建筑
苏村战斗纪念地	莘县张寨乡苏村	市级（2014年10月）	现代	近现代重要史迹及代表性建筑
血水井	冠县白塔集乡前李赵庄村	市级（1999年4月）	1943年	近现代重要史迹及代表性建筑
张梦庚烈士墓	冠县梁堂乡张里村	市级（2003年1月）	现代	近现代重要史迹及代表性建筑
山东省引卫灌溉进水闸	冠县斜店乡班庄村	市级（2014年10月）	1958年	近现代重要史迹及代表性建筑
秤钩湾会议遗址	冠县东古城镇秤钩湾村	市级（2014年10月）	1939年	近现代重要史迹及代表性建筑
常兴花园小区人防工程	冠县常兴花园小区内	市级（2014年10月）	1970年	近现代重要史迹及代表性建筑
金谷兰墓	高唐县韩寨乡谷官屯村北	市级（1999年4月）	1938年	近现代重要史迹及代表性建筑
清平中学大门	高唐县清平镇清平村	市级（2014年10月）	中华民国	近现代重要史迹及代表性建筑
闫寺街道程堂村程荫芳德教碑	闫寺街道程堂村	县级（2018年）	1933年	近现代重要史迹及代表性建筑
闫寺街道程堂村程佰禄夫子纪念碑	闫寺街道程堂村	县级（2018年）	1934年	近现代重要史迹及代表性建筑
抗日烈士纪念碑	高新技术开发区韩集乡迟桥村	县级（1979年1月）	1944年	近现代重要史迹及代表性建筑
赵红光烈士纪念碑	高新技术开发区韩集乡贾赵村	县级（1979年1月）	1944年	近现代重要史迹及代表性建筑

注：文物单位统计范围为聊城主城区统计至县级以上，市域内其他地域统计至市级以上。

（来源：全国、山东省、聊城市及各县、区文物保护名单）

聊城市1978年至今重要文物保护单位一览表 附表5

名称	地址	级别（公布时间）	时代	类型
孔繁森同志纪念馆（含五里墩故居）	聊城市区、东昌府区堂邑镇五里墩村	市级（2003年1月）	1995年	近现代重要史迹及代表性建筑
凤凰集烈士墓	东昌府区闫寺街道办事处凤凰集村	市级（2014年10月）	1977年、1991年修葺	近现代重要史迹及代表性建筑
临清革命烈士陵园	临清市新华街道办事处东兴街385号	县级（1986年10月）	1979年	近现代重要史迹及代表性建筑
张自忠故里碑亭	临清市先锋街道办事处吉士口街南侧大众公园内	县级（1990年6月）	1989年	近现代重要史迹及代表性建筑
鲁仲连纪念祠	茌平县冯屯镇望鲁店村	县级（1994年4月）	1993年重建	近现代重要史迹及代表性建筑
季羡林墓	临清市康庄镇大官庄村	县级（2010年7月）	2010年	近现代重要史迹及代表性建筑
张秋涵闸（金堤闸）	阳谷县张秋镇闸堤口村	县级（2014年）	近现代	近现代重要史迹及代表性建筑
注：文物单位统计范围为全市域内统计至县级以上。				

（来源：全国、山东省、聊城市及各县、区文物保护名单）

聊城市国家、省、市级非物质文化遗产一览表 附表6

名称	申报地区（所在地）	级别（时间）	类型	产生年代	备注
木版年画（东昌府木版年画）	山东省聊城市（东昌府区）	国家级（2008年）	传统美术	明末清初	主要题材：门神、判头、灶王、天地牌、全神；代表作品：三国演义、刘海戏金蟾等
木版年画（张秋木版年画）	山东省阳谷县（张秋镇）	国家级（2008年）	传统美术	元朝	主要题材：以神像为主，另有单座、娃娃画等；代表作品：河神、天地神、刘海戏金蟾等
佛教音乐（鱼山梵呗）	山东省东阿县（县城南）	国家级（2008年）	传统音乐	曹魏时代	鱼山梵呗，通俗讲就是僧侣念经的声音，现引申为佛教仪式中各种唱念的通称。曹植一直被尊为佛教音乐始祖——梵呗创始人，亦称“梵呗始祖”

续表

名称	申报地区（所在地）	级别（时间）	类型	产生年代	备注
鼓舞（柳林花鼓）	山东省冠县（柳林镇）	国家级（2008年）	传统舞蹈	清朝初年	  柳林花鼓由舞蹈和武术融合而成，文武兼备、粗犷豪放，泼辣火爆。取材于梁山好汉劫法场勇救卢俊义的水浒故事
面花（郎庄面塑）	山东省冠县（馆陶镇郎庄村）	国家级（2008年）	传统技艺	清中后期	   当地俗称“面老虎”。明朝洪武，有姓郎的兄弟二人从山西移民至此，取村名郎庄，谐音“狼庄”。可“狼”太凶，于是村民纷纷用面捏成老虎，用以化吉。现题材丰富多样
葫芦雕刻（东昌葫芦雕刻）	山东省聊城市（东昌府区）	国家级（2008年）	传统技艺	宋代	  葫芦，谐音“福禄”，具有吉祥、富贵寓意
临清贡砖烧制技艺	山东省临清市	国家级（2008年）	传统技艺	明代永乐初期	  临清砖又名贡砖，质地好，色泽适宜，形状各异，不碱不蚀，敲击有声。明清两代“岁征城砖百万”

续表

名称	申报地区（所在地）	级别（时间）	类型	产生年代	备注
聊城杂技	山东省聊城市（东阿、茌平、阳谷等县）	国家级（2006年）		春秋战国	聊城市是中国杂技发源地之一。东夷人首领蚩尤据说是一位杂技高手
查拳	山东省冠县	国家级（2006年）	传统体育游艺与竞技	明朝末年	现今冠县的“张式”查拳、“杨式”查拳和任城的“李式”查拳是三大流派
临清肘捶	山东省临清市			清道光	一种传统拳法。主要流行于山东、河北一带，因其能够巧妙使用多种肘法、拳法而得名
中医传统制剂方法（东阿阿胶制作技艺）	山东省东阿县	国家级（2011年）	—	先秦开始使用，汉代成为常用药物	《神农本草经》把其列为“上品”，李时珍称其“补血圣药”

山东省于2006年、2009年、2013年和2016年发布了四批省级非物质文化遗产名单，截至2018年，聊城市省级非物质文化遗产共27项。

（1）传统美术：茌平剪纸、茌平董庄中堂画；

（2）传统音乐：金氏古筝、阳谷寿张黄河夯号；

（3）传统舞蹈：莘城镇温庄火狮子、柳林降狮舞、高唐落子舞、伞棒舞；

（4）传统技艺：聊城牛筋腰带制作技艺、聊城铁公鸡制作技艺、东昌古锦、东昌澄泥、东昌运河毛笔、阳谷木雕、景阳冈酿酒制作技艺、义安成高氏烹饪技艺、鲁庄造纸技艺、临清什香面制作技艺；

（5）传统医药：阳谷古阿邑达仁堂张氏阿胶糕制作技艺、健脑补肾丸制作技艺；

（6）传统体育、游艺与杂技：东阿杂技、临清潭腿、聊城梅花桩拳、张鲁查拳、东阿二郎拳；

（7）民间文学：凤凰山传说、武训故事

聊城市分别于2007年、2009年、2011年、2014年和2018年公布了五批非物质文化遗产名单，截至2018年，聊城市市级非物质文化遗产共164项。
（一）传统口头文学以及作为其载体的语言（29项）
（1）民间文学（29项）
①第一批：鲁班传说（聊城市光岳楼管理处）、仁义胡同传说（聊城市傅斯年陈列馆）、秃尾巴老李的传说（东昌府区、阳谷县）、堠崮家的传说（东昌府区）、武松的故事（阳谷县）；
②第二批：凤凰山传说（东阿县）、刘备寻马传说（莘县）、陈氏端方教子传说（莘县）、皇姑坟琉璃井和凤凰坑的传说（莘县）、王灵官的传说（阳谷县）、任疯子的传说（阳谷县）、迷魂阵的传说（阳谷县）、王汝训的故事（东昌府区）、神仙度狗铺的传说（东昌府区）；
③第三批：菜瓜打金牛的传说（茌平县）、小县官的故事（茌平县）、古柳树的传说（阳谷县）、骆驼巷的传说（阳谷县）、冉子的传说（冠县）；
④第四批：曹植传说（东阿县）、笤瓜打金牛的传说（东阿县）、查拳故事（冠县）、临清塔的传说（临清市）、吕才故事（高唐县）、王曰高的故事（茌平县）、晋台西望的传说（茌平县）、紫石街的传说（阳谷县）、博济桥的传说（阳谷县）；
⑤第五批：大明御史刘魁的故事（东昌府区）。
（二）传统美术、书法、音乐、舞蹈、戏剧和曲艺（64项）
（1）民间美术（13项）
①第一批：东昌泥塑（东昌府区）、莘县河店西郭泥塑（莘县）；
②第二批：东阿迟庄木版年画（东阿县）、东阿郭氏剪纸（东阿县）；
③第三批：虎头鞋帽、香包手工技艺（东昌府区）、金氏剪纸（东昌府区）；
④第四批：临清木版年画制作技艺（临清市）、阳谷烙画（阳谷县）、冠县木版年画（冠县）、莘县刻纸（莘县）；
⑤第五批：飞白书（东昌府区）；
⑥扩展项：剪纸（邓氏剪纸）（旅游度假区）。
（2）民间（传统）音乐（10项）
①第一批：道口铺唢呐吹奏艺术（东昌府区）、临清驾鼓（临清市）、临清琴曲（临清市）、临清田庄吹腔（临清市）、高唐扛哥（高唐县）；
②第二批：打夯歌（莘县）、阳谷寿张黄河夯号（阳谷县）；
③第三批：东南庄唢呐（冠县）；
④第四批：古琴（聊城市古琴学会）、琵琶（聊城市艺术馆）；
（3）民间（传统）舞蹈（21项）
①第一批：运河秧歌（东昌府区）、道口铺龙头凤尾花竿舞（东昌府区）、道口铺竹马（东昌府区）、临清民舞“五鬼闹判”（临清市）、临清洼里秧歌（临清市）、冠县三合庄高跷（冠县）、冠县田庄花船（冠县）、莘县张鲁回族秧歌（莘县）、顶灯台（阳谷县）、茌平平调秧歌（茌平县）、哆嗦旗舞（高唐县）、高唐民舞（摸鱼舞、扑蝶舞、牵象舞）(高唐县）；
②第二批：周店舞龙（东昌府区）、东阿大王秧歌（东阿县）、道口铺秧歌（东昌府区）；
③第三批：于窝黄河大秧歌（东阿县）、麻庄竹马（高唐县）、冯圈竹马落子（临清市）、跑竹马（茌平县）；
④第五批：龙灯（临清龙灯、朝城南关竹马龙灯）（临清市、莘县）、竹马（大花园头竹马）（冠县）。
（4）戏剧（13项）
①第一批：东昌弦子戏（东昌府区）、蛤蟆嗡（冠县）；
②第二批：东阿下码头王皮戏（东阿县）；
③第三批：四根弦（临清市）、临清乱弹（临清市）、野庄乱弹戏（冠县）、四股弦（冠县）、高唐四根弦（高唐县）；
④第四批：山东梆子（聊城市梆子剧院）；
⑤第五批：北词二夹弦（莘县）、柳子戏（甘寨柳子戏）（莘县）、同智营大平调（莘县）、花鼓戏［茌平花鼓（荡）戏］（茌平县）。

续表

（5）曲艺（7项）
①第一批：山东快书（临清市）、临清时调（临清市）、聊城八角鼓（东昌府区）、谷山调（阳谷县）、高唐丝调（高唐县）、高唐木板大鼓（高唐县）；
②第二批：东昌木板大鼓（东昌府区）。
（三）传统体育、游艺与杂技（5项）
①第一批：聊城杂技（聊城市）、东阿于氏金刚力功（东阿县）；
②第二批：东阿姜韩独杆轿技艺（东阿县）、田庙查拳（东昌府区）；
③第三批：流星锤（东昌府区）。
（四）传统技艺（50项）
①第一批：沙镇云灯（东昌府区）、道口铺龙灯制作工艺（东昌府区）、马官屯泥人制作工艺（东昌府区）、东昌陶器制作工艺（东昌府区）、临清千张袄制作工艺（临清市）、临清哈达制作工艺（临清市）、冠县宝德葫芦制作工艺（冠县）、冠县史庄圈椅制作技艺（冠县）、阳谷哨（阳谷县）、阳谷脸谱葫芦制作技艺（阳谷县）、茌平黑陶制作工艺（茌平县）；临清济美酱园"甜酱瓜"制作工艺（临清市）、莘县燕店范家烧鸽制作技艺（莘县）、莘县房氏康园肉饼制作技艺（莘县）、莘县古城镇鸳鸯饼制作技艺（莘县）、阳谷吊炉小烧饼制作技艺（阳谷县）、高唐老豆腐制作工艺（高唐县）；
②第二批：东阿高集冯氏锅饼制作技艺（东阿县）、老王寨驴肉制作技艺（高唐县）、李台苇编（阳谷县）、东昌澄泥制品技艺（东昌府区）；
③第三批：清平坠面制作技艺（高唐县）、清真八大碗制作技艺（临清市）、临清温面制作技艺（临清市）、马蹄烧饼制作技艺（茌平县）、乌枣加工制作技艺（茌平县）、海二八宴席制作技艺（茌平县）、郭氏纯粮白酒制作技艺（东昌府区）、阳谷根雕制作技艺（阳谷县）；
④第四批：临清木制圈椅制作技艺（临清市）、临清杆秤制作技艺（临清市）、临清礼服呢布鞋制作技艺（临清市）、阳谷顾氏红木镶嵌技艺（阳谷县）、清平糖藕手工技艺（高唐县）、临清进京腐乳制作技艺（临清市）、珍馐园清真肉食（冠县）、杜郎口豆腐皮制作技艺（茌平县）、手工空心挂面制作技艺（茌平县）、伊尹养生宴（莘县）；
⑤第五批：传统面食制作技艺（空心琉璃丸子制作技艺、侯氏排骨大包制作技艺）（东昌府区）、肉食制作技艺（堠堌熏鸡制作技艺、阳谷御膳龙骨制作技艺、侯氏秘制坛子肉制作技艺）（东昌府区、阳谷县、聊城市文化馆）、香油制作工艺（金水城小磨香油石磨加工工艺）（高新区）、酿醋技艺（茂盛斋高粱老醋制作技艺）（开发区）、酒酿造技艺（孟尝君酒酿造技艺）（高新区）、东昌府铜铸雕刻制作技艺（东昌府区）、弓箭制作技艺（阳谷柘木弓箭制作技艺）（阳谷县）、陶器制作技艺（高唐州陶器制作技艺）（高唐县）、绣球制作技艺（运河狮子绣球制作技艺）（旅游度假区）、鸡毛掸子制作技艺（鸡毛隋村鸡毛掸子轧制工艺）（开发区）、木轮车制作技艺（阳谷孟氏木轮车制作技艺）（聊城市文化馆）。
（五）传统医药（6项）
①第三批：古阿井阿胶制作技艺（阳谷县）；
②第四批：袁氏接骨膏制作技艺（茌平县）、中医郑氏喉科割烙疗法（东阿县）、阳谷古阿邑达仁堂张氏阿胶糕技艺（阳谷县）、东阿国胶堂阿胶传统制作技艺（东阿县）；
③第五批：中医诊疗法（孟氏手针法）（阳谷县）。
（六）文化空间、民俗（8项）
①第一批：聊城山陕会馆庙会（东昌府区）；
②第二批：东阿位山撒河灯（东阿县）、花姑节（高唐县）；
③第三批：歇马亭庙会（临清市）、鲁义姑庙会（茌平县）、东古城泰山奶奶庙会（冠县）、托山圣母古庙会（冠县）；
④第五批：婚俗（聊城花轿婚礼）（东昌府区）

注：资料来源：全国、山东省、聊城市及各县、区非物质文化遗产保护名单及百度图片。按非物质文化遗产的最高等级进行分类统计。

明清聊城古城坛庙寺观堂祠等一览表　　附表7

场所	祭祀对象	祭祀者及时间	空间位置	备注
社稷坛	土地和五谷神	知府主祭，府佐、聊城县官员陪祭，春秋仲戊日祭	城北堤内，县附郭	大清会典规定各省府州县都要设
先农坛	先农之神	知府率府佐及县内官员、耆老农夫春亥日祭	城东关外	清雍正四年（1726年）下诏建先农坛
郡厉坛	无祀鬼神	主祭官率众，清明、七月望日、十月朔日三日祭	城北	明洪武三年（1370年）定制府郡祭郡厉。清沿明制
府文庙	孔子及儒学圣贤	知府主祭，每岁以春秋仲月上丁日行释奠	道署东街路北	府儒学也附设于这里，称府学、庙学
县文庙	孔子及儒学圣贤	县官主祭，每岁以春秋仲月上丁日行释奠	城隍庙街东首路北	县儒学也设在这里，清康熙五十一年（1712年）扩建完备
关帝庙	关羽	知府主祭，每岁五月十三日致祭，雍正三年（1725年）诏令天下郡县春秋祀。聊城民间祭祀者甚多	较大的关帝庙位于东昌西城谯门之右	清朝列为国家祀典，通行直省所属府州县，择一关帝庙之大者致祭
文昌宫	文昌帝君	民间和道教人士	东关通济闸东	书院、文庙等都有供奉文昌帝君的祠、阁
城隍庙	水（隍）庸（城）	守土官必祭、莅任新官每月朔望皆行礼，元宵节、五月十一日城隍寿诞、六月初八日城隍奶奶生辰、清明节、七月十五日、十月初一日祭	城东北隅，始建于洪武三年（1370年）	每年都有钱、米、衣服、棉被、医药、棺木等施舍。逢大祀有时移其像载入神舆，出驾巡行
火神庙	隆恩真君王灵官、火神	由正一派道士住持，东昌府旧制每岁六月十三日大辰祭祀，后多于岁首日祭	蔡家胡同西口、楼南南口东火神庙街	火神庙始建于唐朝贞观六年（632年），是皇家颁诏建的道观
八蜡庙	八种神	旧时于每年建亥之月（十二月），在农事完毕之后，祭祀诸神	在府城南	大清会典定，郡县均设八蜡庙
河神庙	—	—	—	清代河神祭祀被列入国家祀典
马神庙	马神	大清会典定：春秋仲月上戊日祭	县治西	对马特别是战马的图腾寄托，求战无不胜
龙王庙	龙王	官民世代尊崇，每年的二月初二祭	一在崇武驿北河东岸，一在万寿宫内	龙是行雨管水的神灵，人们把风调雨顺、五谷丰登寄望于它
龙神庙	龙王	官民世代尊崇，每年的二月初二祭	城东南龙湾运河东岸	乾隆五十五年（1790年）由杨公祠改建
元帝庙	玄天上帝	清廷下令地方官春秋二祭	“在北门”上	法力高强，能驱妖治病，而为道教所崇信
旗纛庙	祃（马之先神）	军中专祭之礼，春祭于惊蛰日，秋祭于霜降日	楼东路北平山卫指挥使司后	明代分师行而祭和日常旗纛庙祭
颛顼庙	颛顼	官立庙	城西北20里	1945年庙毁

续表

场所	祭祀对象	祭祀者及时间	空间位置	备注
僧忠亲王祠	僧格林沁	官立庙	光岳楼南路西	在直隶、山东扑灭太平天国北伐军，多次击败英法联军
上圣母宫	妈祖、天妃、天后	历代船工、旅客、商人和渔民共同信奉的神祇	地方志未记载其位置	道教的崇信神之一。曾列为国家祭祀
泰山行宫	泰山主宰神灵佑碧霞元君	民间对碧霞元君的崇拜始于宋，盛于明清	闸口东越河圈路北，傅以渐建。	碧霞元君俗称泰山娘娘，是道教中的重要女神，泰山是其祖庭
玄帝庙	中华之祖龙	道教人士、民间信仰者	北门外	水神、司命之神，道教所奉的真武帝
真武庙		道教人士、民间信仰者	东关	道教所奉祀的大神
太元观	太元圣母	道教人士、民间信仰者	地方志未记载其位置	也有称圣母元君为老子之母，道教尊神
神霄宫	—	道教人士、民间信仰者	城西南15步	神霄是指道教神仙所居的最高仙境。神霄派是道教的一个派别
玉皇阁（皋）	玉皇大帝及其统帅道教诸神	历来被誉为“东昌府三件宝”之一，民间信仰者众多	小东关街东头	玉皇大帝，道教奉祀地位最高、职权最大的天神
三皇庙	天皇、地皇、人皇	道教人士、民间信仰者	旧米市街	三皇即伏羲、燧人和药神神农
三官庙	三官大帝	道教人士、民间信仰者	闸口北运河东岸	道教认为天官大帝为尧，地官大帝为舜，水官大帝为禹
万寿观	玉帝、天、地、水三官	官民同祭祀。有九龙钟，史载九龙钟，遇旱虔诚击之，辄有雨	城内海源阁西	主要建筑有昊天阁，规模宏阔。观拆于1947年
土地祠	土地神	民间基层信仰	一在城隍庙东，一在府治内	民间多自发建造的小型、造型简单的庙屋，属于道教神祇
灶王庙	灶神	民间颇为广泛	一在后菜市街，一在城西南角	主管饮食之神，民间多将灶君像供奉于灶头，属于道教神祇
风神庙	风伯	民间基层信仰	龙神庙之东	道教俗神
二郎神庙	—	民间基层信仰	城东门上	“斩蛟除魔”道教神祇
魁星楼	文曲星	民间基层信仰	城墙东南角楼、江西会馆院内西南角等	魁星是道教中主宰文运，科举主中试之神
太公庙	姜太公	道教的民俗信仰之神	龙湾	明朝郡人李隆、王彦忠等建
吕祖堂	吕洞宾	民间基层信仰	西门外路北	吕洞宾是“能度人成仙”的全真道五祖之一。杨以增重修
药王庙	—	民间基层信仰	一在城东南部，一在药王庙街	药王是道教俗神，历史上或传说中的名医演化而来

续表

场所	祭祀对象	祭祀者及时间	空间位置	备注
广源王庙	三闾大夫（屈原）	民间基层信仰	府城南	康熙乙丑署东昌府知府高铁建。儒家圣贤
刘将军庙	刘将军为南宋刘宰	民间基层信仰，祈求驱蝗护穑	运河西岸，光绪十六年（1890年）建	儒家圣贤
刘猛将军庙	灭蝗将军	民间基层信仰，祈祷灭蝗将军的神灵扑灭危害人们的蝗虫	运河西岸，雍正三年（1725年）建	清姚福钧《铸鼎余闻》记载："刘猛将军即宋将刘锜。"儒家圣贤
华佗庙	名医华佗	民间基层信仰	菜市街东路北	1947年拆除。儒家圣贤
魏征庙	魏征	民间基层信仰	猪市街南头	借他震慑二龙山妖邪。儒家圣贤
七贤祠	七先生	民间信仰	万寿观西	儒家圣贤
铁公祠	铁铉	民间信仰	龙湾西岸	儒家圣贤
五忠祠	—	—	东关旧米市	清抗击王伦起义军，守城战死
忠善祠	周养民	随同知府剿河东土贼被创死，善人李应凤建祠	—	清聊城县典史，儒家圣贤
忠臣祠	丁志方	巡按钟化民征县建祠祀之	东关大街西段路北	儒家圣贤，1947年拆
马周祠	马周	—	县文庙西南	唐中书令，儒家圣贤
程公祠	程鲲化	—	府城隍庙东	清东昌知府，始建聊城学文庙，儒家圣贤
宋公祠	宋守志	—	东关	清东昌知府，儒家圣贤
杨公祠	杨朝桢	—	运河龙湾东岸	清东昌知府，多惠政。儒家圣贤
郝舒二公祠	郝上庠、舒明安	—	西关吕祖堂西	清平定太平军有功
白衣观音堂	白衣观音	民间基层信仰	旧志记载在楼东，邓基哲建	佛教
护国隆兴寺	释迦牟尼	民间基层信仰	城东门外	建于五代，有铁塔。洪武二年（1369年）重建，佛教
性海禅院	释迦牟尼	民间基层信仰	铁塔北、北花园村附近	佛教
地藏庵	大乘菩萨	专住尼姑，民间基层信仰	闸口东越河圈东部路南	明初朱鼎延建，任克溥重修，佛教
观音庙	观音菩萨	民间基层信仰	后所街南头路西	1951年拆除，佛教

注：本表格主要根据聊城县志整理得到。此外，对祭祀对象的相关内容还参考了以下文献：①何星亮. 中国自然神和自然崇拜［M］. 上海：生活·读书·新知三联书店. 1992；②徐华龙. 中国鬼文化［M］. 上海：上海文艺出版社，1991；③杜希宇，黄涛. 中国历代祭礼［M］. 北京：北京图书馆出版社，1998.

参考文献

［1］张锦秋. 从中央城市工作会议看传统建筑的传承创新与发展［J］. 中国勘察设计，2016（2）：27.

［2］赵静. 山东运河沿线城市空间形态解析及济宁运河遗产活化研究［D］. 天津：天津大学，2017.

［3］霍艳虹. 基于“文化基因”视角的京杭大运河水文化遗产保护研究［D］. 天津：天津大学，2017.

［4］李先逵. 名城整体保护是关键［J］. 中国名城，2009（8）：52–53.

［5］吴良镛. 基本理念・地域文化・时代模式：对中国建筑发展道路的探索［J］. 建筑学报，2002（2）：6–8，65–66.

［6］吴良镛. 中国城市史研究的几个问题［J］. 城市发展研究，2006（2）：1–3.

［7］许振晓，都林. “后现代主义”城市发展新途径：一种人文主义的解读［J］. 城市学刊，2016，37（6）：31–35.

［8］杨芸. 由西方现代建筑新思潮引起的联想［J］. 建筑学报，1980（1）：26–34.

［9］［美］凯文・林奇. 城市意象［M］. 方益萍，何晓军，译. 北京：华夏出版社，2001.

［10］［美］雅各布斯. 美国大城市的死与生［M］. 金衡山，译. 江苏：译林出版社，2006.

［11］［意］阿尔多・罗西. 城市建筑学［M］. 黄士均，译. 北京：中国建筑工业出版社，2006.

［12］章士嵘. 西方思想史［M］. 上海：东方出版中心，2002.

［13］言玉梅. 当代西方思潮评析［M］. 海口：南海出版公司，2001.

［14］［英］肯尼思・弗兰姆普顿. 现代建筑：一部批判的历史［M］. 原山，等译. 北京：中国建筑工业出版社，1988.

［15］沈克宁. 批判的地域主义［J］. 建筑师，2004（5）：45–55.

［16］李祎，吴义士，王红扬. 西方文化规划进展及对我国的启示［J］. 城市发展研究，2007（2）：1–7，22.

［17］陶伟，汤静雯，田银生. 西方历史城镇景观保护与管理：康泽恩流派的理论与实践［J］. 国际城市规划，2010，25（5）：108–114.

［18］［美］费尔登・贝纳德，朱卡・朱查托. 世界文化遗产地管理指南［M］. 刘永孜，刘迪，等译. 上海：同济大学出版社，2008.

［19］秦红岭. 论运河遗产文化价值的叙事性阐释：以北京通州运河文化遗产为例［J］. 北京联合大学学报（人文社会科学版），2017，15（4）：22–27.

［20］高华丽，程兴国，任云英，等. 1980年以来国内城市文脉研究综述［J］. 华中建筑，2021，39（4）：15–19.

［21］周卜颐. 中国建筑界出现了“文脉”热：对Contextualism一词译为“文脉主义”提出质疑兼论最近建筑的新动向［J］. 建筑学报，1989（2）：33–38.

［22］张钦楠. 为“文脉热”一辩［J］. 建筑学报，1989（6）：28–29.

［23］寒松. 显型文化・隐型文化：城市文脉［J］. 华中建筑，1988（4）：1–3，26.

[24] 刘承华. 园林城市的文脉营构 [J]. 中国园林，1999，65（5）：17-19.
[25] 齐康. 文脉与特色：城市形态的文化特色 [J]. 城市发展研究，1997（1）：22-26.
[26] 苗阳. 我国传统城市文脉构成要素的价值评判及传承方法框架的建立 [J]. 城市规划学刊，2005（4）：27，40-44.
[27] 于苏建，袁书琪. 城市文脉基本问题的系统思考 [J]. 吉林师范大学学报（自然科学版），2010，31（4）：55-58，62.
[28] 李钢. 城市文脉构成要素的分析研究 [J]. 辽东学院学报（自然科学版），2010，17（4）：343-346.
[29] 粟文婷，牟江，曾竟钊，等. 城市文脉探寻：以成都市为例 [J]. 四川建筑科学研究，2010，36（5）：249-251.
[30] 张赛，金笠铭. 场所的关联耦合：整合城市文脉的重要途径 [J]. 规划师，2003（4）：21-25.
[31] 车生泉，郑丽蓉. 城市文脉的延续：城市文化在园林植物配置中的体现 [J]. 园林，2004（3）：20-21.
[32] 谭侠. 文脉传承载体 [D]. 重庆：重庆大学，2008.
[33] 王义龙，姚亦锋. 南京城市文脉格局研究：基于斑块—廊道（道路）模式 [J]. 华中建筑，2009，27（7）：148-151，165.
[34] 边文娟. 基于新文脉主义的城市色彩可持续发展初探 [J]. 建筑与文化，2015（5）：151-152.
[35] 岳留东. 信息传播视角下城市文脉表达方法初探[D]. 西安：长安大学，2015.
[36] 包亚明. 城市文化地理学与文脉的空间解读 [J]. 探索与争鸣，2017（9）：41-44.
[37] 吴云鹏. 论城市文脉的传承 [J]. 现代城市研究，2007（9）：67-73.
[38] 陈洪，张友良，俞坚. 旧城改造中的城市更新与文脉延续 [J]. 浙江建筑，1998（1）：8-9.
[39] 周翔. 城市环境更新应延续场所的历史文脉 [J]. 南方建筑，2006（4）：1-3.
[40] 马西恒. 城市文脉保护、城市更新与治理创新：基于巨鹿路888号违拆事件的分析 [J]. 探索与争鸣，2017（9）：47-49.
[41] 孙俊桥，孙超. 工业建筑遗产保护与城市文脉传承 [J]. 重庆大学学报（社会科学版），2013，19（3）：160-164.
[42] 唐岳兴，邵龙，王茹. 基于城市文脉保护视角的遗产空间网络构建：以哈尔滨中东铁路殖民遗产空间网络构建为例 [J]. 中国园林，2017，33（3）：76-81.
[43] 李朝阳，杨涛. 城市历史文脉的延续：关于我国旧城道路规划建设的思考 [J]. 人文地理，2000（3）：28-31.
[44] 石坚. 保护城市历史，延续城市文脉 [J]. 规划师，2003（7）：19-20.
[45] 王子夔. 守护城市历史文脉的坐标点：论大学校园与城市的历史风貌保护 [J]. 上海城市规划，2005（4）：8-12.
[46] 孙玮. 从再现到体验：移动网络时代的传播与城市文脉保护 [J]. 探索与争鸣，2017（9）：38-41.
[47] 瞿骏. 城市文脉的历史维度与当代可能性 [J]. 探索与争鸣，2017（9）：44-46.
[48] 娄白. 城市文脉与文态规划 [J]. 建筑与文化，2015（6）：193.
[49] 毛佳樑. 传承历史、延续文脉，提升城市历史风貌保护水平：上海历史风貌保

护规划管理实践［J］. 上海城市规划，2006（2）：1-5.
［50］徐苏宁. "后折衷主义"：城市的文脉［J］. 哈尔滨建筑大学学报，2000（5）：100-103.
［51］李霞，单彦名，安艺. 城市特色与特色城市文化传承探讨：基于义乌城市建设文脉研究［J］. 城市发展研究，2014，21（6）：13-17.
［52］万钧. 全球化背景下地方城市文脉的传承：都江堰市城市设计的理念与实践［J］. 北京规划建设，2004（6）：41-45.
［53］徐华，山根格. 历史文脉和现代城市广场的结合：西安大雁塔北广场概念方案设计［J］. 建筑学报，2005（7）：46-47.
［54］姚喆，周正明. 城市街道的文脉探索与个性确立：浅析无锡市梁溪路景观改造［J］. 规划师，2006（6）：35-37.
［55］李娜，李泽新，谢大成. 传承城市文脉的城市设计方法初探：以泸州市沱江两岸景观概念性城市设计为例［J］. 重庆建筑大学学报，2008，30（6）：22-27，31.
［56］张力玮，程亮. 文脉视角下的城市空间营造策略：以佛山东平河一河两岸城市设计为例［J］. 规划师，2014，30（S4）：31-36.
［57］寇志荣. 基于文脉连续的城市设计研究：盐官古城城市设计实践与探索［J］. 中外建筑，2015（6）：132-134.
［58］孙翔，汪浩. 特征规划指引下的新加坡历史街区保护策略［J］. 国外城市规划，2004（6）：47-52.
［59］郭湘闽. 超越于形式之上的关注：诺曼·福斯特在历史文脉中创作的"城市情结"［J］. 世界建筑，2005（4）：102-106.
［60］邹琳，褚劲风. 柏林城市文脉与设计之都创意化道路［J］. 世界地理研究，2013，22（2）：122，131-139.
［61］王树声. 黄河晋陕沿岸历史城市人居环境营造研究［D］. 西安：西安建筑科技大学，2006.
［62］黄瓴. 城市空间文化结构研究［D］. 重庆：重庆大学，2010.
［63］童乔慧. 澳门城市环境与文脉研究［D］. 南京：东南大学，2005.
［64］邵甬，胡力骏，赵洁. 区域视角下历史文化资源整体保护与利用研究：以皖南地区为例［J］. 城市规划学刊，2016（3）：98-105.
［65］阳建强. 基于文化生态及复杂系统的城乡文化遗产保护［J］. 城市规划，2016，40（4）：103-109.
［66］张兵. 历史城镇整体保护中的"关联性"与"系统方法"：对"历史性城市景观"概念的观察和思考［J］. 城市规划，2014，38（S2）：42-48，113.
［67］边宝莲，曹昌智. 历史文化名城的形态保护与文脉传承［J］. 城市发展研究，2009，16（11）：132-138.
［68］段进，邱国潮. 空间研究5：国外城市形态学概论［M］. 南京：东南大学出版社，2009.
［69］理·英格索尔，李道增. 后现代城市主义朝着过去迈进［J］. 世界建筑，1991（5）：13-17.
［70］段进. 城市空间发展论［M］. 南京：江苏科学技术出版社，1999.
［71］傅崇兰. 中国运河城市发展史［M］. 成都：四川人民出版社，1985.
［72］杨正泰. 明清长江以北运河城镇的特点与变迁［M］//. 复旦大学中国历史地理

研究所. 历史地理研究（第一辑）. 上海：人民出版社，1989.
[73] 王守中. 山东运河城市兴衰鉴[M]//德普. 山东运河文化文集. 济南：山东科学技术出版社，1998.
[74] 王弢. 明清时期南北大运河山东段沿岸的城市[D]. 北京：中国社会科学院，2003.
[75] 王瑞成. 运河和中国古代城市的发展[J]. 西南交通大学学报（社会科学版），2003（1）：14-20.
[76] 王玉朋，高元杰. 明清山东运河区域城市洪涝及御洪之策[J]. 聊城大学学报（社会科学版），2017（2）：8-18.
[77] 赵静，李昕阳，叶青，等. 山东运河古城空间形态探析[J]. 城市住宅，2020，27（4）：77-80.
[78] 王晓慧. 山东运河沿岸卫所研究[D]. 北京：中央民族大学，2007.
[79] 赵鹏飞. 山东运河传统建筑综合研究[D]. 天津：天津大学，2013.
[80] 姜姗. 京杭大运河山东段建筑文化遗产的景观地理研究[D]. 济南：山东大学，2019.
[81] 蔡桂培. 清代德州“满城”研究[D]. 天津：天津师范大学，2014.
[82] 王滨. 明清大运河与德州城市发展初探[J]. 安徽文学（下半月），2008（9）：247.
[83] 郑民德. 明清德州商品经济的发展及其历史变迁[J]. 聊城大学学报（社会科学版），2011（5）：48-53.
[84] 王明德. 明清时期临清的寺庙与城市生活[J]. 文史博览（理论），2014（3）：4-6，13.
[85] 杨轶男. 明清时期山东运河城镇的服务业：以临清为中心的考察[J]. 齐鲁学刊，2010（4）：47-52.
[86] 李正爱. 京杭大运河与临清城市的人文转变[J]. 南通大学学报（社会科学版），2008（1）：9-12.
[87] 李国华. 中国古代城市与水系漫谈：以聊城古城址变迁为例[C]//生态文明视角下的城乡规划：2008中国城市规划年会论文集，大连：大连出版社，2008.
[88] 史晓玲. 明清时期聊城商业发展与城市变化[D]. 聊城：聊城大学，2014.
[89] 王弢. 元明清时期运河经济下的城市：济宁[J]. 菏泽学院学报，2005（4）：70-73，100.
[90] 李德楠. 比较视野下的明清运河城市：以济宁、临清为例[J]. 中国名城，2015（7）：84-90.
[91] 孙竞昊. 明清北方运河地区城市化途径与城市形态探析：以济宁为个案的研究[J]. 中国史研究，2016（3）：145-174.
[92] 刘临安，黄习习. 真实性与完整性原则下的大运河遗产保护：以大运河济宁段为例[J]. 中国文化遗产，2019（3）：86-92.
[93] 王璐璐. 运河文化景观设计语言研究[D]. 广州：华东理工大学，2015.
[94] 董巍. 聊城市米市街历史文化街区的保护更新策略研究[D]. 北京：北京建筑大学，2018.
[95] 郑民德. 聊城运河文化遗产的保护[J]. 中国名城，2018（10）：93-96.
[96] 王丽. 济宁市竹竿巷历史文化街区保护与更新研究[D]. 北京：北京建筑大学，2019.

[97] 王明远. 台儿庄古城的重建：记忆重构、公共记忆与国家话语［J］. 民俗研究，2016（1）：136–142，160.
[98] 任云英，程兴国. 京杭运河山东段沿线城市空间文脉要素体系架构［J］. 建筑与文化，2016（7）：48–49.
[99] 艾定增. 符号论美学和建筑艺术［J］. 建筑学报，1985（10）：26–29.
[100] 郑向敏，林美珍. 论文物保护与文脉的传承与中断：兼与《旅游学刊》笔谈中某些观点商榷［J］. 旅游学刊，2004（5）：25–29.
[101] 张京祥. 西方城市规划思想史纲［M］. 南京：东南大学出版社，2005.
[102] 刘先觉. 现代建筑理论［M］. 北京：中国建筑工业出版社，2008.
[103] 陈忠. 城市文脉与文明多样性：城市文脉的一个本真性问题［J］. 探索与争鸣，2017（9）：33–36.
[104] 任云英. 城市文化与文脉传承［J］. 城市建筑，2017（33）：3.
[105] 金吾伦. 生成哲学［M］. 保定：河北大学出版社，2000.
[106] 杨磊，邱建. 建筑空间的文化更新与城市文脉的有机传承［J］. 城市建筑，2007（8）：18–19.
[107] 孙俊桥. 走向新文脉主义［D］. 重庆：重庆大学，2010.
[108] 刘涛，钱钰. 城市文脉：人文城市建设中一个不可忽视的问题［J］. 中国名城，2017（12）：59–64.
[109] 何雪松. 城市文脉、市场化遭遇与情感治理［J］. 探索与争鸣，2017（9）：36–38.
[110] 任致远. 试论我国城市的文脉与文态［J］. 城市，2013（9）：3–9.
[111] 王建士. 论概念反映的对象与属性：兼谈形式逻辑关于概念的定义［J］. 华侨大学学报（哲学社会科学版），1987（2）：50–58.
[112] 刘生军，徐苏宁. 城市设计诠释理论的审美结构及其实践途径［J］. 华中建筑，2007（10）：35–37.
[113]［法］费弗尔·布罗代尔. 文明史纲［M］. 南宁：广西师范大学出版社. 2003.
[114] 严艳，吴宏岐. 历史城市地理学的理论体系与研究内容［J］. 陕西师范大学学报（哲学社会科学版），2003（2）：56–63.
[115] 林园. 试析布罗代尔时段理论与年鉴学派总体史观之间的关系［J］. 法制与社会，2007（8）：798–799.
[116] 陈新. 理性、保守主义与历史学家的责任：初论布罗代尔史学思想及其实践效应［J］. 世界历史，2001（1）：78–89，129. .
[117] 陈序经. 文化学概观［M］. 长沙：岳麓书社，2010.
[118] 刘然，高燕. 文化重心的演变与唯物史观的发现和发展［J］. 中共济南市委党校学报，2012（1）：48–51.
[119] 杨少娟，叶金宝. 文化结构的若干概念探析：兼谈中西文化比较研究的若干问题［J］. 学术研究，2015（8）：33–37.
[120] 衣俊卿. 文化哲学［M］. 昆明：云南人民出版社，2005.
[121]［法］阿尔贝特·施韦泽. 文化哲学［M］. 上海：上海世纪出版集团，2008.
[122] 李长庚. 认知潜意识：潜意识研究的新动向［J］. 井冈山师范学院学报，2004（3）：98–100.
[123] 刘乃芳，张楠. 多样性城市事件及事件空间研究：以南宁历史城区为例［J］.

国际城市规划，2012，27（3）：75-79.
[124] 何文茜. 澳门半岛城市叙事空间研究[D]. 长沙：中南大学，2012.
[125] 程兴国，任云英，高华丽，等. “城市双修”语境下城市文脉概念的解构与重构[J]. 华中建筑，2020，38（12）：10-14.
[126] ICOMOS. 关于历史古迹修复的雅典宪章[Z]. 1931.
[127] 姚糖，蔡晴. 两部《雅典宪章》与城市建筑遗产的保护[J]. 华中建筑，2005（5）：31-33.
[128] UNESCO. 关于历史地区的保护及其当代作用的建议[Z]. 华沙，1976.
[129] 国家文物局法制处. 国际保护文化遗产法律文件选编[M]. 北京：紫禁城出版社，1993.
[130] 王建波，阮仪三. 作为遗产类型的文化线路：《文化线路宪章》解读[J]. 城市规划学刊，2009（4）：86-92.
[131] 王云霞. 文化遗产的概念与分类探析[J]. 理论月刊，2010（11）：5-9.
[132] 邱雨夏，李斌. 大众文化产业视野下的文化遗产保护[N]. 中国文物报，2014-05-14（006）.
[133] 刘祎绯. 我国文化遗产认知的时间扩展历程[J]. 建筑与文化，2015（6）：132-133.
[134] 张松. 20世纪遗产与晚近建筑的保护[J]. 建筑学报，2008（12）：6-9.
[135] 李育霖. 德国现代建筑遗产的保护理念与方法研究[D]. 西安：西安建筑科技大学，2016.
[136] 杨丽霞. 英国文化遗产保护管理制度发展简史（上）[J]. 中国文物科学研究，2011（4）：84-87.
[137] 贺丰. 20世纪60年代美国历史保护运动研究[D]. 上海：华东师范大学，2010.
[138] 丛桂芹. 价值建构与阐释[D]. 北京：清华大学，2013.
[139] 黄明玉. 文化遗产的价值评估及记录建档[D]. 上海：复旦大学，2009.
[140] [芬兰]尤嘎·尤基莱托. 建筑保护史[M]. 郭旃，译. 北京：中华书局，2011.
[141] 镇雪锋. 文化遗产的完整性与整体性保护方法[D]. 上海：同济大学，2007.
[142] [日]西村幸夫，杜之岩. 历史、文化遗产及其背后的系统：以世界文化遗产保护为中心[J]. 东南文化，2018（2）：119-123.
[143] 程兴国，高华丽. 基于文件梳理的国际文化遗产保护流变分析[J]. 城市建筑，2019，16（11）：7-10.
[144] 张松. 中国文化遗产保护法制建设史回眸[J]. 中国名城，2009（3）：27-33.
[145] 古物保存法[M]//. 中国第二历史档案馆. 中华民国史档案资料汇编第五辑第一编《文化（二）》. 南京：江苏古籍出版社，1994.
[146] 鲜乔蓥. 中国文物法制化管理的开端：简析南京国民政府的《古物保存法》[J]. 中华文化论坛，2010（2）：35-39.
[147] 中华人民共和国文物保护法[J]. 中华人民共和国国务院公报，1982（19）：804-810.
[148] 金磊. 中国20世纪建筑遗产项目的认定与价值分析[J]. 中国文物科学研究，2018（1）：14-19.
[149] 高绍林，张宜云. 地方立法保护独特历史文化遗产：以《天津市历史风貌建筑

保护条例》为例［J］. 地方立法研究，2017，2（2）：33-44.
［150］上海市历史文化风貌区和优秀历史建筑保护条例［J］. 上海城市规划，2002（6）：35-38.
［151］张杰，庞骏. 文物引导下的遗产保护制度反思［J］. 现代城市研究，2008（7）：6-13.
［152］沈海虹. "集体选择"视野下的城市遗产保护研究［D］. 上海：同济大学，2006.
［153］汤晔峥. 中国城市文化遗产保护的路径辨析与启示［J］. 城市规划，2013（11）：39-46.
［154］谢喆平. 中国与联合国教科文组织的关系演进：关于国际组织对成员国影响的实证研究［J］. 太平洋学报，2010，18（2）：28-40.
［155］单霁翔. 从"文物保护"走向"文化遗产保护"［M］. 天津：天津大学出版社，2008.
［156］王元. 城镇化进程中文化遗产的价值效用思考［J］. 内蒙古社会科学（汉文版），2014，35（5）：136-142.
［157］刘庆. 城市遗产整体性保护论［J］. 城市问题，2010（2）：13-17，27.
［158］吕舟.《中国文物古迹保护准则》的修订与中国文化遗产保护的发展［J］. 中国文化遗产，2015（2）：4-24.
［159］《中国文物古迹保护准则》释义［M］//《中国长城博物馆》编辑部.《中国长城博物馆》2013年第2期. 中国长城学会，2013.
［160］赵中枢. 从文物保护到历史文化名城保护：概念的扩大与保护方法的多样化［J］. 城市规划，2001（10）：33-36.
［161］周孟圆，杜晓帆. 文物的价值在行动中产生：文物价值认定的前沿理念与经验［J］. 故宫博物院院刊，2019（1）：15-25，108.
［162］薛威. 城镇建成遗产的文化叙事策略研究［D］. 重庆：重庆大学，2017.
［163］吴丹萍. 城市历史景观视角下成都古城历史层积的调查与保护研究［D］. 成都：西南交通大学，2018.
［164］顾颉刚. 古史辨自序［M］. 石家庄：河北教育出版社，2000.
［165］刘祎绯. 认知与保护城市历史景观的"锚固—层积"理论初探［D］. 北京：清华大学，2014.
［166］张文卓，韩锋. 城市历史景观理论与实践探究述要［J］. 风景园林，2017（6）：22-28.
［167］李和平，曹永茂. "层积性"和"连续性"：城市历史景观视角下的历史风貌区保护研究［M］//. 中国城市规划学会，沈阳市人民政府. 规划60年：成就与挑战——2016中国城市规划年会论文集（08城市文化），2016.
［168］肖竞，李和平，曹珂. 拉萨城市历史景观的地域特征与层积过程研究［J］. 建筑学报，2017（9）：58-63.
［169］肖竞，曹珂. 布达拉宫建筑形态演进与历史层积［M］//中国城市规划学会，沈阳市人民政府. 规划60年：成就与挑战——2016中国城市规划年会论文集（08城市文化），2016.
［170］范冬萍. 复杂性科学视角下的社会生态系统可持续性分析［J］. 自然辩证法通讯，2019，41（10）：77-82.
［171］杨昌新. 从"潜存"到"显现"：城市风貌特色的生成机制研究［D］. 重庆：

重庆大学，2015.
[172] 鲁品越. 深层生成论：自然科学的新哲学境界 [M]. 北京：人民出版社，2011.
[173] 季宪，邵龙，杜煜. 多维交互视角下的城市历史景观认知模式探析 [J]. 城市发展研究，2020，27（7）：2，33，67–74.
[174] 田丰. 文化进步论纲 [J]. 广东社会科学，2000（4）：55–62.
[175] 张光直. 中国青铜时代 [M]. 上海：生活·读书·新知三联书店，1983.
[176] 王和. 尧舜禹时代再认识：关于中国国家起源问题的几点思考 [J]. 史学理论研究，2001（3）：25–37.
[177] 何依. 四维城市理论及应用研究 [D]. 武汉：武汉理工大学，2012.
[178] 张宝义. 论城市人的主体性缺陷 [J]. 理论与现代化，2005（3）：83–88.
[179] 郭治谦，康永征."城市精神问题"是"城市病"的应有之义：齐美尔《大城市与精神生活》述评 [J]. 城市发展研究，2015，22（8）：80–85，100.
[180] 申永华. 马克思主义价值观及其时代解读 [M]. 西安：西安出版社，2006.
[181] 傅斌."让文物活起来" [N]. 中国文物报，2017–02–17（005）.
[182] 汪芳，严琳，吴必虎. 城市记忆规划研究：以北京市宣武区为例 [J]. 国际城市规划，2010，25（1）：71–76，87.
[183] 郭璇，杨浩祥. 文化线路的概念比较：UNESCO WHC、ICOMOS、EICR相关理念的不同 [J]. 西部人居环境学刊，2015，30（2）：44–48.
[184] 林祖锐，赵霞，周维楠. 我国"文化线路"研究现状与展望 [J]. 遗产与保护研究，2017，2（7）：18–24.
[185] 李伟，俞孔坚. 世界文化遗产保护的新动向：文化线路 [J]. 城市问题，2005（4）：7–12.
[186] 王景慧. 文化线路的保护规划方法 [J]. 中国名城，2009（7）：10–13.
[187] 贺云翱. 文化遗产学初论 [J]. 南京大学学报（哲学. 人文科学. 社会科学版），2007（3）：127–139.
[188] 姚雅欣，李小青."文化线路"的多维度内涵 [J]. 文物世界，2006（1）：9–11.
[189] 吴晓秋. 论贵州驿道文化线路的价值构成：以明奢香驿道线路为研究个案 [J]. 贵州文史丛刊，2009（4）：78–82.
[190] 冬冰，张益，谢青桐. 文明的空间联系：大运河、新安江和徽杭古道构建的徽商文化线路 [J]. 中国名城，2009（9）：16–20.
[191] 陈怡. 大运河作为文化线路的认识与分析 [J]. 东南文化，2010（1）：13–17.
[192] 王丽萍. 文化线路：理论演进、内容体系与研究意义 [J]. 人文地理，2011，26（5）：43–48.
[193] 刘科彬，沈山. 世界文化线路遗产特征与价值研究 [J]. 世界地理研究，2017，26（6）：143–153.
[194] 成寅. 太极哲学 [M]. 上海：学林出版社，2003.
[195] 王潇娴. 基于视觉传达设计领域的互补设计方法研究 [D]. 南京：南京艺术学院，2015.
[196] 丁援. 无形文化线路理论研究 [D]. 武汉：华中科技大学，2007.
[197] 李星明，朱媛媛，胡娟，等. 旅游地文化空间及其演化机理 [J]. 经济地理，2015，35（5）：174–179.

[198] 吕飞，康雯，罗晶晶. 文化线路视野下东北地区工业遗产保护与利用[J]. 中国名城，2016（8）：58-64.
[199] 吴良镛."山水城市"与21世纪中国城市发展纵横谈：为山水城市讨论会写[J]. 建筑学报，1993（6）：4-8.
[200] 鲁品越. 从构成论到生成论：系统思想的历史转变[J]. 中国人民大学学报，2015，29（5）：122-130.
[201] 薛汪祥. 基于文化层次理论的广州城市特色风貌要素研究[D]. 广州：华南理工大学，2018.
[202] 锁利. 关于文化结构的剖析[J]. 戏剧之家（上半月），2010（7）：52.
[203] 黄韫宏. 文化层次结构模型比较研究[J]. 贵阳学院学报（社会科学版），2013，8（2）：7-10.
[204] 庞朴. 文化结构与近代中国[J]. 中国社会科学，1986（5）：81-98.
[205] 庞朴. 庞朴文集[M]. 济南：山东大学出版社，2005.
[206] 刘兆丰. 城市记忆单元及其系统：一种城市保护与发展规划[J]. 规划师，1997（1）：56-58.
[207] 涂欣. 城市记忆及其在城市设计中的应用研究[D]. 武汉：华中科技大学，2005.
[208] 王力. 中国古代文化常识[M]. 北京：北京联合出版公司，2014.
[209] 山东省历史地图集编纂委员会. 山东省历史地图集：远古至清·经济[M]. 济南：山东省地图出版社，2016.
[210] 山东省历史地图集编纂委员会. 山东省历史地图集：远古至清·自然[M]. 济南：山东省地图出版社，2016.
[211] 王文龙. 从气候变迁看汉唐时期文化重心的转移[D]. 郑州：郑州大学，2018.
[212] 燕茹. 清代山东生态环境变迁[J]. 山东农业工程学院学报，2014，31（2）：162-164.
[213] 许檀. 明清时期山东商品经济的发展[M]. 北京：中国社会科学出版社，1998.
[214] 姜传岗. 谈山东水系与运河通航[J]. 聊城大学学报（社会科学版），2020（4）：1-5，90.
[215] 吴梅. 淮河水系的形成与演变研究[D]. 北京：中国地质大学，2013.
[216] 康建军. 明清山东运河河道工程及管理研究[D]. 西安：陕西师范大学，2018.
[217] 王修智. 齐鲁文化与山东人[J]. 东岳论丛，2008（4）：1-14.
[218] 王德胜. 隋唐时期的运河德州段[N]. 德州日报，2021-03-12（003）.
[219] 陈宝华. 明清时期德州运河经济兴衰研究[D]. 济南：山东大学，2015.
[220] 甄鹏. 明代前中期北直隶的县政与地方社会研究[D]. 长春：东北师范大学，2019.
[221] 陈宝华. 明清德州运河经济兴衰史述论[J]. 德州学院学报，2016，32（5）：78-84.
[222] [清]张廷玉. 明史（卷79）[M]. 北京：中华书局，1974.
[223] 王玉芬，王德椿. 京杭运河·齐鲁风情（德州卷）[M]. 济南：山东人民出版社，2013.
[224] 中国第一历史档案馆. 中国明朝档案总汇[M]. 南宁：广西大学出版社，

2001.
[225] 徐子尚. 临清县志[M]. 台北：成文出版社，1968.
[226] 许檀. 明清时期的临清商业[J]. 中国经济史研究，1986（2）：135-157.
[227] 胡德琳，赫绅泰，张官五. 嘉庆东昌府志（卷五）[M]. 南京：凤凰出版社，2004.
[228] 靳慧. 明清时期聊城城市景观营建[D]. 深圳：深圳大学，2019.
[229] 王云. 明清山东运河区域社会变迁[M]. 北京：人民出版社，2006.
[230] [明]吕坤. 实政录[M]. 浙江书局. 清同治十一年春重刊，据同治七年（1872年）刻版重印.
[231] [清]顾祖禹. 读史方舆纪要[M]. 敷文阁藏版，据清嘉庆间刻版重修.
[232] 李琛. 京杭大运河沿岸聚落区域空间分布规律研究[D]. 天津：天津大学，2007.
[233] 李晓光，李鲁祥. 京杭大运河山东区段东移工程考[J]. 枣庄师专学报，2001（4）：46-49.
[234] 周鼎，王楠. 城记：台儿庄城址的建立与变迁[J]. 中华民居，2012（2）：51-61.
[235] 吴兆莘. 中国税制史[M]. 上海：商务印书馆，1937.
[236] 张春红. 区位与兴衰：以临清关为中心的个案研究（1429—1930）[D]. 南昌：江西师范大学，2010.
[237] 程龙. 近代德州城市发展变迁研究（1855-1937）[D]. 石家庄：河北大学，2015.
[238] 李树德. 德县志（卷五，政治志·户口）[M]. 台北：成文出版社，1968.
[239] 汪丽君. 广义建筑类型学研究[D]. 天津：天津大学，2003.
[240] 汪芳，廉华. 线型空间研究进展与发展趋势[J]. 华中建筑，2007（7）：88-91.
[241] 刘云. 城市地标保护与城市文脉延续[D]. 北京：中央美术学院，2015.
[242] 吴蓓. "层积"视角下的考古遗址保护与城市更新策略探研[D]. 郑州：郑州大学，2018.
[243] 齐康. 城市建筑[M]. 南京：东南大学出版社，2001.
[244] 吴良镛. 寻找失去的东方城市设计传统：从一幅古地图所展示的中国城市设计艺术谈起[J]. 建筑史论文集，2000，12（1）：1-6.
[245] 金广君. 城市特色的物质构成[J]. 城市规划，1990（5）：14-17.
[246] 李伯齐. 也谈齐鲁文化与齐鲁文化精神[J]. 管子学刊，1999（4）：45-49，74.
[247] 孟天运. 远古到周初齐鲁两地文化发展比较[J]. 史学集刊，1999（2）：7-11.
[248] 陈来. 古代宗教与伦理[M]. 北京：北京大学出版社，2017.
[249] 刘沛林. 诗意栖居：中国传统人居思想及其现代启示[J]. 社会科学战线，2016（10）：25-33.
[250] 肖竞，李和平. 西南山地历史城镇文化景观演进过程及其动力机制研究[J]. 西部人居环境学刊，2015，30（3）：120-121.
[251] 刘乃芳，张楠. 多样性城市事件对城市空间特色的影响[J]. 城市问题，2011（12）：36-40.

[252] 刘乃芳，张楠. 多样性城市事件视角的城市记忆保护［J］. 城市发展研究，2016，23（11）：45-49.
[253] 王霄冰. 文化记忆、传统创新与节日遗产保护［J］. 中国人民大学学报，2007（1）：41-48.
[254] 刘守华. 文化学通论［M］. 北京：高等教育出版社，1992.
[255] 张兵. 保护规划需要有更全面综合的理论方法［J］. 国外城市规划，2001（4）：1-2，5.
[256] ［英］安东尼·吉登斯. 民族—国家与暴力［M］. 胡宗泽，赵力涛，译. 北京：生活·读书·新知三联书店，1998.
[257] 苑利. 文化遗产与文化遗产学解读［J］. 江西社会科学，2005（3）：127-135.
[258] 张兵. 城乡历史文化聚落：文化遗产区域整体保护的新类型［J］. 城市规划学刊，2015（6）：5-11.
[259] 聊城市绿化委员会办公室，聊城市林业局. 聊城古树名木志［M］. 济南：山东美术出版社，2014.
[260] 张沛，等. 中国城乡一体化的空间路径与规划模式［M］. 北京：科学出版社，2015.
[261] 张学海. 鲁西两组龙山文化城址的发现及对几个古史问题的思考［J］. 华夏考古，1995（4）：47-58.
[262] 李繁玲，孙淮生，吴铭新. 山东阳谷县景阳岗龙山文化城址调查与试掘［J］. 考古，1997（5）：11-24，97-98.
[263] 山东省文物管理处，等. 大汶口［M］. 北京：文物出版社，1974.
[264] 王克奇. 齐鲁宗教文化述论［J］. 东岳论丛，2003（4）：101-105.
[265] 张光直. 关于中国初期"城市"这个概念［J］. 文物，1985（2）：61-67.
[266] 王大民，曲保东. 聊城杂技［M］. 济南：山东友谊出版社，2015.
[267] ［明］于慎行. 东昌府城重修碑［M］. 聊城市史志办. 聊城旧县志点注. 长春：吉林人民出版社. 2006.
[268] 山东省聊城市地方史志编纂委员会. 聊城市志［M］. 济南：齐鲁书社，1999.
[269] 贺景峰，孙晶. 聊城古城格局及其规划手法考［M］//藏连璞，孙雯雯. 江北水城·文化探索. 聊城：聊城市新闻出版局，2002.
[270] 龙清杰. 沧桑历史 江北水城：历史文化名城聊城的发展轨迹［J］. 城建档案，2006（5）：20-24.
[271] 沈旸. 明清聊城的会馆与聊城［J］. 华中建筑，2007（2）：158-162.
[272] 许檀. 清代中叶聊城商业规模的估算：以山陕会馆碑刻资料为中心的考察［J］. 清华大学学报（哲学社会科学版），2015，30（2）：78-85，188-189.
[273] 张玉法. 中国现代化的区域研究（山东省，1860—1916）［M］. 台北：中央研究院近代史研究所，1982.
[274] 王巍，吴葱. 中国文化遗产保护对象及其转变的考察：从清末至民国［J］. 建筑学报，2018（7）：95-98.
[275] 李建. 我国近代文物保护法制化进程研究［D］. 济南：山东大学，2015.
[276] 胡梦飞. 明清时期山东运河区域庙会习俗考述［J］. 济宁学院学报，2017，38（6）：110-116.
[277] 周朗生. 近代中西文化冲突及其现代启示［J］. 广西社会科学，2005（11）：197-199.

[278] 李向平. 20世纪中国的“信仰”选择及其影响[J]. 学术月刊，2012，44（5）：5-9，16.
[279] 李向平. 科学·信仰·宗教替代：20世纪初中国的“科学信仰”[J]. 汕头大学学报（人文社会科学版），2013，29（2）：1，5-10，94.
[280] 山东省城乡建设委员会. 山东城市与城市建设[M]. 济南：山东大学出版社，1987.
[281] 刘洪山，蒋峻峰. 二十世纪三十年代中期聊城街市及古建筑忆述[J]. 聊城发展研究，2009：13.
[282] 毛泽东. 建国以来毛泽东文稿（第12册）[M]. 北京：中央文献出版社，1998.
[283] 邵道生. 社会的发展与道德的衰退[J]. 中国社会科学，1994（3）：11-15.
[284] 聊城市东昌府区地方史志编纂委员会. 东昌府区志（1986—2005）[M]. 北京：方志出版社，2012.
[285] [日]丸山敏雄. 实验伦理学大系[M]. 北京：社会科学文献出版社，1991.
[286] [美]丹尼尔·贝尔. 资本主义文化矛盾[M]. 北京：人民教育出版社，2010.
[287] 魏长领. 道德信仰危机的表现、社会根源及其扭转[J]. 河南师范大学学报（哲学社会科学版），2004（1）：96-100.
[288] 胡慧林，李康化. 文化经济学[M]. 太原：书海出版社，2006.
[289] 孙俊桥. 城市建筑艺术的新文脉主义走向[M]. 重庆：重庆大学出版社，2013.
[290] 衣俊卿. 文化哲学十五讲（第二版）[M]. 北京：北京大学出版社，2017.
[291] 陈奎德. 怀特海哲学演化概论[M]. 上海：上海人民出版社，1988.
[292] 成砚. 读城：艺术经验与城市空间[M]. 北京：中国建筑工业出版社，2004.
[293] 黄骊. 城市的现代和后现代[J]. 人文地理，1999（4）：30-33.
[294] 张楠. 城市故事论：一种后现代城市设计的建构性思维[J]. 城市发展研究，2004（5）：8-12.
[295] 敬东. 阿尔多·罗西的城市建筑理论与城市特色建设[J]. 规划师，1999（2）：102-106.
[296] [法]加斯东·巴什拉. 空间的诗学[M]. 张逸婧，译. 上海：译文出版社，2009.
[297] 陆邵明. “物—场—事”：城市更新中码头遗产的保护再生框架研究[J]. 规划师，2010，26（9）：109-114.
[298] 刘大为. 比喻、近喻和自喻：辞格的认知性研究[M]. 上海：上海教育出版社，2001.
[299] 李文莉. 事件指示空间的认知机制及语言形式[J]. 湖南工业大学学报（社会科学版），2009，14（6）：108-110.
[300] 李畅，杜春兰. 乡土聚落景观的场所性诠释：以巴渝古镇为例[J]. 建筑学报，2015（4）：76-80.
[301] 赵夏. 我国的“八景”传统及其文化意义[J]. 规划师，2006（12）：89-91.
[302] 龙彬，童淑媛. 以时率空：中国传统建筑中的时空融合特征探研[J]. 新建筑，2011（3）：122-125.
[303] 陈忠奇. 台儿庄古城规划建设与保护研究[D]. 西安：西安建筑科技大学，2012.

[304] 陈萌，景行．案例1巴黎的旧城改造：重建“大巴黎”计划［M］//首都经济贸易大学，北京市社会科学联合会．2011 城市国际化论坛：全球化进程中的大都市治理（案例集），2011.
[305] 余池明．习近平文化遗产保护思想及其指导意义述论［J］．中国名城，2018（4）：4-10.
[306] 吕宁．文化遗产的价值类型浅探［N］．中国文物报，2012-03-23（006）.
[307] 郑军．浅议世界遗产与《中国文物古迹保护准则》价值之异同［J］．中国文化遗产，2019（1）：36-44.
[308] 叶扬．《中国文物古迹保护准则》研究［D］．北京：清华大学，2005.
[309] 徐嵩龄，张晓明．文化遗产的保护与经营：中国实践与理论进展［M］．北京：社会科学文献出版社，2003.
[310] 肖建莉．历史文化名城制度30年背景下城市文化遗产管理的回顾与展望［J］．城市规划学刊，2012（5）：111-118.
[311] 李浈，雷冬霞．历史建筑价值认识的发展及其保护的经济学因素［J］．同济大学学报（社会科学版），2009，20（5）：44-51.
[312] 陈耀华，刘强．中国自然文化遗产的价值体系及保护利用［J］．地理研究，2012，31（6）：1111-1120.
[313] 黄瓒．李格尔纪念物价值构成的思考和启示［M］//中国城市规划学会，贵阳市人民政府．新常态：传承与变革——2015中国城市规划年会论文集（03城市规划历史与理论），2015.
[314] 孙华．遗产价值的若干问题：遗产价值的本质、属性、结构、类型和评价［J］．中国文化遗产，2019（1）：4-16.
[315] 李红艳．解读里格尔的历史建筑价值论［J］．建筑师，2009（2）：41-46.
[316] 兰德尔·梅森，卢永毅，潘钥，等．论以价值为中心的历史保护理论与实践［J］．建筑遗产，2016（3）：1-18.
[317] 徐进亮．建筑遗产价值体系的再认识［J］．中国名城，2018（4）：71-76.
[318] 陈同滨．中国文化景观的申遗策略初探［J］．东南文化，2010（3）：18-23.
[319] 国际古迹遗址理事会中国委员会．中国文物古迹保护准则［M］．北京：文物出版社，2015.
[320] 赵玲．浅析文物古迹保护中的价值评估：基于2015修订版《中国文物古迹保护准则》［J］．中国文化遗产，2017（6）：47-53.
[321] 王世仁．保护文物古迹的新视角：简评澳大利亚《巴拉宪章》［J］．世界建筑，1999（5）：21-22.
[322] 刘琼琳，程建军．以《巴拉宪章》解读广州沙面海关红楼（原沙面海关俱乐部）价值［J］．建筑学报，2013（S1）：76-84.
[323] 黄明玉．历史脉络概念：美国文化遗产价值评估之方法学基础［J］．中国文物科学研究，2014（4）：41-45.
[324] 陶金，张莎玮．国内文化遗产价值的定量和定价评估方法研究综述［J］．南方建筑，2014（4）：96-101.
[325] 刘怡．非物质文化视野下丝绸之路（陕西段）整体性保护研究［D］．西安：西安建筑科技大学，2014.
[326] 徐怡涛．以物质文化遗产为例刍议文化遗产价值规律及其评估表达［J］．中国文化遗产，2019（1）：45-47.

[327] 刘鹏. 德州市滨水景观设计研究[D]. 大连：大连工业大学，2014.
[328] 郭文娟. 京杭大运河济宁段文化遗产构成和保护研究[D]. 济南：山东大学，2014.
[329] 中共中央，国务院. 国家新型城镇化规划（2014-2020年）[M]. 北京：人民出版社，2014.
[330] 朱自煊. 回顾与重构：迎接城市设计的春天[J]. 城乡建设，2016（9）：66-67.
[331] 徐震，顾大治. "历史纪念物"与"原真性"：从《威尼斯宪章》的两个关键词看城市建筑遗产保护的发展[J]. 规划师，2010，26（4）：90-94.
[332] 吕舟. 让文化遗产活起来[N]. 中国文物报，2015-01-13（003）.
[333] 齐一聪，张兴国，吴悦，等. 电影场景到遗产保护：从永利街看香港文物建筑的"保育"与"活化"[J]. 建筑学报，2015（5）：38-43.
[334] 吕舟. 文化遗产保护语境下的重建问题讨论[J]. 中国文化遗产，2017（2）：4-15.
[335] 王军. "整体复建"重创后的古城复兴路径探索：以大同古城为例[J]. 城市发展研究，2016，23（11）：50-59.
[336] 陆地. 真非真，假非假：建筑遗产真实性的内在逻辑及其表现[J]. 中国文化遗产，2015（3）：4-13.
[337] 阮仪三，李红艳. 真伪之问：何谓真正的城市遗产保护[M]. 上海：同济大学出版社，2016.
[338] 武廷海，王雪荣. 京杭大运河：城市遗产的认知与保护[M]. 北京：电子工业出版社，2014.
[339] 左金风. 美国纽约《城市地标保护法》的介绍与启示[J]. 经济研究导刊，2013（5）：133-136，217.
[340] 戚冬瑾，周剑云. 基于形态的条例：美国区划改革新趋势的启示[J]. 城市规划，2013，37（9）：67-75.
[341] 阮仪三，陈飞. 上海新一轮旧城更新中风貌特色传承的规划方法研究[J]. 上海城市规划，2008（6）：51-55.
[342] 应臻. 城市历史文化遗产的经济学分析[D]. 上海：同济大学，2008.
[343] 顿明明，赵民. 论城乡文化遗产保护的权利关系及制度建设[J]. 城市规划学刊，2012（6）：14-22.
[344] 王云霞，胡姗辰. 公私利益平衡：比较法视野下的文物所有权限制与补偿[J]. 武汉大学学报（哲学社会科学版），2015，68（6）：101-110.
[345] 范朝霞. 文物的私法保护：以《文物保护法》与《物权法》的衔接为视角[J]. 求索，2018（2）：140-147.
[346] Congress Internationauxd' Architecture moderne (CIAM), La Charte d'Athenes or The Athens Charter, 1933. Trans J.Tyrwhitt. Paris, France: The Library of the Graduate School of Design, Harvard University, 1946: 65-70.
[347] Colin Rowe.The Mathematics of the Ideal Villa and Other Essays [M] . The MIT Press, 1947.
[348] R.Venturi.Context in Architectural Composition [D] . Princeton University, 1950.
[349] Frampton, Kenneth. Towards a Critical Regionalism: Six Points for an Architecture of Resistance [A] . In The Anti-Aesthetic: Essays on Postmodern Culture. Edited by

Hal Foster. Seattle, WA: Bay Press, 1983.

[350] Conzen MRG. Historical Townscapes in Britain: a Problem in Applied Geography [A]. The Urban Landscape: Historical Development and Management. Academic Press, 1966.

[351] J.W.R.Whitehand, Urban–rent Theory, Time Series and Morphogenesis: an Example of Eclecticism in Geographical Research [J]. Institute of British Geographers, 1972, 4(4): 215–222.

[352] Larkham P. J. Conservation and the Management of Historical Townscape [A]. In: T. R. Slater (eds), The Built Form of Western Cities: Essays for M. R. G. Conzen on the Occasion of His Eightieth Birthday, 1990.

[353] Larkham P.J. Urban Morphology and Typology in the United Kingdom [A]. In Attilio Petruccioli(eds), Ypological Process and Design Theory. Cambridge, Massachusetts: Aga Khan Program for Islamic Architeture, 1998.

[354] Conzen M R G. Geography and Townscape Conservation [A]. In Uhlig, H. and Lienau, G(eds.), Anglo–German Symphsium in Applied Geography. Giessen–WUrzburg–MUnchen, 1973: 95–102.

[355] Slater T R, Whitehand J W R. Whose Hertige? Conserving Historical Townscapes in Birmingham [A]. In Gerrard A J and Slater T R (eds), Managing a Conurbation: Birmingham and Its Region. Birmingham: Brewin, 1996.

[356] Morris Hill. A Goals–Achievement Matrix for Evaluating Alternative Plans [J]. Journal of the American Planning Association, 1968, 34(1): 19–29.

[357] P Healey. The Communicative Turn in Planning Theory and Its Implications for Spatial Strategy Formations [J]. Environment and Planning, 1996, 23(2): 217–234.

[358] Andreas Faludi. The Performance of Spatial Planning [J]. Planning Practice and Research, 2000, 1(4): 299–318.

[359] R · Venturi: Context in Architectural Composition (M.F.A.) Thesis, Princeton University, 1950.

[360] MADANIPOUR A, HULLAD, HEALEY P. The Governance of Place [M]. England: Ashgate, 2001.

[361] Phili Pregill, Nancy Volloman, Landscapes in History, New York, Van Nostrand Reinhold, 1933: p604–616.

[362] General Conference Twenty–fifth session, Paris 1989, Draft Medium–Term Plan (1990–1995): 57.

[363] Ross.M.Planning and the Heritage—Police and Procedures.London: Chapman and Hall Published Company, 1991.

[364] Bontje M, Musterd S. The Multi–Layered City: The Value of Old Urban Profiles [J]. Tijdschrift voor Economische en Sociale Geografie, 2008, 99(2): 248–255.

[365] Zancheti S M, Loretto R P. Dynamic Integrity: a Concept to Historic Urban Landscape [J]. Journal of Cultural Heritage Management and Sustainable Development, 2015, 5(1): 82–94.

[366] Rossi A.The Architecture of the City [M]. Cambridge: MIT Press, 1982.

[367] Jukka Jokilehto. A History of Architectural Conservation [J]. Butterworth–Heinemann, Linacre House, Jordan Hill, Oxford, London, 1999: 13.

[368] CHAIRATUDOMKUlS. Cultural Routes as Heritage in Thailand Case Studies of King Narai's Royal Procession Route and Buddha's Foot Print Pilgrimage Rout [C]. Thail and Silpakorn University, 2008, 14.
[369] Arthur H Smith.Chinese Characteristics [M]. Shanghai: North-China Herald Office, 1890: 145.
[370] Tuan Y-F. Space and Place: The Perspective of Experience [M]. Min-neapolis Minnesota University Press, 1977.
[371] Pred AR. Place, Practice and Structure: Social and Spatial Transformation in Southern Sweden: 1750-1850 [M]. Cambridge: Polity Press, 1986.
[372] Bernard M Feilden.Conservation of Historic Buildings [M]. Architectural Press, 1994.
[373] THROSBY D.Economics and Culture [M]. New York: Cambridge University Press, 2001.
[374] HUME D.Standard of Taste [C] //JOHN L, ed.Of the Standard of Taste and Other Essays.Indianapolis: TheBobbs, Merrill Company, Inc, 1965.

地方史志、地方文献与网络资源

一、地方史志

[1] [明] 王命爵、李士登修，王汝训纂：《东昌府志》，[明] 万历二十八年（1600年）刻本.
[2] [清] 胡德琳修，周永年、盛百二纂：《东昌府志》，[清] 乾隆四十年（1775年）刻本.
[3] [清] 张官五、嵩山修，谢香开、陈可经、张熙先纂：《东昌府志》，[清] 嘉庆十三年（1808年）刻本.
[4] [清] 何一杰纂修：《聊城县志》，[清] 康熙二年（1663年）刻本.
[5] [清] 向植纂修：《聊城县乡土志》，[清] 光绪三十四年（1908年）石印本.
[6] [清] 陈庆蕃修，叶锡麟、靳维熙纂：《聊城县志》，[清] 宣统二年（1910年）刻本.
[7] 聊城市地方史志办公室. 聊城旧县志点注 [M]. 长春：吉林人民出版社，2006.
[8] [明] 王应乾修，[清] 郭毓秀增修：《堂邑县志》，[明] 万历三十八年（1610年）刻，顺治三年（1646年）增刻.
[9] [清] 张茂节修，黄图安等纂：《堂邑县志》，[清] 康熙七年（1668年）刻本.
[10] [清] 卢承琰修，刘淇等纂：《堂邑县志》，[清] 康熙五十年（1711年）刻本.
[11] [清] 佚名纂修：《堂邑乡土志》，[清] 光绪年间抄本.
[12] [清] 于睿明修，胡悉宁纂：《临清州志》，[清] 康熙十二年（1673年）刻本.
[13] [清] 王俊修，李森纂：《临清州志》，[清] 乾隆十四年（1749年）刻本.
[14] [清] 张度、邓希曾纂修，朱锺纂：《临清直隶州志》，[清] 乾隆五十年（1785年）刻本.
[15] [民国] 张自清、徐子尚修，张树梅、王贵笙纂：《临清县志》，民国二十四年（1935年）铅印本.
[16] 临清市人民政府编. 临清州志 [M]. 济南：山东省地图出版社，2001.

[17] [清] 林芃修，马之骦纂：《张秋志》，[清] 康熙九年（1670年）刻本.
[18] [清] 刘沛先修，王吉臣纂：《东阿县志》，[清] 康熙四年（1665年）刻本.
[19] [清] 刘沛先原修，郑廷瑾增修，苏日增增纂：《东阿县志》，[清] 康熙五十四年（1715年）刻本.
[20] [清] 吴怡纂修：《东阿县志略》，[清] 道光八年（1828年）刻本.
[21] [清] 李贤书修，吴怡纂：《东阿县志》，民国二十三年（1934年）济南午夜书店铅印本.
[22] [清] 姜汉章纂修：《东阿县乡土志》，[清] 光绪三十二年（1906年）铅印本.
[23] [民国] 周竹生修，靳维熙纂：《东阿县志》，民国二十三年（1934年）济南午夜书店铅印本.
[24] [清] 王画一修，张翕纂：《茌平县志》，[清] 康熙二年（1663年）刻本.
[25] [清] 王世臣修，孙克绪纂：《茌平县志》，[清] 康熙四十九年（1710年）刻本.
[26] [民国] 盛津颐修，张建桢纂：《茌平县志》，民国元年（1912年）刻本.
[27] [民国] 牛占诚修，周之桢纂：《茌平县志》，民国二十四年（1935年）铅印本.
[28] [清] 王天壁纂修：《阳谷县志》，[清] 康熙十二年（1673年）刻本.
[29] [清] 王时来修，杭云龙等纂：《阳谷县志》，[清] 康熙五十五年（1716年）抄本.
[30] [清] 孔广海原纂，[民国] 董政华督修：《阳谷县志》，民国三十一年（1942年）济南翰墨斋南纸印刷局铅印本.

二、地方文献

[1] 聊城市史志编纂委员会办公室. 聊城史志资料·水利，1985.
[2] 聊城市史志编纂委员会办公室. 聊城史志资料·教育，1984.
[3] 聊城市史志编纂委员会办公室. 聊城史志资料·风俗篇，1990.
[4] 政协聊城市文史资料研究会. 聊城文史资料（第三辑），1987.
[5] 政协聊城市文史资料研究会. 聊城文史资料（第四辑），1987.
[6] 政协聊城市文史资料研究会. 聊城文史资料（第六辑），1991.
[7] 政协聊城市文史资料研究会. 聊城文史资料（第七辑），山东省聊城市海源阁印刷厂印刷，1995.
[8] 政协聊城市文史资料研究会. 聊城文史资料（第八辑），1996.
[9] 聊城市地方史志办公室编. 聊城风物 [M]. 济南：山东友谊书社，1989.
[10] 齐保柱. 东昌古今备览 [M]. 济南：山东友谊书社，1990.
[11] 中共聊城地市委宣传部. 聊城名胜 [M]. 济南：山东友谊书社，1990.
[12] 傅哲清，王振华. 聊城古今知识大全 [M]. 聊城：聊城地区新闻出版局，1992.
[13] 吴立文. 聊城传统文化研究 [M]. 北京：九州出版社，2011.

三、网络资源

[1] 联合国教科文组织：https://zh.unesco.org/
[2] 联合国教科文组织遗产委员会：http://whc.unesco.org/
[3] 国际古迹遗址理事会：https://www.icomos.org/fr
[4] 中国古迹遗址保护协会：http://www.icomoschina.org.cn/news_list.php?class=2
[5] 中国世界遗产网：http://www.cnwh.org/

[6] 国家文物局：http://www.ncha.gov.cn/
[7] 中华人民共和国住房和城乡建设部：http://www.mohurd.gov.cn/
[8] 中国非物质文化遗产网：http://www.nmchzg.com/
[9] 中国文化遗产研究院：http://www.cach.org.cn/tabid/64/default.aspx
[10] 山东省文化和旅游厅：http://whhly.shandong.gov.cn/
[11] 山东省非物质文化遗产保护中心：http://www.sdfeiyi.org/list/58.html
[12] 中国国际城市主题文化设计院：http://www.citure.net/tplt/2009923154244.shtml
[13] 中国城市文化网：http://www.citure.net/#
[14] 山东省情网–山东省地方史志研究院：http://www.sdsqw.cn/
[15] 聊城传统文化研究会：http://whbl.lcxw.cn
[16] 聊城文化部落：http://www.lcxw.cn/Html/zlhj/073614435275277.html